凡亿教育・电子设计速成系列

嘉立创 EDA 专业版 电子设计速成实战宝典

范 强 刘吕樱 编 著

電子工業出版社
Publishing House of Electronics Industry
北京•BEIJING

内 容 简 介

本书以 2023 年正式发布的全新嘉立创 EDA 专业版（版本为 V2.1.30）为基础进行介绍，全面兼容嘉立创 EDA 各个版本。全书共 13 章，包括嘉立创 EDA 专业版及电子设计概述、工程的组成及完整工程的创建、元件库开发环境及设计、PCB 库开发环境及设计、原理图开发环境及设计、PCB 设计开发环境及快捷键、流程化设计（PCB 前期处理、PCB 布局、PCB 布线）、PCB 的 DRC 与生产输出、嘉立创 EDA 专业版高级设计技巧及应用、2 层最小系统板的设计、4 层梁山派开发板的 PCB 设计等内容。

本书突出实战讲解方式，通过详细介绍两个入门实例，将理论与实践相结合。本书内容先易后难，适合读者各个阶段的学习和操作。且采用中文版软件进行讲解，便于读者参照设计。本书随书赠送教学用 PPT 以及 25 小时以上的基础案例视频教程，读者可以微信扫描本书封底凡亿教育客服的二维码联系获取。

本书可作为高等院校电子信息类专业的教学用书，也可作为大学生课外电子制作、电子设计竞赛的实用参考书与培训教材，还可作为广大电子设计工作者快速入门及进阶的参考用书。

图书在版编目（CIP）数据

嘉立创 EDA 专业版电子设计速成实战宝典 / 范强，刘吕樱编著. -- 北京 : 电子工业出版社，2024. 7.
ISBN 978-7-121-48335-6

Ⅰ. TN702.2

中国国家版本馆 CIP 数据核字第 2024UL4905 号

责任编辑：曲 昕　　特约编辑：田学清
印　　刷：三河市龙林印务有限公司
装　　订：三河市龙林印务有限公司
出版发行：电子工业出版社
　　　　　北京市海淀区万寿路 173 信箱　　邮编：100036
开　　本：787×1092　1/16　印张：21.5　字数：550 千字
版　　次：2024 年 7 月第 1 版
印　　次：2025 年 2 月第 4 次印刷
定　　价：108.00 元

凡所购买电子工业出版社图书有缺损问题，请向购买书店调换。若书店售缺，请与本社发行部联系，联系及邮购电话：（010）88254888，88258888。

质量投诉请发邮件至 zlts@phei.com.cn，盗版侵权举报请发邮件至 dbqq@phei.com.cn。

本书咨询联系方式：（010）88254468，quxin@phei.com.cn。

前　　言

面对功能越来越复杂、速度越来越快、体积越做越小的电子产品，各种类型的电子设计需求大增，学习和投身电子产品设计的工程师也越来越多。但是，由于电子产品设计领域对工程师自身的知识和经验要求非常高，因此大部分工程师很难真正做到得心应手，在遇到速度较快、功能复杂的电子产品设计时，各类印制电路板（PCB）的设计问题不断出现，造成很多项目在后期调试过多，甚至报废，浪费了人力、物力，延长了产品研发周期，从而影响产品的市场竞争力。

编著者通过大量调查和实践经验得知，电子工程师在设计时遇到的问题有以下几类。

（1）刚毕业没有实际经验，对软件工具也不是很熟悉，无从下手。

（2）做过简单的电子设计，但是没有系统的设计思路，造成设计后期无法及时、优质地完成设计。

（3）有丰富的电路设计经验，但是无法契合设计工具，因而不能得心应手。

以嘉立创 EDA 专业版为工具进行原理图设计、PCB 设计是电子信息类专业的一门实践课程，嘉立创 EDA 专业版也是电子设计常用的设计工具之一。

传统的理论性教材注重系统性和全面性，实用性并不是很好。本书基于实战案例的教学模式进行讲解，注重学生综合能力的培养，在教学过程中以读者未来的职业角色为核心，以社会实际需求为导向，兼顾理论内容与实践内容，形成了课内理论教学和课外实践活动的良性互动。教学实践表明，这种教学模式对培养学生的创新思维和提高学生的实践能力有很好的作用。

本书由专业电子设计公司的一线设计总工程师和大学教师联合编著，包含了编著者使用嘉立创 EDA 专业版进行原理图设计、PCB 设计的丰富实践经验及使用技巧。本书编著者以职业岗位分析为依据，以读者学完就能用、学完就能上岗就业为目标，秉持“以真实产品为载体”“以实际项目流程为导向”的教学理念，将理论与实践相结合，软件介绍由浅入深，设计讲解从易到难，按照电子流程化设计的思路讲解软件的各类操作命令、操作方法及实战技巧，力求满足各阶段读者的需求。

第 1 章　嘉立创 EDA 专业版及电子设计概述。本章对嘉立创 EDA 专业版进行基本介绍，包括嘉立创 EDA 专业版的安装、激活、操作环境及系统参数的设置等，旨在让读者搭建好设计平台并高效地配置好平台的各项参数。本章还向读者概述了电子设计流程，使读者从整体上熟悉电子设计，为接下来的学习打下基础。

第 2 章　工程的组成及完整工程的创建。新一代嘉立创 EDA 专业版集成了相当强大的开发管理环境，能够有效地对设计的各种文件进行分类及层次管理。本章将通过图文的形式介绍工程的组成及完整工程的创建，有利于读者形成系统的文件管理概念。良好的工程文件管理可以使工作效率提高，这也是一名专业的电子设计工程师应有的素质。

第 3 章　元件库开发环境及设计。本章主要讲述电子设计开始时的元件库设计，首先对元件符号进行概述，然后介绍元件库编辑器，接着讲解单部件元件及多部件元件的创建方法，并通过三个由易到难的实例系统性地演示元件的创建过程，最后讲述元件库的自动生成和元件的复制。

第 4 章　PCB 库开发环境及设计。本章主要讲述标准 PCB 封装、PCB 库编辑界面与异形焊盘 PCB 封装的创建方法、PCB 封装的设计规范及要求，还介绍了 3D 封装的创建方法，让读者充分理解 PCB 封装的组成及封装绘制。

第 5 章　原理图开发环境及设计。本章介绍了原理图编辑界面，并通过原理图设计流程化讲解的方式，对原理图设计的过程进行详细讲述，目的是让读者可以一步一步地根据本章所讲的内容，设计出自己需要的原理图，同时也对层次原理图的设计进行了讲述。

第 6 章　PCB 设计开发环境及快捷键。本章主要介绍嘉立创 EDA 专业版的 PCB 设计工作界面、常用系统快捷键和自定义快捷键，让读者对各个面板及快捷键有初步的认识，为后面进行 PCB 设计及提高设计效率打下基础。

第 7 章　流程化设计——PCB 前期处理。本章主要介绍 PCB 设计的前期准备，包括原理图封装完整性检查、网表的生成、PCB 的导入、层叠的定义及添加等。只有把前期工作做好了，才能更好地进行后面的设计，保证设计的准确性和完整性。

第 8 章　流程化设计——PCB 布局。PCB 布局的好坏直接关系到 PCB 设计的成败，掌握设计基本原则及快速布局的方法，有利于对整个产品的质量进行把控。本章主要介绍常见 PCB 布局约束原则、PCB 模块化布局思路、固定元件的放置、原理图与 PCB 的交互设置及模块化布局等常用操作。

第 9 章　流程化设计——PCB 布线。PCB 布线是 PCB 设计中比重最大的一部分，也是学习重点。读者需要掌握设计中的各类技巧，这样可以有效地缩短设计周期，也可以提高设计的质量。

第 10 章　PCB 的 DRC 与生产输出。本章主要讲述 PCB 设计的后期处理，包括 DRC、尺寸标注、距离测量、丝印位号调整、PDF 文件的输出及生产文件的输出等。读者应该全面掌握本章内容，将其应用到自己的设计中。对于一些 DRC 项，可以直接忽略，但是对于书中提到的一些检查项，则应引起重视，着重检查，相信很多生产问题都可以在设计阶段解决。

第 11 章　嘉立创 EDA 专业版高级设计技巧及应用。嘉立创 EDA 专业版除了常用的基本操作，还存在各种各样的高级设计技巧等待读者挖掘，需要的时候读者可以关注它，并学会它，平时在工作中也要善于总结归纳，以提高对软件的熟悉程度，并使电子设计的效率得到提升。

第 12 章　入门实例：2 层最小系统板的设计。本章选取入门阶段最常见的一个开发板作为实例，并配备全程演示的实战视频教程，通过这个 2 层最小系统板全流程实战项目的演练，让嘉立创 EDA 专业版初学者能将理论和实践相结合，从而掌握电子设计的基本操作技巧及思路，全面提升实际操作技能和学习积极性。

第 13 章　入门实例：4 层梁山派开发板的 PCB 设计。很多读者只会绘制 2 层板，没有接触过 4 层板或更多层数板的 PCB 设计，这是其从事电子设计工作的一个门槛。为了契合实际需要，本章介绍了一个 4 层梁山派开发板的 PCB 设计实例，让读者对多层板设计有一个概念。本章对 4 层梁山派开发板的 PCB 设计进行讲解，介绍 2 层板和 4 层板的区别与相同之处。不管是 2 层板还是多层板，其原理图设计都是一样的，对此，本书不再进行详细讲解，本实例主要讲解 PCB 设计，并配有全程视频教程。

本书可作为高等院校电子信息类专业的教学用书，也可作为大学生课外电子制作、电子设计竞赛的实用参考书与培训教材，还可作为广大电子设计工作者快速入门及进阶的参考用书。如果条件允许，学校还可以开设相应的实验和观摩课程，以缩小书本知识与工程应用实践的差距。

本书由范强、刘吕樱共同编著。本书在编写过程中得到了湖南凡亿智邦电子科技有限公司郑振凡先生的大力支持，同时深圳嘉立创科技集团股份有限公司莫志宏先生对本书的编写工作提出了很多中肯建议，在此表示衷心感谢。

由于科学技术发展日新月异，编著者水平有限，加上时间仓促，书中难免存在不足之处，敬请读者予以批评、指正。

编著者

目　录

第1章 嘉立创EDA专业版及电子设计概述

嘉立创 EDA 是由嘉立创团队研发，拥有完全独立自主知识产权的国产 EDA 工具。相较其他的 EDA 软件，嘉立创 EDA 提供标准且数量众多的封装，并且嘉立创 EDA 专业版通过把原理图设计、PCB 绘制编辑、拓扑逻辑、自动布线和设计导出等技术完美融合，使越来越多的用户选择使用嘉立创 EDA 专业版来进行复杂的大型电路板设计。因此，对初入电子行业的新人或电子行业从业者来说，熟悉并快速掌握该软件来进行电子设计至关重要。

工欲善其事，必先利其器。本章将对嘉立创 EDA 专业版进行基本概括，包括嘉立创 EDA 专业版的安装、激活、操作环境及系统参数设置，并对电子设计流程进行概述，让读者在对软件本身了解的基础上再进行进一步学习。

学习目标

- 掌握嘉立创 EDA 专业版的安装方法。
- 掌握嘉立创 EDA 专业版的激活方法。
- 掌握软件的系统参数设置。
- 熟悉电子设计的基本流程。

1.1 嘉立创EDA专业版的系统配置要求及安装

1.1.1 系统配置要求

推荐的配置要求如下：

（1）Windows 7（仅限 64 位）及以上系统，不支持 Windows XP 系统；

（2）处理器：英特尔®酷睿™i5 处理器或等同产品；

（3）8GB 随机存储内存；

（4）分辨率为 1080P（或更高）的显示器；

（5）至少 2GB 的硬盘空间+1GB 软件安装空间。

安装之前需要有嘉立创 EDA 专业版的安装包，可以前往嘉立创 EDA 官网或 PCB 联盟网 EDA 软件下载专区进行下载，或者添加编著者微信：15616880848（备注：嘉立创 EDA 安装包）进行获取。

1.1.2 嘉立创 EDA 专业版的安装

（1）前往嘉立创 EDA 官网下载嘉立创 EDA 专业版的安装包，打开安装包所在目录，双击“lceda-pro-windows-x64.exe”安装应用程序图标，安装程序启动，稍后出现如图 1-1 所示的嘉立创 EDA 专业版安装向导对话框。

（2）单击该安装向导对话框中的“下一步”按钮，出现如图 1-2 所示的安装对话框，选择安装路径（推荐默认路径安装）。

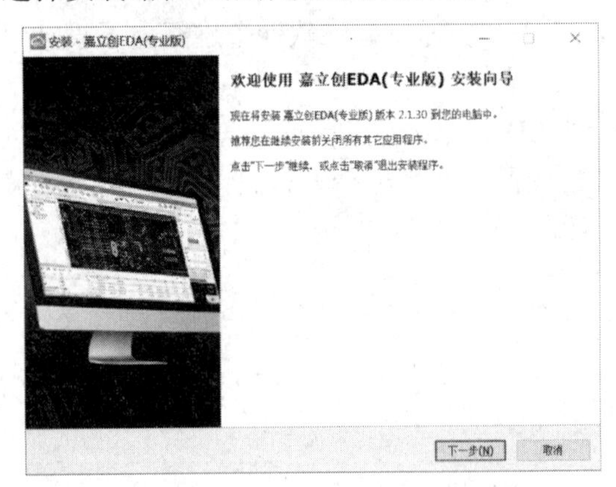

图 1-1 嘉立创 EDA 专业版安装向导对话框

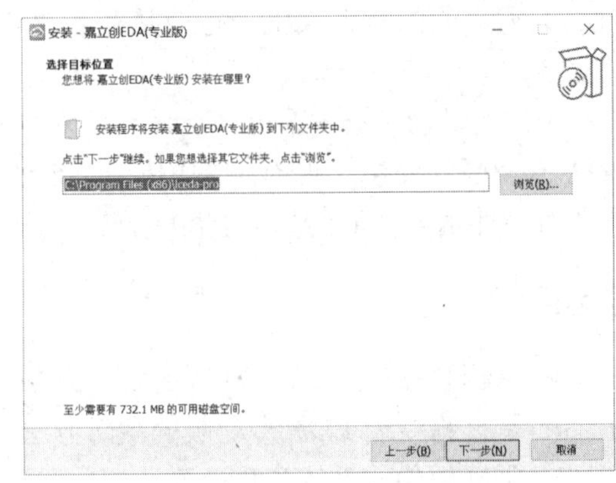

图 1-2 安装路径选择

（3）单击安装对话框中的“下一步”按钮，进入创建开始菜单文件夹与创建桌面快捷键对话框，一般“创建桌面快捷方式”保持默认勾选即可，如图 1-3 所示。

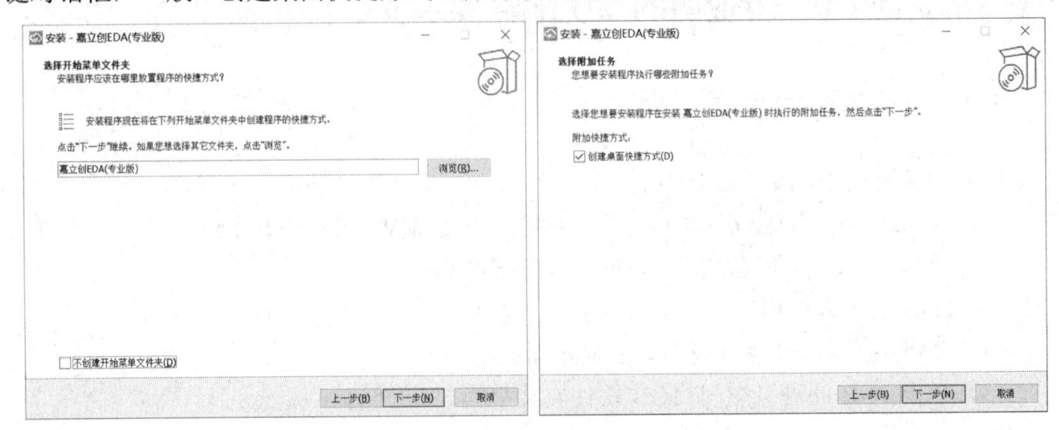

图 1-3 创建开始菜单文件夹与创建桌面快捷键对话框

（4）继续单击“下一步”按钮进入准备安装对话框，直接单击“安装”按钮，等待程序安装到计算机里面，出现安装完成对话框就表示安装完成，如图 1-4 所示。

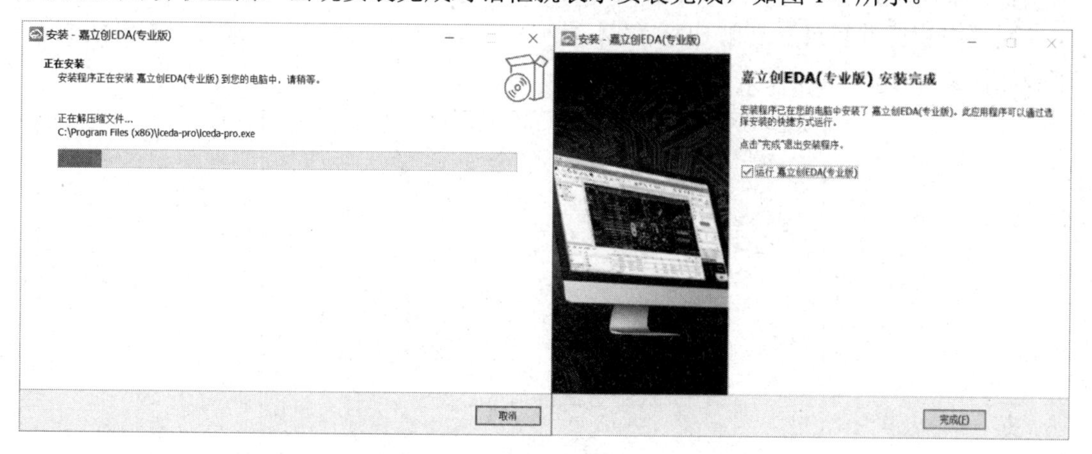

图 1-4　程序的安装及安装完成

1.2　嘉立创 EDA 专业版的激活

（1）双击桌面上的嘉立创 EDA 专业版图标将软件打开，在激活软件前会弹出如图 1-5 所示的“客户端设置”对话框，需要用户对运行模式、库路径、工程路径进行设置。

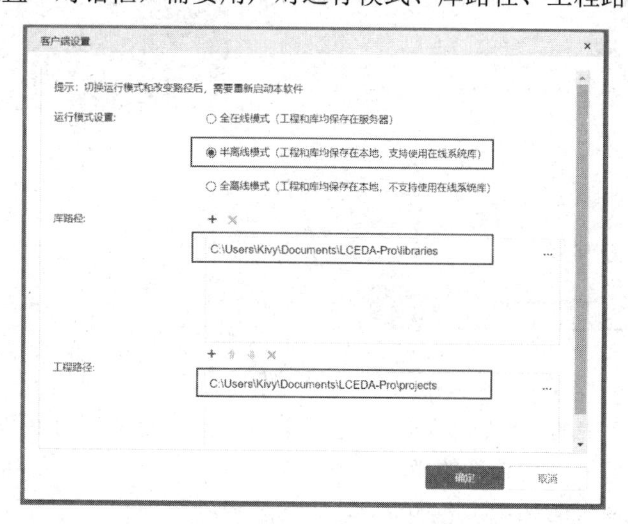

图 1-5　“客户端设置”对话框

运行模式一般推荐用户选择“半离线模式”，对于库路径和工程路径，用户可以自己根据需求进行选择。

（2）单击“客户端设置”对话框中的“确定”按钮即可进入嘉立创 EDA 专业版激活对话框，如图 1-6 所示，单击此对话框中的“下载激活文件：点击免费下载”链接，在弹出的网页中注册并登录嘉立创 EDA 官网，此时在官网网页中会自动生成客户端激活文件，下载激活文件如图 1-7 所示。

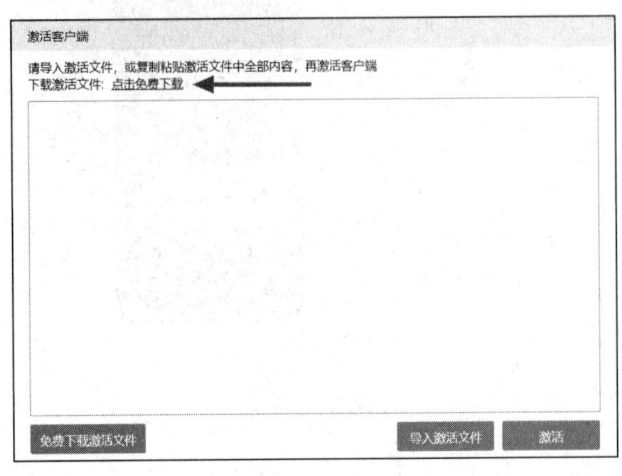

图 1-6　软件激活对话框

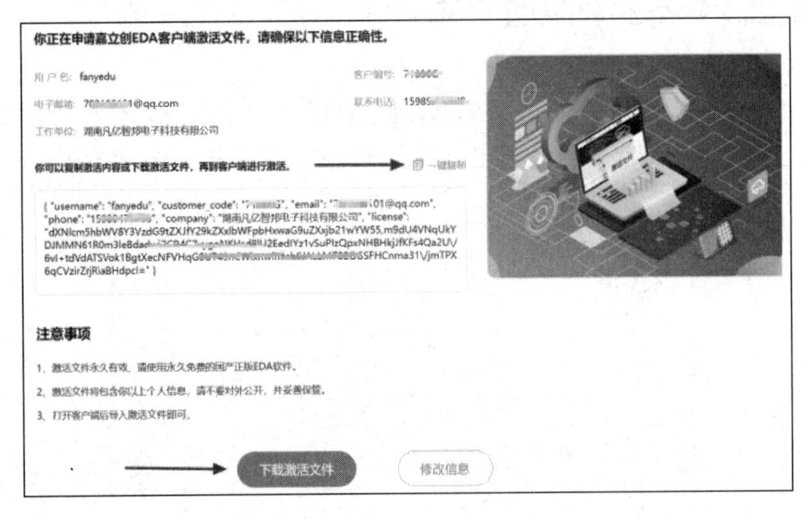

图 1-7　下载激活文件

（3）单击图 1-7 中的“一键复制”，先将复制内容粘贴到如图 1-6 所示的方框空白处，再单击“激活”按钮，完成软件的激活。

（4）在桌面上重新双击嘉立创 EDA 专业版的图标打开软件，当界面中显示激活信息时，表示激活成功，如图 1-8 所示。

激活时也可以在如图 1-7 所示的界面中单击“下载激活文件”按钮，下载完成后在如图 1-6 所示的对话框中单击“导入激活文件”按钮，导入成功后单击“激活”按钮。

图 1-8　嘉立创 EDA 专业版软件激活成功

1.3　嘉立创 EDA 专业版的操作环境

相对于之前的版本，嘉立创 EDA 专业版操作界面更加人性化、更加集成化，如图 1-9 所示，主要包含顶部菜单、工程列表、快速开始、消息区等，其中顶部菜单中的项目显示会跟随用户操作环境的变化而变化，极大地方便了设计者。

图 1-9　嘉立创 EDA 专业版操作界面

（1）顶部菜单的左边区域可以创建工程、下单和进入系统设置，右边区域可以进入客户端运行模式设置和编辑器语言设置，如图 1-10 所示。

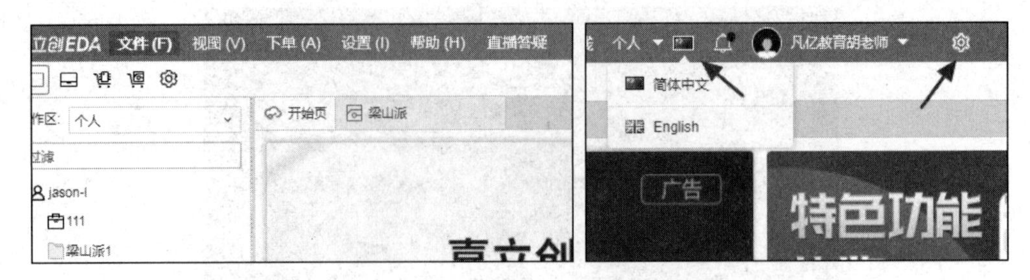

图 1-10　顶部菜单设置概述

（2）工程列表的“所有工程”选项内包含了当前用户的所有工程，包括加入的团队工程，双击即可打开。

（3）快速开始区域能够在主页中快速创建工程、符号元件等。

（4）快捷方式则是一些常用的网站快捷方式，用户可手动添加自己常用的网站。单击图 1-11 所示的添加自定义快捷网站图标即可添加网站。

图 1-11　添加自定义快捷网站图标

（5）底部的最近设计区域可以显示最近设计的工程，以及符号、封装、复用图块。双击即可打开相应的工程，如图 1-12 所示。

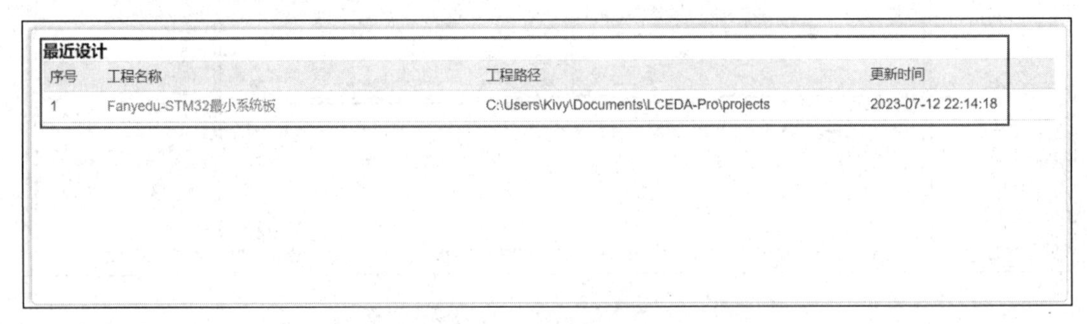

图 1-12　最近设计记录

（6）消息区显示的是嘉立创 EDA 公布的一些信息。

1.4 常用系统参数的设置

系统参数设置窗口用于设置系统整体和各个模块的参数，如图 1-13 所示，左侧罗列出了系统需要设置参数的项目。一般情况下，不需要对整个系统默认参数进行改动设置，只需要对软件的一些常用参数进行设置，以达到使软件快速高效地配置资源的目的，从而更高效地使用软件进行电子设计。

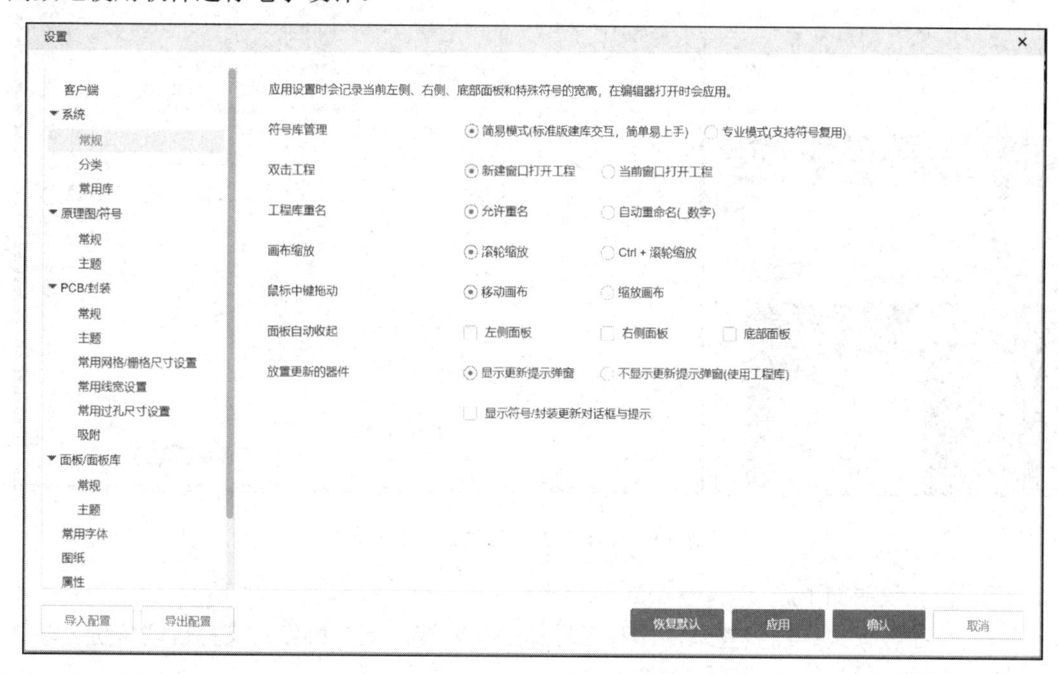

图 1-13　嘉立创 EDA 专业版的系统参数

1.4.1 中英文版本切换

在操作界面的右上角单击图标，在弹出的菜单中选择“简体中文”或“English”即可完成嘉立创 EDA 专业版的中英文切换，如图 1-14 所示。

图 1-14　软件的中英文版本切换

1.4.2 客户端运行模式设置

如果激活时没有对软件客户端运行模式进行设置或切换运行模式，则可以单击操作界面右上角的图标⚙，进入“客户端设置”对话框，如图 1-15 所示，重新设置运行模式、库路径、工程路径。

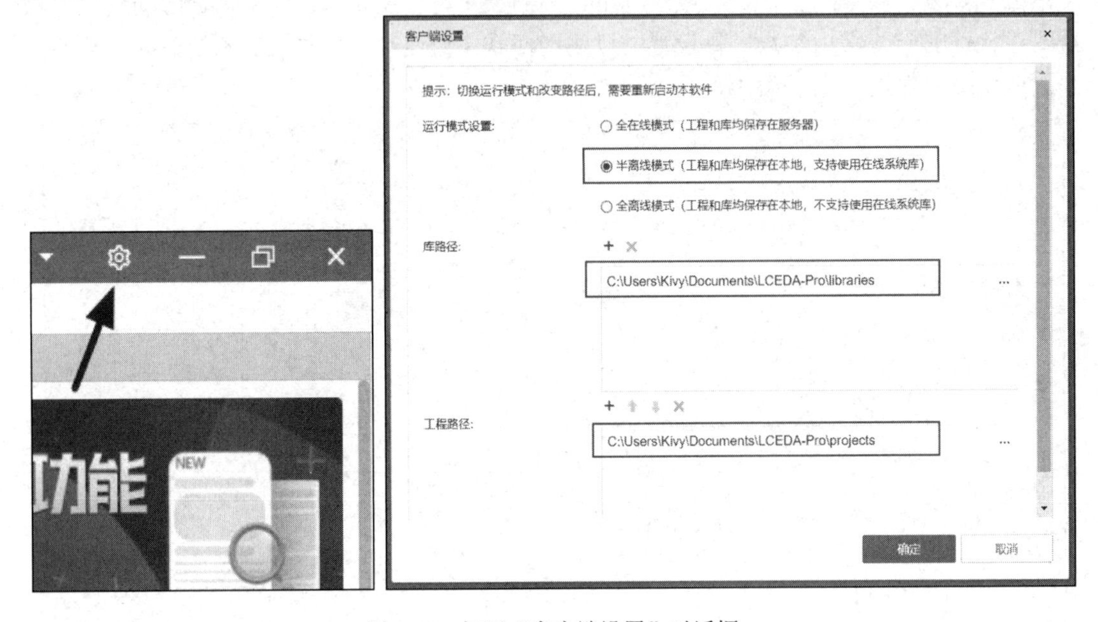

图 1-15 打开“客户端设置”对话框

运行模式说明如下。

（1）全在线模式：需要登录，库和工程都存在云端，支持协作，支持自动备份云端工程到本地。

（2）半离线模式：不需要登录，库和工程都存在本地，不支持协作，支持使用云端系统库，推荐使用该模式。

（3）全离线模式：不需要登录，库和工程都存在本地，不支持协作，不支持使用云端系统库，内置多种常用的系统库且系统库会随着客户端版本一起更新。

1.4.3 团队协作设置

嘉立创 EDA 专业版是一个很好的在线团队协作 EDA 软件，团队协作需要在全在线模式下使用。在图 1-16 中单击操作界面右上角的头像，选择进入工作区，将看到图 1-17 所示的团队管理界面。

在团队管理界面中单击成员进入图 1-18 所示的成员管理界面，在成员管理界面中能看到工程的相关人员、创建时间、最后修改的人员和最后修改的时间。

图 1-16　单击操作界面右上角的头像

图 1-17　团队管理界面

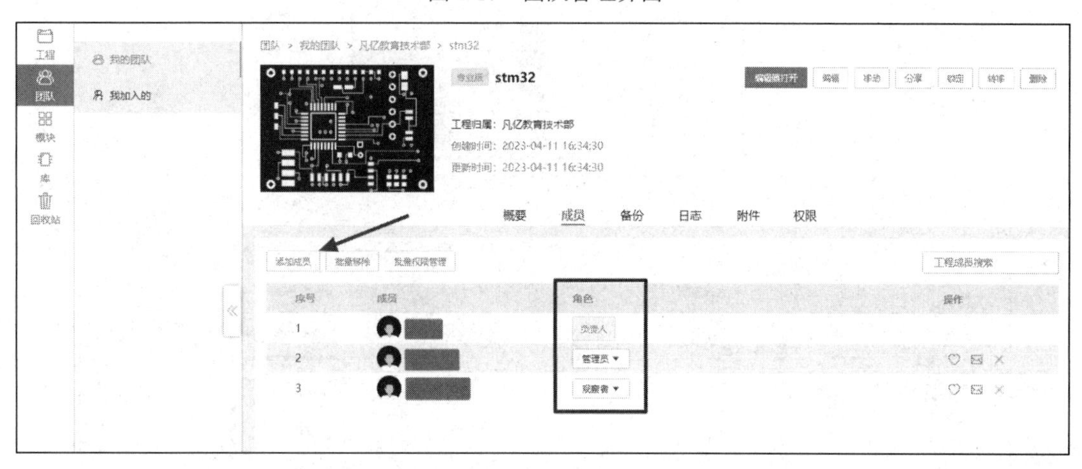

图 1-18　成员管理界面

在成员管理界面中单击“添加成员”按钮，出现“添加成员”弹窗，如图 1-19 所示，输入需要添加成员的用户名，即可添加成员；也可以通过链接和邮箱进行邀请。在角色处，可以给成员们分配权限。

（1）负责人：个人工程的所有者，拥有工程所有的操作权限。

（2）管理者：拥有工程文档管理、工程设置、工程下载、移除工程成员（除了负责人和管理者）的操作权限。

（3）开发者：拥有工程文档、附件的创建编辑权限。

（4）观察者：拥有对工程文档、附件的查看权限。

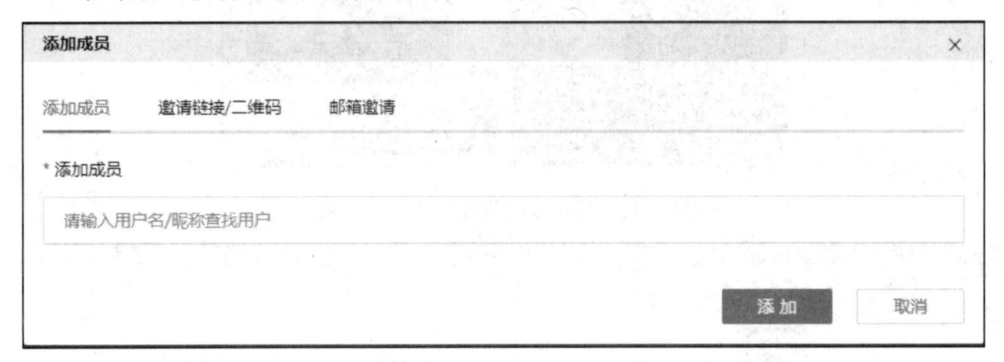

图 1-19　“添加成员”弹窗

1.4.4　系统通用设置

在顶部菜单中单击“设置—系统—通用”，进入系统通用参数设置对话框，在系统通用参数设置对话框中单击“系统—常规”，一般推荐按照图 1-20 中的参数进行设置。

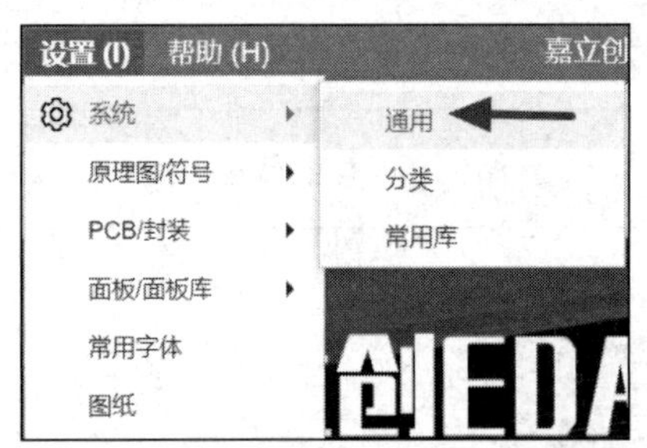

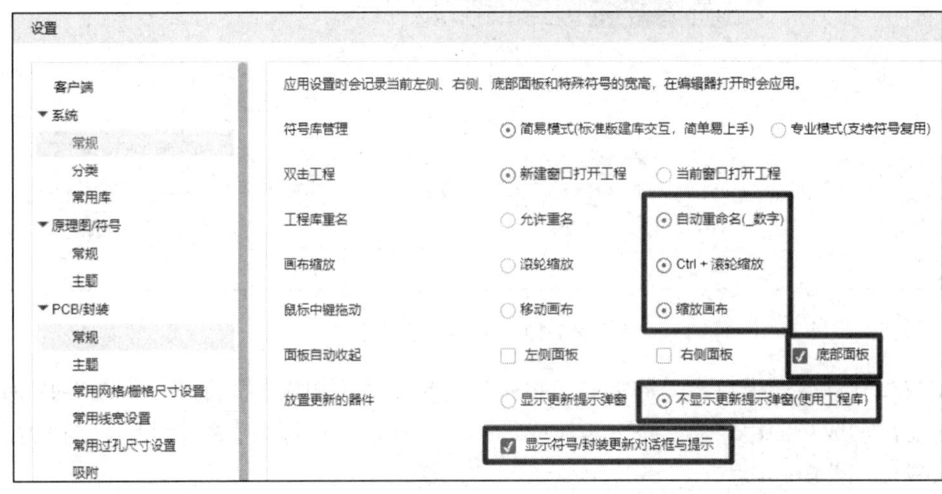

图 1-20　系统通用参数设置对话框

设置功能说明如下。

（1）工程库重名：允许重名，或自动重命名。为了解决导入第三方 EDA 文件时，库可能重名但是库内容不一致的问题（图形有部分差异等），默认允许重名，允许重名后也可以减少导出 BOM 文件时元件被拆分多行的问题。自动重命名则根据导入的名称和图元形状自动区分，并在名称后面加数字区分名称相同但是图形有差异的元件。

（2）画布缩放：默认使用鼠标滚轮缩放，用户可根据个人喜好修改为“Ctrl +滚轮缩放”。在绘制过程中，长按鼠标右键可以移动画布，绘制时默认右击取消绘制。

（3）鼠标中键拖动：可以设置鼠标中键按下拖动时的类型。可以设置为“移动画布”或“缩放画布”。

（4）面板自动收起：支持设置左侧、右侧、底部面板是否自动收起。设置好后打开对应面板 3 秒钟它就会自动收起。

（5）放置更新的器件：当元件库里面的库有更新，但是工程库是之前放置的版本，在元件库再次放置时，会检测工程库的更新时间。

1.4.5　常用快捷键设置

嘉立创 EDA 专业版提供了很多快捷键供用户使用，每一个快捷键均可以进行配置。

（1）在系统通用参数设置对话框中单击“系统—快捷键”，出现如图 1-21 所示的界面。

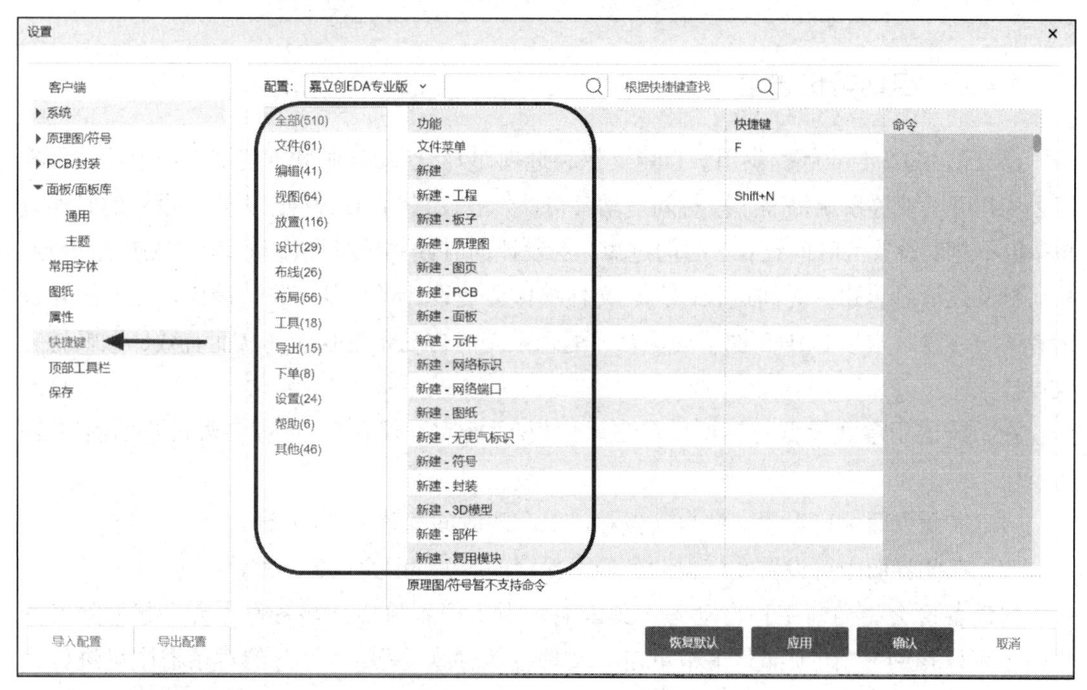

图 1-21　快捷键界面

（2）双击想要修改的功能将出现快捷键设置对话框，如图 1-22 所示，在该对话框中按下相应需要设置的快捷键，单击“确认”按钮即可修改。同时快捷键界面还支持切换快捷键风格，如嘉立创 EDA 专业版、嘉立创 EDA 标准版等，也支持 Altium Designer 软件的风格，以方便这部分用户无缝切换到嘉立创 EDA，如图 1-23 所示。

图 1-22　快捷键设置对话框

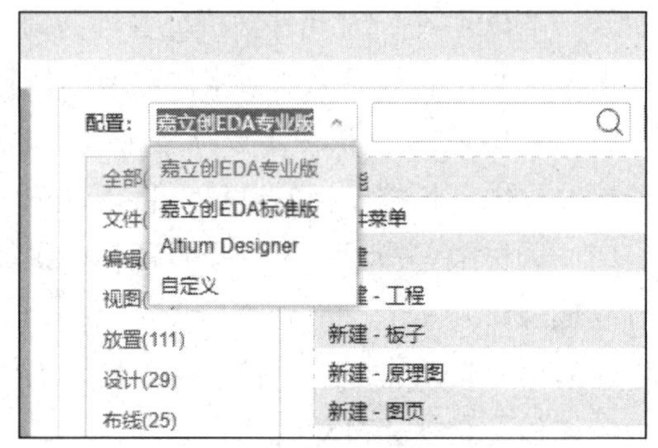

图 1-23　快捷键风格切换

当设计过程中遇到某个菜单命令需要设置快捷键时，也可以直接把鼠标放置到此菜单命令上面，按住 Ctrl 键后单击菜单命令，也可以进入快捷键设置对话框，可以按照上面设置快捷键的方法完成设置。

1.4.6　自动备份设置

嘉立创 EDA 专业版提供用户自定义保存选项，以防在设计时软件崩溃造成设计文件损坏丢失，可以设置系统每隔一段时间自动备份，一般设置为 30 分钟。不建议设置的时间过短，也不建议设置的时间过长。时间过短，在设计的时候系统频繁自动保存容易产生卡顿，从而打乱设计者思路；时间过长，万一文件损坏会使设计者重复工作。因此，在此也建议读者一定注意时常按 Ctrl+S 键手动保存，配合系统的自动备份功能，从而有效、顺畅地完成设计工作。

在系统通用参数设置对话框中单击“面板/面板库—保存”，推荐参数设置如图 1-24 所示。

（1）在此界面中可设置文档自动保存，保存的时间间隔为 10 分钟。

（2）在此界面中可设置文档自动备份，保存的时间间隔为 60 分钟。

自动备份会将当前工程自动备份到云端，当工程删除后云端备份也会一起删除（回收站还可以找回）。在顶部菜单中单击“文件—缓存恢复”，从打开的对话框中可进行恢复。如果用户使用的是客户端在线模式，会自动备份在线工程至本地，备份路径在客户端设置。

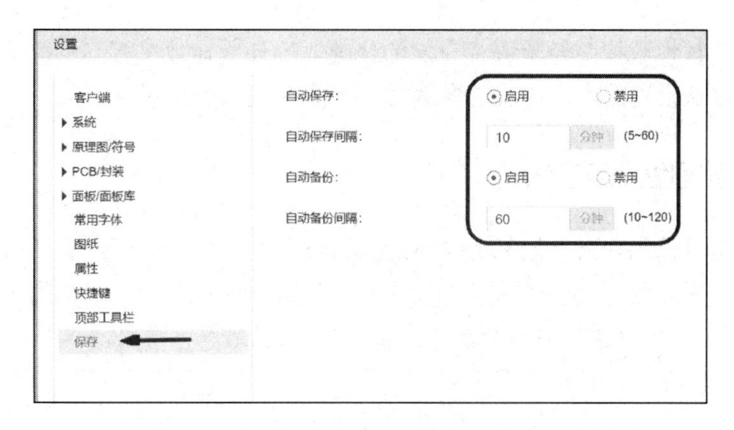

图 1-24　自动保存

1.4.7　顶部工具栏设置

在顶部工具栏能展现使用频次较高的菜单命令图标，方便用户使用，从而提高设计效率。

在系统通用参数设置对话框中单击“面板/面板库—顶部工具栏”，出现如图 1-25 所示的界面，可以分别对原理图、符号、PCB、封装、面板、面板库图标对应的复选框进行勾选或取消勾选。

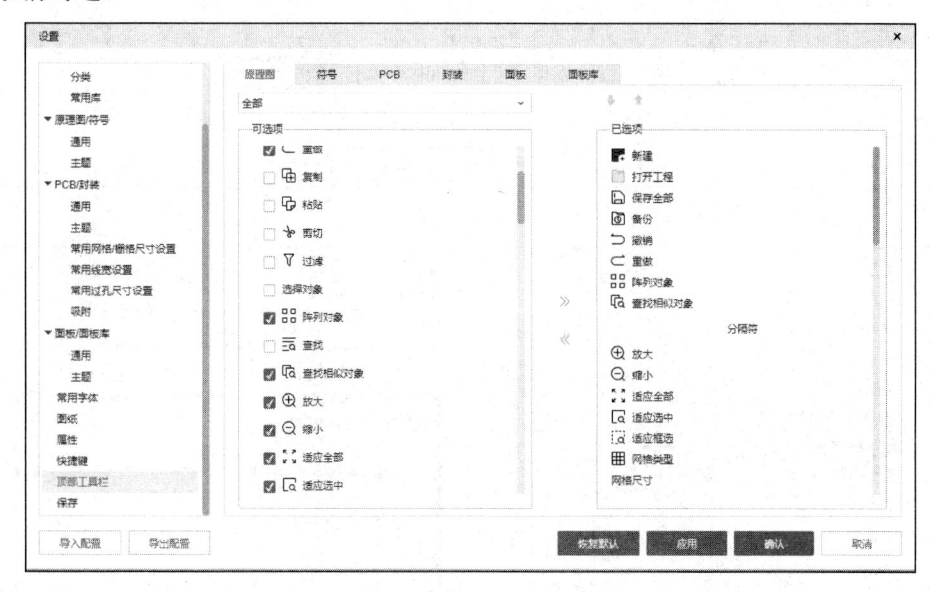

图 1-25　顶部工具栏界面

1.5　原理图/符号系统参数的设置

原理图系统参数的设置主要是针对原理图绘制的一个设置，在开启设计之前通常会对原理图的一些默认参数按照经验进行一定的修改。为使设计效率更高，此节中没有提到的参数一般采取默认设置即可，提及的参数建议参照提及内容设置。

1.5.1　原理图通用设置

原理图通用设置包含嘉立创 EDA 专业版原理图的一些常规设置。在系统通用参数设置对话框中单击“原理图/符号—通用”，出现如图 1-26 所示的界面，可以有针对性地进行原理图的参数设置。（对重要参数推荐按照图 1-26 中的参数进行设置，其他保持默认即可。）

设置
客户端
系统
通用
分类
常用库
原理图/符号
通用
主题
PCB/封装
通用
主题
常用网格/栅格尺寸设置
常用线宽设置
常用过孔尺寸设置
吸附
面板/面板库
通用
主题
常用字体
网格类型　网格　网点　无
十字光标　大　小　无
始终显示十字光标
1 线宽显示　跟随缩放变化　始终 1px 线宽
默认网格尺寸　原理图 0.1 inch　Alt吸附 0.01 inch
符号 0.1 inch　Alt吸附 0.05 inch
指示线　单选器件和选中属性时显示
选中时显示(影响性能)
不显示
复制/剪切　不选择参考点　选择参考点
默认网络名　导线ID　位号 + 引脚编号
单击导线选中　选中单段，再次点击选中整段　选中整段，再次点击选中单段

（a）

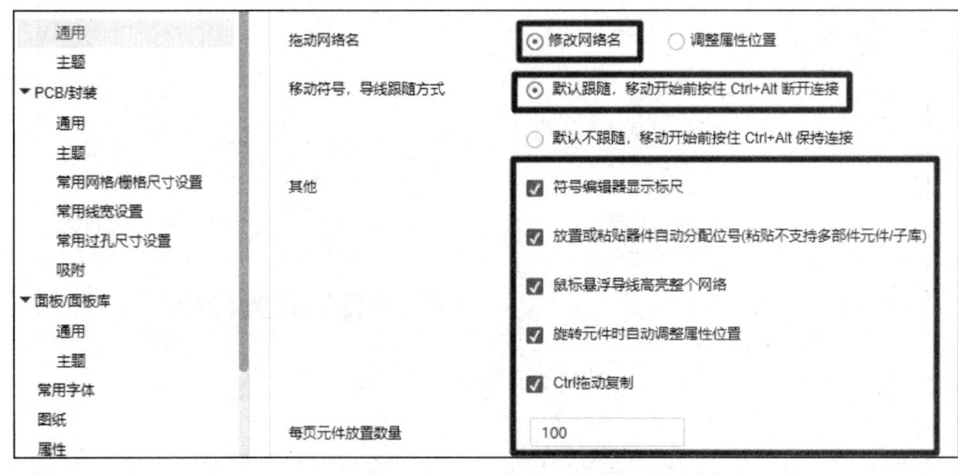

（b）

图 1-26　原理图通用设置界面

为了使读者充分了解常见设置的作用，在此对常见设置进行说明。

（1）网格类型：设置默认的网格显示，方便走线连接；推荐使用网格，以利于器件的摆放和对齐。

（2）默认网格尺寸：打开原理图或符号库的网格尺寸。Alt 吸附网格是指当按住 Alt 键进行绘制或移动器件时鼠标光标图元移动或吸附的网格大小，推荐原理图和符号网格尺寸为 0.1，Alt 吸附原理图为 0.01，符号为 0.05。

（3）指示线：如图 1-27 所示，选中器件时，有指示的虚线，将位号和 Value 值指向器件，方便定位；推荐选择“单选器件和选中属性时显示”。

（4）复制/剪切：复制/剪切的时候是否需要选择参考点。勾选“选择参考点”复选框，复制的时候则需要单击一下参考点才会复制成功，推荐选择参考点。

（5）单击导线选中：用户可以根据自己的使用习惯，切换单击导线时选中的范围是单段选中还是整段选中。

（6）拖动网络名：用鼠标光标拖动网络名离开导线上的默认处理方式，推荐选择“修改网络名”。

（7）移动符号，导线跟随方式：设置导线是否跟随器件移动，推荐选择“默认跟随，移动开始前按住 Ctrl+Alt 断开连接”。

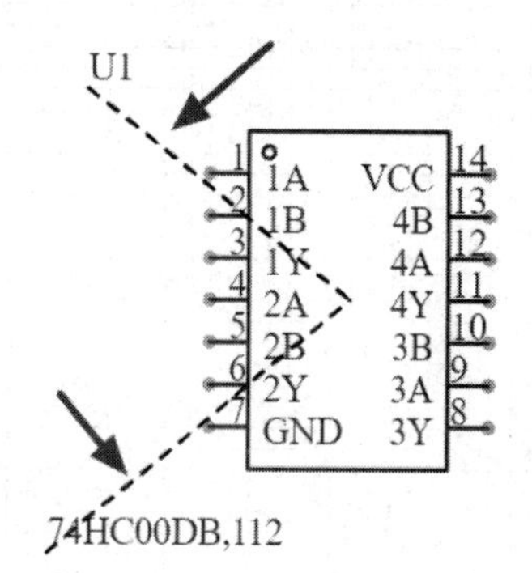

图 1-27　指示线

（8）其他：其中的各项如下。

① 符号编辑器显示标尺：设置符号编辑器顶部（见图 1-28）和左侧是否显示标尺，推荐勾选。

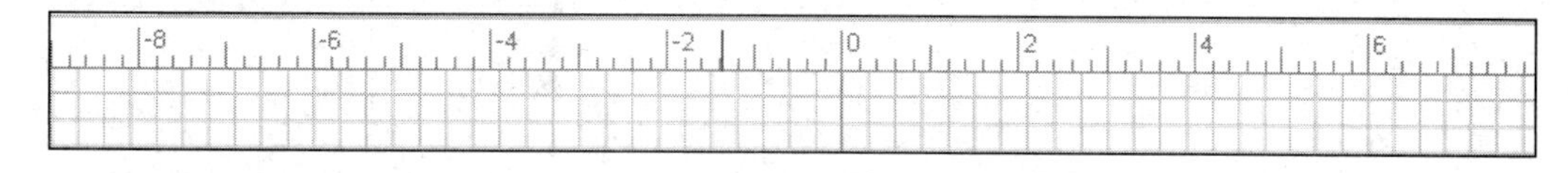

图 1-28　符号编辑器顶部标尺

② 放置或粘贴器件自动分配位号（粘贴不支持多部件元件/子库）：在器件放置的时候是否自动分配位号，推荐勾选。

③ 鼠标悬浮导线高亮整个网络：鼠标放置到导线上整个原理图同网络的导线都会高亮，推荐勾选。

④ 旋转元件时自动调整属性位置：旋转元件时属性不会跟随旋转而是自动调整位置，如图 1-29 所示，推荐勾选。

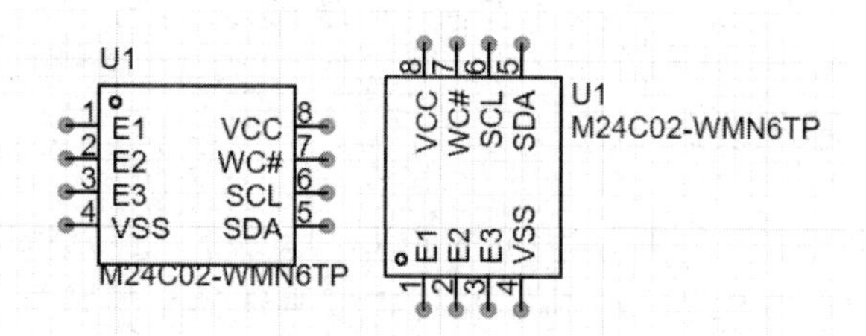

图 1-29　旋转元件时属性跟随

⑤ Ctrl 拖动复制：选中器件按住 Ctrl 键用鼠标拖动即可复制，推荐勾选。

（9）每页元件放置数量：原理图放置元件数量过多会比较卡顿，因此加了数量检测功能，建议一页放置元件的数量在 100 个以下，通过创建分页来放置其他元件。

1.5.2 主题设置

用户可以根据自己的喜好在主题设置中修改原理图界面背景、走线、文字等的颜色，也可以直接修改主题风格，选择第三方软件的配色方案，在系统通用参数设置对话框中单击“原理图/符号—主题”，出现如图 1-30 所示的界面。

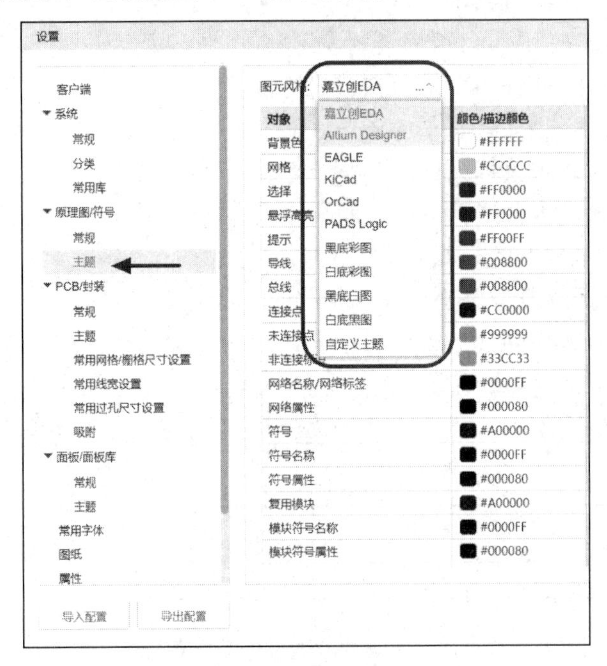

图 1-30 主题显示配色设置界面

1.6 PCB/封装系统参数的设置

对 PCB 系统参数进行设置，有利于高效地执行各项命令，加快设计进程。PCB 系统参数的设置包含对布线、扇孔、铺铜等重要操作命令的设置。

1.6.1 PCB 通用设置

PCB 通用设置包含嘉立创 EDA 专业版 PCB 和封装的一些常规设置。在系统通用参数设置对话框中单击“PCB/封装—通用”，出现如图 1-31 所示的界面。为了使读者充分了解常见设置的作用，在此对常见设置进行说明。（对重要参数推荐按照图 1-31 中的参数进行设置，其他保持默认即可。）

设置
客户端
▼ 系统
通用
分类
常用库
▼ 原理图/符号
通用
主题
▼ PCB/封装
通用
主题
常用网格/栅格尺寸设置
常用线宽设置
常用过孔尺寸设置
吸附
▼ 面板/面板库
通用
主题
常用字体
图纸
属性
网格类型：网点 网格 无
十字光标：大 小 无
始终显示十字光标
显示效果：速度优先 质量优先
新建 PCB 默认单位：mil mm
新建封装默认单位：mil mm
Alt栅格尺寸：栅格X 5 mil 栅格Y 5 mil
每次旋转角度：90
单击导线选中：选中单段，再次点击选中整段 选中整段，再次点击选中单段
复制/剪切：不选择参考点 选择参考点
绘制时确定导线段：确定至当前段 确定至前一段
结束图元绘制：右键单击结束，Ctrl+右键显示菜单 Ctrl+右键结束绘制，右键单击显示菜单
布线时添加过孔方式：在上一拐点添加 在当前拐点添加

（a）

设置
客户端
▼ 系统
通用
分类
常用库
▼ 原理图/符号
通用
主题
▼ PCB/封装
通用
主题
常用网格/栅格尺寸设置
常用线宽设置
常用过孔尺寸设置
吸附
▼ 面板/面板库
通用
主题
常用字体
图纸
属性
旋转对象：对单对象旋转 对选中整体旋转
新建文档起始布线宽度：跟随规则 自定义
元件属性默认字体：字体类型：默认
线宽：6 mil
高：45 mil
新建文档起始打孔尺寸：跟随规则 自定义
显示编号或网络：焊盘显示编号
焊盘显示网络
导线显示网络
过孔显示网络
实时显示：布线、拉伸导线时显示实时网络长度
布线、拉伸导线时显示实时差分对长度误差
绘制时使用动态输入框

（b）

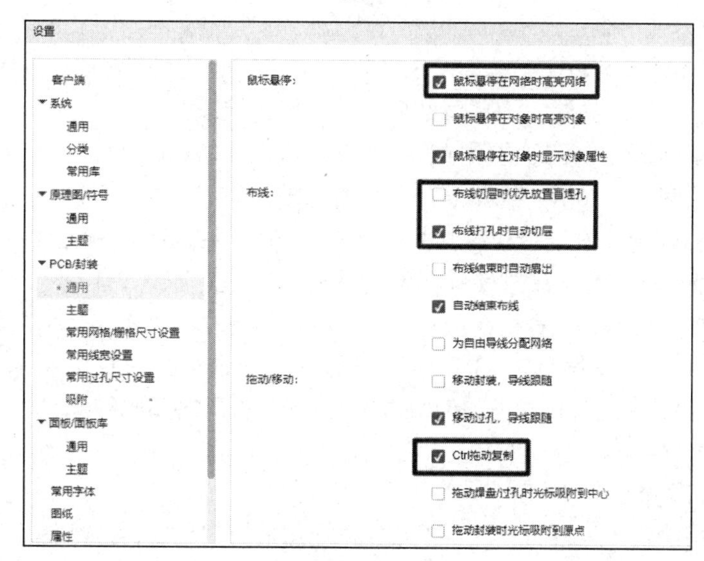

（c）

图 1-31　PCB 通用设置界面

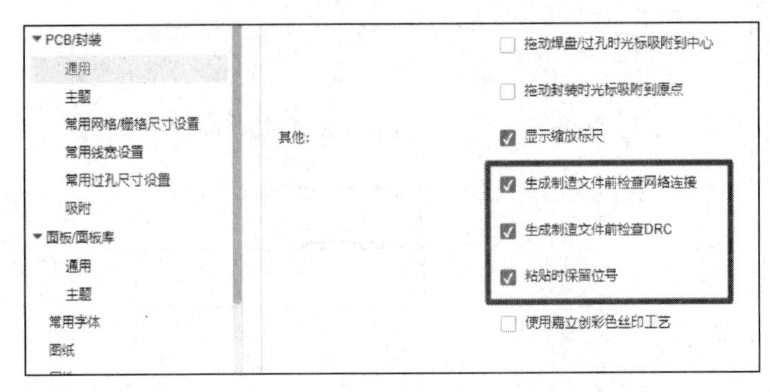

（d）

图 1-31 PCB 通用设置界面（续）

为了使读者充分了解常见设置的作用，在此对常见设置进行说明。

（1）新建默认单位（PCB 和封装）：这里修改 PCB 编辑器的单位，也可以在 PCB 界面按 Q 键进行修改。推荐设置新建 PCB 默认单位为 mil，设置新建封装默认单位为 mm。

（2）Alt 栅格尺寸：Alt 吸附尺寸（在绘制过程中按 Alt 键吸附应用该参数）。推荐设置栅格 X 和 Y 都为 5mil。

（3）每次旋转角度：器件旋转的角度设置，推荐设置为 90°，用户可根据自己的需要进行调整。

（4）复制/剪切：复制/剪切的时候是否需要选择参考点。选择“选择参考点”，复制的时候则需要单击一下参考点才会复制成功。推荐选择“选择参考点”。

（5）绘制时确定导线段：推荐使用确定至当前段，确定至当前段画线结束后需要双击。

（6）布线时添加过孔方式：在布线时按下 Alt+V 键放置过孔，过孔位置设置，推荐选择“在当前拐点添加”。

（7）显示编号或网络：显示、隐藏器件焊盘的编号或网络，推荐不勾选。

（8）实时显示：包含以下几项。

① 焊盘显示网络：显示、隐藏器件焊盘的网络，推荐勾选。

② 导线显示网络：显示、隐藏导线上的网络，推荐勾选。

③ 过孔显示网络：显示、隐藏过孔的网络，推荐勾选。

④ 布线、拉伸导线时显示实时网络长度：在布线或拉伸的时候会显示网络长度，如图 1-32 所示，推荐不勾选，在需要进行等长调整的时候勾选。

⑤ 绘制时使用动态输入框：在绘制板框、圆、铺铜时，会有一个动态输入框，在动态输入框中输入数据，即可按照输入的数据生成绘制的元素，如图 1-33 所示，推荐勾选。

（9）鼠标悬停：鼠标悬停在网络时高亮网络，即鼠标放置到导线上整个 PCB 相同网络的都会高亮，推荐勾选。

（10）布线：包含以下几项。

① 布线切层时优先放置盲埋孔：在布线切换层放置过孔时，设置对过孔或盲埋孔进行优先设置。

② 布线打孔时自动切层：在布线时打开会自动切换层走线，推荐勾选。

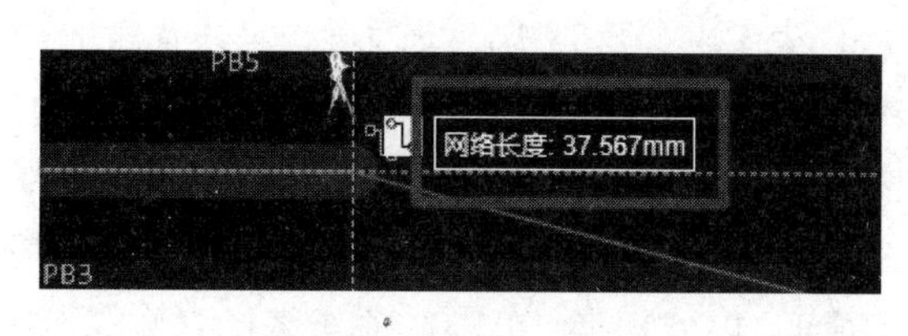

图 1-32　显示网络长度

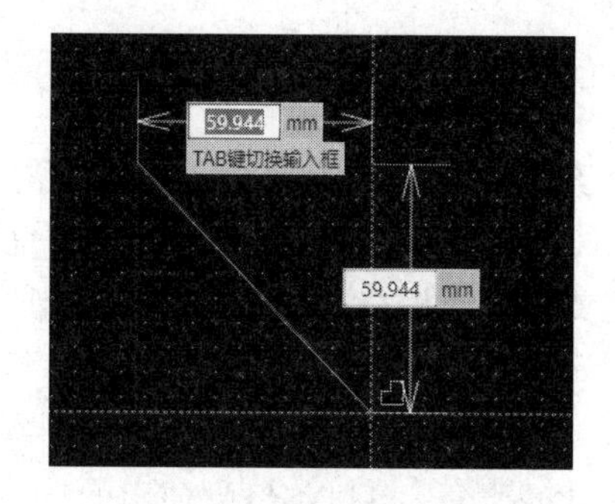

图 1-33　动态输入框

（11）拖动/移动：Ctrl 拖动复制，即选中器件按住 Ctrl 键用鼠标拖动即可复制，推荐勾选。

（12）其他：包含以下几项。

① 生成制造文件前检查网络连接：导出 Gerber 文件的时候系统会检查 PCB 网络的连接是否完成，推荐勾选。

② 生成制造文件前检查 DRC：导出 Gerber 文件的时候系统会进行 DRC 检查，推荐勾选。

③ 粘贴时保留位号：将复制好的器件粘贴在 PCB 时，保持原有的位号，推荐勾选。

1.6.2　PCB 界面主题设置

用户可根据个人喜好设置 PCB 界面的图层颜色和透明度，也可以选择其他 PCB 软件的主题。在系统通用参数设置对话框中单击“PCB/封装—主题”，如出现如图 1-34 所示的界面，在其中可进行其他 PCB 软件主题切换。

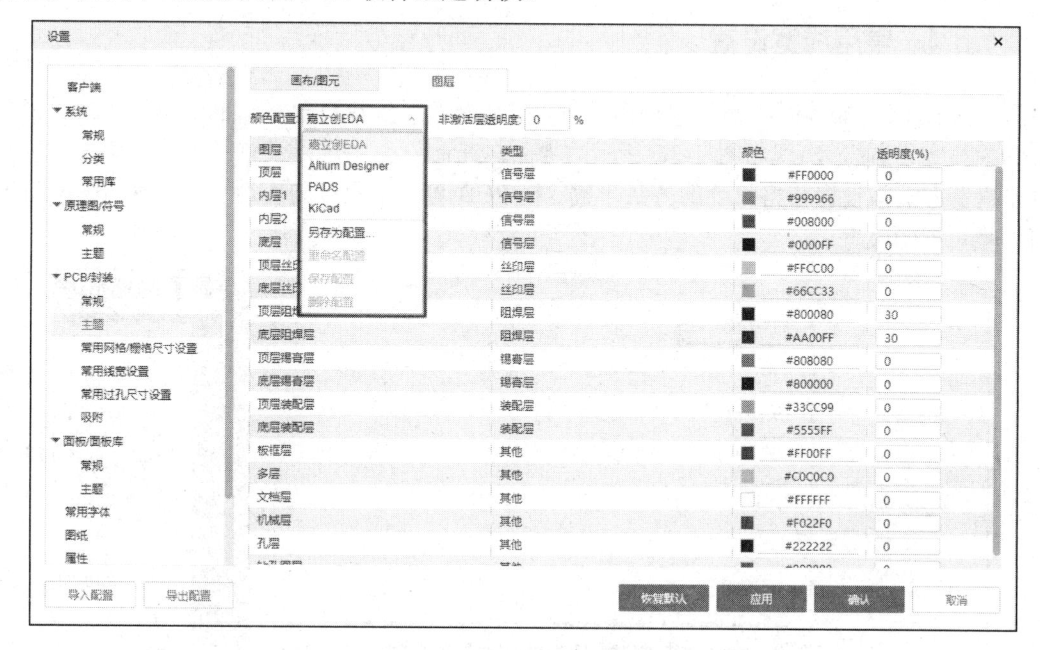

图 1-34　PCB 界面主题设置

1.6.3 常用网格/栅格尺寸设置

在系统通用参数设置对话框中单击“PCB/封装—常用网格/栅格尺寸设置”，出现如图 1-35 所示的界面。网格/栅格设置界面可以对 PCB 上的格点大小进行设置，用户可以根据自己的习惯对栅格尺寸进行添加、删除和移动。

单击上方的 ➕ 按钮底部会增加一栏栅格参数设置，然后双击修改为常用的栅格尺寸即可添加。单击上方的 ✖ 按钮可以对添加的栅格尺寸删除，单击 ⬆ 和 ⬇ 按钮可以调整栅格尺寸的位置，可以将经常使用的尺寸移至顶部，以便切换。可以在顶部菜单中单击“视图—栅格尺寸”进行切换，如图 1-35 所示。

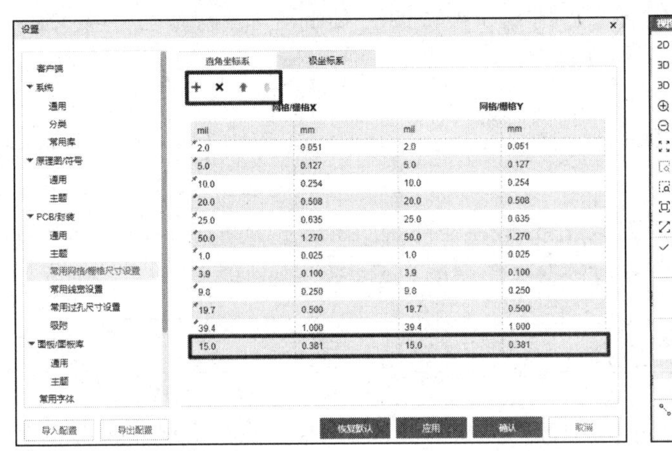

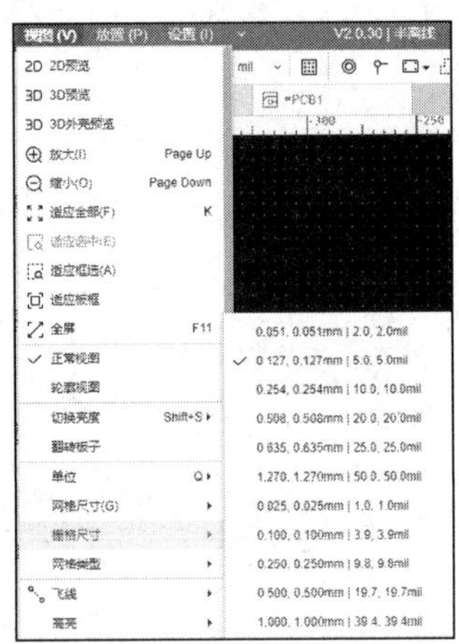

图 1-35　常用网格/栅格尺寸设置和切换

1.6.4 常用线宽设置

在进行 PCB 布线时经常需要切换线宽，在系统通用参数设置对话框中单击“PCB/封装—常用线宽设置”，出现如图 1-36 所示的界面，在此界面中可以设置常用的线宽来方便设计。设置方法与设置栅格尺寸的方法一致。在 PCB 界面中执行走线命令，按 Shift+W 键即可切换设置的线宽。

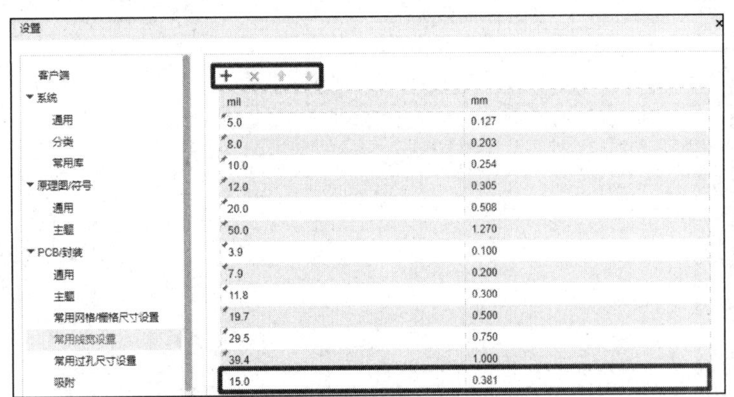

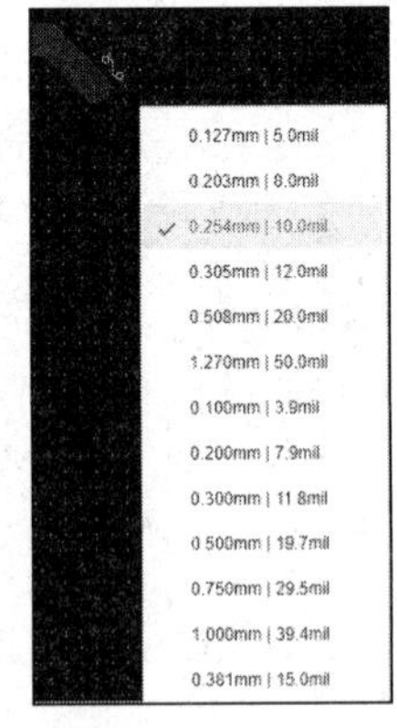

图 1-36　常用线宽设置和切换

1.6.5 常用过孔尺寸设置

在进行 PCB 设计时经常需要使用不同类型的过孔，在系统通用参数设置对话框中单击“PCB/封装—常用过孔尺寸设置”，出现如图 1-37 所示的界面。在此界面中可以设置常用的过孔尺寸来方便设计。设置方法与设置栅格尺寸的方法一致。在 PCB 界面的走线命令下按 Shift+V 键即可切换设置的线宽。

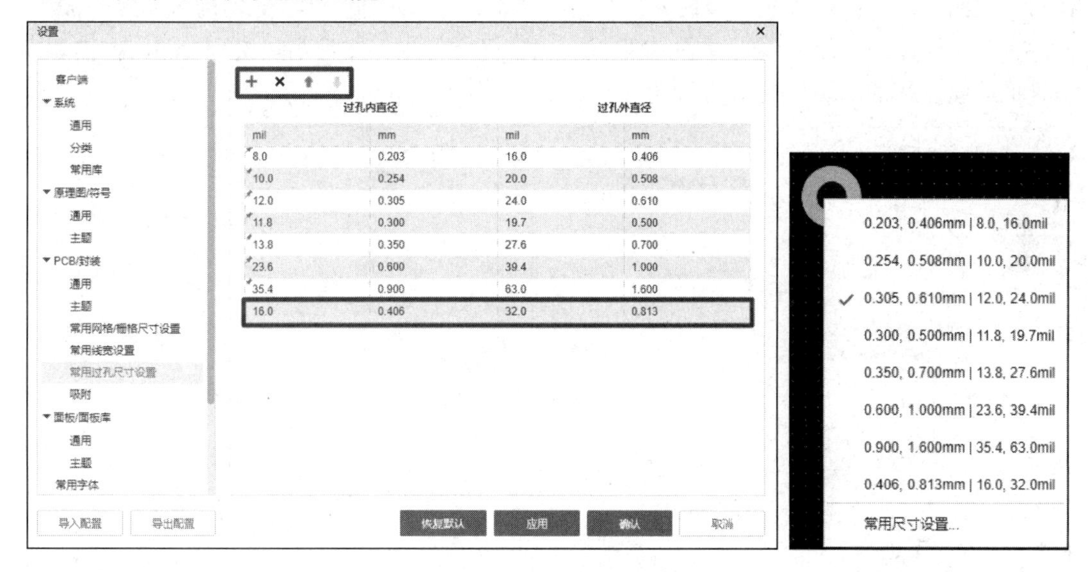

图 1-37 常用过孔尺寸设置和切换

1.6.6 吸附功能设置

在系统通用参数设置对话框中单击“PCB/封装—吸附”，出现如图 1-38 所示的界面。吸附功能可以吸附焊盘的中心、过孔中心和线条的中心点等。对应的参数设置根据具体设计进行勾选。可以通过按 ALT+S 键或单击“顶部菜单—编辑—吸附”及在右键菜单中单击“吸附”来开启和关闭吸附功能。

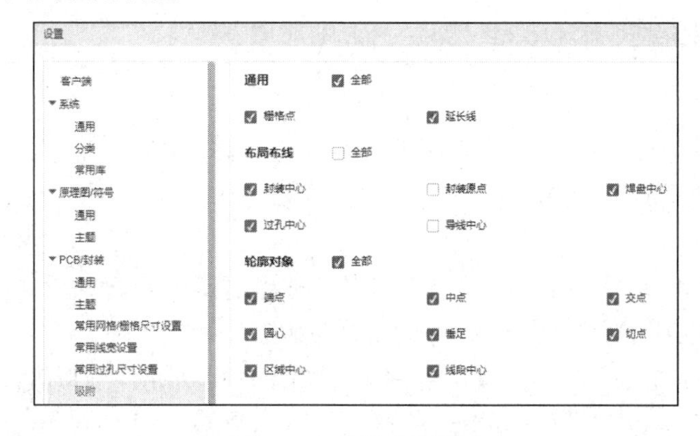

图 1-38 吸附功能设置

1.7 系统参数的保存与调用

前面几节讲解了对常用系统参数、原理图系统参数及PCB系统参数进行的自定义设置，假如更换计算机或重装软件来进行操作时，这些设置要想很方便地调用，就要用到参数保存与调用的功能。在系统通用参数设置对话框中有“导入配置”和“导出配置”两个按钮，如图1-39所示，可以把当前设置的参数保存到目标文件中，文件名后缀为.json，在需要调用时把前面保存的.json文件导入即可。

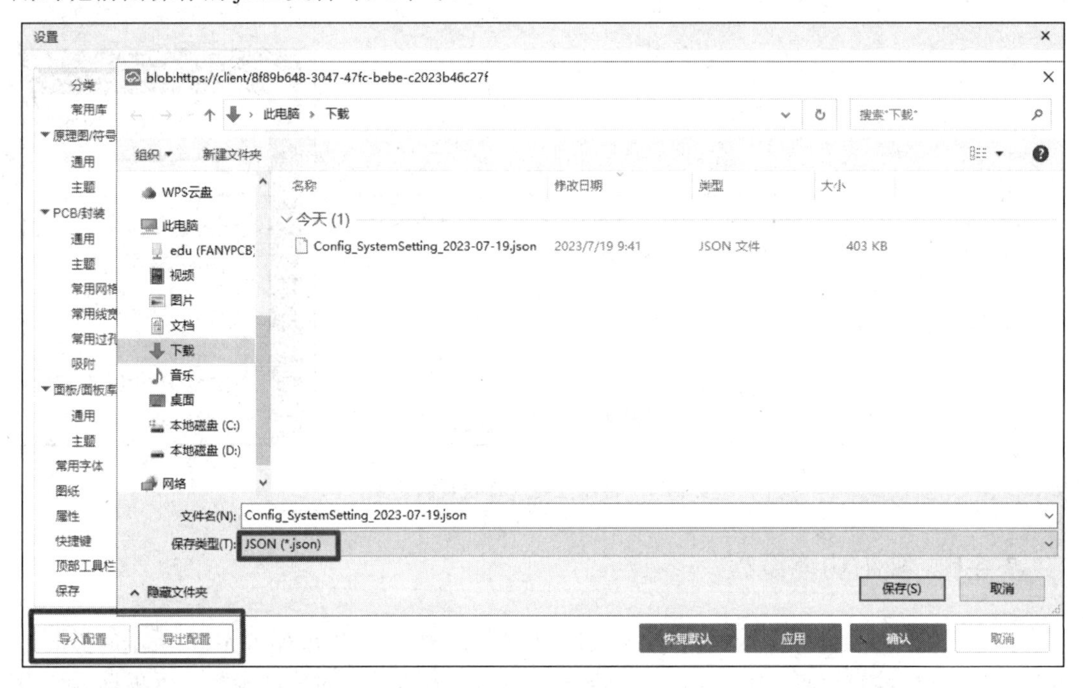

图1-39　系统参数的保存

1.8 电子设计流程概述

前面几节通过对嘉立创EDA专业版系统参数的讲解，使读者对嘉立创EDA专业版的基本操作环境有了一定的了解，下面来概述电子设计的流程，让读者在整体上对电子设计有一个基本的认识。

从总体上来说，嘉立创EDA专业版常规的电子设计流程包含项目立项、元件建库、原理图设计、PCB设计、生产文件导出、PCB文件加工。

（1）项目立项：首先需要确认好产品的功能需求，完成元件选型等工作。

（2）元件建库：根据电子元件手册的电气符号创建嘉立创EDA专业版映射的电气标

识和电子元件在 PCB 上唯一的映射图形。

（3）原理图设计：通过元件库的导入连接电气功能及逻辑关系。

（4）PCB 设计：交互原理图的网络连接关系，完成电路功能之间的布局及布线工作。

（5）生产文件导出：衔接设计与生产的文件，包含电路 Gerber 文件、装配图等。

（6）PCB 文件加工：制板出实际的电路板，发送到贴片厂进行贴片焊接作业。

以上表述可以通过如图 1-40 所示的嘉立创 EDA 专业版电子设计流程图表达出来，从而可以让用户得到很清晰的认识。

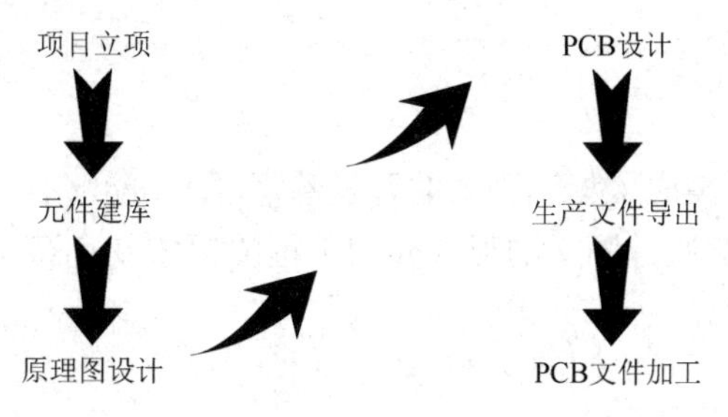

图 1-40　嘉立创 EDA 专业版电子设计流程图

1.9　本章小结

本章对嘉立创 EDA 专业版进行了基本概括，包括嘉立创 EDA 专业版的安装、激活、操作环境及系统参数设置，旨在让读者搭建好设计平台并高效地配置好平台的各项参数。同时，本章还向读者概述了电子设计流程，使读者从整体上熟悉电子设计，为接下来的学习打下基础。

第2章

工程的组成及完整工程的创建

嘉立创 EDA 专业版集成了相当强大的开发管理环境，能够有效地对设计的各种文件进行分类及层次管理。本章通过图文的形式介绍工程的组成及完整工程的创建，有利于读者形成系统的文件管理概念。

学习目标

- 熟悉 PCB 工程的组成。
- 熟练创建完整的 PCB 工程。
- 熟练新建或添加各类文件到现有 PCB 工程中。

2.1 工程的组成

用户在熟悉嘉立创 EDA 专业版电子设计流程之后，需要进一步了解工程的组成，以便更加细致地把握好整个流程。

一个完整的工程应该包含元件库文件、原理图文件、网络表文件、PCB 文件、生产文件，并且应保证工程里面文件的唯一性，即只有一份 PCB 文件、一份原理图文件、一份封装文件等，不相关的文件应当及时删掉。尽量将所有与工程相关的文件放置到一个路径下面，因为良好的工程文件管理，可以使工作效率得以提高，这也是一名专业的电子设计工程师应有的素质。

2.2 完整工程的创建

在嘉立创 EDA 专业版中，工程是单个文件相互之间的关联和设计的相关设置的集合体，所有文件集合在一个工程下，方便设计时对其集中管理。

2.2.1　新建工程

（1）打开软件，单击“文件—新建—工程”，如图 2-1 所示。

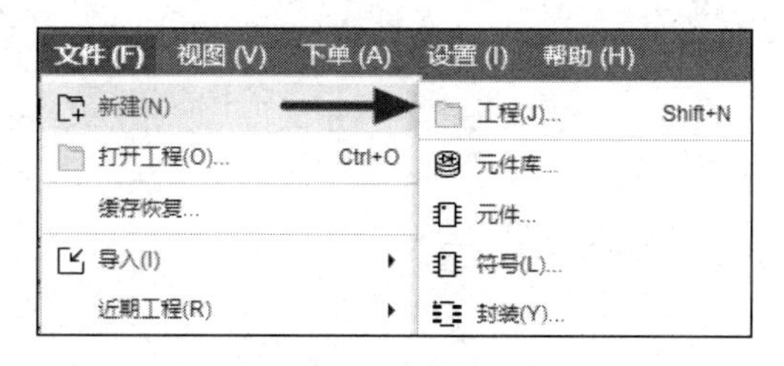

图 2-1　新建工程

（2）在弹出的如图 2-2 所示的对话框中，对新建工程进行命名和添加描述，如果对新建工程的存储路径不满意，则可以对其进行变更，设置完成之后单击“保存”按钮即可创建工程。创建工程时会默认创建一个 Board、一个原理图和一个 PCB，如图 2-3 所示。

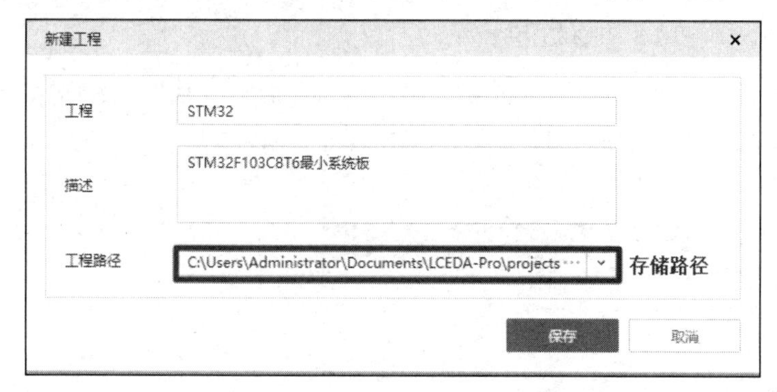

图 2-2　对新建工程进行设置

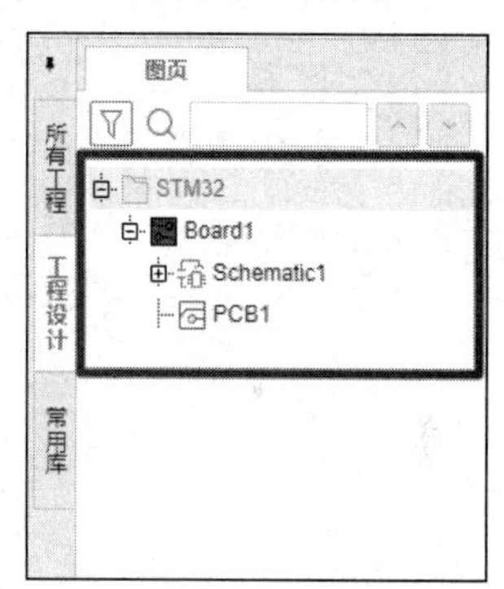

图 2-3　工程新建完成

2.2.2　已存在工程文件的打开与路径查找

在设计中可能需要打开已存在的工程文件，在半离线模式或离线模式下，可以单击“文件—打开工程”（Ctrl+O 键），如图 2-4 所示，也可以单击标准工具栏中的按钮 ，出现如图 2-5 所示的窗口，在选择对应工程文件（.eprj 后缀）后，单击“确认”按钮即可打开已存在的工程文件。

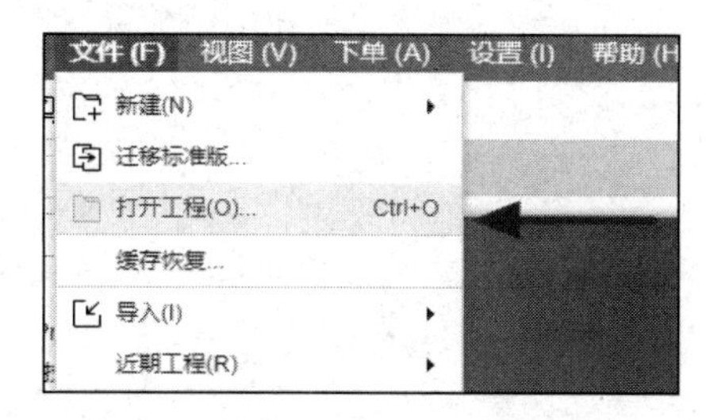

图 2-4　打开工程文件

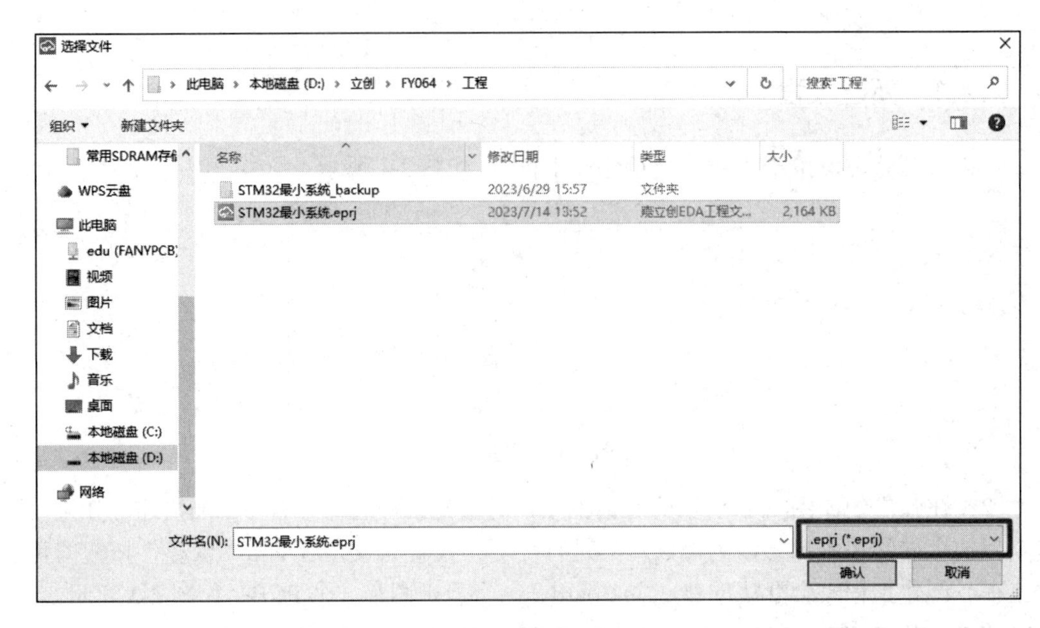

图 2-5 选择工程文件一

在全在线模式下，可以单击“文件—导入—嘉立创 EDA（专业版）”，如图 2-6 所示，此时会出现如图 2-7 所示的窗口，选择对应工程文件（.epro 后缀）后单击“打开”按钮，即可打开已存在的工程文件。

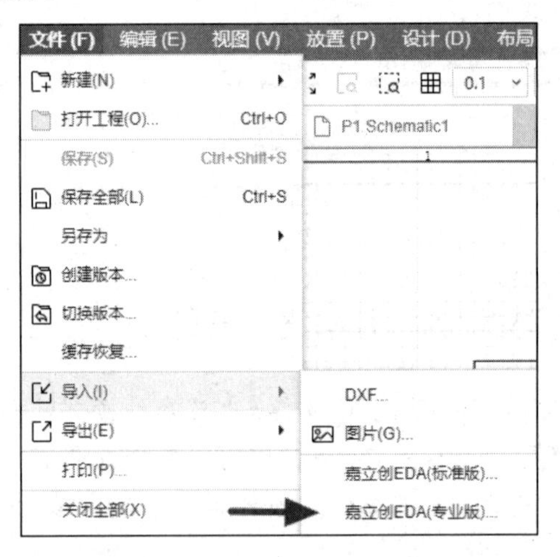

图 2-6 导入嘉立创 EDA 专业版

在半离线模式下，可以通过单击“文件—另存为—工程另存为（.epro）”先导出后缀为“.epro”的工程文件，再将其导入全在线模式。

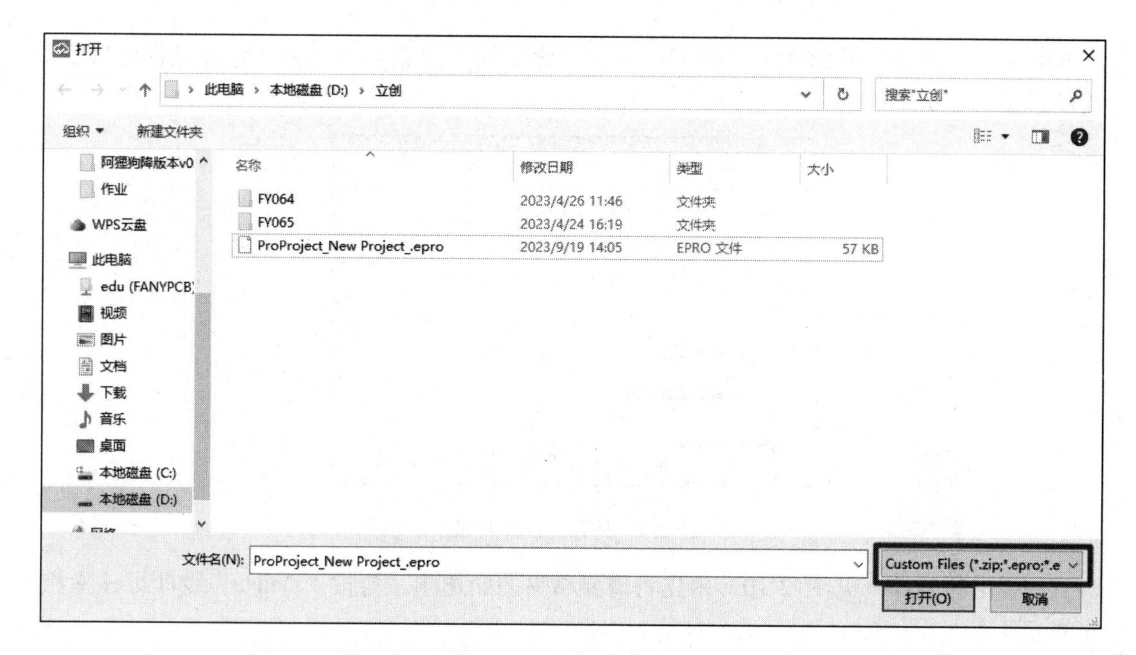

图 2-7　选择工程文件二

2.2.3　新建或添加元件库

1. 新建元件库

单击“文件—新建—元件库”会弹出如图 2-8 所示的窗口，设置好库名称和存储路径即可创建一个新的元件库。

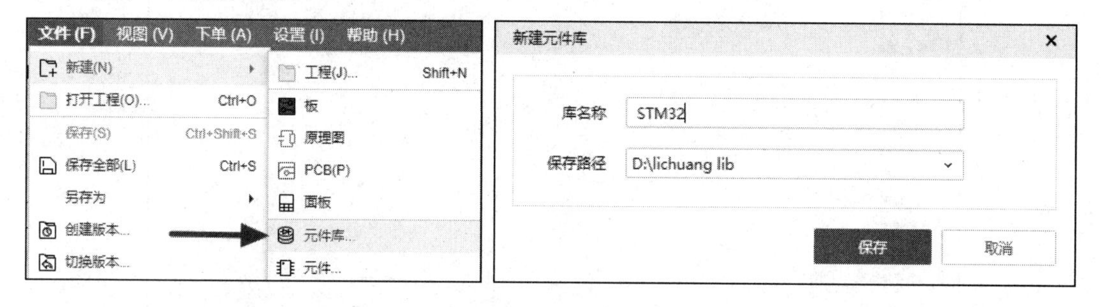

图 2-8　新建元件库

2. 已存在元件库的添加与移除

1）已存在元件库的添加

设计时经常需要调用已存在的元件库（公司或个人总结统一的库），只需将后缀为“.elib”的库文件放入客户端设置的库路径下，然后选择“刷新”选项，如图 2-9 所示，即可在底部面板中的“库”选项卡里进行调用。

2）已存在元件库的移除

当不需要某个元件库的时候，可以在底部面板中单击“库”选项卡，继而打开元件库界面，先单击需要移除的库，然后右击，在弹出的快捷菜单中选择“打开元件库目录”选项，如图 2-9 所示。

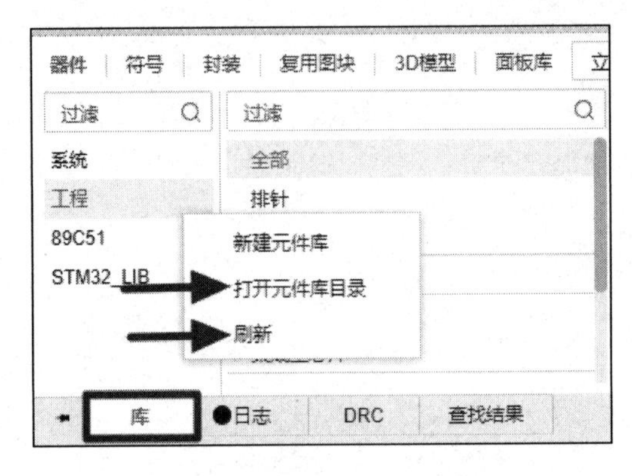

图 2-9　打开元件库目录

在弹出的界面（见图 2-10）中先将需要移除的库选中，再按“Delete”键即可移除相应的元件库。

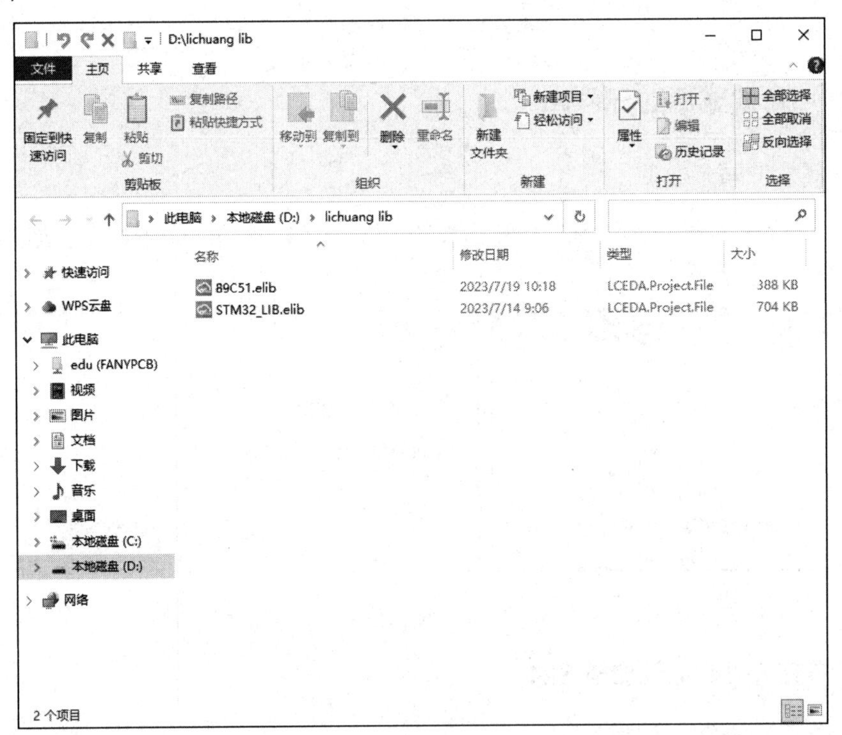

图 2-10　弹出的界面

2.2.4　新建或移除原理图

1. 新建原理图图页

单击“文件—新建—图页”，如图 2-11 所示，可在工程中创建一页新的原理图图页。

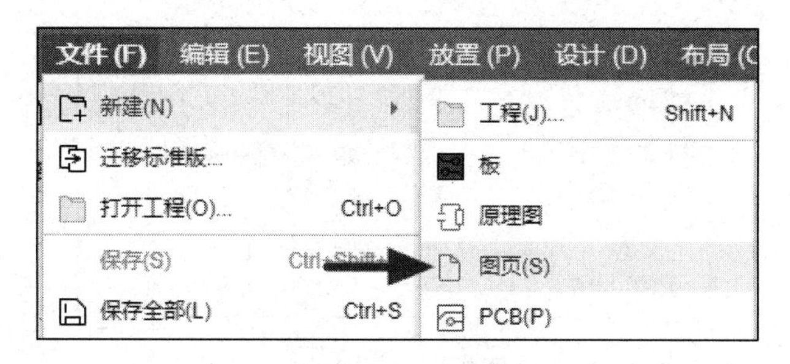

图 2-11　新建原理图图页

2. 已存在原理图图页的添加和移除

1）已存在原理图图页的添加

（1）打开已存在原理图图页设计所在的工程，选中对应图页，右击，在弹出的快捷菜单中选择“复制”选项，如图 2-12 所示。

（2）然后打开需要添加此图页的工程，选中“Board1”右击，在弹出的快捷菜单中选择“粘贴”选项，如图 2-13 所示，即可添加上述（1）中所存在的原理图图页。

2）已存在原理图图页的移除

在工程中，先单击选中需要移除的原理图图页，然后右击，在弹出的快捷菜单中选择“删除”命令即可移除该图页，如图 2-14 所示。

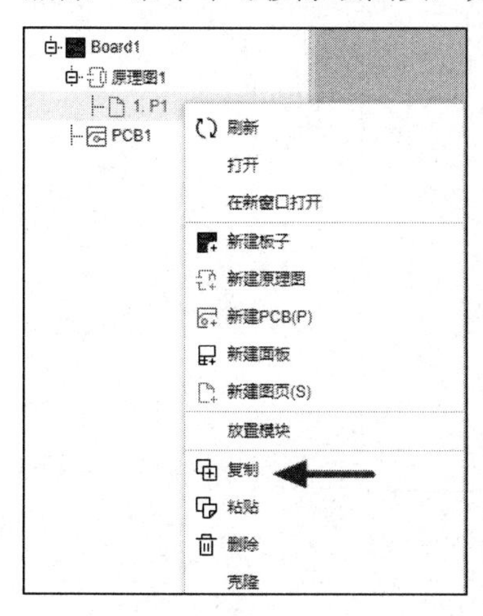

图 2-12　原理图图页的复制

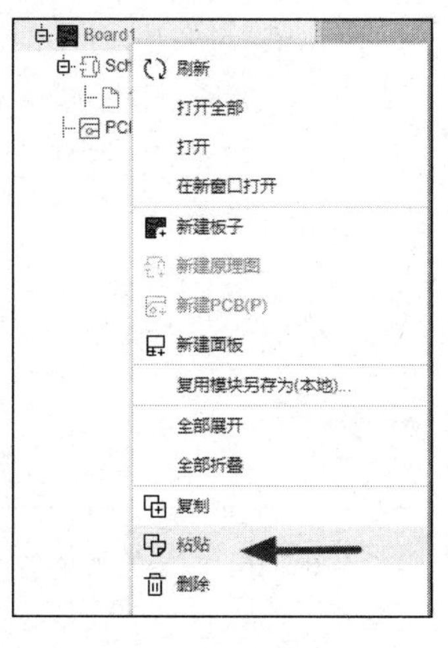

图 2-13　原理图图页的粘贴

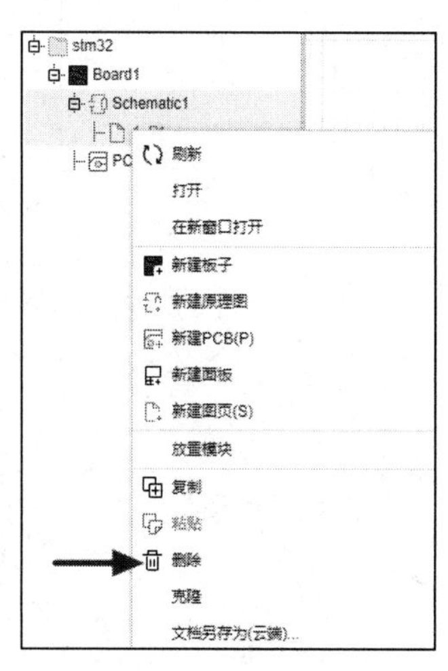

图 2-14　原理图图页的移除

2.2.5　新建或移除板子

1. 新建板子

单击“文件—新建—板”，如图 2-15 所示，即可在工程中创建一个新的 Board 文件，新建的 Board 文件下面会默认创建一个原理图文件和一个 PCB 文件，用户无须再手动创建。

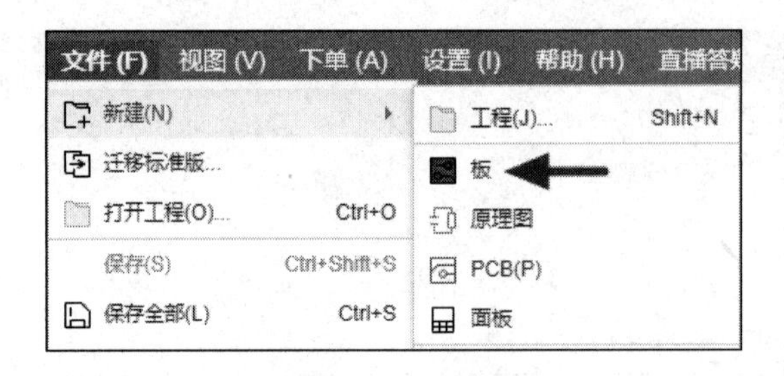

图 2-15　新建板子

2. 已存在板子的删除

在工程中选中需要删除的板子文件，右击，在弹出的快捷菜单中选择“删除”选项即可删除该板子，如图 2-16 所示。

图 2-16　板子的删除

2.3　本章小结

本章主要介绍工程的组成及完整工程的创建方法，让读者充分了解一个完整工程需要的元素，并清楚这些文件的创建方法。

良好的工程文件管理可以使工作效率得以提高，这也是一名专业的电子设计工程师应有的素质。

第 3 章

元件库开发环境及设计

在用嘉立创 EDA 专业版绘制原理图时，需要放置各种各样的元件。虽然嘉立创 EDA 专业版的系统元件库很完备，但是难免会遇到找不到所需要的元件的情况，在这种情况下便需要用户自己创建元件了。嘉立创 EDA 专业版提供了一个完整的创建元件的编辑器，用户可以根据自己的需要编辑或创建元件。本章将详细介绍如何创建原理图的元件库。

学习目标

- ➢ 熟悉元件库编辑器。
- ➢ 熟练掌握单部件（Part）元件的创建。
- ➢ 熟悉多部件（Part）元件的创建。

3.1 元件符号概述

元件符号组成示例如图 3-1 所示。元件符号是元件在原理图中的表现形式，主要由元件边框、引脚（包括引脚符号和引脚名称）、元件名称及说明组成，通过放置的引脚来与其他元件建立电气连接关系。元件符号中的引脚序号是和元件实物的引脚一一对应的。在创建元件的时候，图形不一定和元件实物完全一样，但是对于引脚序号和名称，一定要严格按照元件规格书中的说明一一对应好。

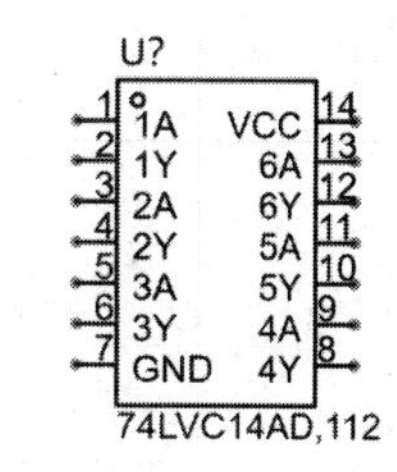

图 3-1 元件符号组成示例

3.2 元件库编辑器

3.2.1 元件库编辑器界面

元件库设计是电子设计中首先要进行的步骤，通过元件库编辑器放置矩形、画线、放置引脚等编辑操作创建出需要的元件模型。元件库编辑器界面如图 3-2 所示。这里对元件库编辑器界面进行初步介绍。嘉立创 EDA 专业版元件库编辑器提供了丰富的菜单及绘制工具，整个界面可分为若干个工具栏和面板。

（1）文件：主要用于完成对各种文件的新建、打开、保存等操作。

（2）编辑：用于完成各种编辑操作，包括复制、粘贴、剪切。

（3）视图：用于视图操作，包括窗口放大、缩小，栅格尺寸、类型设置，打开和关闭顶部工具栏及左、右、底部面板等。

（4）放置：用于放置元件符号，是创建元件库用得最多的一个命令菜单。

（5）布局：用于对引脚、折线等进行左右对齐、等间距、旋转等操作。

（6）工具：为设计者提供各类工具，包括高级符号向导、重新编号引脚等功能。

（7）设置：用于对系统、PCB/封装、原理图/符号等进行设置。

（8）帮助：有社区、教程和反馈等选项。

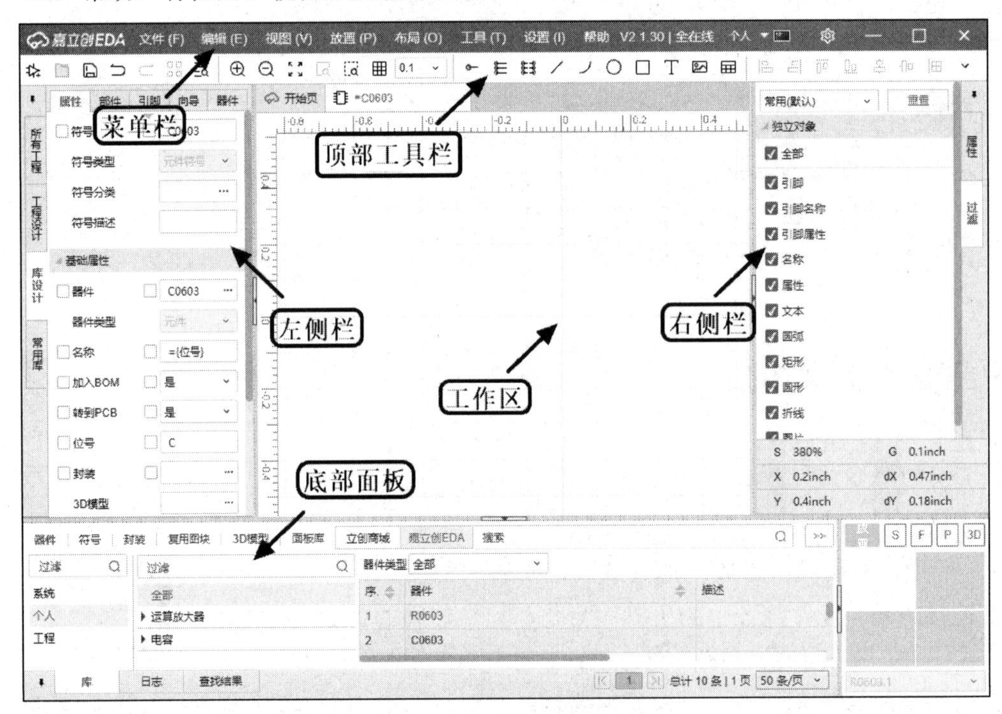

图 3-2 元件库编辑器界面

1. 顶部工具栏

顶部工具栏中的功能按钮的显示与隐藏，可以通过单击“设置—顶部工具栏”来设置。

（1）单击“设置—顶部工具栏”弹出“设置”窗口，在窗口上方选择“符号”选项。

（2）在窗口左侧的“可选项”功能列表中，勾选功能按钮，表示选中按钮在顶部工具栏中显示；取消勾选则表示不显示。

（3）已选择显示的在右侧“已选项”列表中展示，窗口中间的《、》图标可用于将功能按钮移除或添加到“已选项”中，如图 3-3 所示。表 3-1 所示为顶部工具栏中的主要功能按钮。

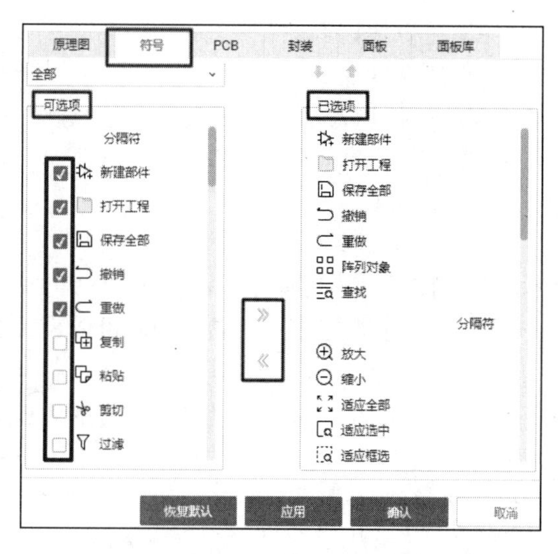

图 3-3　编辑顶部工具栏按钮

表 3-1　顶部工具栏中的主要功能按钮

功能按钮	功能说明	功能按钮	功能说明
	新建部件		打开工程
	保存全部		撤销、重做
	阵列对象		查找相似对象
	放大、缩小		适应全部
	适应选中		适应框选
	网格类型	0.1	网格尺寸
	引脚		折线
	圆形、矩形		文本
	图片		表格
	生成/更新图块原理图		根据原理图更新引脚

2. 左侧栏

左侧栏如图 3-4 所示。其中的各项内容如下。

（1）所有工程：打开和显示已添加到工程保存路径里的工程文件。

（2）工程设计：打开和显示该工程中所有的 PCB、原理图文件。

（3）库设计：用于器件的编辑。

① 属性：用于编辑器件的各种属性，包括符号名称、对应器件、值（如电容的容值）、封装等属性。

② 部件：用于为多部件组成的符号添加组成部件。

③ 引脚：查看和编辑已经放置的引脚，包括编辑引脚编号、名称类型等操作。

④ 向导：利用符号向导器可以快速创建符号。

⑤ 器件：用于查看该器件所在的库。

（4）常用库：将经常使用的器件加入常用库，可以单击“设置—系统—常用库”，来管理库和库中的器件。

3. 右侧栏

右侧栏如图 3-5 所示。其中的各项内容如下。

（1）属性：需要选中一个对象才能打开，如选引脚后可以设置引脚名称、引脚类型、长度等。

（2）过滤：过滤掉不需选中的元素，勾上元素名称前方的“☑”表示它可在编辑器件界面选中，反之则不能被选中。

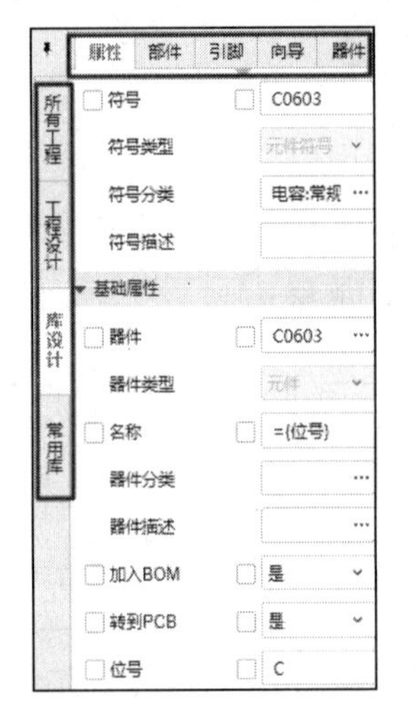

图 3-4 左侧栏

图 3-5 右侧栏

4. 底部面板

底部面板如图 3-6 所示。其中的各项内容如下。

图 3-6 底部面板

（1）刷新：完成属性修改后，需要单击刷新按钮，才能在器件列表中看到最新修改的信息。

（2）新增：新建器件、符号等。

（3）批量另存为：批量将库中的器件、符号等另存到其他路径中。

（4）批量删除：批量将库中的器件、符号等移出库列表。

（5）申请新元件：如没有符号、封装的元件，可以申请嘉立创 EDA 官方添加。

（6）弹出窗口：将“库”选项卡弹出，在独立窗口中显示。

3.2.2　元件库编辑器工作区参数

创建元件之前一般习惯对其工作区进行一定的参数设置，从而更有效地创建元件。单击“设置—原理图/符号—通用”，进入原理图/符号工作区参数编辑窗口，如图 3-7 所示，并按照图 3-7 中的推荐参数进行设置。

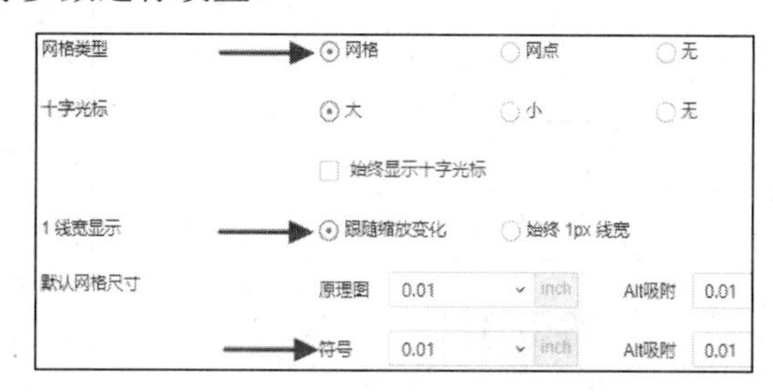

图 3-7　原理图/符号工作区参数编辑窗口

（1）网格类型：设置原理图/符号编辑界面的可视网格类型，包括网格、网点和隐藏网格，推荐选择“网格”类型，以便使引脚对齐。

（2）线宽显示：符号的线宽是否跟随界面的缩放去调整其显示的线宽，推荐选择“跟随缩放变化”，以便查看。

（3）默认网格尺寸：可视栅格、捕捉栅格的设置，一般设置为 0.01inch。

3.3　单部件元件的创建

1．新增或新建元件

选中元件库编辑器界面底部面板左下角的“库”，调出元件的工作面板，单击元件列表上的“新增”按钮，添加一个新元件，如图 3-8 所示；或者单击“文件—新建—元件”，新建一个元件，如图 3-9 所示。

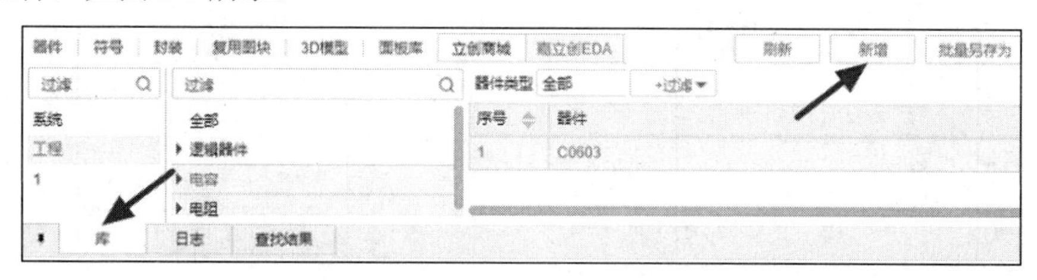

图 3-8　新增元件按钮操作

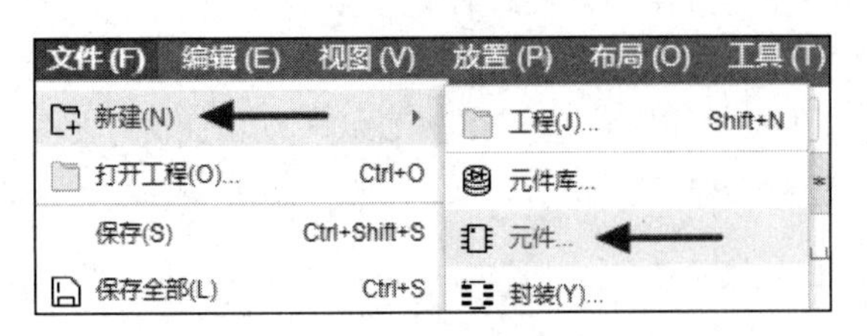

图 3-9　新建元件菜单命令操作

2. 对新元件命名

新建元件之后将会弹出“新建器件”对话框，可以对新建元件进行指定元件库、命名、分类等操作，如图 3-10 所示；如果需要对建立完成的元件进行重命名、分类等操作，可以通过单击“左侧栏—库设计—属性”进行更改命名、分类等操作，如图 3-11 所示。

图 3-10　新建元件命名

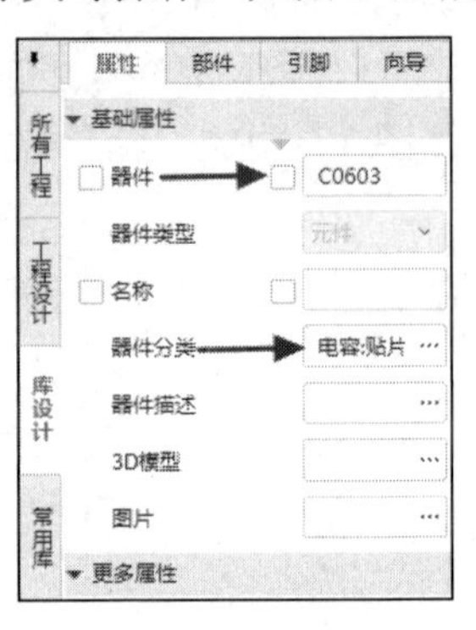

图 3-11　对元件重新命名

3. 绘制元件符号边框并设置其属性

1）绘制元件符号边框

（1）在顶部工具栏中单击按钮“／”或“□”，如图 3-12 所示，激活指令后鼠标指针变成十字形并附着一个矩形图标显示在工作区中。

（2）移动鼠标到合适的位置并单击，确定元件符号矩形边框的一个顶点，继续移动鼠标到合适的位置单击，确定元件符号矩形边框的对角顶点，即放置符号边框完成，如图 3-12 所示；右击或按 Esc 键即可退出放置状态。

2）矩形框属性设置

符号边框放置完成后，选中矩形框，则对应右侧栏中的“属性”对话框自动弹出，在此对话框内可对矩形框尺寸进行调整，如图 3-13 所示，建议“线宽”选择“1（默认）”，“线型”选择“实线（默认）”。

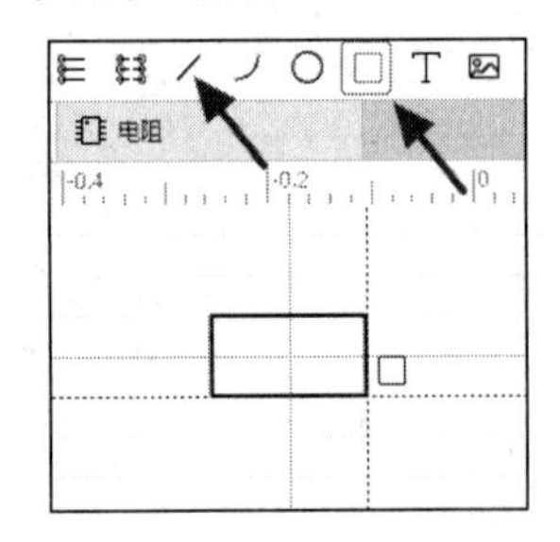

图 3-12　绘制元件符号边框

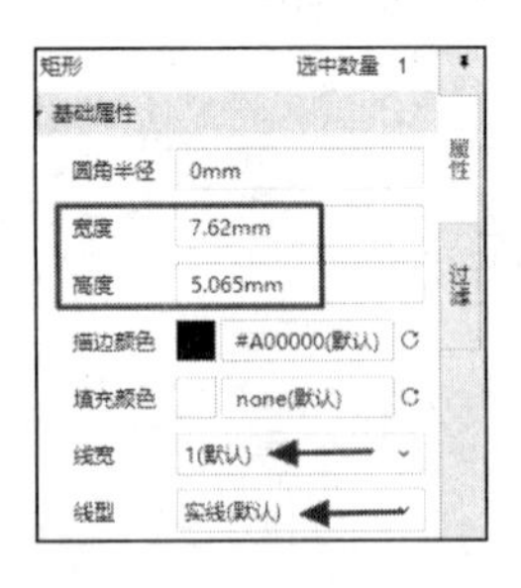

图 3-13　矩形框属性

4. 放置引脚并设置其属性

1）放置引脚

（1）单击顶部工具栏中放置引脚的按钮“⊶”，或者单击“放置—引脚”，如图 3-14 中的左图所示，激活指令后鼠标指针变成十字形并附着一个引脚符号。

（2）移动鼠标到合适的位置，单击鼠标左键完成放置，右击或按 Esc 键退出放置状态。

（3）放置引脚时，一端会出现一个“●”标志表示此端具有电气特性，如图 3-14 中的右图所示。有电气特性的一端需要朝外放置，用于原理图设计时连接电气走线。

（4）在放置的过程中可以通过空格键来调整方向。

2）引脚属性设置

放置完成后选中引脚，可通过单击“右侧栏—属性”对引脚属性进行设置，如图 3-15 所示。在此对引脚属性设置进行介绍。

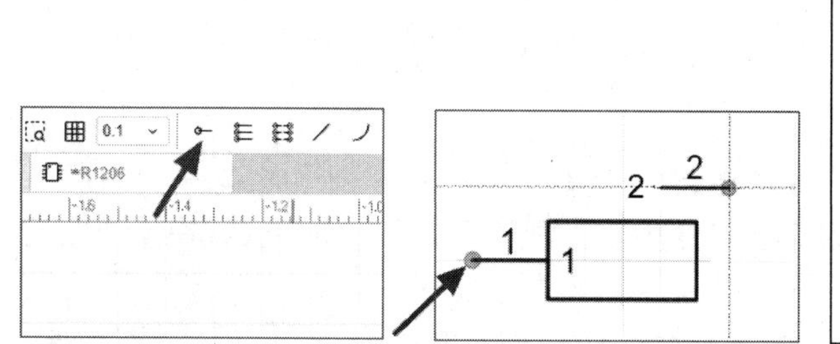

图 3-14　放置引脚

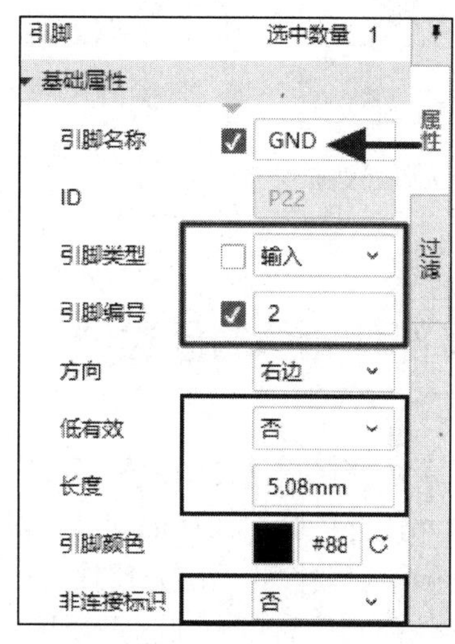

图 3-15　引脚属性设置

（1）引脚名称：设置引脚名称，方便设计者识别信号，如“VCC”“GND”。

（2）引脚类型：引脚的电气类型，可选择输入、输出和双向。

（3）引脚编号：它是和 PCB 封装引脚唯一配对的编号，如“1”“2”“3”等或极性元件的“A”“K”等。

（4）低有效：选择引脚是否为低电平有效。

（5）长度：设置引脚长度。

（6）非连接标识：设置引脚是否为不连接或悬空。

在常规设计中，电气类型一般默认选择“双向”。

5. 元件属性设置

上述步骤按照要求做好之后，图形元素基本就绘制完毕了，这个时候需要对绘制好的这个元件属性进行设置。

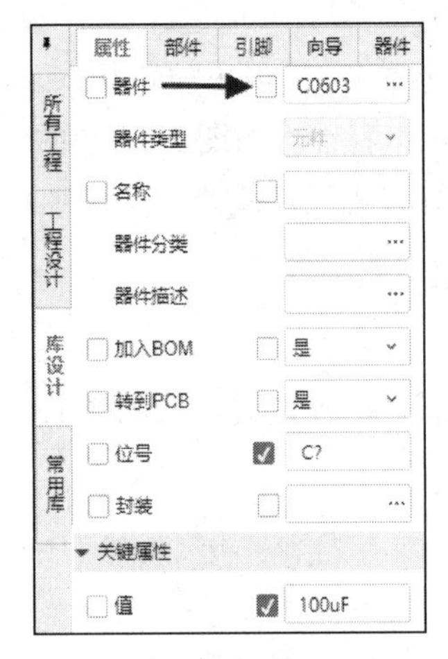

图 3-16 元件属性选项卡

在元件编辑界面左侧栏单击“库设计—属性”设置元件属性。元件属性选项卡包含器件、名称、加入 BOM、转到 PCB、位号、封装、值等属性，如图 3-16 所示。

（1）器件：一般填写器件型号，可以更改符号所对应的器件。

（2）加入 BOM：原理图导出 BOM 表（物理清单）时该元件信息是否加入 BOM 表中。

（3）转到 PCB：如果设置为“否”，则该元件不会在封装管理器中出现，也不会在 PCB 中呈现。

（4）位号：识别元件的编码，常见的有“C?”“R?”“U?”。

（5）封装：单击输入框即可指定库中已有的 PCB 封装，同时也可以对已存在的 PCB 封装进行更换或编辑。

（6）值：在“关键属性”选项中添加“值”选项，用来填写元件的大小参数或型号参数，如电阻器的电阻值、电容器的电容值。

3.4 多部件元件的创建

当一个元件符号包含多个相对独立的功能部件（Part）时，可以使用多部件。原则上，任何一个元件都可以被任意地划分为多个子部件，这在电气意义上没有错误，在原理图的设计上增强了可读性和绘制方便性。

子部件是元件的一个部分，如果一个元件被分为多部件，则该元件至少有两个部件，元件的引脚会被分配到不同的部件中。下面以常见的多部件元件“运算放大器”为例，来讲述一下多部件元件的创建方法。

（1）找到数据手册中对引脚功能的描写，此处以创建 LM358DR 为例，分析元件的引脚分配，如图 3-17 所示。

（2）从数据手册图中可以看出，4、8 号引脚是电源引脚，1、2、3 号引脚加上电源 4、8 号引脚，是一个具有相对独立功能的部件，5、6、7 号引脚是一个部件，因此该元件可以分配为两个子部件。

（3）按照本书 3.3 节的内容，用创建单部件元件的方法创建 LM358DR 的“Part 1”，如图 3-18 所示。

（4）在左侧栏中单击“库设计—部件”，在其弹出的对话框内单击图标⊕生成“Part 2”，如图 3-19 所示。

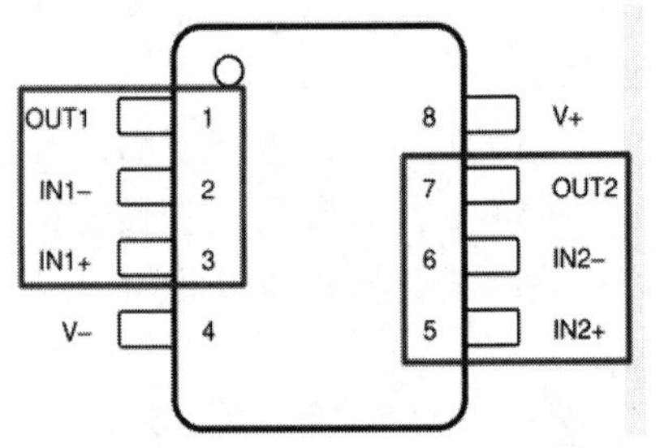

图 3-17 LM358DR 数据手册

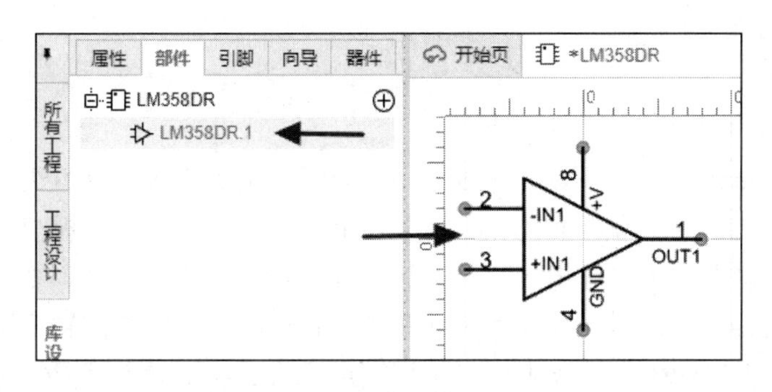

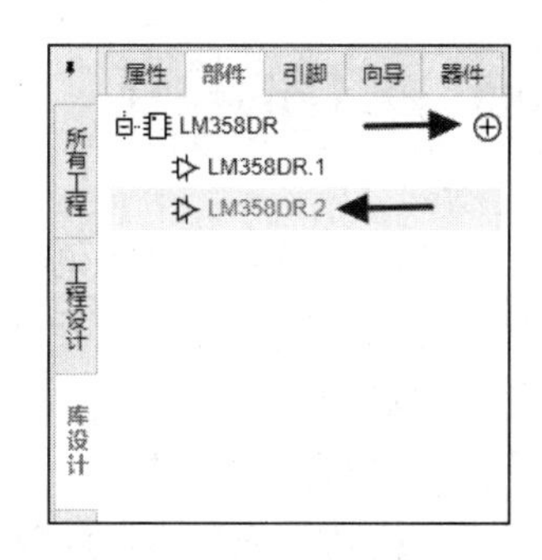

图 3-18　LM358DR 的“Part 1”

图 3-19　添加“Part 2”

（5）按照第（2）步分配好的 Part 2 的引脚绘制“Part 2”；在顶部工具栏中单击按钮“⁄”，或者单击“放置—折线”，激活指令后鼠标光标变成十字形，并附着一个图标“⁄”显示在工作区中，在工作区中绘制一个三角框，如图 3-20 所示。

（6）单击顶部工具栏中的放置引脚按钮“⊸”，或者单击“放置—引脚”，激活指令后鼠标光标变成十字形并附着一个引脚图标“⊸”。移动鼠标到合适的位置放置引脚，按 Tab 键编辑引脚编号、引脚名称，如图 3-21 所示。单击鼠标左键完成放置，右击或按 Esc 键退出放置状态。

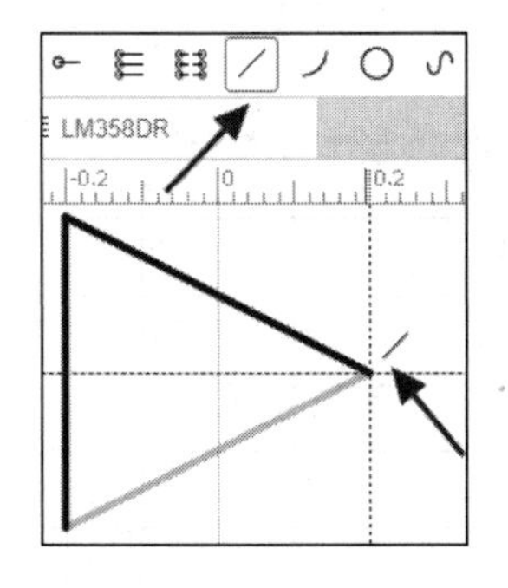

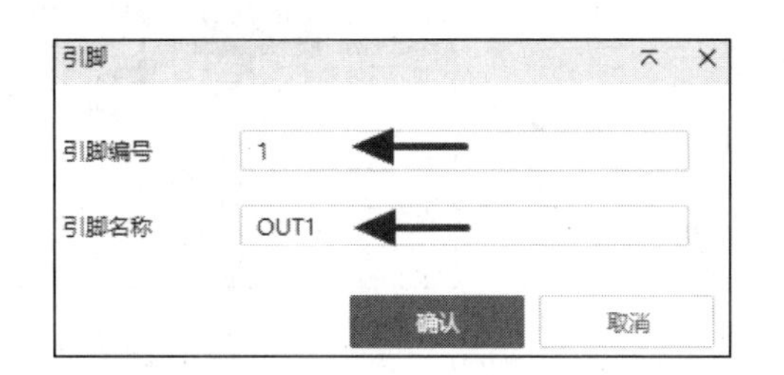

图 3-20　绘制三角框

图 3-21　编辑引脚名称

（7）对于元件属性设置，参考上述单部件元件的属性设置即可。单击“左侧栏—库设计—部件”，选中部件后右击可以对其进行新建、删除和重命名，如图 3-22 所示。此时多部件元件即创建完成，如图 3-23 所示。

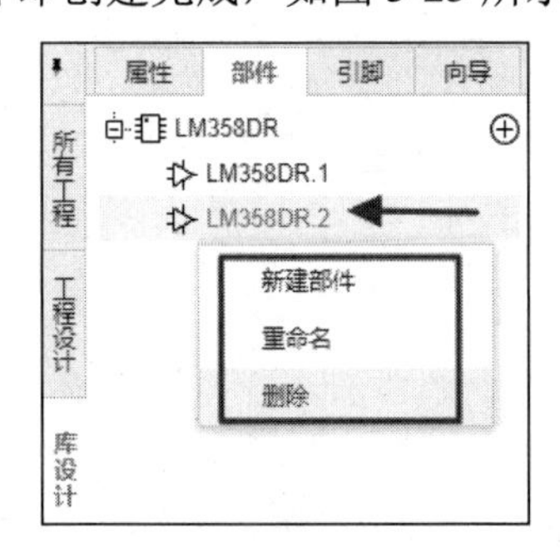

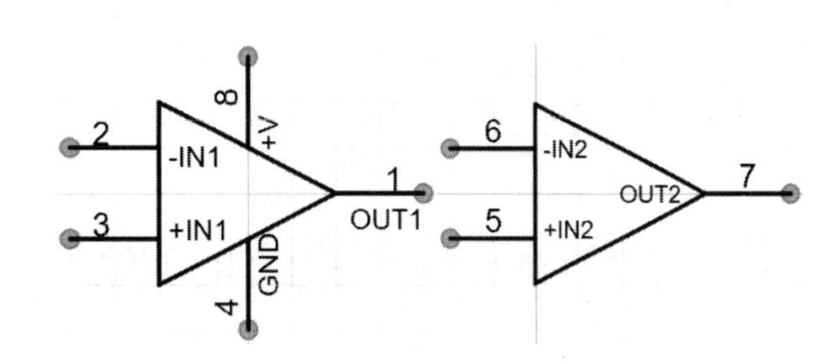

图 3-22　删除或重命名“Part”

图 3-23　创建完成的 Part 1 和 Part 2

3.5 元件的检查

在原理图编辑界面菜单栏中单击“设计—设计规则”即可查看规则的错误信息等级，并且可以对错误等级进行修改；勾选规则信息前方的“☑”表示激活检查此规则，规则信息后的消息等级分栏方框可设置错误信息的等级，如图 3-24 所示。设置好错误信息等级后单击“立即校验”按钮对元件进行检查；对于元件的创建是否符合规范或元件的信息有无缺失，检查完成后将在底部面板的“DRC”选项卡中显示详细报错信息，如图 3-25 所示。

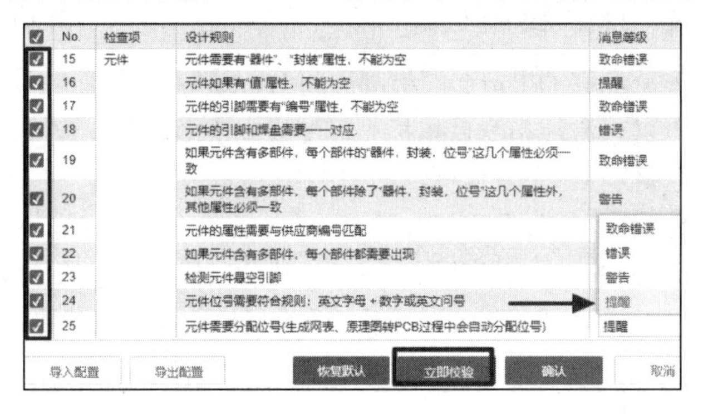

图 3-24　设计规则

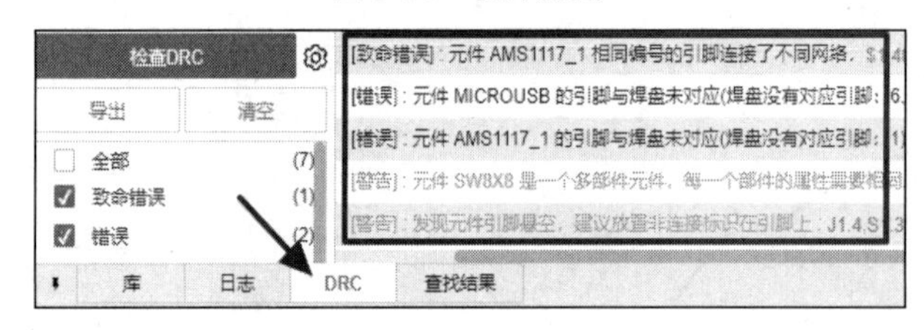

图 3-25　报错信息

（1）查看是否绑定。

（2）是否有重复的符号、元件名称。

（3）元件描述是否填写。

（4）引脚名称是否填写。

（5）元件封装是否指定。

（6）元件引脚号是否填写。

（7）元件位号是否填写。

（8）在一个序列的引脚编号中是否缺少某个编号。

3.6 元件创建实例——电容的创建

实践是检验真理的唯一标准。通过前面介绍的元件的创建方法，我们学习了如何创建元件库，下面通过从易到难的实例来巩固所学内容。

（1）单击“文件—新建—元件库”，创建一个新的元件库，如图 3-26 所示。

（2）单击“文件—新建—元件”，在弹出的“新建器件”对话框中，“器件”的名称填写“CAP”，如图 3-27 所示；单击“保存”按钮即完成新建元件。

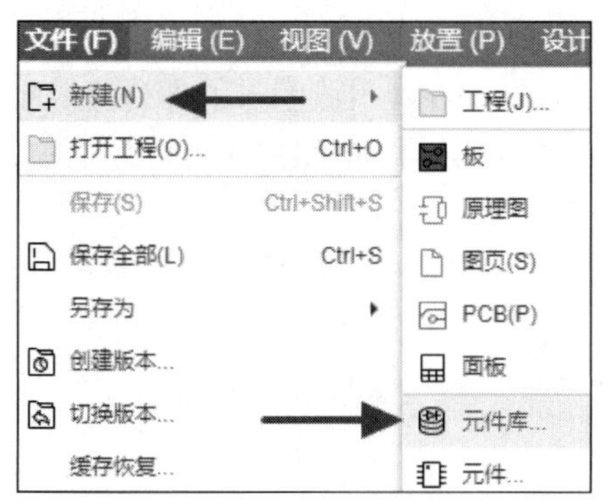

图 3-26　新建元件库

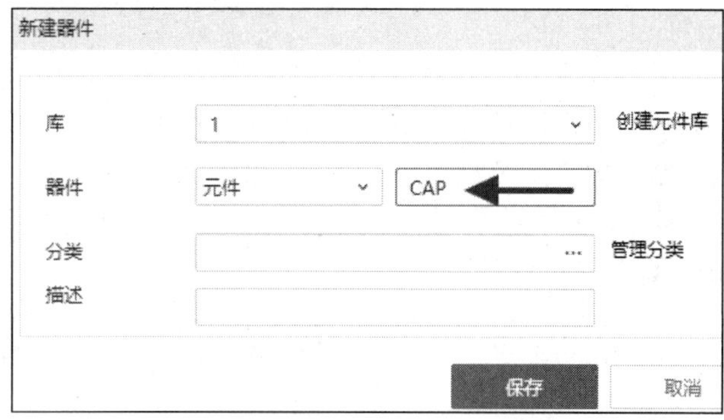

图 3-27　“新建器件”对话框

（3）单击“放置—折线”，放置两条线，代表电容的两个极板，如图 3-28（a）所示。

（4）单击顶部工具栏中的放置单个引脚按钮“⊸”，或者单击“放置—引脚”，在放置状态下按 Tab 键，对引脚属性进行设置，引脚名称和引脚序号统一为数字 1 或 2，上下分别放置引脚序号为“1”和“2”的引脚，如图 3-28（b）和（c）所示。

（5）对于这类电容，引脚不需要进行信号识别，选中引脚，单击“右侧栏—属性”，把“引脚名称”选项前面的勾选去掉，表示不可见，这样显示效果更好，如图 3-28（d）所示。

（6）如果此电容要区分极性，那么可以根据实际的引脚情况，单击“放置—折线”或单击“放置—文本”来绘制极性标识，如图 3-28（e）所示。

（7）在元件编辑界面的左侧栏，对电容属性进行设置，如图 3-29 所示：位号设置为“C?”，值填写为“10uF”（在软件中 μ 为 u），器件描述填写为“极性电容”，封装选定为“3528C”（若库中没有此封装可以先不选定，需要创建封装后再选定封装）。到这步即完成了电容的创建。

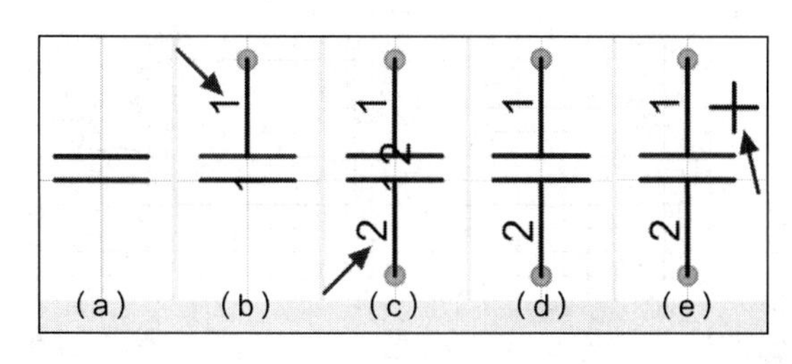

图 3-28　电容的绘制过程

图 3-29　电容属性设置

3.7 元件创建实例——ADC08200 的创建

下载 ADC08200 的数据手册，找到数据手册中介绍引脚功能、引脚编号的部分，据此创建 ADC08200 的原理图符号。ADC08200 为 24 个引脚的 IC 类器件，引脚信号分为电源、模拟地、数字地及数据传输信号，如图 3-30 所示。

（1）单击“文件—新建—元件”，在弹出的“新建器件”对话框中填写名称“ADC08200”，如图 3-31 所示。

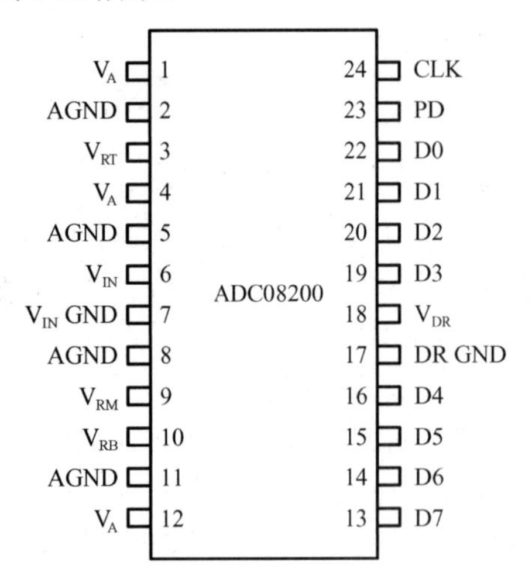

图 3-30　ADC08200 数据手册中的引脚图

图 3-31　新建器件

（2）单击顶部工具栏中的按钮“□”，或者单击“放置—引脚”，绘制一个空白的矩形框，如图 3-32 所示。

（3）单击顶部工具栏中的放置条形多引脚按钮“⊫”，在矩形框边缘单边放置 12 个引脚；放置完成后单击选中引脚，然后单击“右侧栏—属性”，分别按照数据手册中的引脚功能、引脚编号填写引脚属性并放置，如图 3-33 所示，引脚长度默认为“0.2inch”。

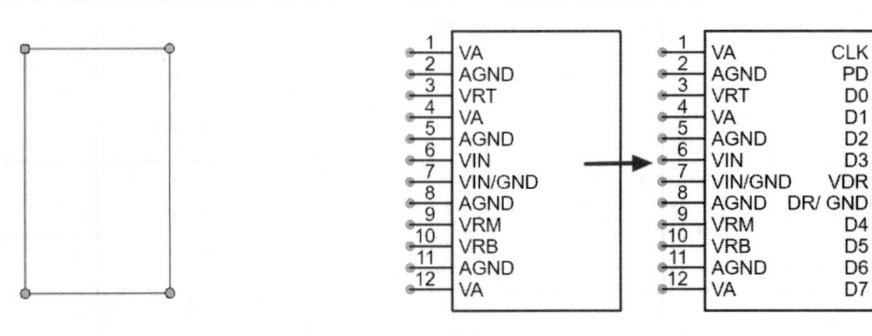

图 3-32　绘制空白的矩形框　　　　图 3-33　在矩形框上放置引脚

（4）引脚放置完成后，单击“左侧栏—属性”对其属性进行设置，如图 3-34 所示。位号设置为“U?”，在“关键属性”选项中添加“值”选项，值填写为“ADC08200”，“器件描述”填写为“模数混合 IC”，以便识别。此时即完成对此元件的创建。

图 3-34　ADC08200 元件属性设置

3.8　多部件元件创建实例——放大器的创建

如图 3-35 所示，芯片 74HC00 中的 4 个与非门，可以分别作为一个子部件。

（1）分析子部件引脚的分配。如图 3-36 所示，74HC00 可以根据 4 个与非门的独立功能划分为 4 个子部件。

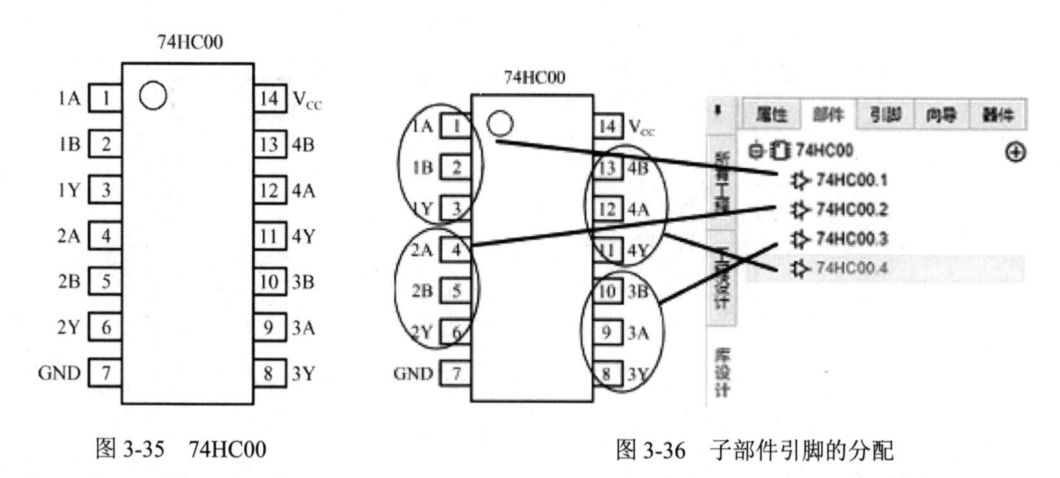

图 3-35　74HC00　　　　图 3-36　子部件引脚的分配

（2）单击“文件—新建—元件”，新建一个名称为“74HC00”的元件。

（3）单击顶部工具栏中的按钮“／”，或者单击“放置—引脚”，绘制一个三角形，如图 3-37 所示。

（4）放置部件 1 规划的引脚，可以按照三角形的方式放置，公用的 VCC 和 GND 引脚也可以放置在这个子部件里面，如图 3-38 所示。

（5）先在左侧栏中单击“库设计—部件”，然后单击图标⊕，分别创建部件 2、部件 3、部件 4。

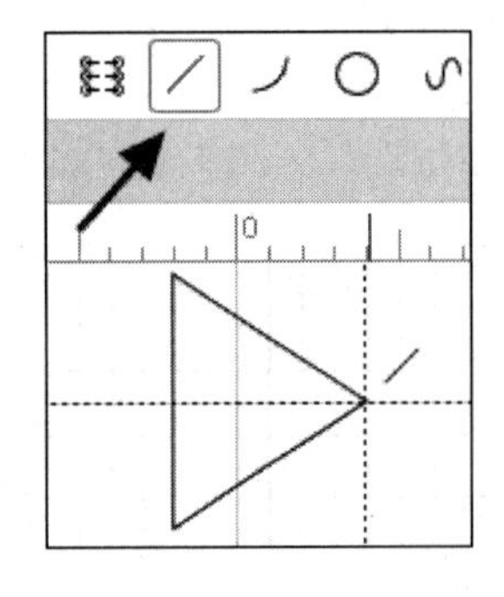

图 3-37　绘制三角形

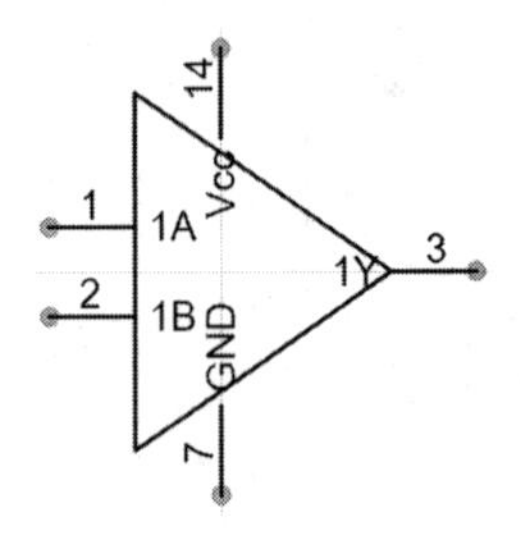

图 3-38　“部件 1”的引脚放置

（6）按照上述方法，分别绘制好其他部件，如图 3-39 所示。

（7）单击“左侧栏—属性”，对元件属性进行设置，如图 3-40 所示，位号设置为“U?”，在“关键属性”选项中添加“值”选项，值设置为芯片型号“74HC00”。此时即完成此多部件元件的创建。

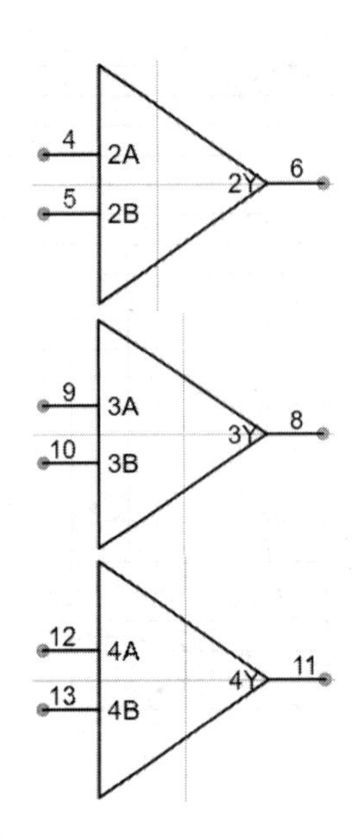

图 3-39　绘制部件 2、部件 3、部件 4

图 3-40　74HC00 元件属性设置

3.9　元件库的自动生成

假设目前已经拥有了一份设计好的原理图，对于里面的元件库需要进行收藏或调用，该怎么处理呢？通常直接利用嘉立创 EDA 专业版提供的“另存为”功能生成一个压缩包，导入压缩包时可以选择是否提取库文件。

（1）打开需要导出元件库的原理图。

（2）单击“文件—另存为—文档另存为”，如图 3-41 所示；选中“文档另存为”选项，可将该原理图生成一个压缩包，只能提取该原理图中的元件。选中“工程另存为”选项，可以提取工程里所有原理图中的元件。

（3）如图 3-42 所示，单击“文件—导入—嘉立创 EDA（专业版）”，弹出选择文件窗口，选中第（2）步创建的压缩包文件，双击压缩包打开文件。

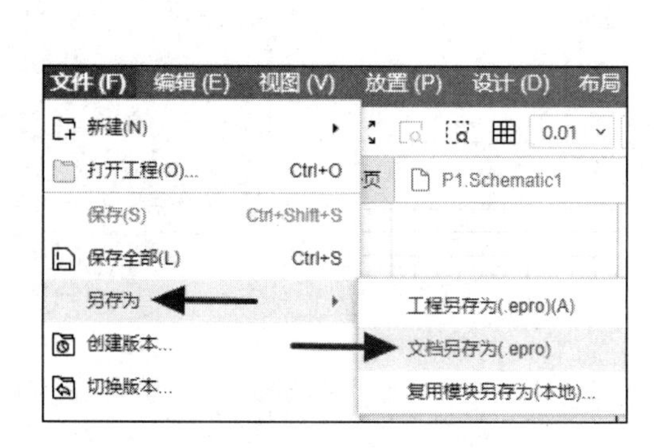

图 3-41　文档另存为

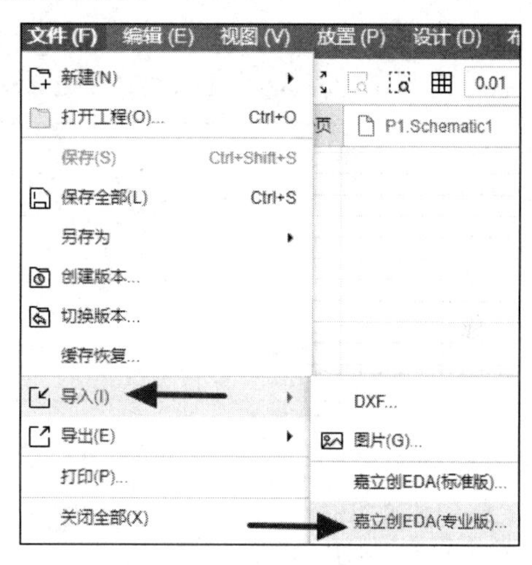

图 3-42　导入压缩包

（4）在“导入”对话框中选择“提取库文件”选项并且单击“导入”按钮，在新弹出的对话框内勾选“全选”，在对话框下方的“库”选项中设置完成后，再单击“导入”按钮即可导入元件到指定库中，如图 3-43 所示。

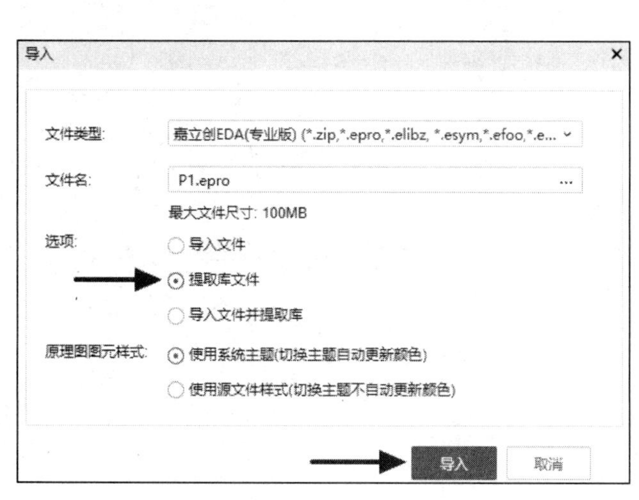

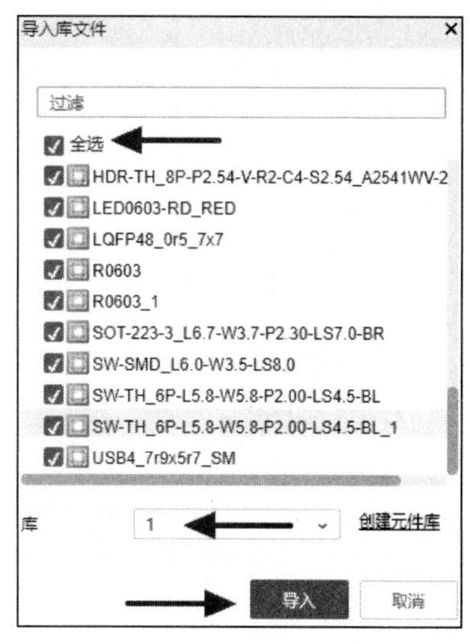

图 3-43　提取库文件

3.10 元件的复制

有时候用户会根据需求创建元件，有时候由于之前的积累已经创建了很多元件，可能需要把已存在的元件复制到另一个元件库里面。下面介绍一个快速复制元件的方法。

（1）将库文件通过单击“设置—客户端—库路径”放置到指定的库文件存储路径（此处，软件需要在全离线\半离线模式下才能显示“库路径”），如图 3-44 所示。

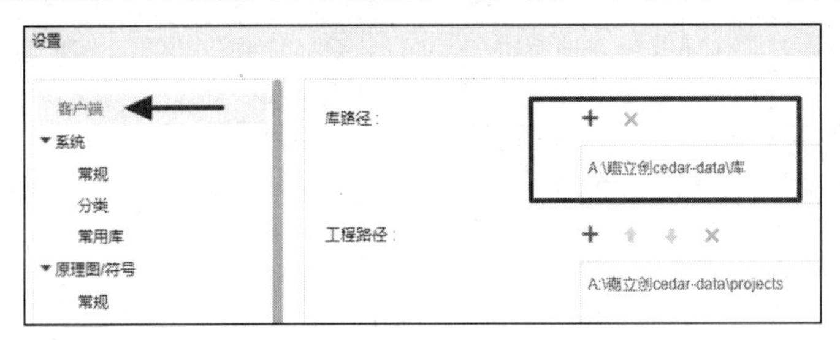

图 3-44 “库”文件存储路径

（2）重新打开软件后，在底部面板中单击元件所在的库，然后右击，在快捷菜单中选择“另存为”选项，如图 3-45 所示。

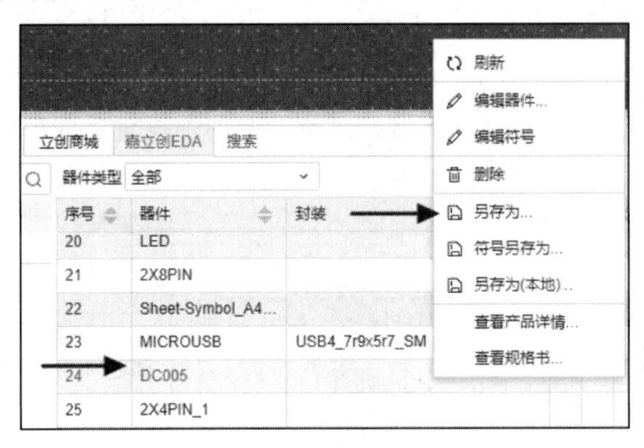

图 3-45 另存为

（3）如图 3-46 所示，在弹出的“器件另存为”对话框中选择元件保存的库，即可将元件保存到指定库中。

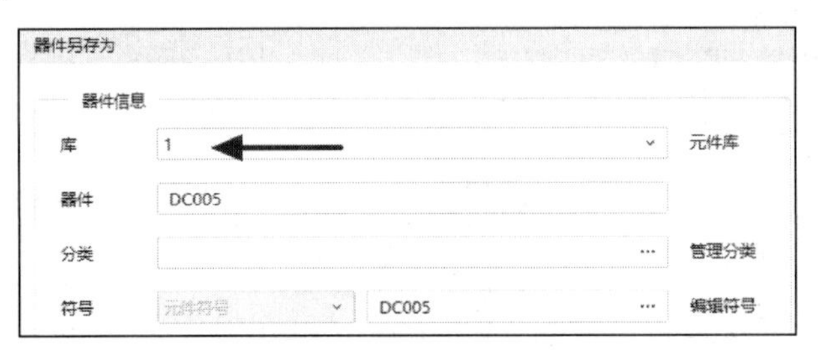

图 3-46 选择元件保存的库

如需将“库”分享到其他计算机，可以在库保存路径中将库文件复制发送。选择复制的库文件如图 3-47 所示。

图 3-47　选择复制的库文件

在新计算机中，将库文件放置到软件指定的库路径后，重启软件即可打开此库文件。

3.11　本章小结

本章主要讲述了电子设计中的元件库的设计，先对元件符号进行了概述，然后介绍了元件库编辑器，接着讲解了单部件元件及多部件元件的创建方法，并通过 3 个由易到难的实例，系统地演示了元件的创建过程，最后讲述了元件库的自动生成和元件的复制。

对于此章中涉及的一些实例，由于编著者水平有限，可能描述得不是很生动，为了解决这个问题，编著者会给读者录制一些小的实战操作教学视频，帮助读者加深理解，可以联系编著者获取。

第 4 章

PCB 库开发环境及设计

PCB 封装是元件实物映射到 PCB 上的产物。不能随意赋予 PCB 封装尺寸，应该按照元件规格书的精确尺寸进行绘制。元件库与 PCB 库的相互结合，是电路设计连接关系和实物电路板衔接的桥梁，创建 PCB 封装有其必要性。

本章主要讲述标准 PCB 封装、异形封装、3D PCB 封装的创建方法及相关的设计标准，从开发环境介绍到 PCB 库的完成，一步一个脚印，由浅入深，让读者充分了解 PCB 封装的设计。

学习目标

➢ 熟悉 PCB 库开发环境。

➢ 熟练利用向导创建法和手工创建法创建 PCB 封装。

➢ 能熟练依据元件封装数据手册，处理好各类封装数据，准确地对各类数据进行输入，充分考虑到元件封装的补偿值。

➢ 熟悉异形封装的组合方式及转换方式，注意异形封装层属性与标准焊盘的不同。

➢ 了解常见 PCB 封装的设计规范，能充分应用到自身设计中。

➢ 熟悉用 STEP 模型添加法制作 3D 封装。

4.1 PCB 封装的组成

PCB 封装的组成元素，如图 4-1 所示。

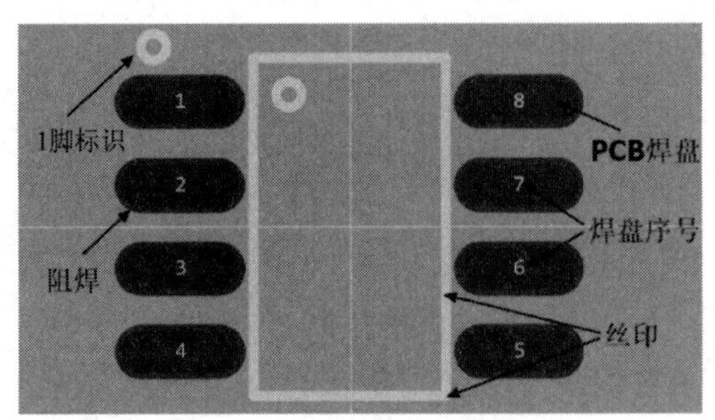

图 4-1　PCB 封装的组成元素

（1）PCB 焊盘：用来焊接元件引脚的载体。
（2）焊盘序号：用来和元件进行电气连接关系匹配的序号。
（3）丝印：用来描述元件腔体大小的识别框。
（4）阻焊：防止绿油覆盖，可以有效地保护焊盘焊接区域。
（5）1 脚标识/极性标识：用来定位元件方向的标识符号。

4.2 PCB 库编辑界面

PCB 库编辑界面主要包含顶部菜单栏、顶部工具栏、左侧栏、右侧栏、底部面板及工作区，如图 4-2 所示。丰富的信息及绘制工具组成了非常人性化的交互界面。读者可以根据自己的操作进行实时体验。

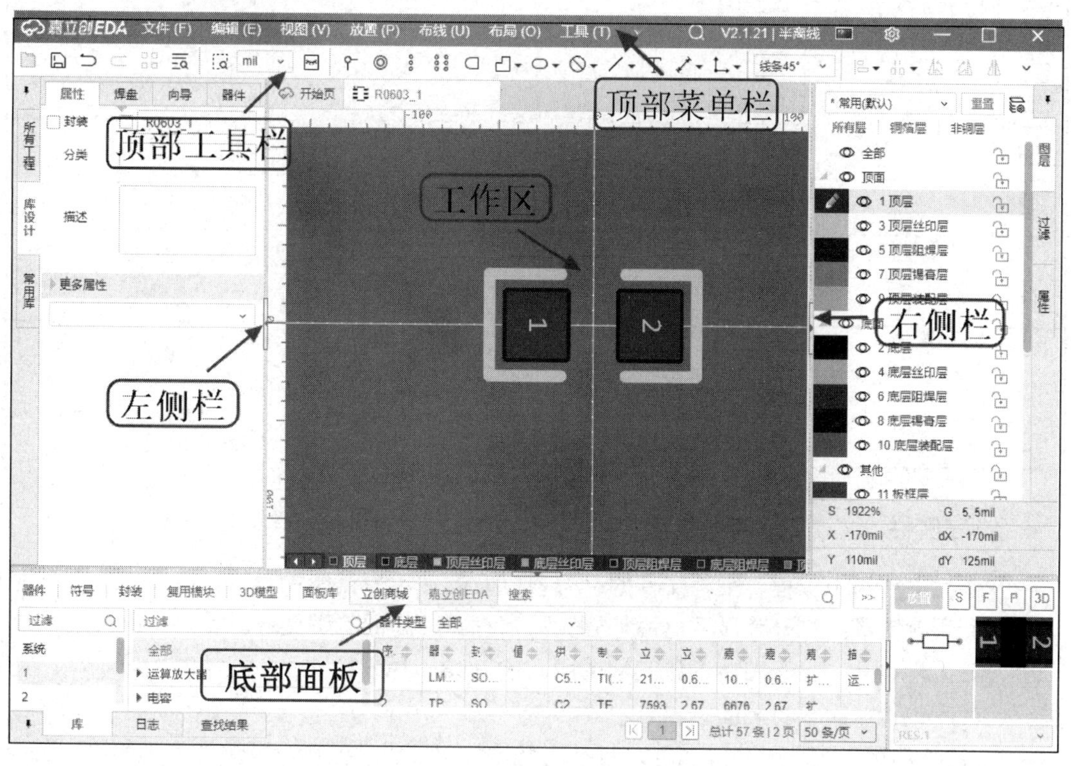

图 4-2 PCB 库编辑界面

1. 顶部菜单栏

（1）文件：用于完成对各种文件的新建、打开、保存等操作。
（2）编辑：用于完成各种编辑操作，包括撤销、重做、复制及粘贴等操作。
（3）视图：用于视图操作，包括窗口的缩放、栅格的设置及工具栏的打开\关闭。
（4）放置：用于放置过孔、焊盘、填充区域、文本、画布原点等。
（5）布线：用于布置线条操作，包括布线拐角、布线宽度。

（6）布局：用于对元素布置操作，包括偏移、对齐、旋转等操作。

（7）工具：为设计者提供各类工具。

（8）设置：用于对 PCB 设计、原理图设计、快捷键等各类参数进行设置。

（9）帮助：有社区、教程、反馈等。

2. 顶部工具栏

顶部工具栏是顶部菜单栏的延伸显示，为操作频繁的命令提供窗口按钮（也可称图标）显示的方式。为了方便读者认识顶部工具栏中的功能按钮，表 4-1 给出了常用的顶部工具栏中的功能按钮。

表 4-1　常用的顶部工具栏中的功能按钮

功 能 按 钮	功 能 说 明	功 能 按 钮	功 能 说 明
	打开工程		保存全部
	撤销、重做		阵列对象
	查找	mil	单位
	网格类型		过孔
	焊盘		条形、矩形多焊盘
	异形焊盘		填充、挖槽区域
	禁止区域		折线
	画布原点		对齐、分布
	旋转		测量距离
	智能尺寸		检查尺寸

3. 左侧栏

左侧栏主要用于工程、工程文件的打开，以及器件、焊盘属性编辑，如图 4-3 所示。

（1）所有工程：打开和显示已添加到工程保存路径里的工程文件。

（2）工程设计：打开和显示该工程中所有的 PCB、原理图文件。

（3）库设计：用于封装的编辑。

① 属性：用于编辑封装的属性，包括封装名称、分类、描述，可添加更多属性，如器件高度、值等属性。

② 焊盘：用于查看焊盘属性，包括编号列表、图层、坐标、角度。

③ 向导：使用封装向导可以快速根据规格书创建封装。

④ 器件：用于查看封装应用到了哪些器件中。

4. 右侧栏

右侧栏如图 4-4 所示。

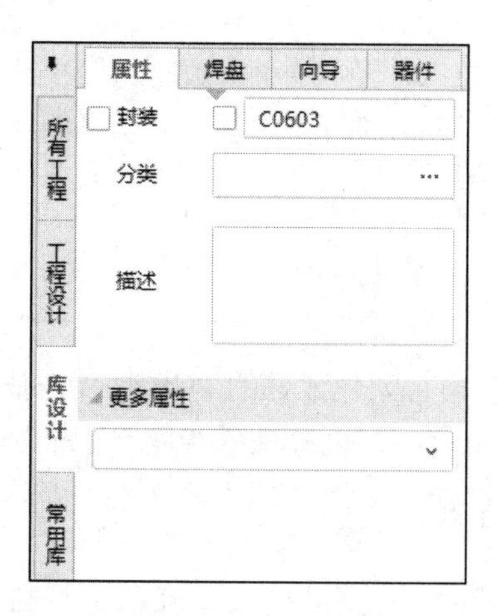

图 4-3　左侧栏

图 4-4　右侧栏

（1）图层：用于对不同层进行切换、编辑、隐藏、显示；单击对应层名称前的图标可以切换是否显示该层，单击层的颜色标识区即表示进入该层编辑状态。

（2）过滤：用于筛选需要选择、显示的元素。取消勾选其中一个元素，则对应的元素将在画布中无法被鼠标选中，单击对象名前面的图标可实现隐藏、显示对象。

（3）属性：可对工作区属性设置和对象属性进行编辑。在不选中任何元素的情况下，单击右侧栏中的“属性”选项，打开对应属性框可对工作区网格及网格吸附进行设置，当在 PCB 封装编辑界面单击选中工作区中的某个元素时，这里可以修改被选中元素的属性。

5. 底部面板

底部面板包含多种库列表、元件列表和对元件的管理及日志信息，如图 4-5 所示。

（1）库：包含系统库、工程库、个人库和加入团队的元件库，而元件库又包含器件库、符号库、封装库、复用图块等。

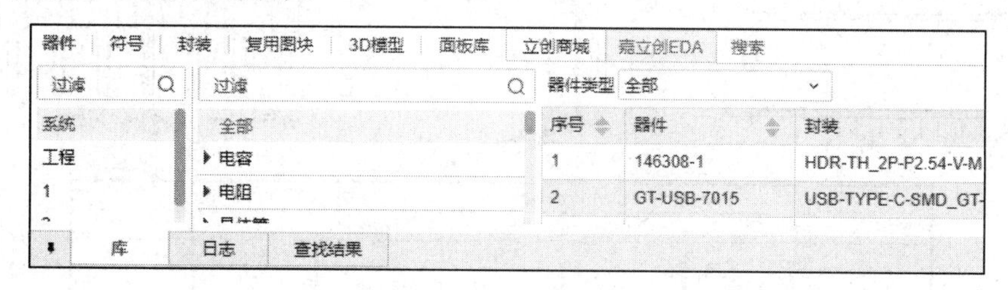

图 4-5　底部面板

（2）日志：包含警告、报错详细信息及文件的保存信息，可将报错信息清空和导出文本文档。

4.3　2D 标准封装创建

常见的封装创建方法包括向导创建法和手工法。对于一些引脚数目比较多、形状又比较规范的封装，一般倾向于利用向导创建法创建封装；对于一些引脚数目比较少或形状比较不规范的封装，一般倾向于利用手工法创建封装。下面以两个实例来分别说明这两种方法的步骤及不同之处。

4.3.1 向导创建法

PCB 库编辑界面左侧栏包含一个“向导”功能，用它创建元件的 PCB 封装是基于对一系列参数的选择。此处以创建 DIP14 封装为例详细讲解向导创建法的步骤。

如果用户没有自己的库，在创建封装之前需要创建一个库，单击“文件—新建—元件库”，在弹出的“新建元件库”对话框中填写库名称。

（1）单击“文件—新建—封装”，弹出“新建封装”对话框，在其中填写封装名称“DIP14”，单击“保存”按钮则封装新建完成，如图 4-6 所示。

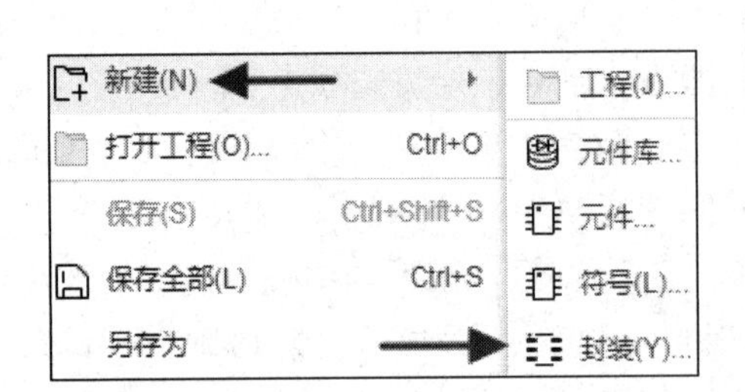

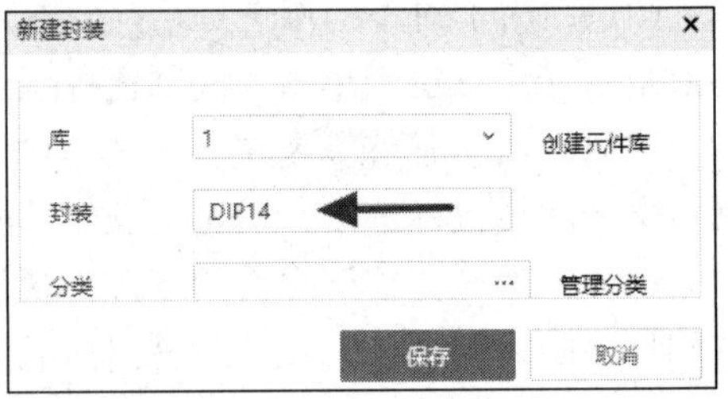

图 4-6　新建封装一

（2）下载 DIP14 的数据手册，如图 4-7 所示，按照数据手册填写相关参数，参数填写完成即可完成封装创建。

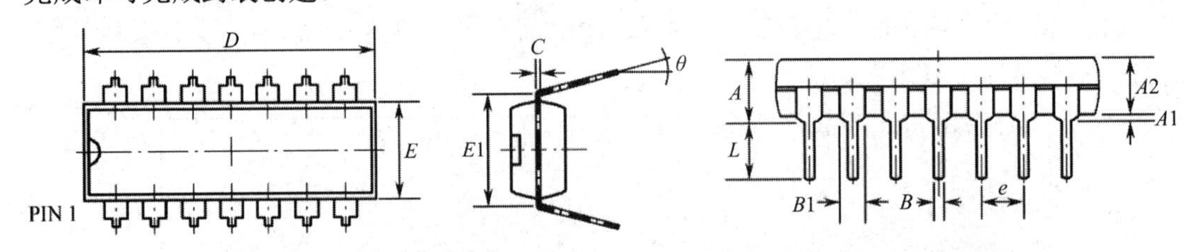

Symbol	Dimensions In Millmeters			Dimensions In Inches		
	Min	Nom	Max	Min	Nom	Max
A	—	—	4.31	—	—	0.170
A1	0.38	—	—	0.015	—	—
A2	3.15	3.40	3.65	0.124	0.134	0.144
B	—	0.46	—	—	0.018	—
B1	—	1.52	—	—	0.060	—
C	—	0.25	—	—	0.010	—
D	19.00	19.30	19.60	0.748	0.760	0.772
E	6.20	6.40	6.60	0.244	0.252	0.260
E1	—	7.62	—	—	0.300	—
e	—	2.54	—	—	0.100	—
L	3.00	3.30	3.60	0.118	0.130	0.142
θ	0°	—	15°	0°	—	15°

图 4-7　DIP14 的数据手册

（3）单击封装编辑设计界面左侧栏中的“库设计—向导”，在向导分栏中选择 DIP，如图 4-8 所示。

（4）在弹出的 DIP 封装向导参数设置对话框内，对应设置如图 4-9 所示。焊盘参数：引脚数量选 14，焊盘形状选圆形，引脚直径为 0.46mm，向导会根据填写的参数自动预留裕量来生成焊盘，焊盘尺寸会比数据手册中的稍大，因此生成的通孔直径为 0.71mm，焊盘直径为 1.65mm。

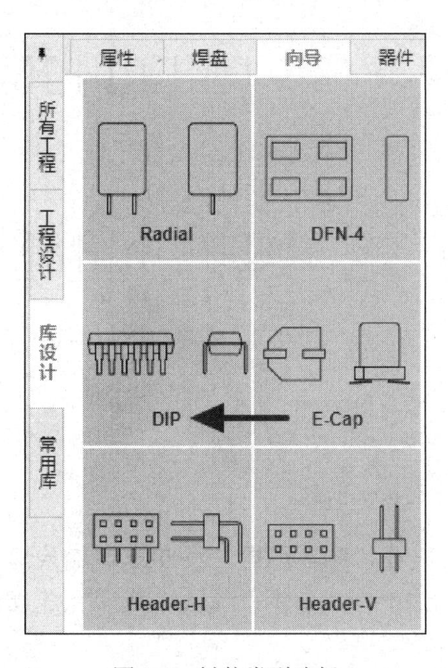

图 4-8　封装类型选择

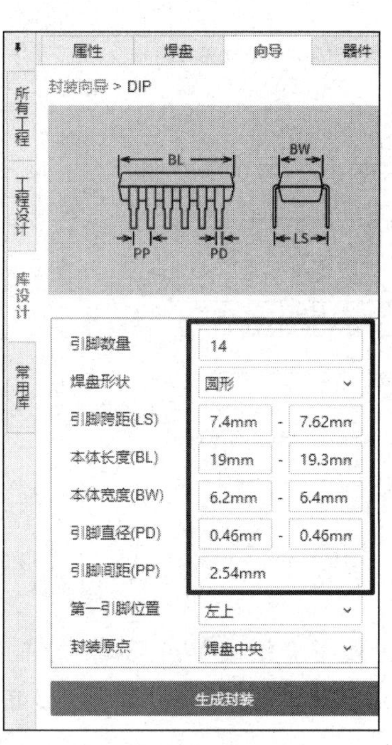

图 4-9　向导参数

焊盘间距参数：纵向间距 e=2.54mm，横向间距 $E1$=7.62mm，填入向导参数栏，如图 4-9 所示。参数设置完成之后单击“生成封装”按钮，完成封装的创建，如图 4-10 所示。

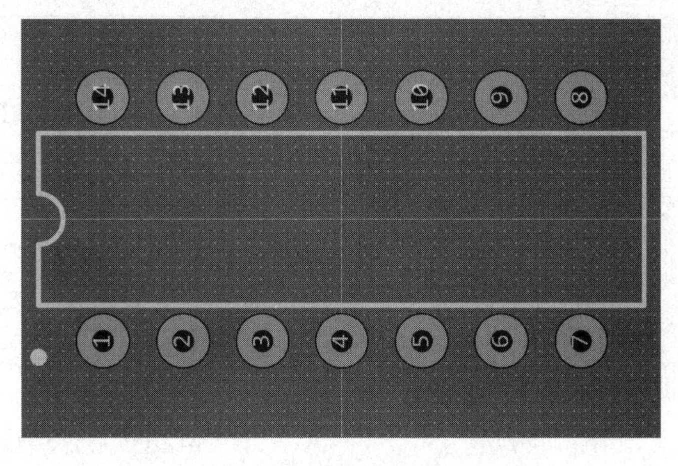

图 4-10　使用向导创建完成的封装

4.3.2 手工法

（1）单击“文件—新建—封装”，弹出“新建封装”对话框，填写封装名称“SOP-14”。

（2）下载相关数据手册，此处以 RX8025T-UB 为例，数据手册上面详细地列出了焊盘的长和宽、焊盘间距、引脚序号和 1 脚标识等参数信息，据此来创建它的 PCB 封装，如图 4-11 所示。

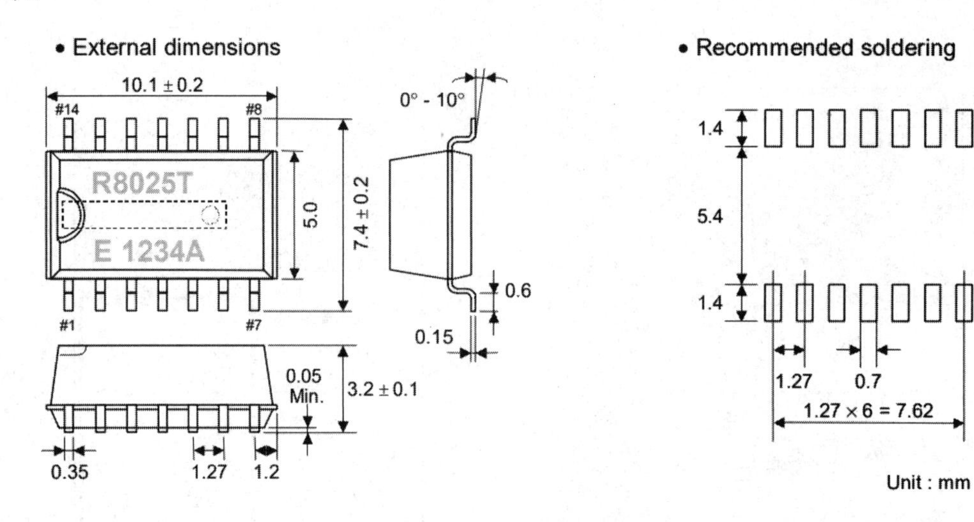

图 4-11　RX8025T-UB 的数据手册

（3）使用 P 键或单击工具栏上的按钮“⁝”放置条形多焊盘，按 Tab 键输入焊盘间距和焊盘数量；焊盘中心纵向间距是 1.27mm，如图 4-12 所示。设置完成即完成焊盘的放置。

（4）为了便于焊接，封装的焊盘通常需要加入补偿。从图 4-11 中可以看出，右边的“Recommended soldering”是补偿后的焊盘推荐图；单击选中焊盘，在右侧栏设置焊盘属性：图层设置为顶层，形状设置为矩形，焊盘宽是 0.7mm，高是 1.4mm，如图 4-13 所示。

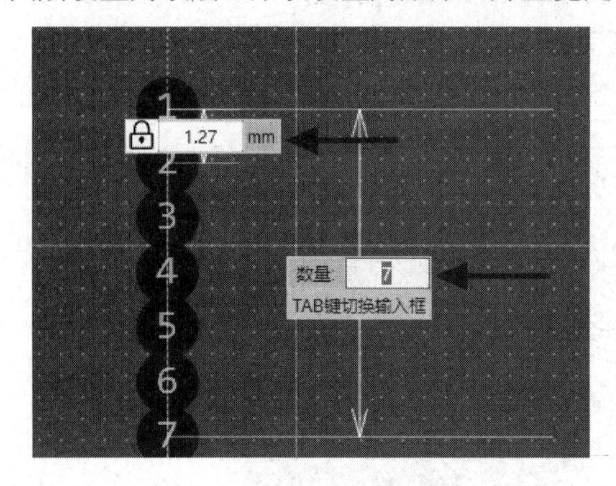

图 4-12　放置条形多焊盘

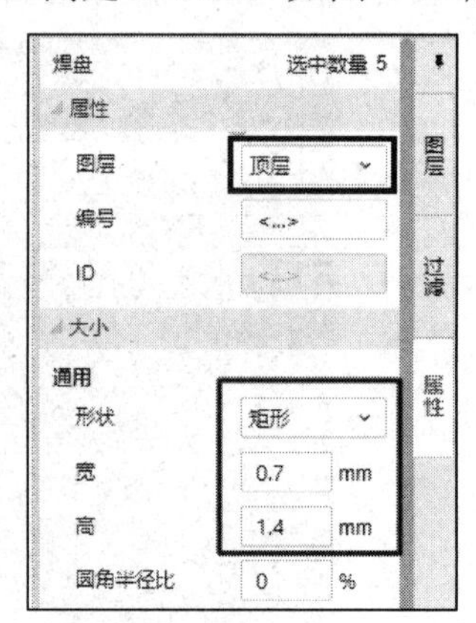

图 4-13　设置焊盘属性

（5）用第（3）步的方法放置第二排焊盘，然后选中第二排焊盘，右击，在弹出的快捷菜单中单击“偏移——相对偏移”，激活指令后，鼠标光标单击第一排焊盘的中间焊盘，如图 4-14 所示，在“相对偏移”对话框中填写横向偏移距离，偏移 X 为 6.8mm，如图 4-15 所示。

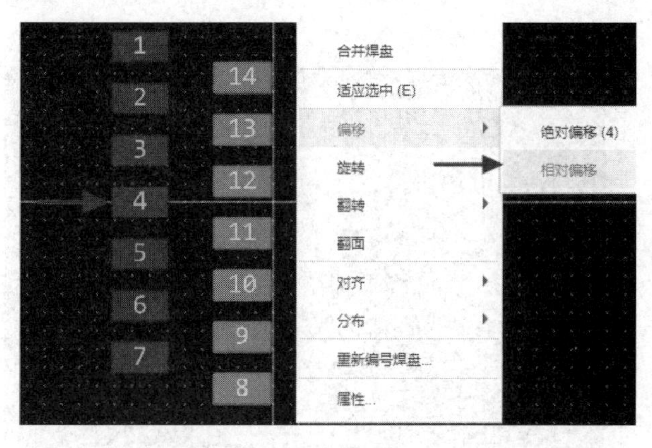

图 4-14　相对偏移指令

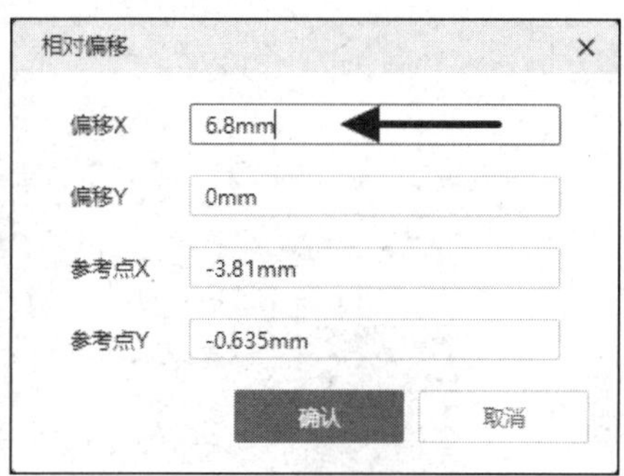

图 4-15　焊盘横向偏移

表贴焊盘在层数选择处选择“顶层”。如果是通孔焊盘，请选择“多层”。

（6）焊盘全部放置完成后，需要设置封装的原点，单击“放置—画布原点—从焊盘中央”将原点放置到焊盘的中央，如图 4-16 所示。

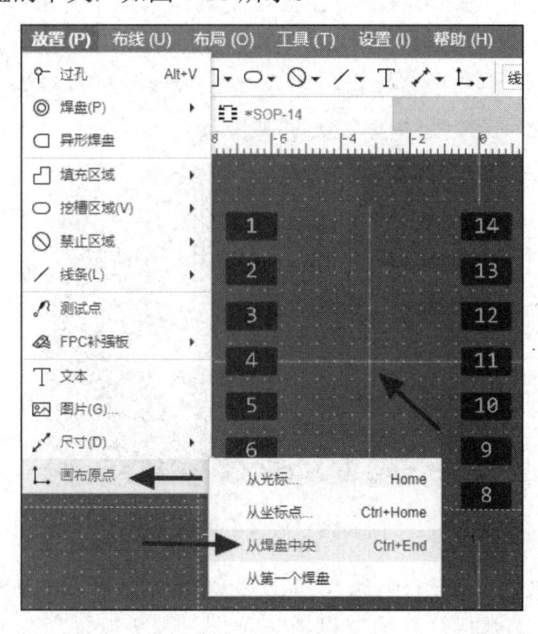

图 4-16　放置画布原点

（7）在右侧栏中单击“图层”，单击其中的“顶层丝印层”图层，单击顶部工具栏中放置折线命令的按钮“⁄ ▾”，使用“折线”和“圆形”绘制器件主体丝印和 1 号引脚标识，如图 4-17 所示。丝印高 10.1mm，宽 5mm，线宽 0.15mm。绘制完成的封装图如图 4-18 所示。

（8）检查封装参数是否正确，核对尺寸、间距无误后即完成此 2D 封装的创建。2D 封装创建效果如图 4-18 所示。

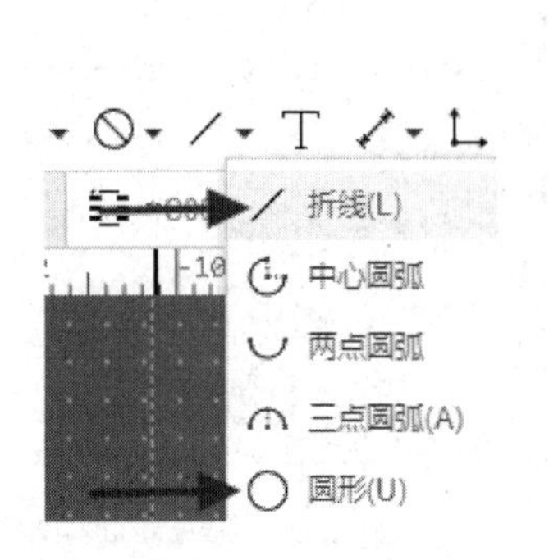

图 4-17　绘制丝印和 1 号引脚标识

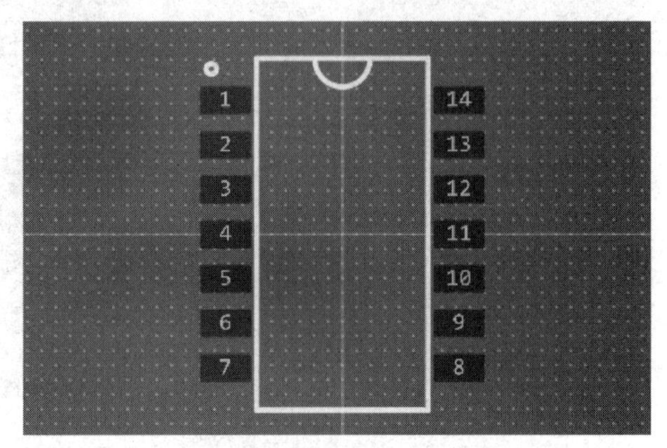

图 4-18　绘制完成的封装图

4.4　异形焊盘 PCB 封装创建

形状不规则的焊盘被称为异形焊盘，异形焊盘的封装有不同的方式，如“锅仔片”封装，或者 PCB 上需要添加特殊形状的铜箔可以用制作成一个异形焊盘的封装的方法代替。

此处以一个“锅仔片”封装绘制为例进行说明。

（1）单击顶部工具栏中的放置焊盘按钮“◎”，放置一个直径为 4mm 的圆形贴片焊盘在画布中央，如图 4-19 所示，可根据需要调整焊盘尺寸。

图 4-19　放置中央焊盘

（2）单击“放置—线条—中心圆弧”，如图 4-20 所示，在画布中心放置一个圆弧。

（3）在右侧栏编辑圆弧属性：图层设置为顶层，线宽设置为 2mm，半径设置为 5mm，如图 4-21 所示，圆弧半径可更改到需要的尺寸。

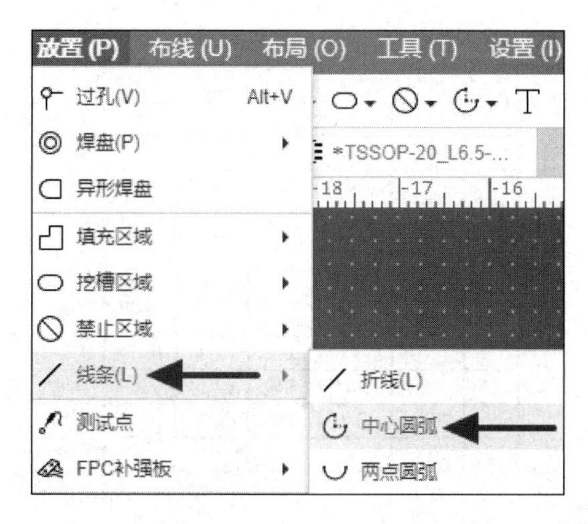

图 4-20　放置“中心圆弧”

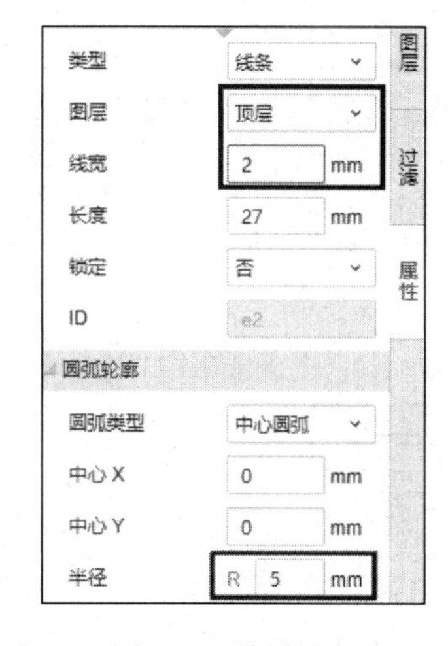

图 4-21　放置焊盘

（4）选中圆弧，右击，在弹出的快捷菜单中单击“转为—转为焊盘”，将圆弧生成焊盘属性、阻焊、助焊（钢网），如图 4-22 所示。此时就完成当前异形焊盘 PCB 封装的创建，如图 4-23 所示。

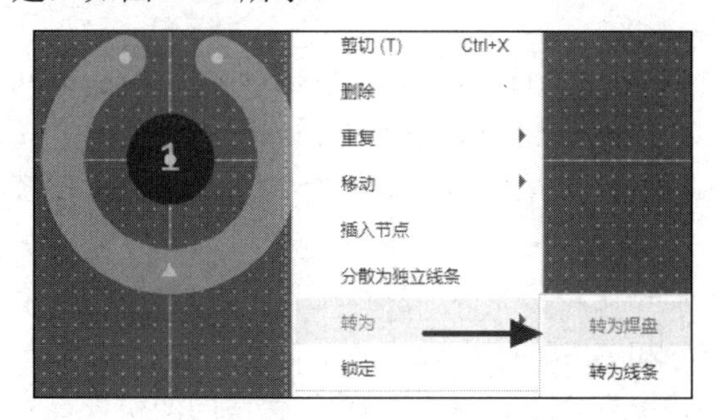

图 4-22　转为焊盘

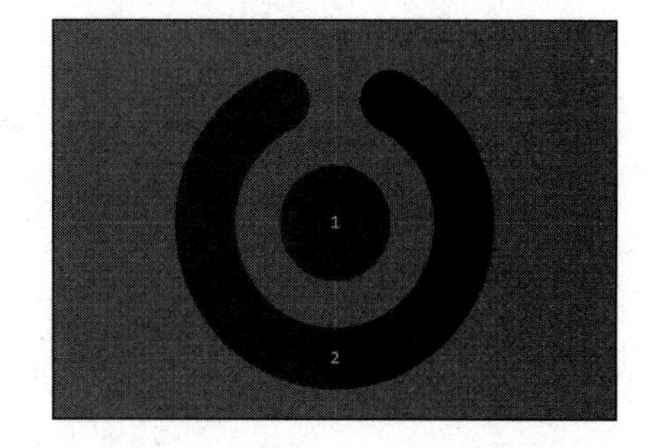

图 4-23　完整的“锅仔片”封装

4.5　2D 标准封装创建实例——Chip 类——SOT-23

此处以一个型号为 LP2309LT1G 的常规三极管为例，创建一个 PCB 上常见的贴片 SOT-23 封装。

（1）单击“文件—新建—封装”，弹出“新建封装”对话框，填写封装名称“SOT-23”。

（2）下载相关数据手册，此处以型号为 LP2309LT1G 的三极管为例，找到数据手册中引脚的长和宽、引脚间距信息，据此来创建它的 PCB 封装，如图 4-24 所示。

（3）根据数据手册中的引脚尺寸，按照 PCB 封装设计规范进行焊盘补偿。从数据手册中可以看出，引脚长尺寸为 *L*，取中间值为 0.2mm，内侧补偿为 0.3mm，外侧补偿为 0.4mm，焊盘总长（高）为 0.9mm。同理，引脚宽度为 *b*，加上两边各补偿 0.1mm 之后可以取 0.6mm。

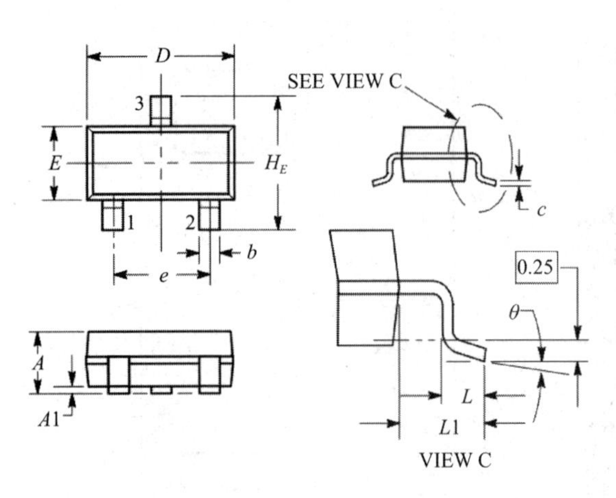

DIM	MILLIMETERS			INCHES		
	MIN	NOM	MAX	MIN	NOM	MAX
A	0.89	1	1.11	0.035	0.04	0.044
$A1$	0.01	0.06	0.1	0.001	0.002	0.004
b	0.37	0.44	0.5	0.015	0.018	0.02
c	0.09	0.13	0.18	0.003	0.005	0.007
D	2.80	2.9	3.04	0.11	0.114	0.12
E	1.20	1.3	1.4	0.047	0.051	0.055
e	1.78	1.9	2.04	0.07	0.075	0.081
L	0.10	0.2	0.3	0.004	0.008	0.012
$L1$	0.35	0.54	0.69	0.014	0.021	0.029
H_E	2.10	2.4	2.64	0.083	0.094	0.104
θ	0°	---	10°	0°	---	10°

图 4-24　LP2309LT1G 数据手册

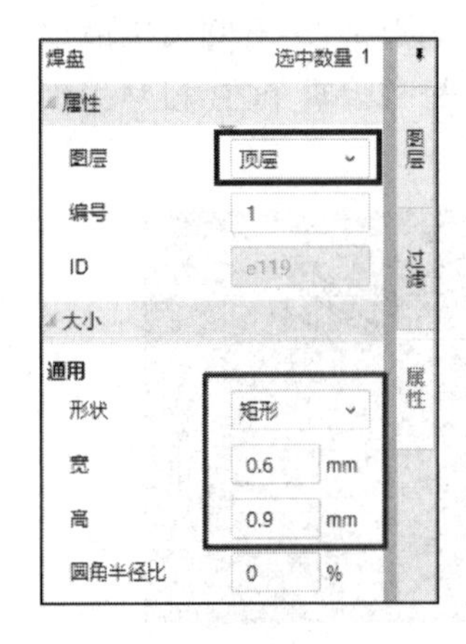

图 4-25　设置焊盘属性

（4）在顶部工具栏中单击放置焊盘按钮“◎”，放置一个焊盘，选中焊盘，在右侧栏的属性对话框中设置焊盘属性：图层设置为顶层，形状设置为矩形，焊盘宽为 0.6mm，高为 0.9mm，如图 4-25 所示。

（5）设置好第一个焊盘属性后，按照焊盘与焊盘的中心纵向间距为 2.1mm，横向间距 e 为 1.9mm，一一摆放焊盘。

① 单击顶部工具栏中的放置焊盘按钮“◎”，按下 Tab 键修改焊盘编号，放置 2 号焊盘。

② 先单击“工具—智能尺寸”，然后单击两个焊盘中心，将横向间距设置为 1.9mm，如图 4-26（a）所示。

③ 按照第①、②步方法放置 3 号焊盘：将横向间距设置为 0.95mm，纵向间距设置为 2.1mm，如图 4-26（b）所示。

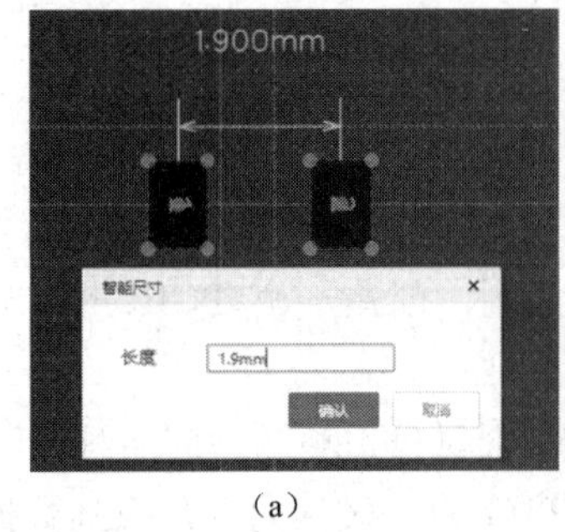

（a）

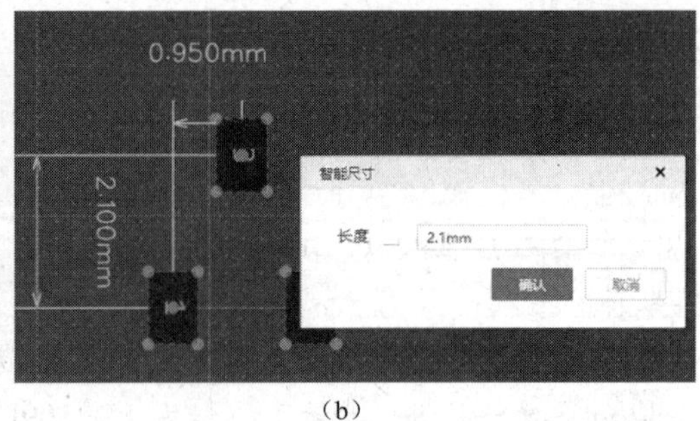

（b）

图 4-26　智能尺寸

（6）设定焊盘中央点为器件原点，单击“放置—画布原点—从焊盘中央”。

（7）按照数据手册 E、D 的尺寸，在顶层丝印层绘制器件主体丝印，丝印线宽一般选择 0.15mm。

（8）核对以上参数，单击“工具—检查尺寸”，查看封装各项间距，如图 4-27 所示。

此时就完成了此 2D 封装的创建，如图 4-28 所示。

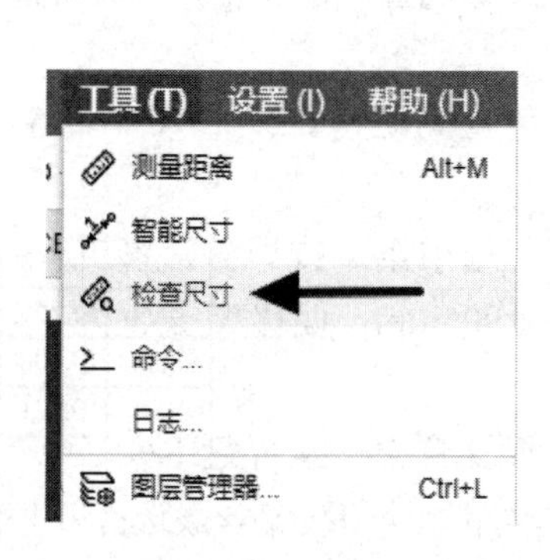

图 4-27 检查尺寸

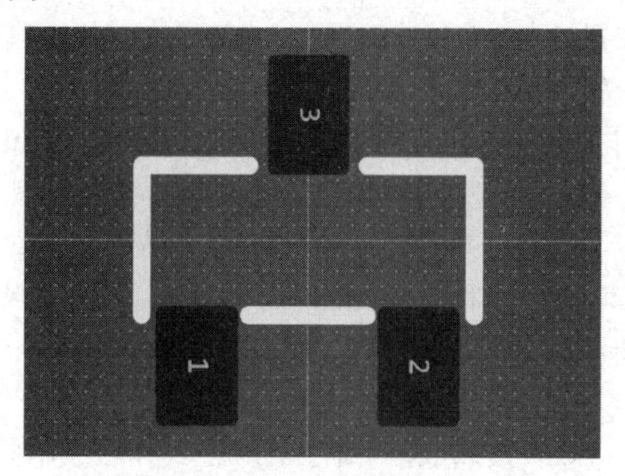

图 4-28 创建完成的 SOT-23

4.6 2D 标准封装创建实例——IC 类——SOP-8

（1）单击“文件—新建—封装”，弹出“新建封装”对话框，填写封装名称“SOP-8”。

（2）下载相关器件数据手册，此处以 DS1302M/TR 为例；查看数据手册中器件外形图，据此来创建它的 PCB 封装，如图 4-29 所示。

（3）引脚长为 0.41～1.27mm，取偏大中间值 1mm，加上外侧补偿 0.6mm，内侧补偿 0.4mm，引脚长加上补偿等于 2mm；引脚宽为 0.30～0.51mm，选取中间值 0.4mm 加上两侧各补偿 0.1mm，宽等于 0.6mm。

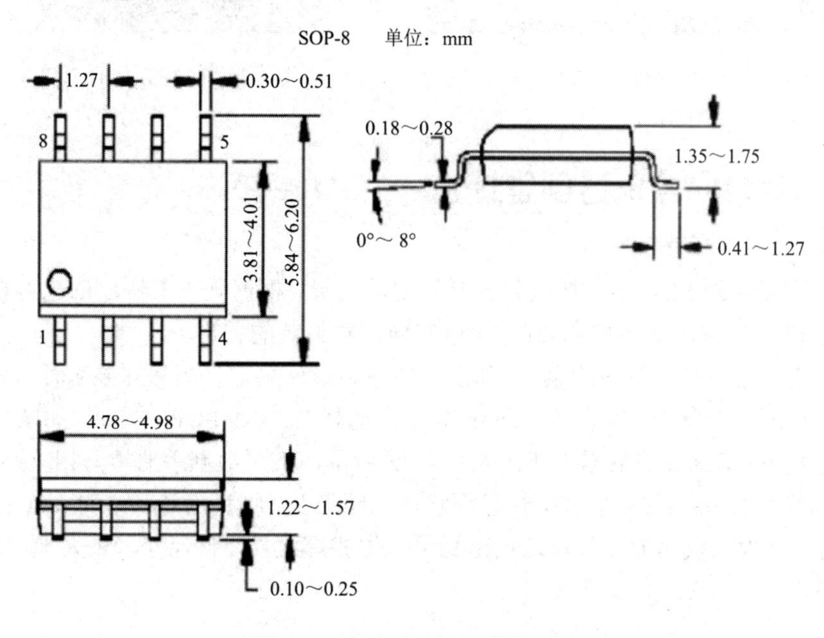

图 4-29 DS1302M/TR 数据手册

（4）单击顶部工具栏中的条形多焊盘按钮“⁝”，横向放置条形多焊盘，间距为 1.27mm，放置 4 个焊盘；选中焊盘，单击“右侧栏—属性”，在其中设置焊盘属性，图层设置为顶层，形状设置为矩形，设置焊盘尺寸。

（5）横向间距按照数据手册设置为 1.27mm；焊盘纵向间距为 6.2+0.6+0.6−2=5.4mm（器件体宽+外侧补偿-焊盘长度=焊盘纵向中心距）。

（6）以第（5）步方法从右往左放置第二排焊盘；选中第二排焊盘，单击“布局—偏移—相对偏移”，单击 1 号焊盘中心，偏移 X 设置为 1.905mm，偏移 Y 设置为 5.4mm，如图 4-30 所示。

（7）设定焊盘中央点为器件原点，单击“放置—画布原点—从焊盘中央”。

（8）按照数据手册，在顶层丝印层绘制器件主体丝印，丝印线宽一般选择 0.15mm；单击“放置—线条—圆形”，在顶层丝印层 1 号焊盘旁边放置 1 脚标识。

（9）核对以上参数，单击“工具—检查尺寸”，查看封装各项间距，对照数据手册检查焊盘编号是否正确。此时即完成 2D 封装的创建，如图 4-31 所示。

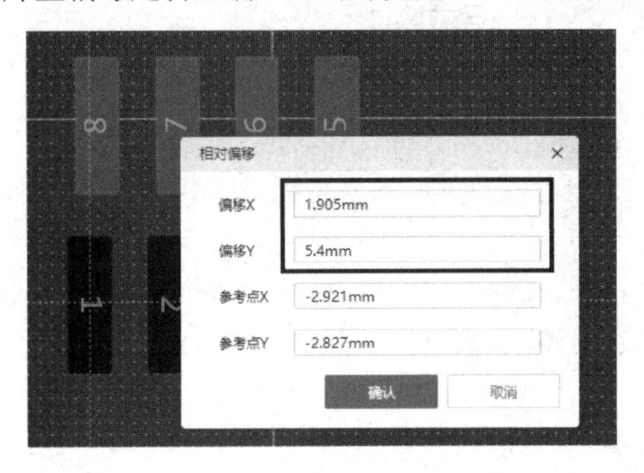

图 4-30　相对偏移命令

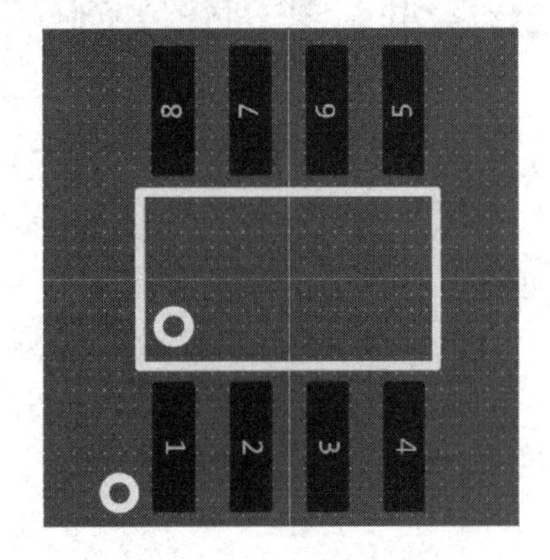

图 4-31　创建完成的 SOP-8

4.7　利用封装向导快速创建封装——SOP-20

本节利用嘉立创 EDA 专业版提供的常用封装向导，根据规格书快速创建封装，以利用封装向导创建一个 SOP-20 封装为例，解析向导创建封装的各步骤。

（1）单击“文件—新建—封装”，弹出“新建封装”窗口，填写封装名称“SOP-20”。

（2）在左侧栏中单击“库设计—向导”，单击选择“SOIC_SOP”类型，如图 4-32 所示。

（3）下载 BTS724G 的数据手册，如图 4-33 所示，按照数据手册填写相关参数。

① 焊盘参数：引脚数量填 20，焊盘形状选长圆形，引脚宽为 0.35～0.5mm，长为 0.5～1.2mm，向导会根据填写的参数自动预留裕量来生成焊盘，焊盘尺寸将稍大于填写的尺寸，以便焊接。

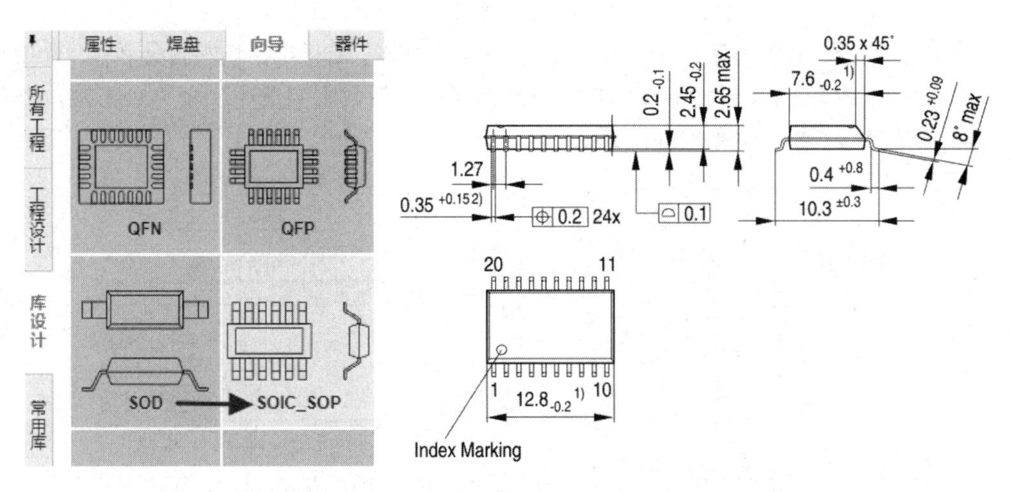

图 4-32　封装向导　　　　图 4-33　BTS724G 的数据手册

② 焊盘间距参数：纵向间距为 10.3～10.6mm，横向间距为 1.27mm，如图 4-34 所示，填入向导参数栏。

③ 器件体尺寸参数：本体长度为 12.6～12.8mm，本体宽度为 7.6mm；第一引脚位置、封装原点等参数采用默认设置即可。

（4）填写完成后单击“生成封装”即可完成此封装创建，如图 4-35 所示。

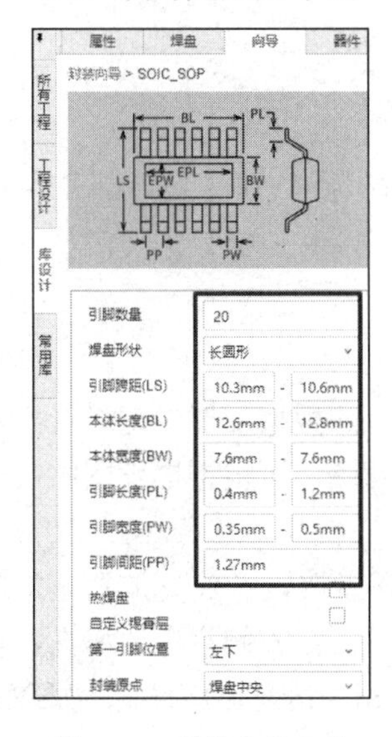

图 4-34　封装向导参数

图 4-35　利用封装向导创建完成的封装

4.8　2D 标准封装创建实例——插件类——USB

这里以 U262-061N-4BVC10 的封装为例，介绍使用嘉立创 EDA 专业版创建 USB 封装的步骤和操作方法。

（1）单击“文件—新建—封装”，弹出“新建封装”对话框，填写封装名称“USB-6”。

（2）下载 U262-061N-4BVC10 的数据手册；查看数据手册中的器件外形图，据此来创建它的 PCB 封装，如图 4-36 所示。

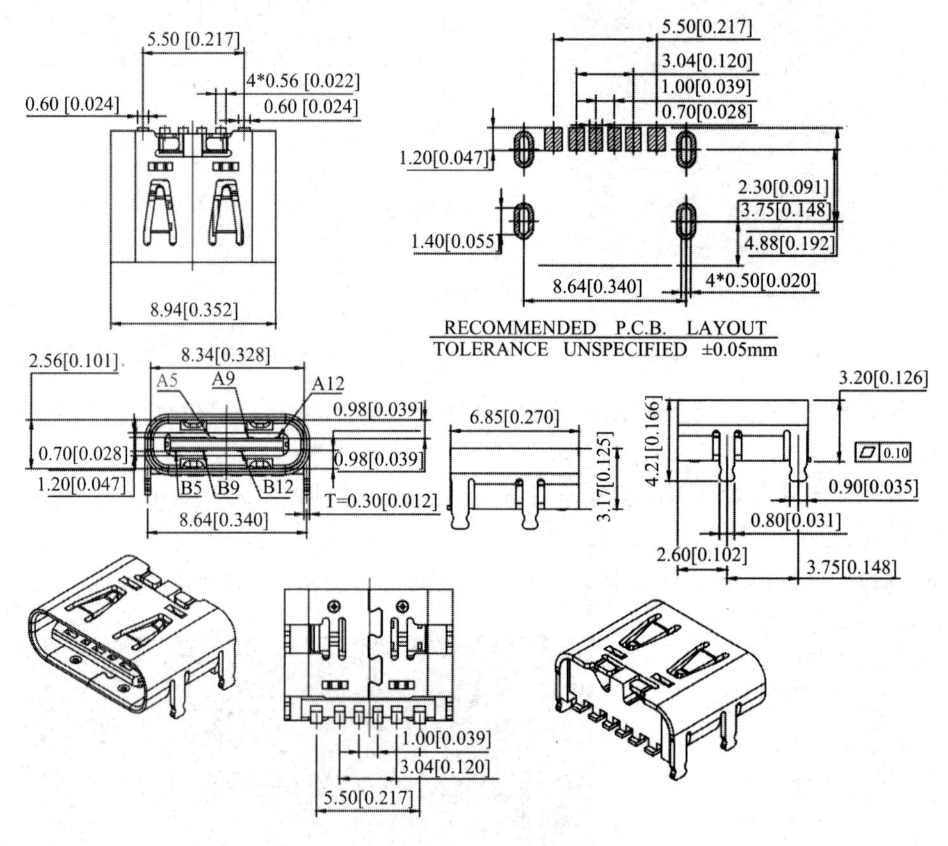

图 4-36　U262-061N-4BVC10 的数据手册

（3）通常制作封装焊盘的时候会加入补偿值；从图 4-36 所示的数据手册中可以看出右上角“RECOMMENDED P.C.B. LAYOUT”是补偿后的焊盘推荐图，可根据推荐图中尺寸和间距放置焊盘。

（4）先放置椭圆形定位焊盘，单击顶部工具栏中的条形多焊盘按钮“⁝”，放置条形多焊盘，竖向放置两个间距为 3.75mm 的焊盘；单击选中焊盘之后，在右侧栏更改属性，焊盘图层设置为多层，形状设置为长圆形，宽为 1.1mm，高为 2mm，钻孔形状设置为插槽，直径为 0.5mm，长度为 1.4mm。定位焊盘的属性如图 4-37 所示。

（5）选中第（4）步放置的焊盘，先单击“编辑—复制”，然后在空白处粘贴两个焊盘；选中一个焊盘单击“布局—偏移—相对偏移”，激活该指令后用鼠标光标单击（4）中放置好的焊盘中心，在对话框中填写偏移 X 为 8.64mm，单击“确认”按钮，用同样的方法偏移第二个焊盘，如图 4-38 所示。

（6）设定焊盘中央点为器件原点，单击“放置—画布原点—从焊盘中央”。

图 4-37 定位焊盘的属性

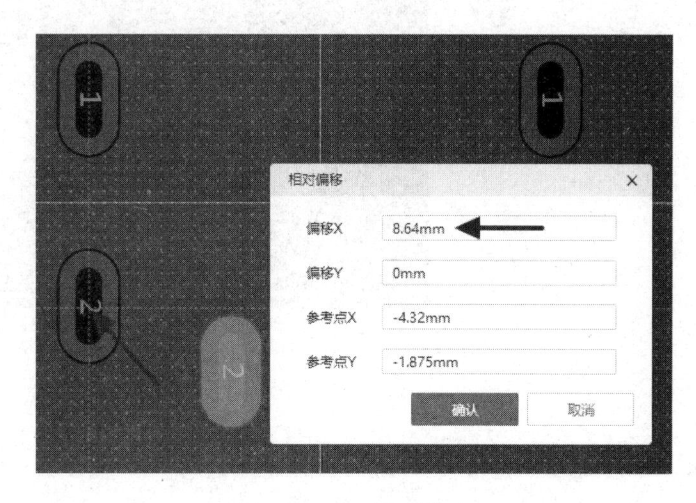

图 4-38 相对偏移指令

（7）单击顶部工具栏中的条形多焊盘按钮“⁝”放置条形多焊盘，横向放置 6 个 1mm 间距的焊盘。先选中焊盘，然后在右侧栏中更改属性，焊盘图层设置为顶层，形状设置为矩形，宽为 0.7mm，高为 1.2mm。

（8）先选中焊盘，然后单击“布局—偏移—相对偏移”，选择对应参考点，单击椭圆通孔焊盘中心，输入偏移 X 为 4.32mm，偏移 Y 为 0.53mm，如图 4-39 所示。

从数据手册中可以看出 1、6 号焊盘的尺寸和间距比中间四个焊盘稍大，选中两边焊盘，在其属性对话框内分别设置宽为 0.8mm，高为 1.2mm。先选中焊盘，再单击“布局—偏移—绝对偏移”，将两边焊盘各向外偏移 0.25mm，如图 4-40 所示。

图 4-39 相对偏移指令

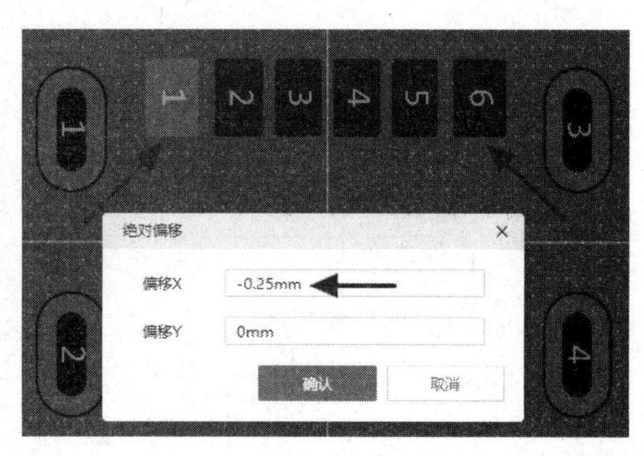

图 4-40 绝对偏移指令

（9）按照数据手册，在顶层丝印层绘制器件本体丝印，此时要注意丝印到椭圆形焊盘中心的间距为 2.3mm，如图 4-41 所示。

（10）根据数据手册更改焊盘编号，如图 4-41 所示。核对以上参数，单击“工具—检查尺寸”，查看封装各项间距，对照数据手册检查焊盘编号是否正确。所有设置完成后，封装即创建完成。

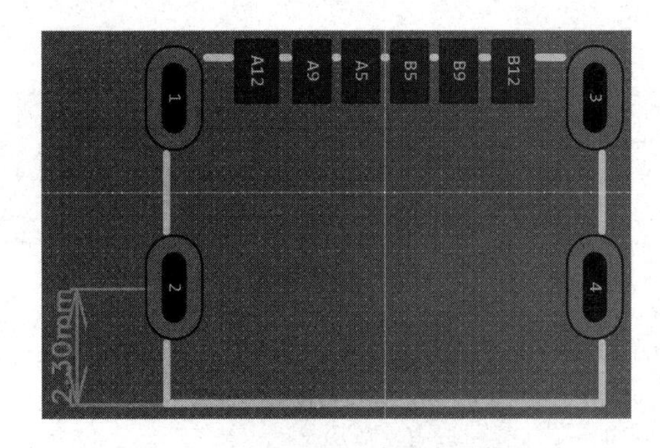

图 4-41　创建完成的 USB-6 封装

4.9　异形焊盘 PCB 封装创建实例——QFN-15-EP

本节以一个型号为 TPS54620RGYR 的带有异形焊盘的芯片为例，创建一个 QFN-15-EP 的封装，以讲解使用嘉立创 EDA 专业版创建异形焊盘 PCB 封装的方法。

（1）单击“文件—新建—封装”，弹出“新建封装”对话框，填写封装名称“QFN-15-EP”。

（2）下载器件型号为 TPS54620RGYR 的数据手册，查看数据手册中器件的外形图，据此来创建它的 PCB 封装，如图 4-42 所示。

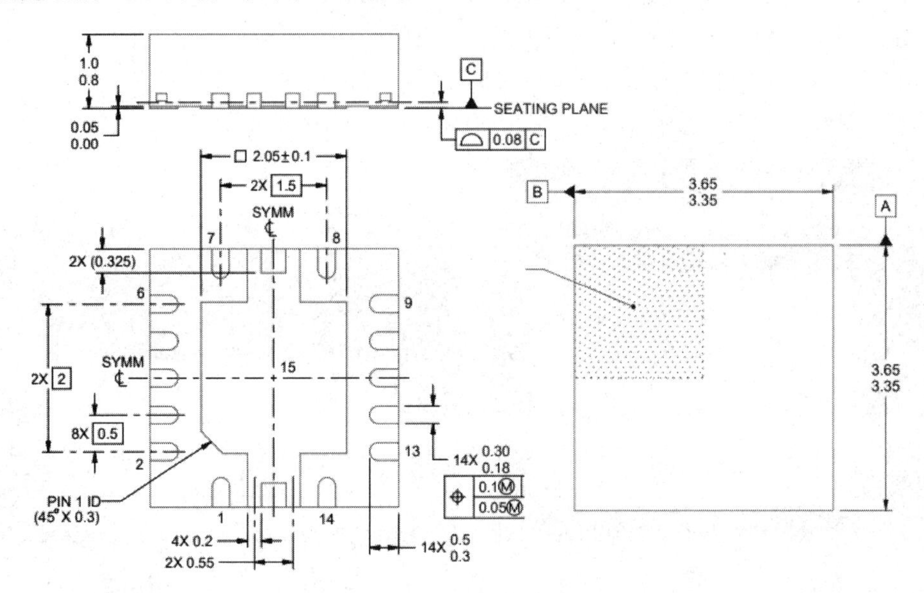

图 4-42　TPS54620RGYR 数据手册

（3）需要先根据数据手册计算出中间异形焊盘的尺寸，计算好尺寸后放小焊盘在八个顶点，选中小焊盘，在右侧栏的属性面板中分别设置小焊盘坐标，用来定位，如图 4-43 所示。

（4）单击“放置—异形焊盘”，在顶部工具栏中单击布线拐角按钮“线条90°”，将布线拐角调到“线条 90°”，将八个定位焊盘连好，如图 4-43 所示。

注意：在1号引脚处需要画出斜边，利用顶部工具栏中的“线条45°”选项画出斜边，通过调整线条角度、圆弧角度可以绘制半圆形等其他形状的异形焊盘。

（5）异形焊盘绘制好后将八个定位焊盘删除，如图4-44所示；然后在四周放置14个焊盘，按照以下尺寸、间距一一放置。

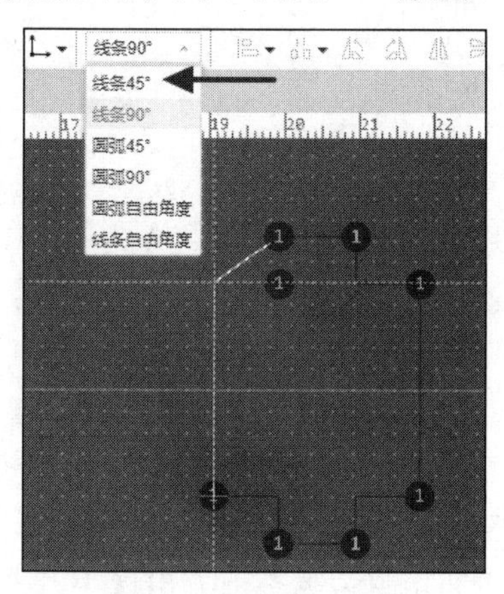

图4-43　放置异形焊盘

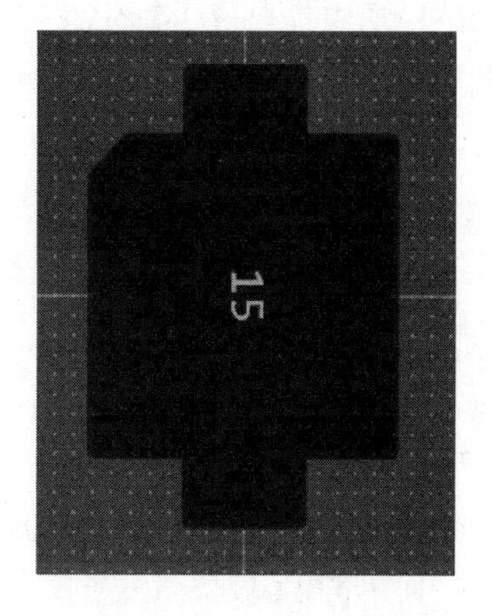

图4-44　完成的异形焊盘

焊盘参数：引脚尺寸取中间值，长为0.4mm，宽为0.2mm，考虑裕量加入补偿值，宽方向补偿单边0.05mm，长方向外侧补偿0.2mm，内侧补偿0.1mm，补偿后焊盘长为0.7mm，宽为0.3mm。

焊盘间距参数：相邻焊盘间距为0.5mm，相对焊盘跨距为3.2mm，如图4-45所示。

（6）按照数据手册中的引脚排列顺序，依次给焊盘编号排列，如图4-45所示。

（7）根据数据手册中的器件外形，选择器件体宽度中间值3.5mm绘制丝印框；单击“放置—线条—圆形”，在顶层丝印层的1号焊盘旁边放置圆形的1脚标识，如图4-46所示。

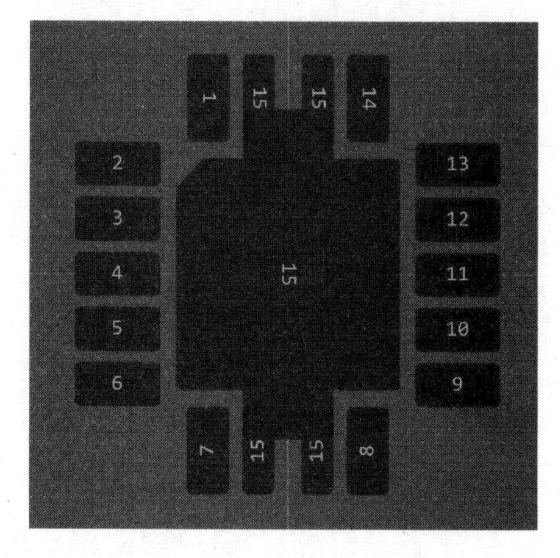

图4-45　放置焊盘图

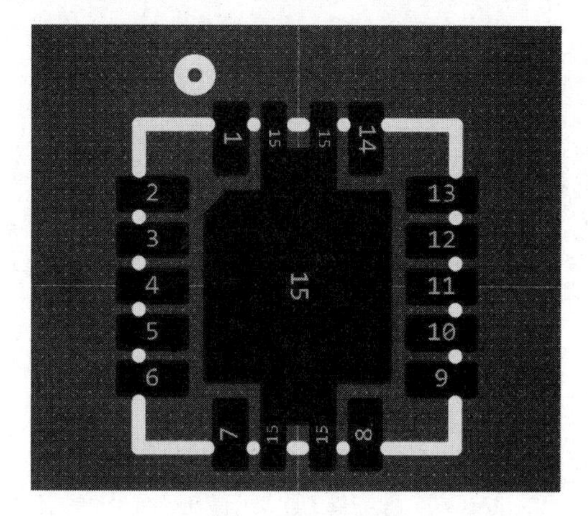

图4-46　创建完成的封装

（8）根据规格书核对以上参数，单击“工具—检查尺寸”，查看封装各项间距，检查焊盘编号是否正确。设置完成后封装即创建完成，如图4-46所示。

4.10 PCB 文件生成 PCB 封装库

有时客户会提供放置好元件的 PCB 文件，这时候就不必一个一个地创建 PCB 封装，而是直接从已存在的 PCB 文件中导出 PCB 封装库即可。

PCB 封装库的生成方法和元件库的生成方法几乎一致，请参考 3.9 节进行相关操作。

4.11 PCB 封装库的合并

由于拥有多个 PCB 封装库，不方便管理，所以需要把多个 PCB 封装库合并到一个库中；器件库、符号库和封装库的合并操作类似，下面以 PCB 封装库为例，演示库的合并。

（1）先在底部面板左下角单击“库”选项卡，然后在底部面板上方分栏中选择“封装”选项卡，继而单击封装列表上方的“批量另存为”按钮，封装名称前方出现小方框，勾选则表示选中为需要导出的封装，如图 4-47 所示。

图 4-47　批量另存为

（2）再次单击“批量另存为”按钮，弹出保存文件对话框，生成压缩包文件，设置文件名称和选择保存路径。

（3）单击“文件—导入—嘉立创（EDA 专业版）”，选中第（2）步创建的压缩包文件，选择“提取库文件”，如图 4-48 所示；单击“导入”按钮，弹出新对话框，勾选“全选”，表示导入压缩包中的所有封装。此时封装库合并完成。

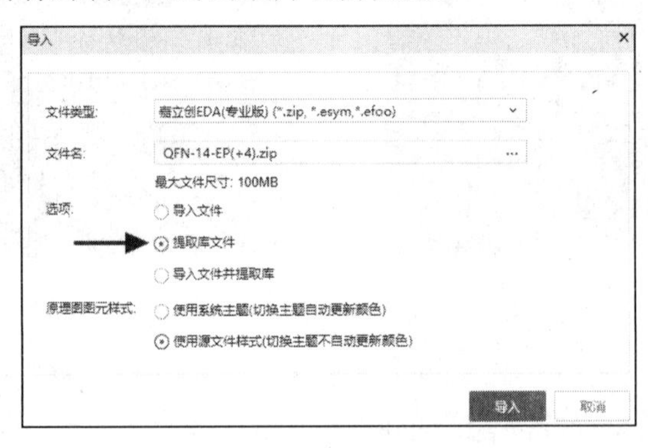

图 4-48　提取库文件

4.12 封装的检查

创建完封装之后，需要对所创建的封装进行一些常规检查，如尺寸、间距尺寸、重复焊盘、引脚标识、画布原点、镜像的元件等。

（1）尺寸：选中焊盘，然后在右侧栏的属性对话框内核实焊盘大小、单位是否正确。

（2）间距尺寸：单击“工具—检查尺寸”，检查尺寸显示的内容是根据当前元件生成的，元件修改或编辑后会自动退出检查功能，如图 4-49 所示。

（3）重复焊盘：检查重复的焊盘，在左侧栏中单击“库设计—焊盘”，出现如图 4-50 所示的焊盘列表，检查焊盘编号是否重复，焊盘数量是否正确。

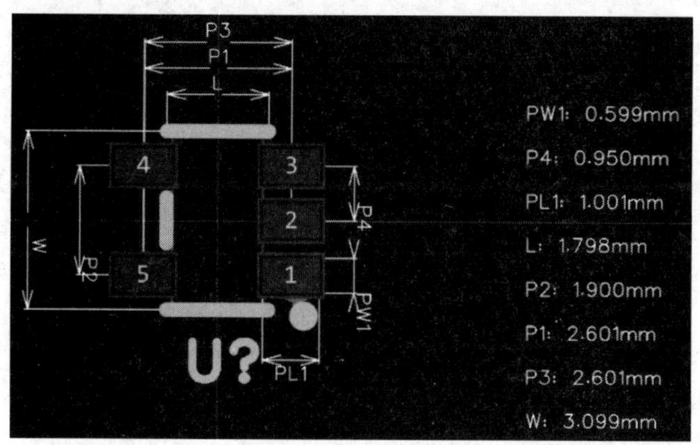

图 4-49 检查尺寸

属性 | 焊盘 | 向导 | 器件

所有工程 | 工程设计 | 库设计 | 常用库

编号	图层	中心X	中心Y	角度
1	T	-3.4	3.81	270
2	T	-3.4	2.54	270
3	T	-3.4	1.27	270
4	T	-3.4	0	270
5	T	-3.4	-1.27	270
6	T	-3.4	-2.54	270
7	T	-3.4	-3.81	270
8	T	3.4	-3.81	90
9	T	3.4	-2.54	90
10	T	3.4	-1.27	90
11	T	3.4	0	90

图 4-50 焊盘列表

（4）引脚标识：检查元件 1 脚标识是否放置，部分元件区分正负极，极性标识是否放置。

（5）画布原点：检查参考点是否设置在元件中心或 1 脚焊盘。

（6）镜像的元件：参照规格书中的“俯视图”，检查焊盘、丝印是否镜像。

4.13 常见 PCB 封装的设计规范及要求

PCB 封装是元件物料在 PCB 上的映射。封装设计是否规范涉及元件的贴片装配，需要正确地处理封装数据，满足实际生产的需求。有的工程师创建的封装无法满足手动贴片，有的工程师创建的封装无法满足机器贴片，也有的工程师创建的封装未创建 1 脚标识，手动贴片的时候无法识别正反，造成 PCB 短路的现象时有发生，这都需要工程师对自己创建的封装进行一定的约束。

封装设计应统一采用公制单位，对于特殊元件，资料上没有采用公制单位标注的，为了避免英制单位到公制单位的转换误差，可以采用英制单位。精度要求：采用 mil 为单位时，精度为 2；采用 mm 为单位时，精度为 4。

4.13.1 SMD 贴片封装设计

1. 无引脚延伸型 SMD 贴片封装设计

图 4-51 给出了无引脚延伸型 SMD 贴片封装的尺寸数据，数据定义说明如下。

A—元件的实体长度。

H—元件的可焊接高度。

T—元件的可焊接长度。

W—元件的可焊接宽度。

X—PCB 封装焊盘宽度。

Y—PCB 封装焊盘长度。

S—两个焊盘之间的间距。

注：*A*、*T*、*W* 均取数据手册推荐的平均值。

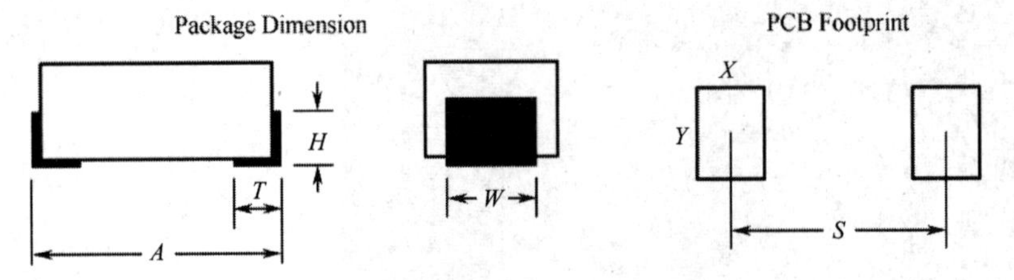

图 4-51 无引脚延伸型 SMD 贴片封装

定义：

*T*1 为 *T* 尺寸的外侧补偿值，取值范围为 0.3～1mm；

*T*2 为 *T* 尺寸的内侧补偿值，取值范围为 0.1～0.6mm；

*W*1 为 *W* 尺寸的侧边补偿值，取值范围为 0～0.2mm。

通过实践经验并结合数据手册参数可以得出以下经验公式。

$$X=T1+T+T2$$

$$Y=W1+W+W1$$

$$S=A+T1+T1-X$$

无引脚延伸型 SMD 贴片封装实例数据如图 4-52 所示，根据图上的数据及经验公式可以得到如下实际封装的创建数据。

$$X=0.6\text{mm}（T1）+0.4\text{mm}（T）+0.3\text{mm}（T2）=1.3\text{mm}$$

$$Y=0.2\text{mm}（W1）+1.2\text{mm}（W）+0.2\text{mm}（W1）=1.6\text{mm}$$

$$S=2.0\text{mm}（A）+0.6\text{mm}（T1）+0.6\text{mm}（T1）-1.3\text{mm}（X）=1.9\text{mm}$$

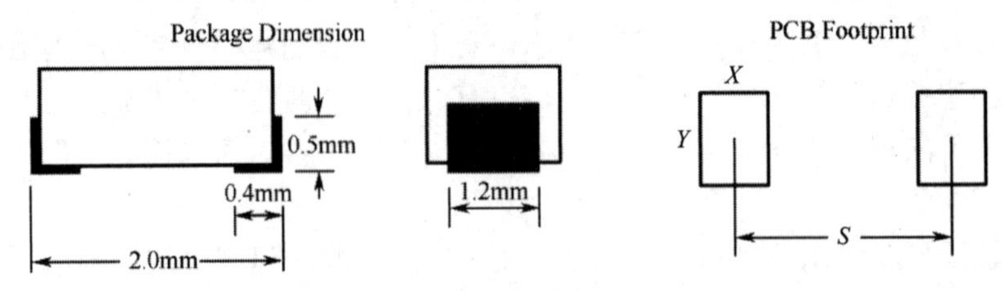

图 4-52 无引脚延伸型 SMD 贴片封装实例数据

2. 翼形引脚型 SMD 贴片封装设计

图 4-53 给出了翼形引脚型 SMD 贴片封装的尺寸数据，数据定义说明如下。

A—元件的实体长度。

T—元件引脚的可焊接长度。

W—元件引脚宽度。

X—PCB 封装焊盘宽度。

Y—PCB 封装焊盘长度。

S—两个焊盘之间的间距。

注：*A*、*T*、*W* 均取数据手册推荐的平均值。

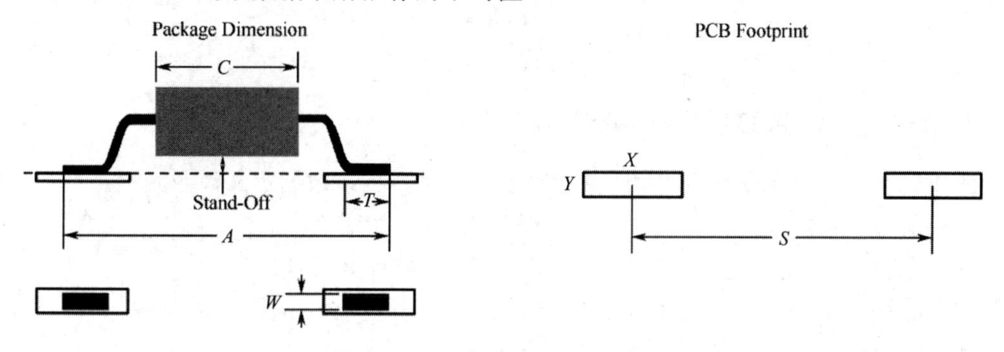

图 4-53　翼形引脚型 SMD 贴片封装

定义：

*T*1 为 *T* 尺寸的外侧补偿值，取值范围为 0.3～1mm；

*T*2 为 *T* 尺寸的内侧补偿值，取值范围为 0.3～1mm；

*W*1 为 *W* 尺寸的侧边补偿值，取值范围为 0～0.2mm。

通过实践经验并结合数据手册参数可以得出以下经验公式。

$$X=T1+T+T2$$

$$Y=W1+W+W1$$

$$S=A+T1+T1-X$$

3. 平卧型 SMD 贴片封装设计

图 4-54 给出了平卧型 SMD 贴片封装的尺寸数据，数据定义说明如下。

A—元件引脚的可焊接长度。

C—元件引脚的脚间隙。

W—元件引脚宽度。

X—PCB 封装焊盘宽度。

Y—PCB 封装焊盘长度。

S—两个焊盘之间的间距。

注：*A*、*C*、*W* 均取数据手册推荐的平均值。

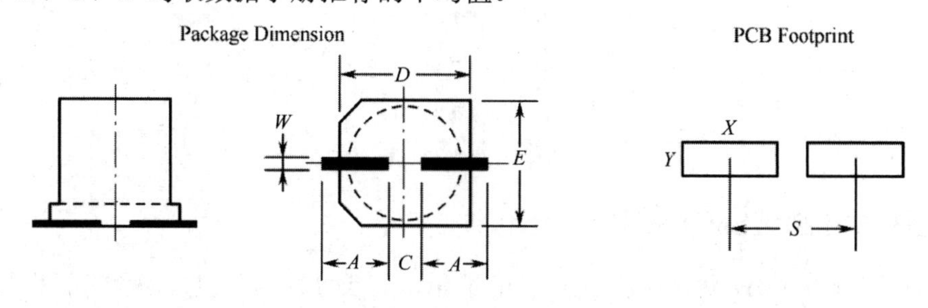

图 4-54　平卧型 SMD 贴片封装

定义：

$A1$ 为 A 尺寸的外侧补偿值，取值范围为 0.3～1mm；

$A2$ 为 A 尺寸的内侧补偿值，取值范围为 0.2～0.5mm；

$W1$ 为 W 尺寸的侧边补偿值，取值范围为 0～0.5mm。

通过实践经验并结合数据手册参数得出以下经验公式。

$$X=A1+A+A2$$

$$Y=W1+W+W1$$

$$S=A+A+C+A1+A1-X$$

4. J 形引脚型 SMD 贴片封装设计

图 4-55 给出了 J 形引脚型 SMD 贴片封装的尺寸数据，数据定义说明如下。

A—元件的实体长度。

X—PCB 封装焊盘宽度。

D—元件引脚中心间距。

Y—PCB 封装焊盘长度。

W—元件引脚宽度。

S—两个焊盘之间的间距。

注：A、D、W 均取数据手册推荐的平均值。

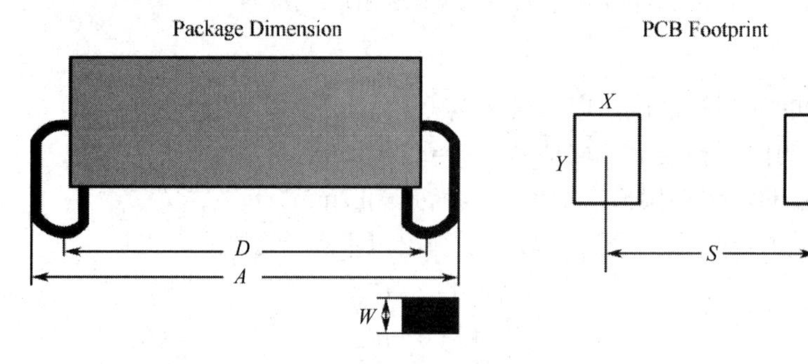

图 4-55　J 形引脚型 SMD 贴片封装

定义：

T 为元件引脚的可焊接长度；

$T1$ 为 T 尺寸的外侧补偿值，取值范围为 0.2～0.6mm；

$T2$ 为 T 尺寸的内侧补偿值，取值范围为 0.2～0.6mm；

$W1$ 为 W 尺寸的侧边补偿值，取值范围为 0～0.2mm。

通过实践经验并结合数据手册参数得出以下经验公式。

$$T=（A-D）/2$$

$$X=T1+T+T2$$

$$Y=W1+W+W1$$

$$S=A+T1+T1-X$$

5. 圆柱式引脚型 SMD 贴片封装设计

圆柱式引脚型 SMD 贴片封装如图 4-56 所示，其尺寸数据公式可以参考无引脚延伸型 SMD 贴片封装的经验公式。

6. BGA 类型 SMD 贴片封装设计

常见的 BGA 类型 SMD 贴片封装模型如图 4-57 所示。此类封装可以根据 BGA 的 Pitch 间距来进行常数的添加补偿，如表 4-2 所示。

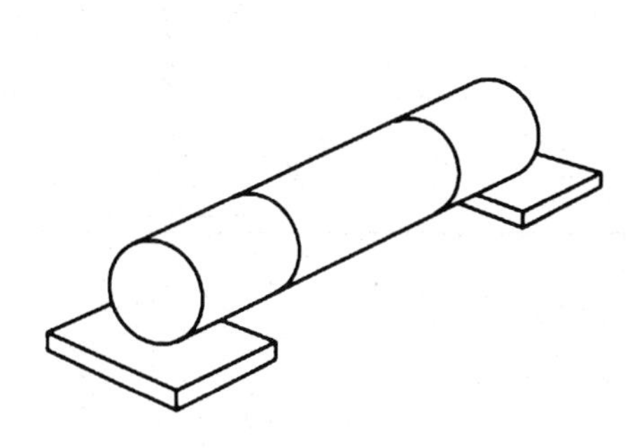

图 4-56　圆柱式引脚型 SMD 贴片封装

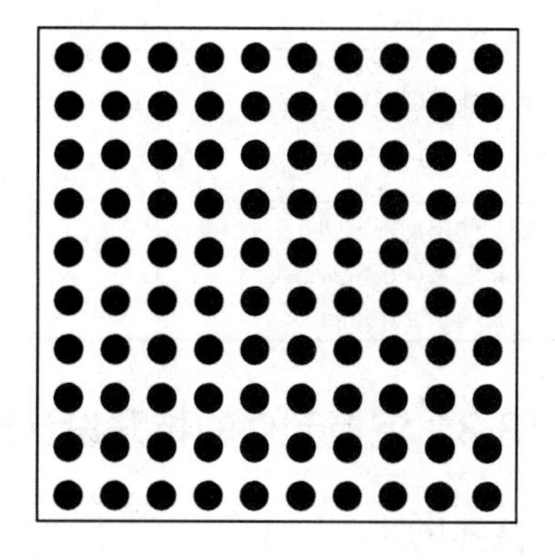

图 4-57　常见的 BGA 类型 SMD 贴片封装模型

表 4-2　常见 BGA 焊盘补偿值推荐

Pitch 间距/mm	焊盘直径/mm		Pitch 间距/mm	焊盘直径/mm	
	最　小	最　大		最　小	最　大
1.50	0.55	0.6	0.75	0.35	0.375
1.27	0.55	0.60（0.60）	0.65	0.275	0.3
1.00	0.45	0.50（0.48）	0.50	0.225	0.25
0.80	0.375	0.40（0.40）	0.40	0.17	0.2

4.13.2　插件类型封装设计

除了贴片封装，剩下的就是插件类型封装了，这种封装在一些接插件、对接座子等元件上比较常见。对于插件类型封装焊盘尺寸，封装规范定义了一些经验公式，如表 4-3 所示。

表 4-3　插件类型封装焊盘尺寸

焊盘尺寸计算规则	Lead Pin	Physical Pin
圆形引脚，使用圆形钻孔 $D' = \begin{cases} \text{引脚直径}D + 0.2\text{mm}（D < 1\text{mm}） \\ \text{引脚直径}D + 0.3\text{mm}（D \geqslant 1\text{mm}） \end{cases}$	D	D'
矩形或正方形引脚，使用圆形钻孔 $D' = \sqrt{W^2 + H^2} + 0.1\text{mm}$	W　H	D'
矩形或正方形引脚，使用矩形钻孔 $W' = W + 0.5\text{mm}$ $H' = H + 0.5\text{mm}$	W　H	W'　H'

续表

焊盘尺寸计算规则	Lead Pin	Physical Pin
矩形或正方形引脚，使用椭圆形钻孔 $W' = W + H + 0.5\text{mm}$ $H' = H + 0.5\text{mm}$	W H	W' H'
椭圆形引脚，使用圆形钻孔 $D' = W + 0.5\text{mm}$	W H	D'
椭圆形引脚，使用椭圆形钻孔 $W' = W + 0.5\text{mm}$ $H' = H + 0.5\text{mm}$	W H	W' H'

4.13.3 沉板元件的特殊设计要求

1. 开孔尺寸

元件四周开孔尺寸应保证比元件最大尺寸单边大 0.2mm（8mil），这样可以保证装配元件的时候能正常放进去。有的工程师按照数据手册设计了封装，但是实际做出来的电路板放不下，这往往就是因为在开孔时开孔尺寸没有留裕量。

2. 丝印标注

为了在板上能清楚地看到该元件所处的位置，它的丝印在原有基础上外扩 0.25mm，保证丝印在板上，丝印必须避让焊盘的阻焊层，根据具体情况向外让或切断丝印。

图 4-58 所示为 RJ45 接口沉板式封装。

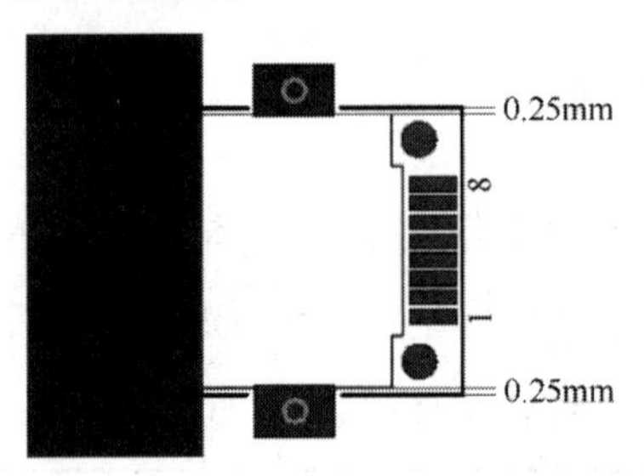

图 4-58　RJ45 接口沉板式封装

4.13.4 阻焊层设计

阻焊层包含顶层阻焊层和底层阻焊层，是指 PCB 上要上绿油的部分。实际上阻焊层使用的是负片输出，因此在阻焊层的形状映射到板子上以后，板子并不是上了绿油阻焊，反而是露出了铜皮。阻焊层的主要目的是防止波峰焊焊接时产生桥连现象。

一般常规设计的时候采取单边开窗 2.5mil 的方式即可，如图 4-59 所示。如果有特殊要求，需要在封装里面设计或利用软件的规则进行约束。

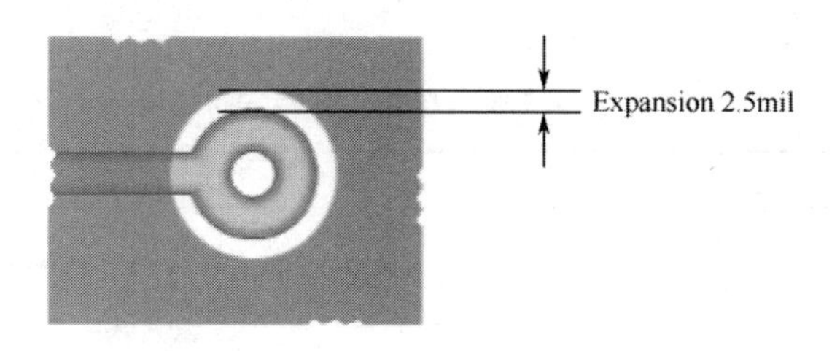

图 4-59　阻焊层单边开窗 2.5mil

4.13.5　丝印设计

（1）元件丝印，一般默认字符线宽为 0.2032mm（8mil），建议不小于 0.127mm（5mil）。

（2）焊盘在元件体内时，轮廓丝印应与元件体轮廓等大，或者丝印比元件体轮廓大 0.1～0.5mm，以保证丝印与焊盘之间保持 6mil 以上的间隙；焊盘在元件体外时，轮廓丝印与焊盘之间保持 6mil 及以上的间隙，如图 4-60 所示。

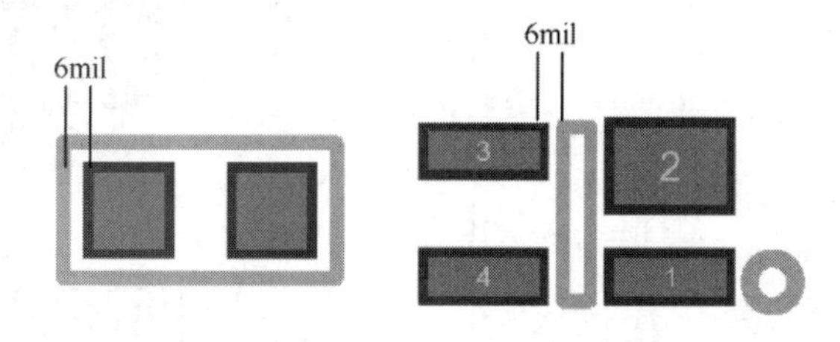

图 4-60　丝印与焊盘之间的间隙

（3）引脚在元件体的边缘上时，轮廓丝印应比元件体大 0.1～0.5mm，丝印为断续线，丝印与焊盘之间保持 6mil 以上的间隙。丝印不要印在焊盘上，以免引起焊接不良，如图 4-61 所示。

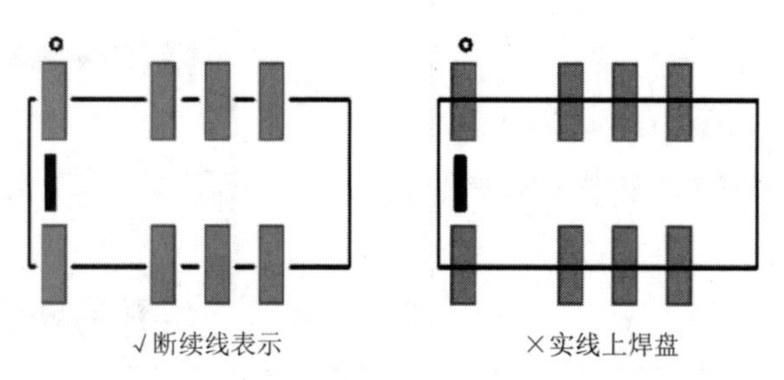

图 4-61　丝印为断续线的表示方法

4.13.6　元件 1 脚、极性及安装方向的设计

元件 1 脚标识可以表示元件的方向，防止在装配的时候出现芯片、二极管、极性电容等装反的现象。

元件 1 脚、极性及安装方向的设计如表 4-4 所示，放置时注意丝印与焊盘之间需要保持 6mil 以上的间隙。

表 4-4　元件 1 脚、极性及安装方向的设计

文 字 描 述	图 形 描 述
圆圈“○”	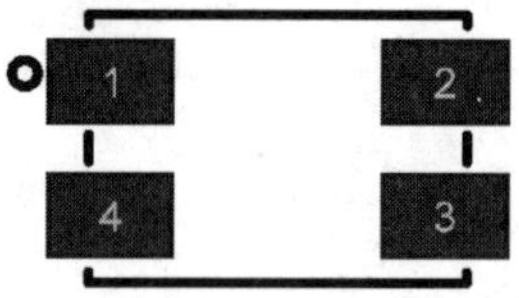
正极的极性符号“+”	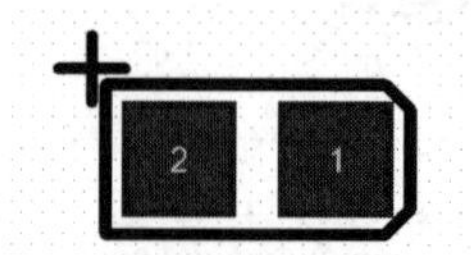
片式元件、IC 类元件等的安装标识端用 0.6～0.8mm 的 45° 斜角表示	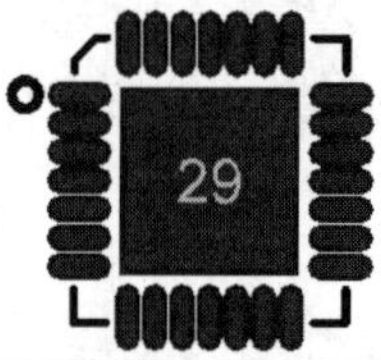
BGA 的“A”和“1”（2 号字）	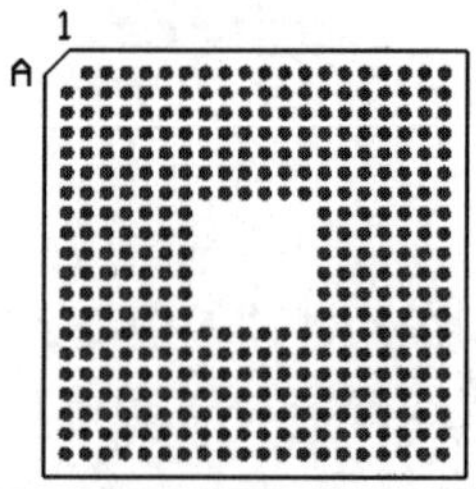
IC 类元件引脚数超过 64，应标注引脚分组标识符号。分组标识符号用线段表示，逢 5、逢 10 分别用长为 0.6mm、1mm 的线段表示	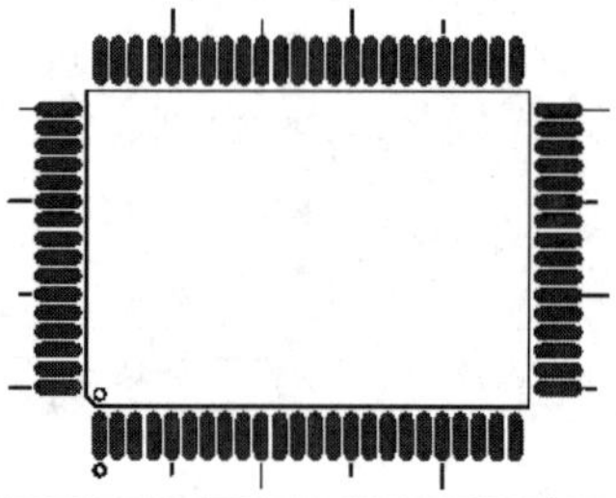
接插件等类型的元件一般用文字“1”“2”“*N*-1”“*N*”来标识第 1、2、*N*-1、*N* 脚	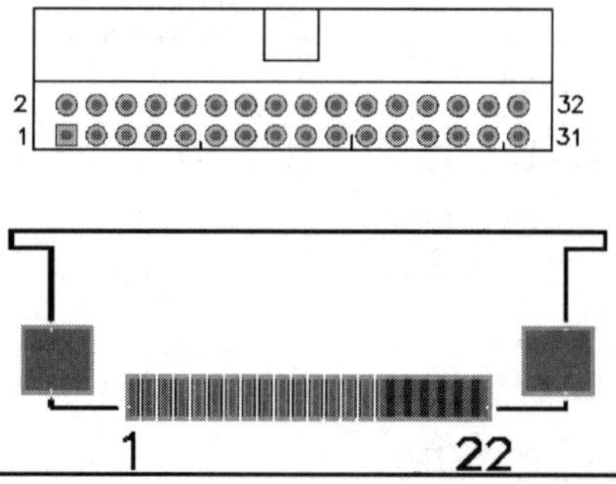

4.13.7 常用元件丝印图形式样

为了方便工程师设计标准的封装，在此列出了一些常用元件丝印图形式样，以供参考，如表 4-5 所示。

表 4-5 常用元件丝印图形式样

元件类型	常见图形式样	备注
电阻	 1 2	无
电容	 1 2	（1）无极性； （2）中间丝印未连接
钽电容	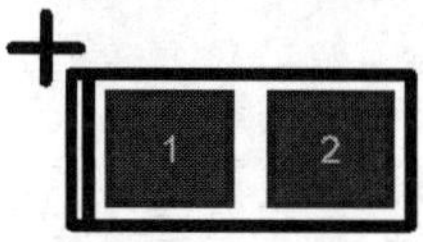 + 1 2	（1）要标出正极极性符号； （2）有双线一边为正极
二极管	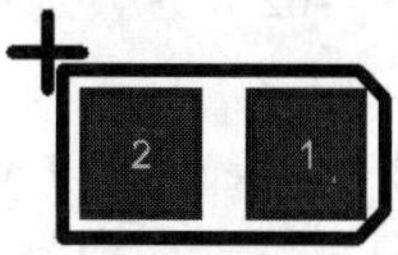 + 2 1	要标出正极的极性符号
三极管/MOS 管	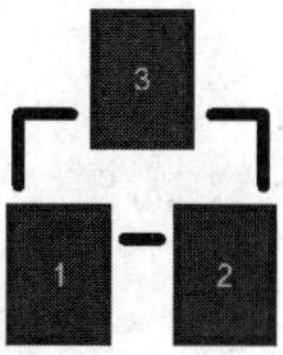 3 1 2	无
SOP	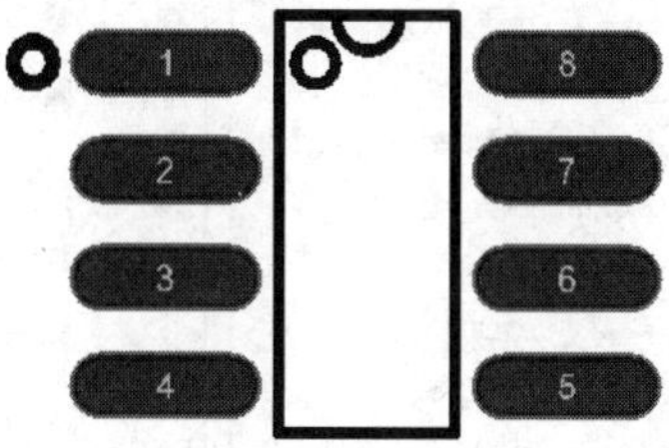 1 2 3 4 8 7 6 5	（1）1 脚标识清晰； （2）引脚序号正确
BGA	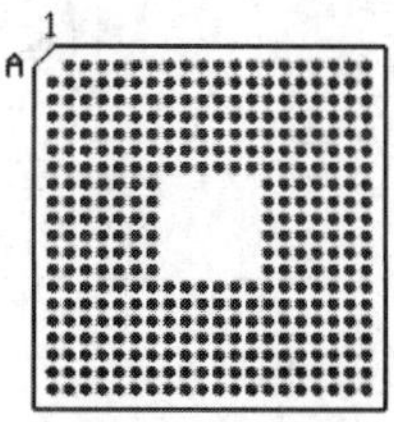 1 A	用字母“A”及数字“1”标出元件 1 脚及方向

续表

元 件 类 型	常见图形样式	备　　注
插装电阻	水平安装　立式安装	注意安装空间
插装电容	极性电容　非极性电容	注意极性方向标识

4.14　3D 封装创建

4.14.1　关联 3D 模型

嘉立创 EDA 专业版本身不可以创建 3D 模型，系统库中有大量模型供选择，可在系统库中查找相应模型进行关联。关联 3D 模型如图 4-62 所示，选择系统库，如系统库中没有所需模型，则需要用户自行准备模型文件进行关联。

在关联个人模型库前，需要将 3D 模型文件（*.step/*.stp）通过“设置—客户端—库路径”移入指定的路径，刷新库即可绑定 3D 模型（关联个人模型库操作仅支持全离线/半离线模式，全在线模式仅用于关联系统模型库）。

（1）单击“底部面板—库—器件—器件列表”，在打开的对话框内选择需要添加 3D 模型的器件，然后右击，在弹出的快捷菜单中选择“编辑器件”选项，如图 4-62 的左侧图所示。

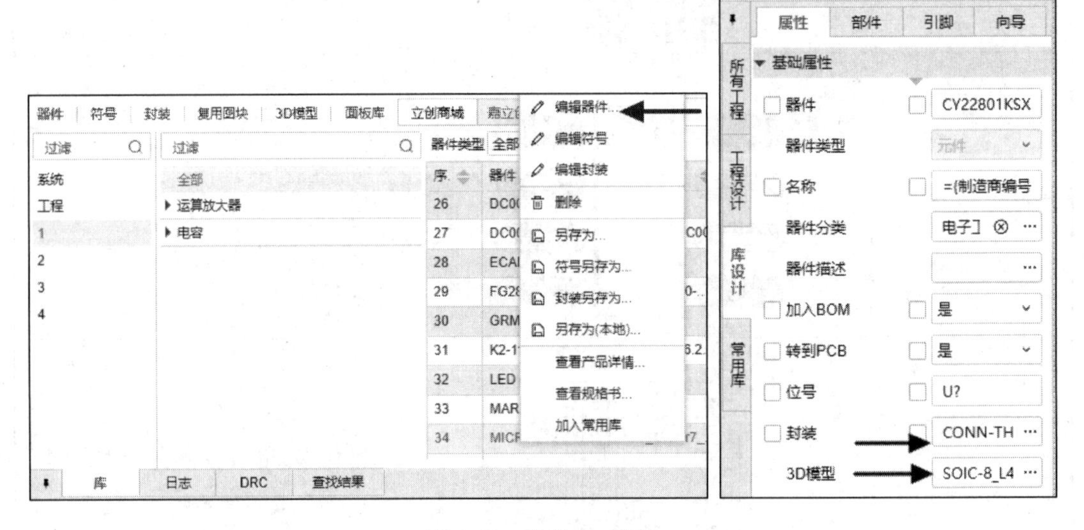

图 4-62　关联 3D 模型

（2）跳转到器件属性编辑界面，如图 4-62 的右侧图所示，单击最下侧的“3D 模型”选项（如没有关联封装，可单击上方的“封装”选项关联对应封装），弹出 3D 模型选择窗口。

（3）单击 3D 模型库，选择需要的模型，如图 4-63 所示，在右侧栏中调整模型大小、旋转角度和偏移，如图 4-64 所示。单击“更新”按钮，此时器件的 3D 模型关联完成。

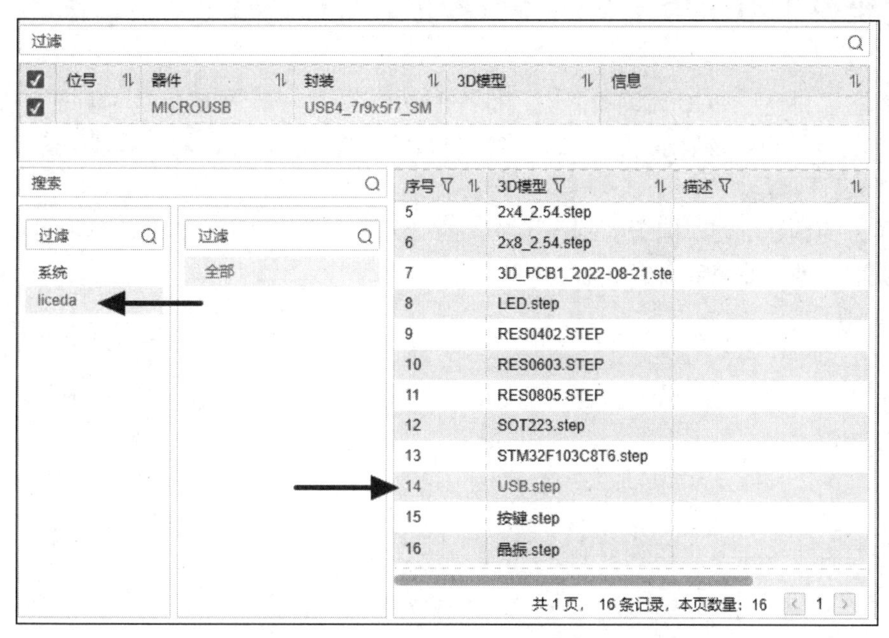

图 4-63　选择 3D 模型

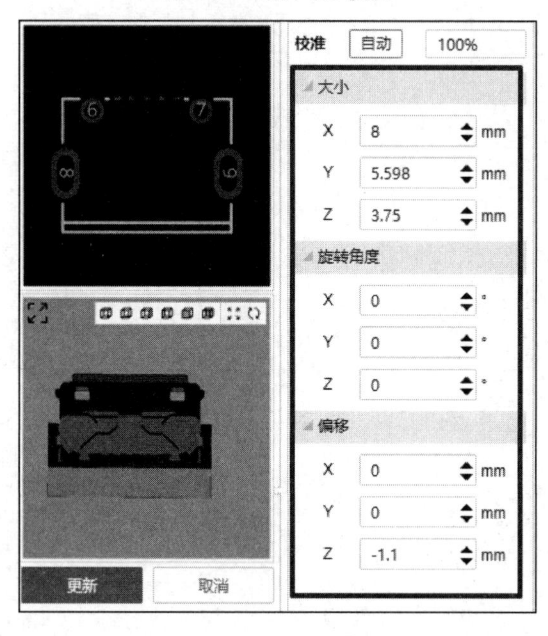

图 4-64　调整 3D 模型

4.14.2 3D 模型更新

更新 3D 模型便是重新关联 3D 模型，操作方法和关联 3D 模型一致。

4.15 本章小结

本章主要讲述了 PCB 库编辑界面、标准 PCB 封装与异形 PCB 封装的创建方法、常见 PCB 封装的设计规范及要求，还介绍了 3D 封装的创建方法，让读者充分理解 PCB 封装创建及 PCB 设计规范。

为了方便读者学习，编著者制作了丰富的 2D 标准库和 3D 库文件，读者可以从 PCB 联盟网获取，或者联系编著者获取。

第 5 章

原理图开发环境及设计

原理图，顾名思义是表示电路板上各元件之间连接原理的图表。在方案开发等正向研究中，原理图的作用是非常重要的，而对原理图的把关也关乎整个电子设计项目的质量甚至项目生命。由原理图延伸下去会涉及 PCB Layout，也就是 PCB 布线，这种布线是基于原理图进行的，通过分析原理图及限制电路板的其他条件，工程师得以确定元件的位置及电路板的层数等。

本章从原理图编辑界面、原理图设计准备开始，一步一步地讲解原理图设计的整个过程，读者只需要按编著者的思路学习，就可以熟练掌握整个原理图设计的过程，从而完成自己的原理图设计。

学习目标

- 熟悉原理图开发环境。
- 熟练掌握元件的放置方法。
- 熟练掌握电气导线设计等常规设计的操作方法。
- 掌握原理图的全局编辑。
- 了解层次原理图的设计。
- 掌握原理图的编译与检查。
- 掌握原理图的打印导出。

5.1 原理图编辑界面

按照第 2 章中介绍的原理图的创建方法，单击“文件—新建—原理图”，即可创建一个新的原理图，如图 5-1 所示。

原理图编辑界面中主要包含菜单栏、工具栏、（左侧和右侧）面板栏、工作区等。

1. 菜单栏

（1）文件：用于完成对各种文件的新建、打开、保存等操作。

（2）编辑：用于完成各种编辑操作，包括撤销、取消、复制及粘贴。

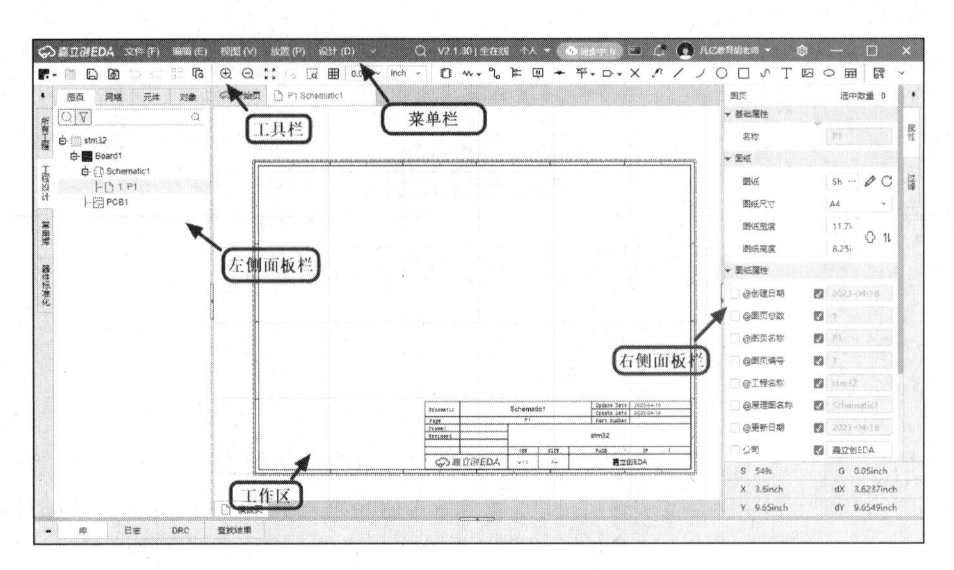

图 5-1　原理图编辑界面

（3）视图：用于完成视图操作，包括窗口的放大、缩小，工具栏的打开、关闭，以及栅格的设置和显示等。

（4）放置：用于放置电气导线及非电气对象。

（5）设计：为工程师提供 DRC、更新到 PCB 等功能。

（6）布局：方便工程师进行对齐、旋转等操作。

（7）工具：为工程师提供各类工具。

（8）导出：为工程师提供 BOM 表、第三方网表等的导出功能。

（9）下单：为工程师提供元件下单功能。

（10）设置：对软件进行系统参数设置，详细内容可以参考 1.5 节。

2. 工具栏

工具栏是菜单栏的延伸显示模块，为操作频繁的命令提供窗口按钮（有时也称图标）显示的方式。其中按钮的功能可以参考第 3 章中的表 3-1。

5.2　原理图设计准备

在设计原理图之前要对原理图进行一定的设置，以提高设计效率。虽然在实际的应用中，有时候不对原理图进行设置也没有很大关系，但是为了提高设计效率，推荐读者对其进行设置。

5.2.1　原理图图页的设置

（1）单击原理图图纸空白处，按]键，打开右侧面板栏中的“属性”选项卡，如图 5-2 所示。

（2）单击“图纸尺寸”下拉按钮，可以在下拉列表中选择合适的、标准尺寸的原理图图纸。如果在标准尺寸中没有合适的尺寸，则可以通过修改“图纸宽度”和“图纸高度”来自定义图纸尺寸，如图 5-3 所示。

（3）一般来说，自定义尺寸是画完原理图之后根据实际需要来定义的，这样可以让原理图不至于过大或过小。

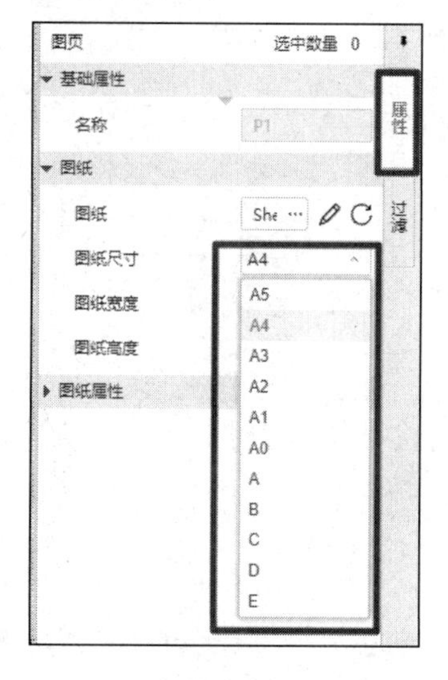

图 5-2　原理图图页的设置

图 5-3　图纸宽度和高度

5.2.2　原理图栅格的设置

原理图栅格的设置有利于放置元件及绘制对齐的导线，以达到规范和美化设计的目的。单击“设置—原理图/符号—常规”，可以进入如图 5-4 所示的“设置”对话框。

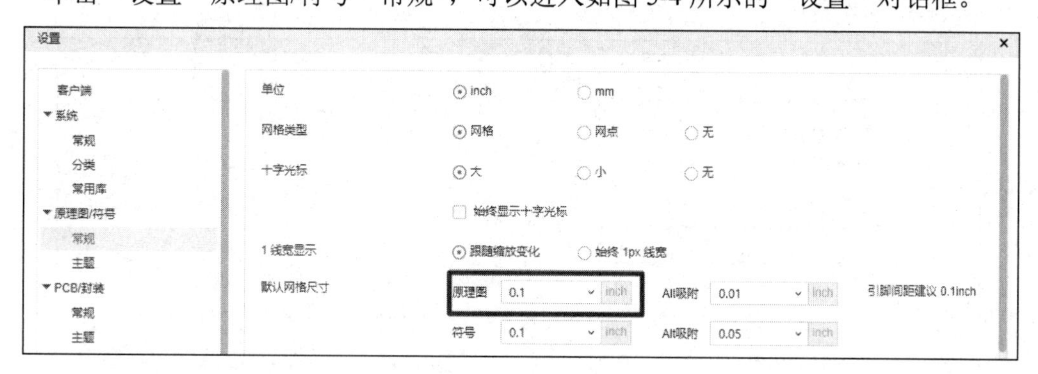

图 5-4　“设置”对话框

嘉立创 EDA 专业版提供了三种栅格类型，即“网格”“网点”和“无”，如图 5-5 所示，一般推荐设置为网格，在“默认网格尺寸”选项中可以对网格大小进行设置，推荐设置为 0.1inch。选择“主题”选项，可以对网格颜色进行设置，如图 5-6 所示。

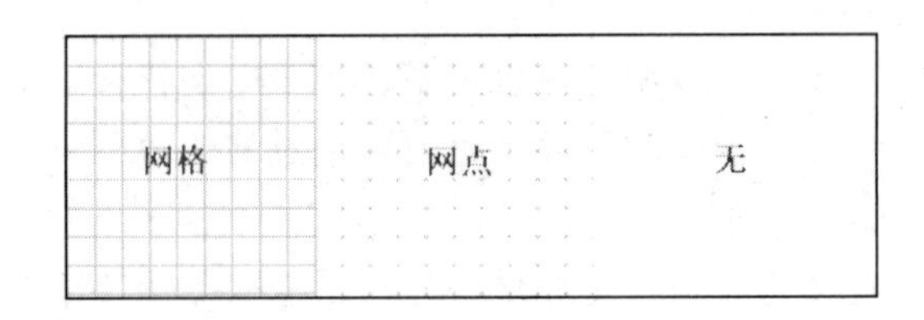

图 5-5　网格类型

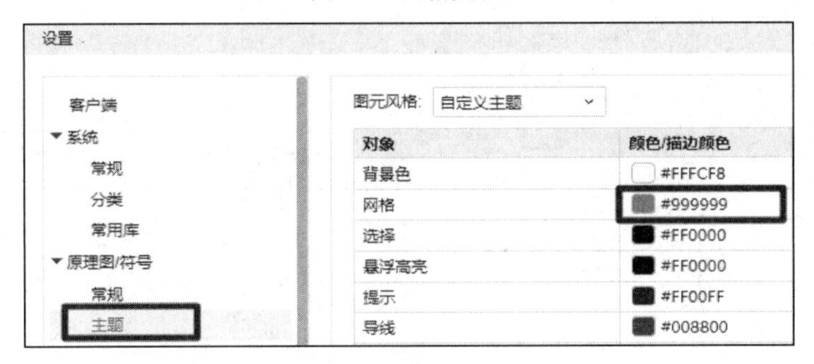

图 5-6　网格颜色设置

5.2.3　原理图模板的应用

嘉立创 EDA 专业版提供常规尺寸的原理图模板，默认包含设计中的标题栏、外观属性的设置，方便工程师直接调用，大大提高了设计效率。

1. 自定义模板的创建

在实际项目中，用户要想使用符合自己设计习惯的模板，就需要自定义模板。

（1）单击“文件—新建—图纸”，弹出如图 5-7 所示的对话框，设置好库和图页名称，单击“确认”按钮即可。

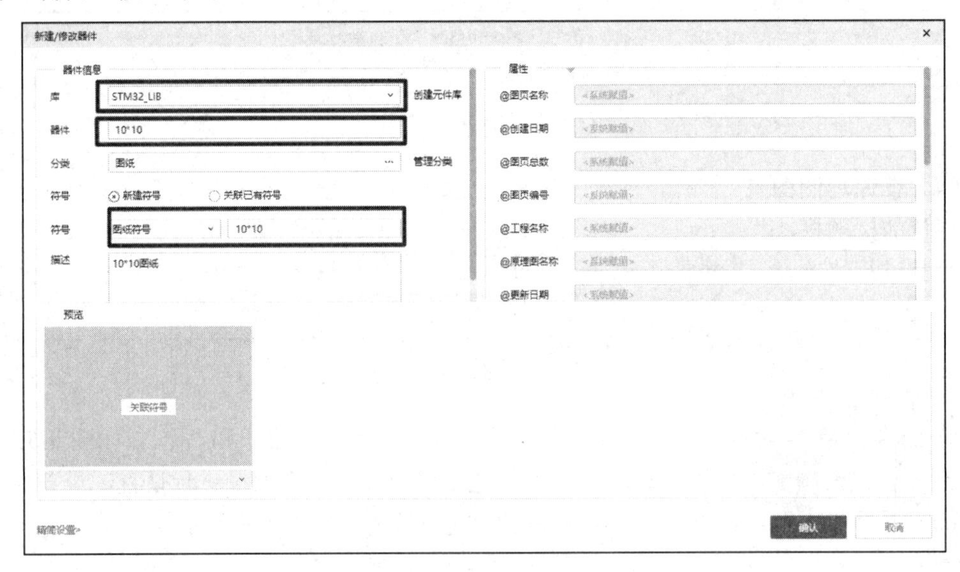

图 5-7　图纸模板创建

（2）在左侧面板栏中的“向导”选项卡（见图 5-8）内，用户按照自己的需求设置图页大小，单击“生成图纸边框”按钮，即可完成图页的设置。根据 5.2.2 节中介绍的原理图栅格的设置方法设置好参数并保存。

（3）单击“设置—面板/面板库—属性”，弹出如图 5-9 所示的界面，单击上方的按钮“+”和“×”，可以对模板中的属性进行添加和删除。在图页编辑界面中，单击左侧面板栏中的“属性”选项卡，即可对“更多属性”参数进行显示和隐藏设置。在“图纸属性”选项最底部的空白方框内，单击其后侧的下拉箭头可以添加图 5-9 中的属性到图页中，如图 5-10 所示。

图 5-8　“向导”选项卡

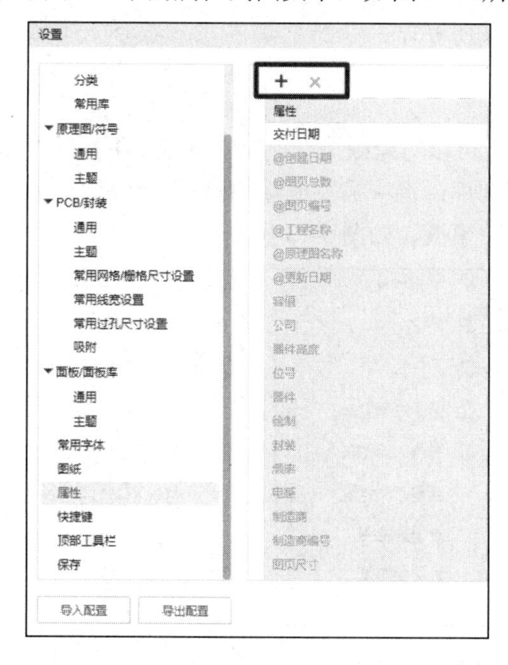

图 5-9　属性设置界面

图 5-10　属性显示和隐藏

（4）在原理图图页的右下角，用户可以单击“放置—折线”和“放置—文本”绘制一个个性化的标题栏，其中包含设计所需要的信息，如图 5-11 所示，也可以根据系统提供的模板对其进行修改。

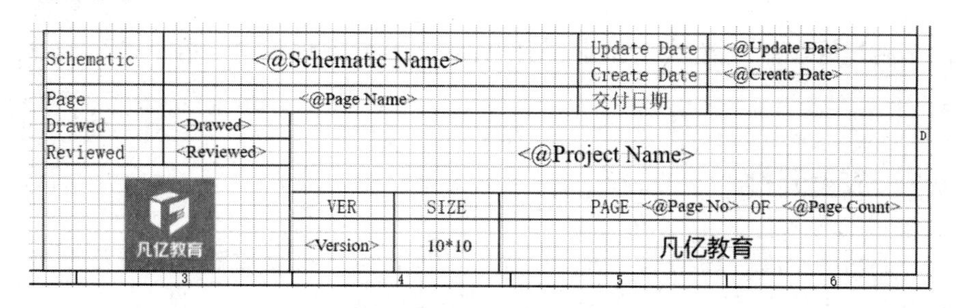

图 5-11　标题栏的绘制

2. 自定义模板的调用

要调用之前自定义的“10*10”模板，先单击左下角的“库”选项卡，如图 5-12 所示，然后选择之前保存的库，再选中模板，最后单击右侧的“放置”按钮。如果库里器件太多可以在“器件类型”里选择“图纸”来进行过滤，或者直接搜索。

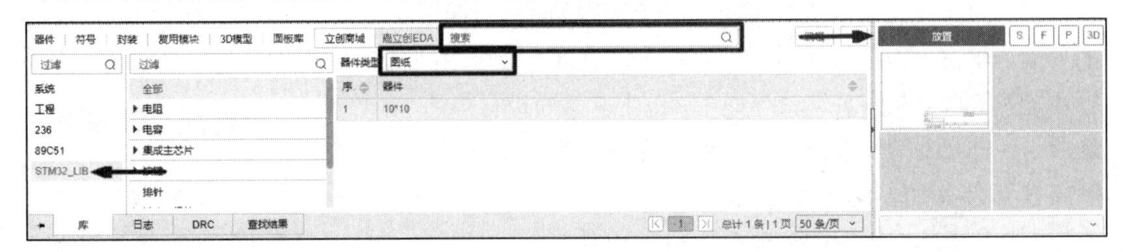

图 5-12　模板的调用

3. 模板的删除

当设计中考虑到保密或有不需要的模板时，可以对模板进行删除。单击左下角的“库”选项卡，在弹出的对话框内，先打开模板所在的库，选中需要删除的模板，然后右击，在弹出的快捷菜单中选择“删除”选项，即可删除模板，如图 5-13 所示。

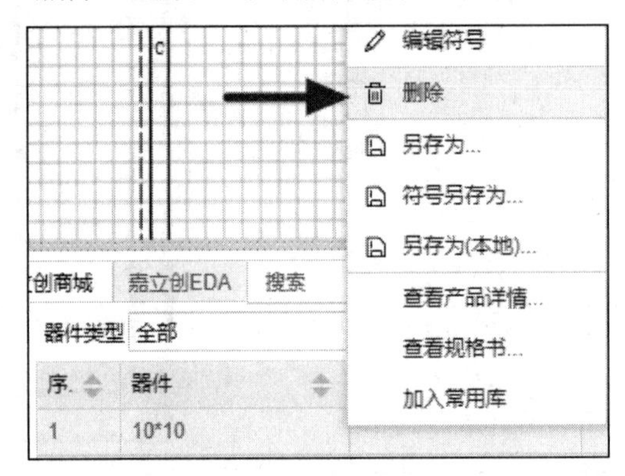

图 5-13　删除模板

5.3　元件的放置

元件库创建好之后，需要先把创建好的元件放置到原理图中，再正式开始进行原理图设计。

5.3.1　放置元件

单击左下角的“库”选项卡，选择创建好的库，选中需要放置的元件后单击“放置”按钮，如图 5-14 所示，即可将元件放置在原理图编辑区域。

嘉立创 EDA 专业版提供了品类和数量众多的元件，在全在线模式或半离线模式下，单击左下角的“库”选项卡，选择系统库，选中需要放置的元件后单击“放置”按钮，如图 5-15 所示，即可将元件放置在原理图编辑区域。

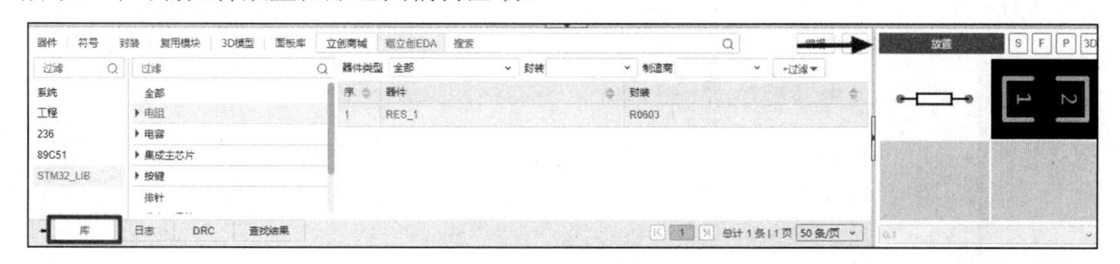

图 5-14　放置元件

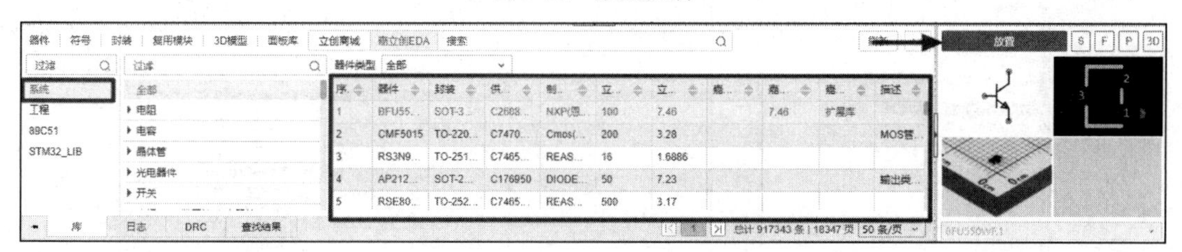

图 5-15　系统库的使用

5.3.2　元件属性的编辑

电路图中的每个元件都有相应的属性，这些属性表示与元件有关的信息，包括“基础属性”“关键属性”“更多属性”三类。“基础属性”是嘉立创 EDA 专业版运行时必需的参数，如元件位号、名称、封装。“关键属性”一般包含生产厂商、物料编码等。“更多属性”则可以根据用户喜好来添加价格、精度和库存等参数。元件属性可以通过单击右侧面板栏中的“属性”选项卡进行修改，也可以批量选中元件后在右侧面板栏中的“属性”选项卡中进行批量修改，如图 5-16 所示。

1. 基础属性区域

（1）位号：元件的唯一标识，用来标识原理图中不同的元件，常见的有“U？”（IC 类）、“R？”（电阻类）、“C？”（电容类）、“J？”（接口类）。若它们被勾选则表示可见，反之则表示不可见。

（2）器件：显示器件对应的符号，也可以在此对该符号进行替换。

（3）封装：显示元件对应的 PCB 封装，也可以在此对该 PCB 封装进行替换。

（4）加入 BOM：选择元件是否加入 BOM 表。

（5）转到 PCB：选择元件是否转到 PCB。

2. 关键属性区域

关键属性区域只有调用系统库内的元件才有，在这里用户可以修改元件的供应商、供应商编号、制造商、制造商编号等。

3. 更多属性区域

用户在更多属性区域可以选择自己需要的属性进行添加，如图 5-17 所示，单击下拉箭头即可打开下拉列表，系统不自带的属性可以单击“新增自定义属性”进行添加。

图 5-16 “属性”选项卡设置

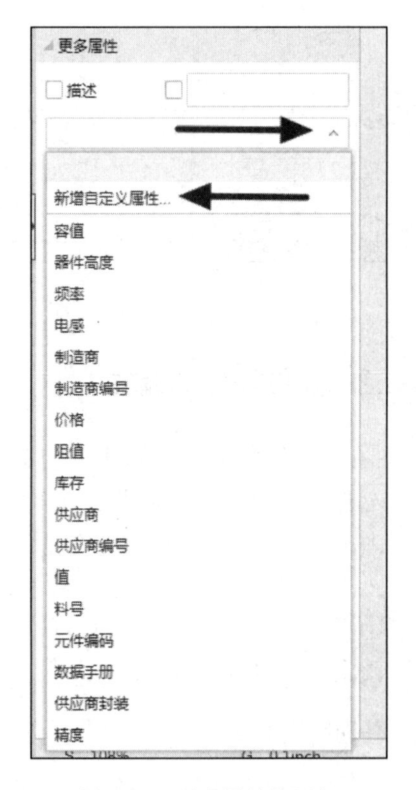

图 5-17 更多属性的添加

5.3.3 元件的选择、旋转及镜像

对原理图工程师来说，元件的选择、旋转及镜像命令是原理图设计中使用频率最高的，熟练掌握这些命令的使用方法，有助于提高设计效率。

1. 元件的选择

单选：直接单击即可实现单选操作。

多选：第一，按住 Ctrl 键，多次单击需要选择的元件，或者在元件范围外按住鼠标左键不放并拖动鼠标，从而形成一个选框，涵盖需要选择的多个元件，即可完成多选操作。

第二，按 E+S 键会出现如图 5-18 所示的菜单，选择“选择对象”选项，对应选择对象模式下的元素。

选择过滤功能可以通过调整右侧面板栏中的“过滤”选项卡中的内容实现，如图 5-19 所示，以满足不同的选择需求。

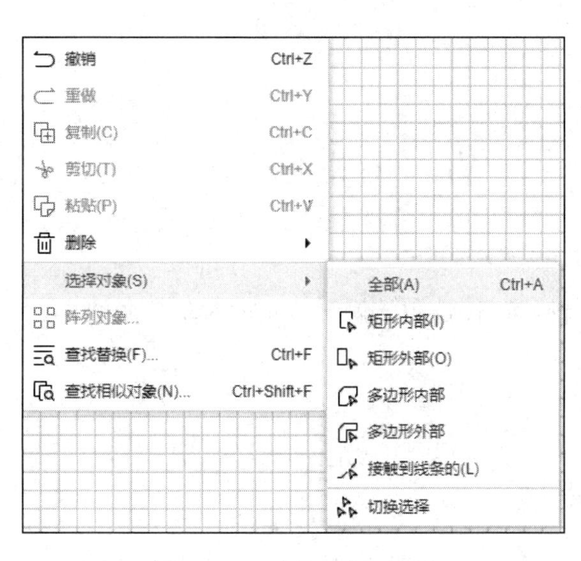

图 5-18 “选择对象”选项

图 5-19 “过滤”选项卡

① 矩形内部：依次按 E、S、I 键，对完全包含在框选范围内的对象进行选中。

② 矩形外部：依次按 E、S、O 键，对框选范围之外的所有对象进行选中。

③ 多边形内部：单击“编辑—选择对象—多边形内部”激活对应命令，或者用户可以自己手动设置对应快捷键。命令激活之后，用鼠标光标绘制多边形，绘制完成后右击结束此命令，此时即选中了多边形内部对象，如图 5-20 所示。

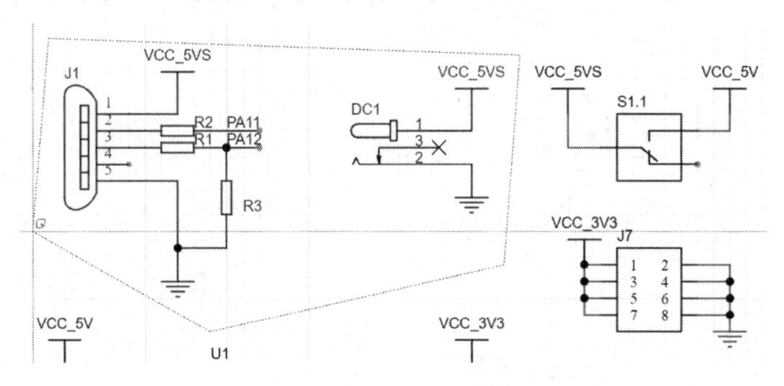

图 5-20 选中多边形内部对象

④ 多边形外部：单击“编辑—选择对象—多边形外部”激活对应命令，或者用户可以自己手动设置对应快捷键。命令激活之后，用鼠标光标绘制多边形进行选择，可将多边形外部的所有对象选中，如图 5-21 所示。

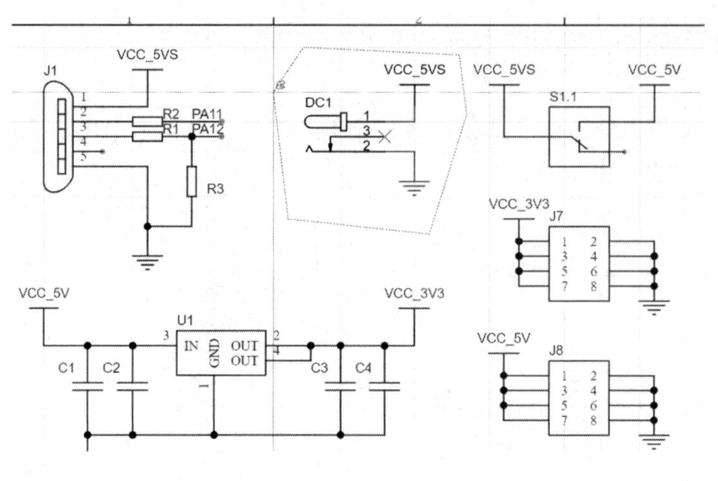

图 5-21　选中多边形外部对象

⑤ 接触到线条的：依次按 E、S、L 键，可以选中接触到线条的对象，如图 5-22 所示。

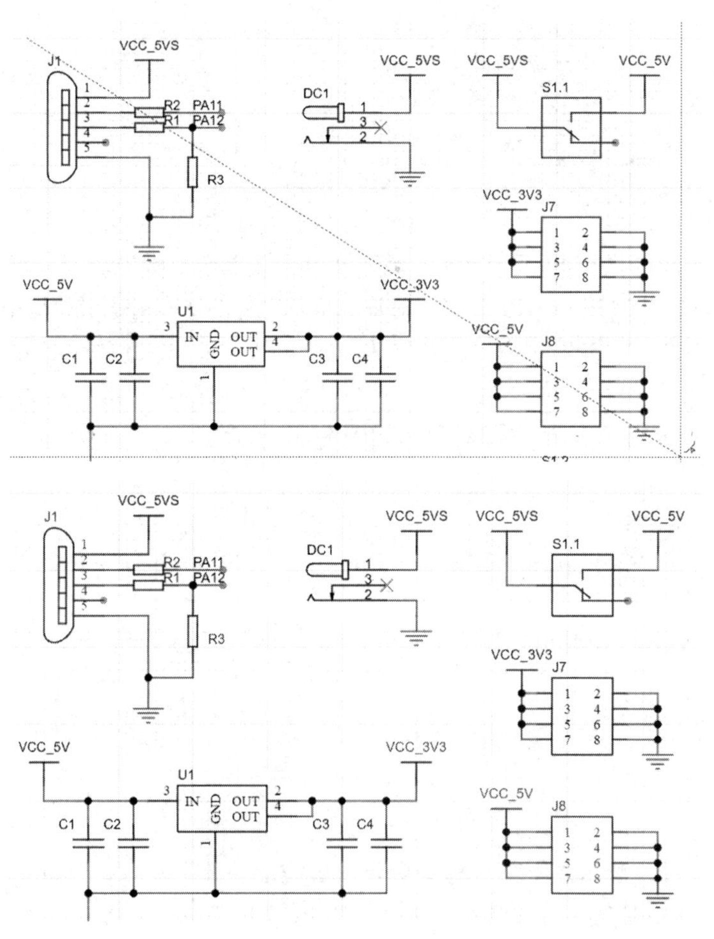

图 5-22　选中接触到线条的对象

2. 元件的旋转

为了使电气导线放置更合理或元件排列整齐，往往需要对元件进行旋转操作，嘉立创EDA 专业版提供了几种“旋转”元件的操作方法。

（1）先单击选中元件，然后在拖动元件的情况下按空格键对其进行旋转，每执行一次此操作，元件就逆时针旋转 90°。

（2）单击选中元件，按 O 键，选择旋转命令。

① 左向旋转：逆时针旋转选中的元件，每执行一次就旋转一次，和空格键旋转功能一样。

② 右向旋转：顺时针旋转选中的元件，同样可以多次执行。

元件的旋转状态如图 5-23 所示。

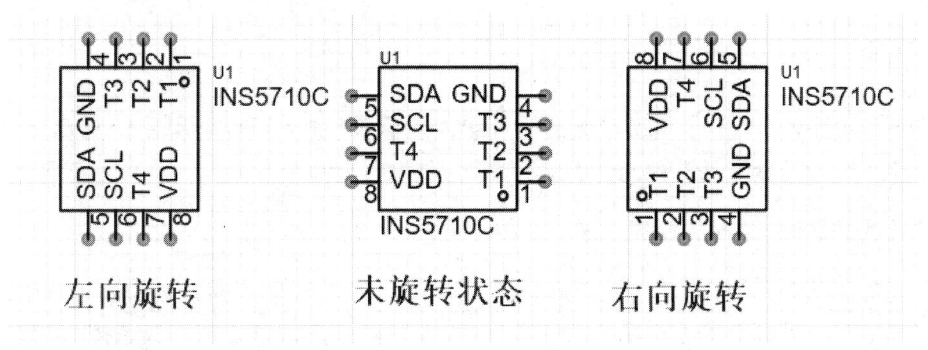

图 5-23　元件的旋转状态

3. 元件的镜像

原理图只是电气性能在图页上的表示，可以对绘制的图形进行水平或垂直翻转而不影响电气性能。单击选中元件，在拖动元件的状态下按 X 键或 Y 键，实现元件的左右翻转或上下翻转，如图 5-24 所示。

图 5-24　元件的左右翻转与上下翻转

5.3.4 元件的复制、剪切及粘贴

嘉立创 EDA 专业版提供类似 Windows 的复制、剪切及粘贴功能，非常方便。选中需要复制的元件，单击“编辑—复制”或按 Ctrl+C 键，完成复制操作。也可以选中元件按住 Ctrl 键拖动元件进行快捷复制。

需要注意的是：按住 Ctrl 键拖动元件进行快捷复制的操作需要在菜单栏中单击“设置—原理图/符号—通用”，勾选“Ctrl 拖动复制”才可以执行。

5.3.5 元件的排列与对齐

放置好元件之后，为了使所放置的元件更加规范和美观，可以利用嘉立创 EDA 专业版提供的排列与对齐命令来进行元件的排列与对齐操作。

1. 调用排列与对齐命令的方法

可以通过以下几种方法来调用排列与对齐命令，在进行此步操作之前要先选中需要执行操作的元件，然后单击“布局—对齐”，进入排列与对齐命令菜单，或者按 O 键，还可以使用工具栏中的图标命令来进行元件的排列与对齐，如图 5-25 所示。

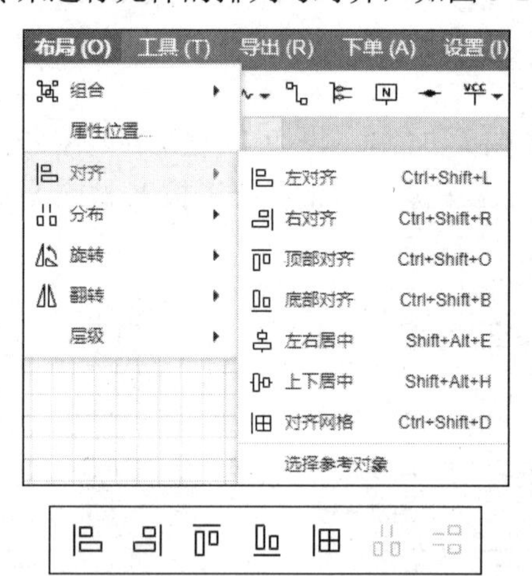

图 5-25 排列与对齐命令

2. 常用命令

为了更加直观地学习这些排列与对齐命令，在此进行常用命令的介绍。

（1）左对齐、右对齐、顶部对齐、底部对齐效果如图 5-26 所示。

① 左对齐：向左对齐。

② 右对齐：向右对齐。

③ 顶部对齐：向顶部对齐。

④ 底部对齐：向底部对齐。

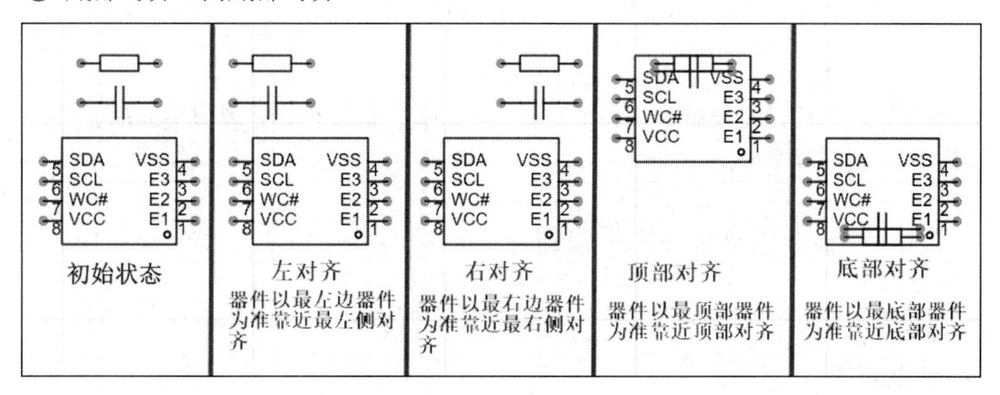

图 5-26 左对齐、右对齐、顶部对齐、底部对齐效果

（2）分布对齐效果如图 5-27 所示。

① 左右居中：水平等间距分布对齐。

② 上下居中：垂直等间距分布对齐。

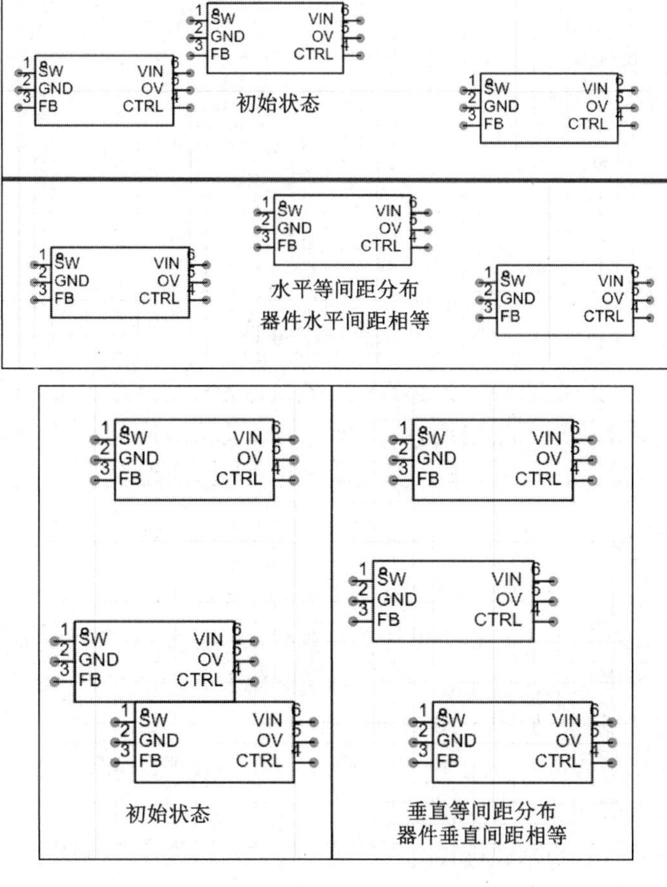

图 5-27 分布对齐效果

5.4 电气连接符号的放置

元件放置好之后，需要对电气连接符号进行放置，这样可以让没有关联的元件之间形成逻辑联系，组成各个电路功能网。

5.4.1 绘制导线及导线属性设置

导线是用来连接电气元件的、具有电气特性的连线。

1. 绘制导线

（1）单击“放置—导线”，如图 5-28 所示，或者按 Alt+W 键激活放置导线命令，使鼠标光标变成十字状态。

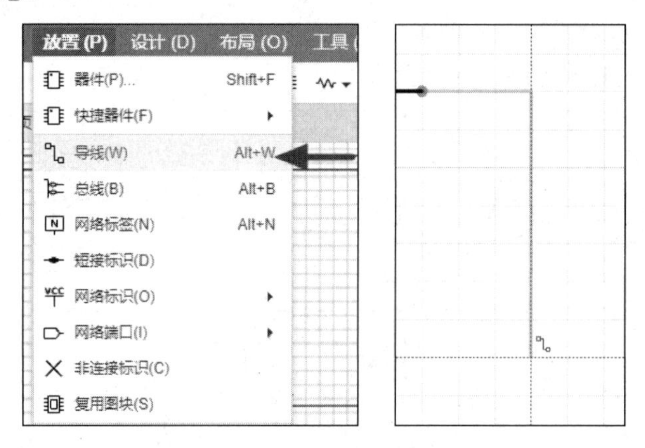

图 5-28 放置导线

（2）先选择一个元件的引脚作为起始点，使鼠标光标靠近该引脚，鼠标光标会被自动吸附到该引脚上，单击它进入走线状态，然后移动鼠标光标到另外一个作为结束点的元件引脚上并单击，最后右击或按 Esc 键，结束此次绘制导线的操作。

2. 导线属性设置

在导线放置状态下按 Tab 键，可以对导线属性进行设置，如图 5-29 所示。

（1）名称：绘制排针或芯片这类器件的导线时，有大量重复前缀和后缀的网络需要设置，只需在名称中预先设定好前缀、后缀、数值起始值和步进，放置的导线就会自带网络标签并且数值会自动步进，如图 5-30 所示。

（2）颜色：主要是有针对性地对一些网络进行颜色设置，如将一些大电流的走线设置为红色，方便设计者或 PCB 工程师进行识别。

（3）线宽：线宽设置和颜色设置的目的是一样的，通过调整线宽来方便设计者或 PCB 工程师进行识别。

图 5-29　导线属性设置

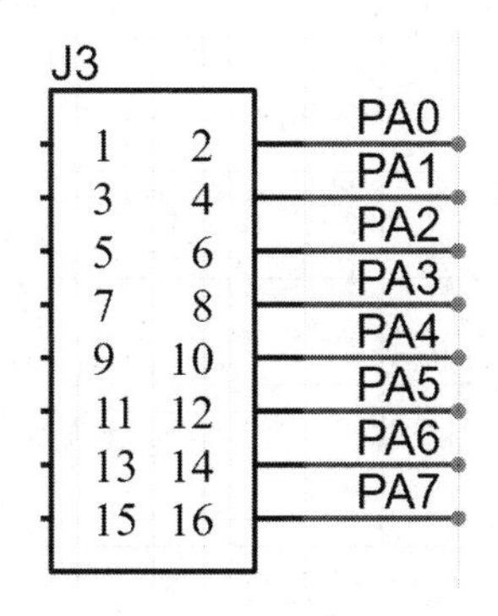

图 5-30　导线的放置

5.4.2　放置网络标签

对于一些比较长或数量比较多的网络，绘制时如果全部采用导线连接，则很难从外观上识别连接关系，不方便设计。这个时候可以采取网络标签的方式来协助设计，它也是网络连接的一种。

（1）单击“放置—网络标签”，如图 5-31 所示，或者单击工具栏中的图标 N ，激活网络标签放置功能。

（2）把网络标签放置到导线上面，如图 5-32 所示，这个时候放置的网络标签都是流水号。

（3）在网络标签放置状态下按 Tab 键，或者选中放置好的网络标签，在右侧面板栏中的“属性”选项卡中可以进行属性设置，如图 5-33 所示，在这里可以对网络标签的名称、字体颜色等进行设置。一般来说主要设置名称，以增强原理图的可读性。

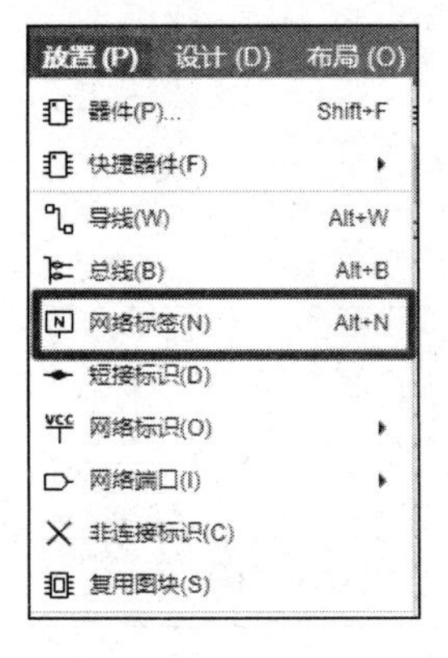

图 5-31　激活网络标签放置功能

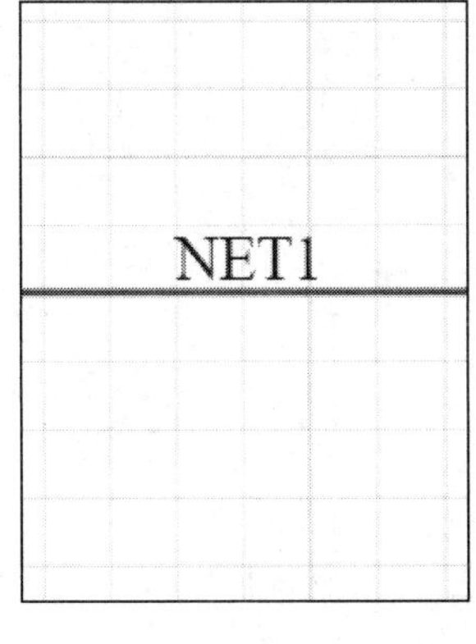

图 5-32　放置网络标签

网络标签　选中数量 1
基础属性
名称　NET1
字体颜色　#800000(默
字体　Times New Rom...
字体大小　0.1inch(默认)
样式　B I U
原点
恢复默认样式
属性
过滤

图 5-33　网络标签的属性设置

5.4.3 放置电源及接地符号

对于原理图设计，嘉立创 EDA 专业版专门提供了电源和接地符号，是一种特殊的网络标签，可以方便工程师进行识别。

1. 直接放置法

（1）在工具栏中单击图标 ⏚，可以直接放置接地符号。

（2）在工具栏中单击图标 VCC，可以直接放置电源符号。

单击工具栏中的图标 VCC ▾，打开如图 5-34 所示的常用网络标识菜单，选择自己需要放置的电源端口类型进行放置即可。

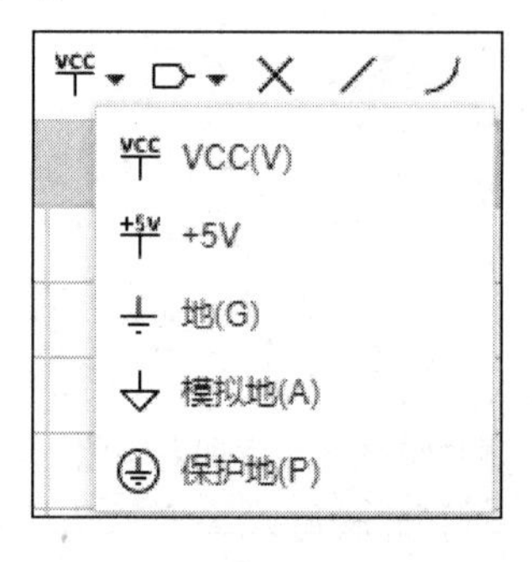

图 5-34　常用网络标识菜单

2. 菜单放置法

单击“放置—网络标识”，激活网络标识放置功能，如图 5-35 所示。

在网络标识放置状态下按 Tab 键，进入如图 5-36 所示的网络标识设置对话框，在此处可以修改全局网络名。

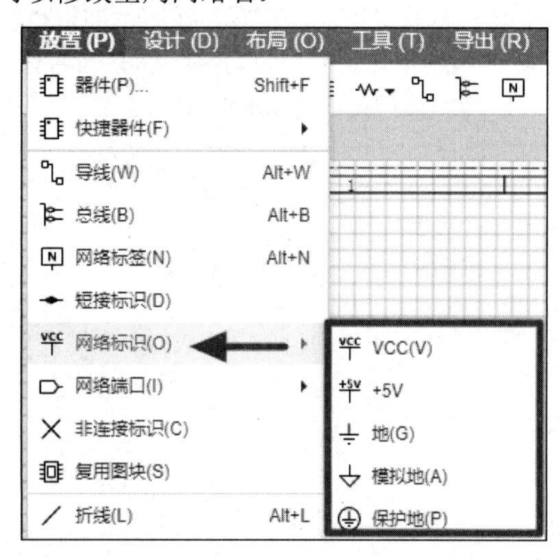

图 5-35　激活网络标识放置功能

图 5-36　网络标识设置对话框

5.4.4 放置网络标识符

有时候要使用多图页功能，这时就需要考虑图页和图页间的线路连接。在单张图页中，可以通过简单的网络标签来实现网络连接。而在多张图页中，简单的网络标签无法满足连接要求，其网络连接涉及的网络标识符（见表 5-1）比较多，下面具体介绍。

表 5-1 网络标识符及其含义

网络标识符	含 义
NET1	网络标签
VCC	电源标识
NET1	网络端口
	短接标识

（1）网络标签：可以用来标识导线网络名，或者标识两根导线间的连接关系。网络标识符支持跨图页连接，单击“放置—网络标签”可以放置。

（2）电源标识：完全忽视工程结构，全局连接所有端口，单击“放置—电源端口”可以放置。

（3）网络端口：因为网络端口主要用于层次图连接，所以网络端口的名称和所连接的导线名称可以不保持一致。网络端口单击“放置—网络端口”可以放置。

（4）短接标识：可以把两个不同的网络连接在一起，并生成网表，在导入 PCB 时，会取其中一个网络名（按字母自然排序）作为最终的网络名。短接标识单击“放置—短接标识”可以放置。

5.4.5 放置总线及总线分支

单纯的网络标签虽然可以表示图页中相连的导线，但是连接位置的随意性给工程师分析图页、查找相同的网络标签带来一定的困难。

总线代表的是具有相同电气特性的一组导线，在具有相同电气特性的导线数目较多的情况下，可采用总线的方式，以便识图。

1. 放置总线

（1）单击“放置—总线”（Alt+B 键），或者单击图标 ，进入总线放置状态。

（2）在导线放置状态下按 Tab 键，可以对总线的网络、宽度和颜色进行更改，也可以选中总线后，在右侧面板栏中的“属性”选项卡中进行修改，如图 5-37 所示。

（3）放置总线和放置导线类似，在需要放置总线的元件附近进行单击即可放置，如图 5-38 所示。

图 5-37　总线设置

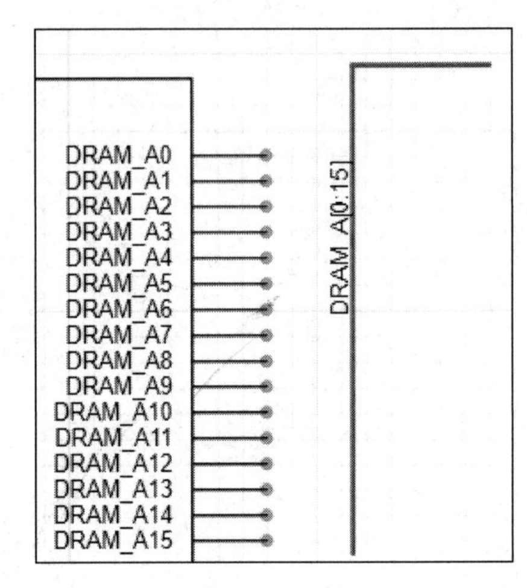

图 5-38　放置总线

值得注意的是，总线的命名规则要求在后面用“[]”来设置总线分支的范围，中间用“:”间隔，如 DRAM_A[0:15]代表总线分支从 DRAM_A0 开始到 DRAM_A15 结束，从 DRAM_A15 后再绘制分支会从 DRAM_A0 重新开始。

2. 放置总线分支

使用 Alt+W 键放置导线来进行总线和引脚的连接，连接后导线会按照总线网络设置自动分配网络标签，无须再手动放置，如图 5-39 所示。

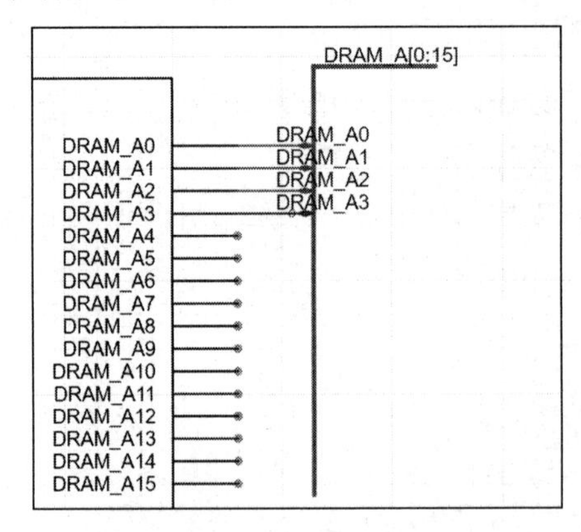

图 5-39　放置总线分支

5.4.6 放置非连接标识

非连接标识是指该点所附加的元件引脚在进行 ERC 时，如果出现错误或警告，则错误或警告将被忽略，不影响网络报表的生成。非连接标识本身并不具有任何电气特性，主要用于检查原理图。

（1）单击“放置—非连接标识”，或者单击图标 ×，鼠标光标就会变成十字形并附着非连接标识的形状 ×，如图 5-40 所示。

（2）移动鼠标光标到元件引脚上并单击，可完成一个非连接标识的放置，当需要放置多个非连接标识时可以继续移动鼠标光标并单击，右击或按 Esc 键可以退出非连接标识放置状态。

（3）选中引脚，在右侧面板栏的“属性”选项卡中将“非连接标识”设置为“是”，如图 5-41 所示，也可以放置非连接标识，反之则可以删除非连接标识。

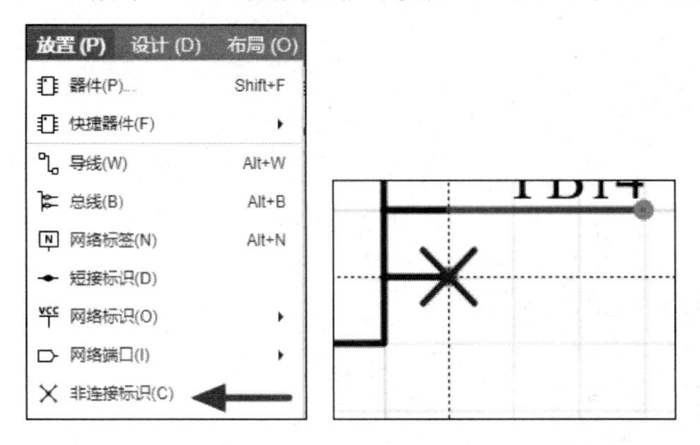

图 5-40 放置非连接标识

图 5-41 引脚非连接标识属性设置

5.5 非电气对象的放置

原理图中的非电气对象包含辅助线、文字注释等，它们没有电气属性，但是可以增强原理图的可读性。本节对常用非电气对象（见表 5-2）的放置进行说明。

表 5-2 常用非电气对象

常用非电气对象的功能按钮		常用非电气对象的功能按钮	
折线(L)	Alt+L	圆弧(A)	Alt+A
圆形(U)	Alt+C	矩形(R)	Alt+R
文本(T)	Alt+T	图片(G)...	
表格...		贝塞尔曲线(Z)	Alt+Z
椭圆(E)	Alt+E	—	

5.5.1 放置辅助线

在实际设计中，可以通过放置辅助线来标识信号方向或对功能模块进行分块标识。

图 5-42 辅助线设置

（1）单击“放置—折线”（Alt+L 键），激活放置状态。

（2）在合适的位置处单击，找到下一个位置再次单击，以确认结束点。

（3）辅助线放置完成后在右侧面板栏的“属性”选项卡中可以对辅助线的颜色、线宽和线型进行设置，如图 5-42 所示。

（4）有时也会用辅助线来进行电路功能的分块，以便对电路功能模块进行分块标识，如图 5-43 所示。

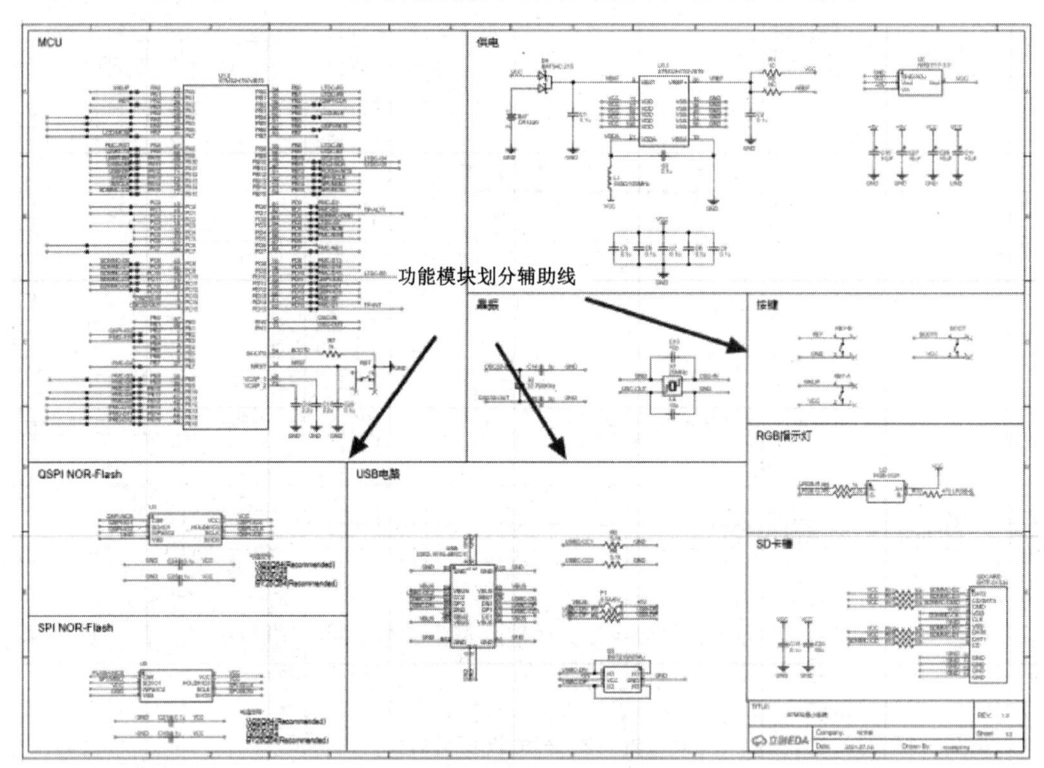

图 5-43 功能模块划分辅助线

一定要弄清楚“放置—导线”和“放置—折线”的不同，前一种线是有电气性能的，后一种线是没有电气性能的，在设计中千万不要用后一种线进行电气连接，否则会产生电气开路的现象。

5.5.2 放置文字及图片

在实际设计中，经常需要对一些功能进行文字说明，或者对可选线路进行文字标注。这些文字注释可以大大增强线路的可读性，后期也可以让布线工程师充分对所关注的线路进行特别处理。

1. 放置文字

（1）单击“放置—文本”（Alt+T 键），会弹出如图 5-44 所示的文本设置对话框，在文本区域输入相关注释或说明，设置好字体颜色、字体大小和文本位置后单击“放置”按钮，即可将其放置在原理图上。

（2）当放置好的文本需要修改时，在原理图上选中该文本后，在右侧面板栏的“属性”选项卡中即可进行修改，如图 5-45 所示。

图 5-44 文本设置对话框

图 5-45 文本修改

2. 放置图片

为了更加丰富地展示注释信息，嘉立创 EDA 专业版提供了放置图片的选项。

单击“放置—图片”，会弹出如图 5-46 所示的文件选择界面，选择需要放置的图片，单击“打开”按钮后即可将其放置到原理图中，图片放置效果如图 5-47 所示。

图 5-46 文件选择界面

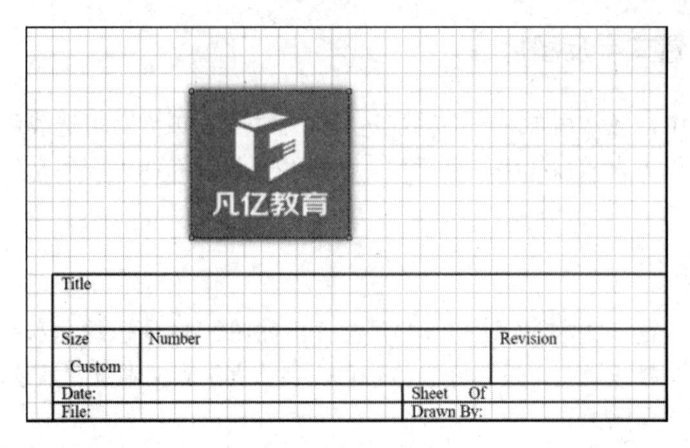

图 5-47　图片放置效果

5.6　原理图的全局编辑

5.6.1　元件的重新编号

原理图绘制经常使用复制功能，复制完之后会存在元件位号重复或同类型元件编号杂乱的现象，使后期 BOM 表的整理十分不便。重新编号可以对原理图中的元件位号进行复位和统一，方便设计及维护。

嘉立创 EDA 专业版提供了非常方便的元件编号功能，单击“设计—分配位号”即可进入编号编辑对话框，如图 5-48 所示。用户按照自己的需求重新选择范围、操作和顺序后单击“确认”按钮即可完成对原理图中元件位号的重新编辑。

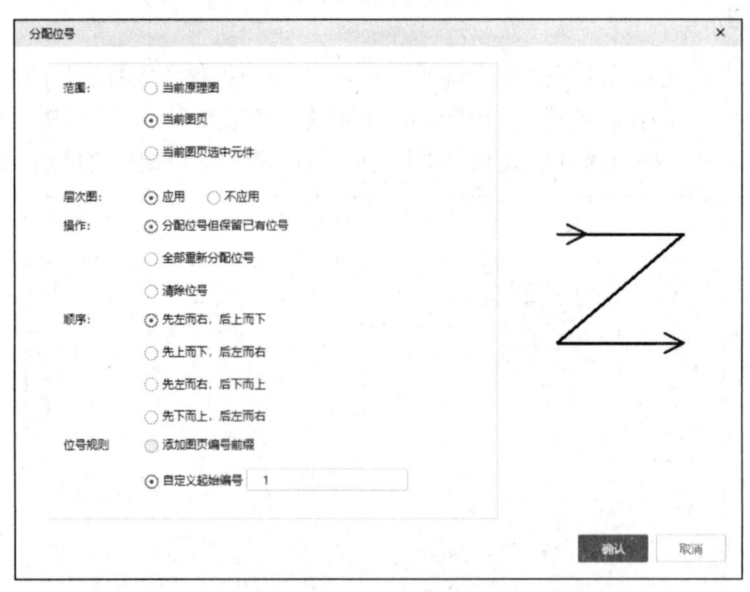

图 5-48　编号编辑对话框

（1）范围：分配位号的范围选择。

（2）层次图：分配位号中包括复用图块（层次图）中的原理图元件位号选择。

（3）操作：选择分配位号的方式。

（4）顺序：选择分配位号的顺序。

（5）位号规则：不可修改，默认元件前添加当前图页编号的前缀。

自定义起始编号：可选择从哪个数字起开始分配位号。

常用元件、通孔、点的编号前缀如表 5-3 所示。

表 5-3　常用元件、通孔、点的编号前缀

元件、通孔、点	编号前缀	元件、通孔、点	编号前缀
电阻	R	排阻	RN
电容	C	电解电容	EC
磁珠	FB	芯片	U
模块	MOD 或 U	晶振	X
三极管	Q 或 T	二极管	D
整流二极管	ZD	发光二极管	LED
连接器	CON	跳线	J
开关	K 或 SW	电池	BAT
固定通孔	MH	Mark 点	H
测试点	TP	—	—

5.6.2　元件属性的更改

有时画好原理图后，又需要对某些同类型元件进行属性的更改，一个一个地更改比较麻烦，嘉立创 EDA 专业版提供了比较好的全局批量更改方法。下面以将电容值相同的电容更改为不同的电容值为例进行说明。如果存在其他属性更改需求，如更改封装、名称等信息，则可以参考这个方法。

（1）单击选中 0.1μF 的电容 C18，右击打开快捷菜单，选择“查找相似对象”选项（为 Ctrl+Shift+F 键），如图 5-49 所示，进入“查找相似对象”对话框，如图 5-50 所示。在“值”栏中选择“等于”表示 0.1μF 的电容适配。

（2）适配选中的元件后，在底部面板的“查找结果”选项卡中将弹出查找结果，在右侧面板栏的“属性”选项卡中全局更改参数值，如图 5-51 所示。

图 5-49 “查找相似对象”命令

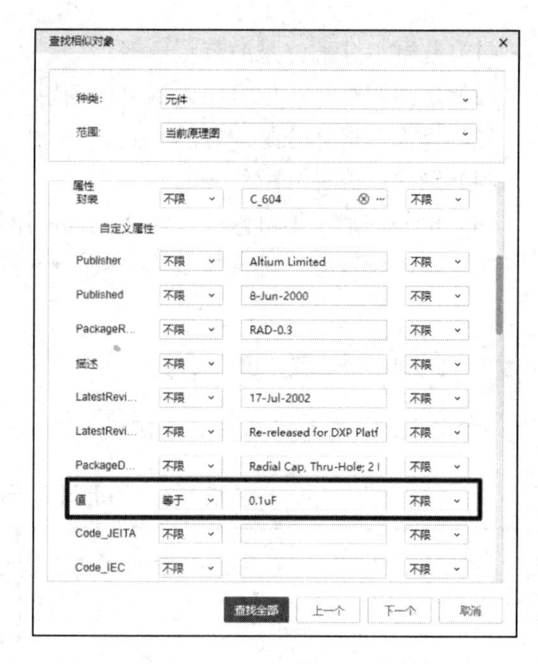

图 5-50 “查找相似对象”对话框

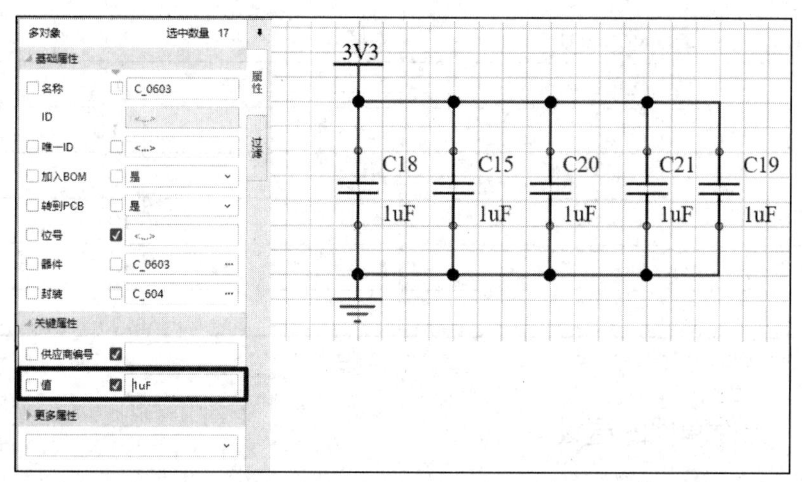

图 5-51 电容值更改成功

5.6.3 原理图的查找与跳转

大面积的原理图无法直接定位某个元件的位号、网络所在的位置，可以通过查找功能来实现定位查找。

1. 查找

嘉立创 EDA 专业版提供类似 WPS 的查找功能。按 Ctrl+F 键，可弹出“查找和替换”对话框，如图 5-52 所示。利用此对话框中的查找功能可以对元件、网络、引脚和文本进行查找。

图 5-52 “查找和替换”对话框

（1）查找内容：选择需要的属性，选择模糊或精确，输入需要查找的字符。

（2）查找范围：选择适配的原理图文档，可以选择当前原理图，也可以选择整个工程文件。

（3）查找对象：选择查找对象。

（4）输入格式：可选择输入格式，不选择表示默认全部。

2. 跳转

（1）设置完成后单击“查找全部”按钮，查找结果在底部面板的“查找结果”选项卡中查看，如图 5-53 所示。

（2）双击“查找结果”选项卡中的内容即可跳转至对应的位置。

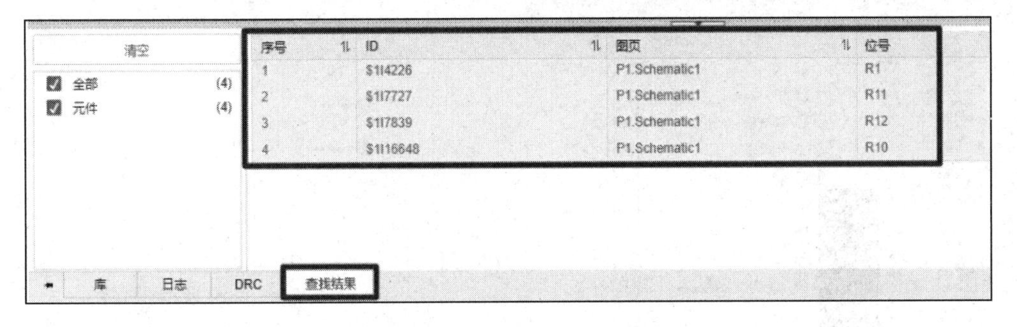

图 5-53 “查找结果”选项卡

5.7 层次原理图的设计

5.7.1 层次原理图的定义及结构

在绘制复杂的原理图时，需要用到复用图块，复用图块的设计与层次原理图的设计相同。复用图块分为主原理图和子原理图，主原理图用于绘制图块符号、类型流程图，而子原理图用于绘制模块原理图，整体的概念就是主原理图相当于整机原理图中的方框图，一个方块图相当于一个模块，在主原理图中不能放置器件，只能放置引脚用于连接子原理图。

复用图块常用自上而下的设计方法，即先设计复用图块符号，再根据符号生成子原理图。自下而上的设计方法是先在子原理图中设计电路及规划端口，再生成一个主原理图复用图块符号。

（1）自上而下的设计：先设计好母图，再用母图的方块图来设计子图，如图 5-54 所示。

（2）自下而上的设计：先设计好子图，再用子图来产生方块图连接母图，如图 5-55 所示。

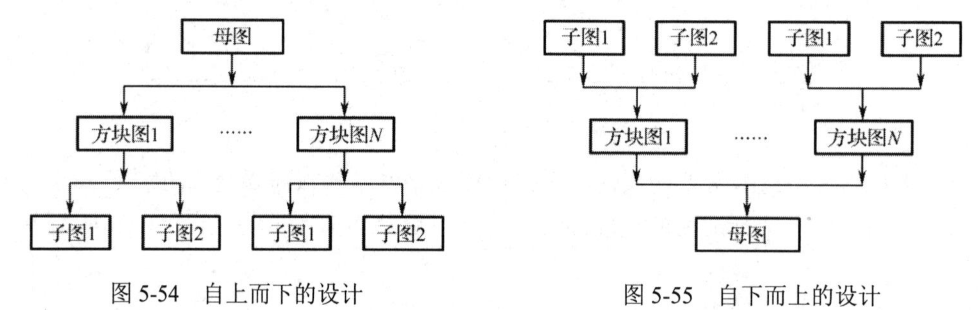

图 5-54　自上而下的设计　　　　图 5-55　自下而上的设计

5.7.2　自上而下的层次原理图设计

（1）如图 5-56 中的左图所示，单击“新建—复用图块”，会弹出“新建复用图块”对话框，对复用图块进行命名，分类可根据用户自己的习惯进行设置，如图 5-56 中的右图所示。

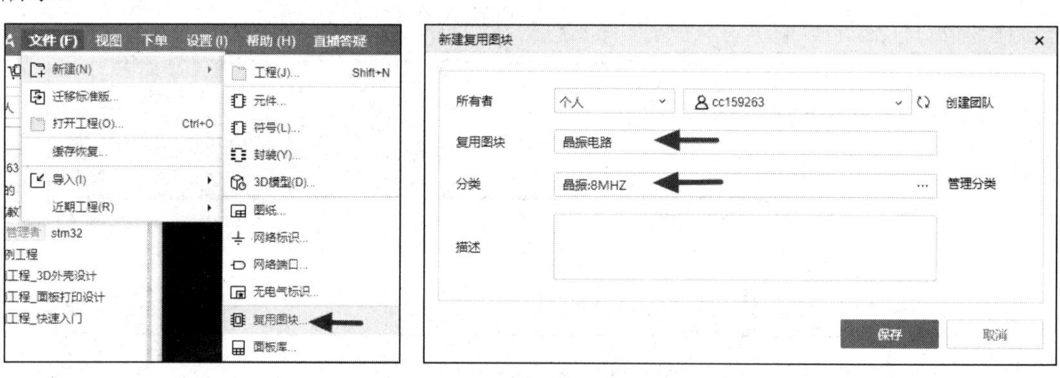

图 5-56　复用图块的创建

（2）单击“保存”按钮之后，系统会自动创建一个子图和一个方块图，如图 5-57 所示，这两个文件是相互关联的。

（3）如图 5-58 所示，切换到方块图操作界面单击“放置—引脚—单引脚”或按 Alt+P 键，即可放置引脚，然后单击选中引脚，在右侧面板栏的“属性”选项卡中修改引脚名称，并单击“保存”按钮，即可完成引脚属性的修改。

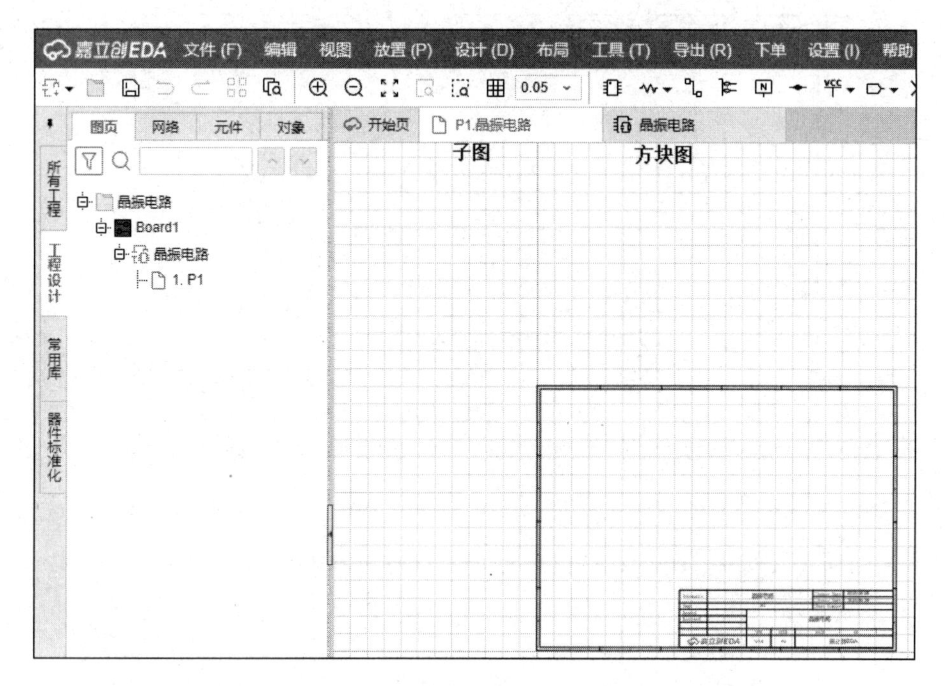

图 5-57　子图和方块图

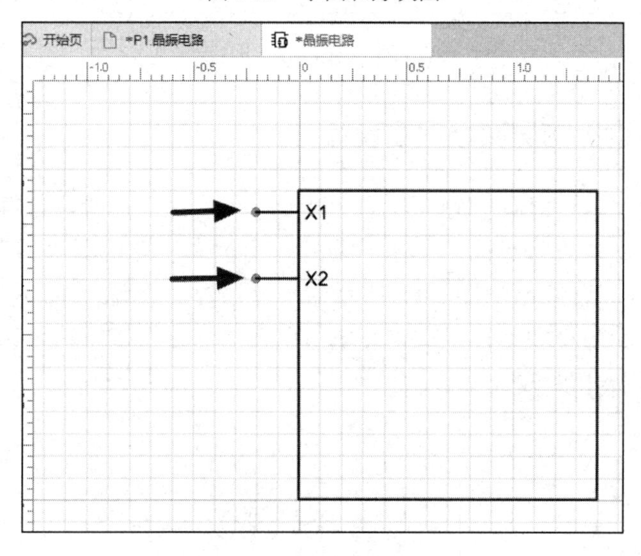

图 5-58　引脚的放置及属性修改

（4）切换到子图操作界面，依次放置器件和走线进行原理图模块的绘制，子图与方块图之间的连接是通过放置“端口”来实现的，如图 5-59 所示，子图绘制完成后，单击“保存”按钮。端口类型主要有输入、输出、双向三种。

（5）打开工程文件，单击“库—个人—复用图块”，对复用图块进行放置，如图 5-60 所示。

（6）按照前面原理图设计的内容，分别完成子图设计，即完成整个层次原理图的设计。

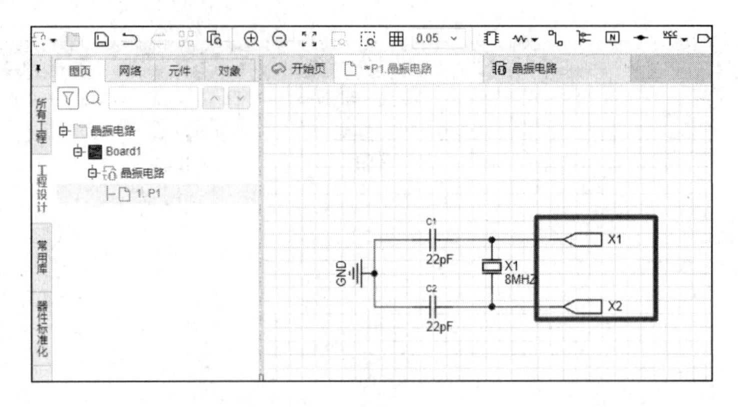

图 5-59　放置“端口”

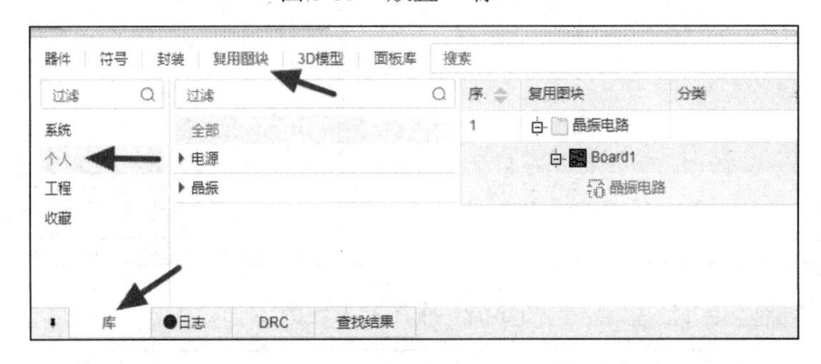

图 5-60　放置复用图块

5.7.3　自下而上的层次原理图设计

（1）打开已经绘制好的原理图子图，单击“设计—生成/更新模块符号”如图 5-61 所示。

（2）在生成的图块符号界面，单击“文件—另存为—复用图块另存为（云端）”（选择云端和本地都可以），弹出如图 5-62 所示的“另存为（云端）”对话框。在该对话框中可以设置复用图块的名称和路径，设置完成后单击“保存”按钮即可。

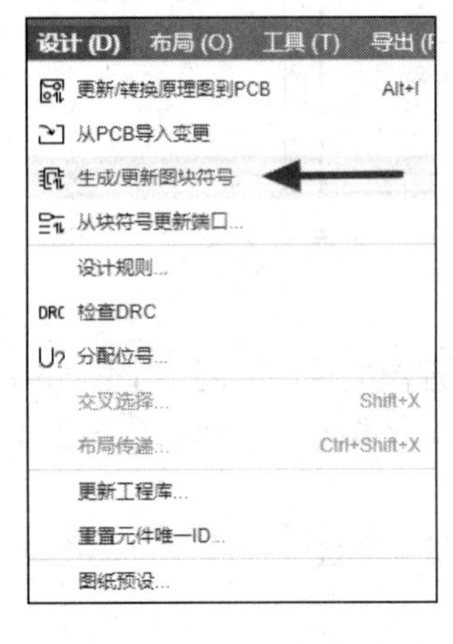

图 5-61　生成/更新图块符号

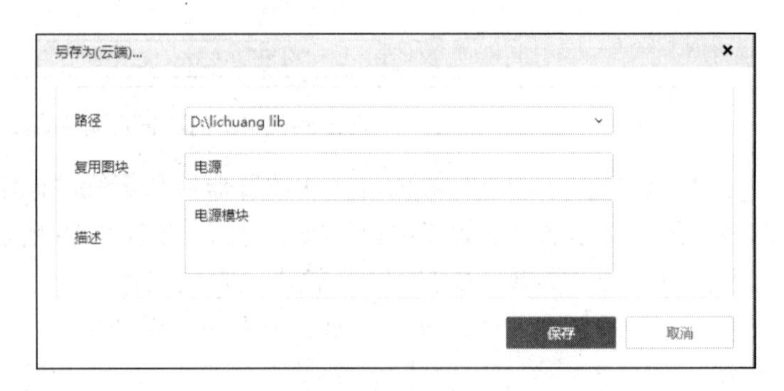

图 5-62　“另存为（云端）”对话框

（3）新建一个原理图文件，按照前面的教程放置库里的复用图块，即可完成整个层次原理图的设计。

5.8 原理图的编译与检查

在设计完原理图之后、设计 PCB 之前，工程师可以利用软件自带的 DRC 功能对常规的一些电气性能进行检查，避免出现一些常规性错误和查漏补缺，以及为正确、完整地导入 PCB 进行电路设计做准备。

5.8.1 原理图编译的设置

（1）单击“设计—设计规则”，弹出“设计规则”对话框，如图 5-63 所示。

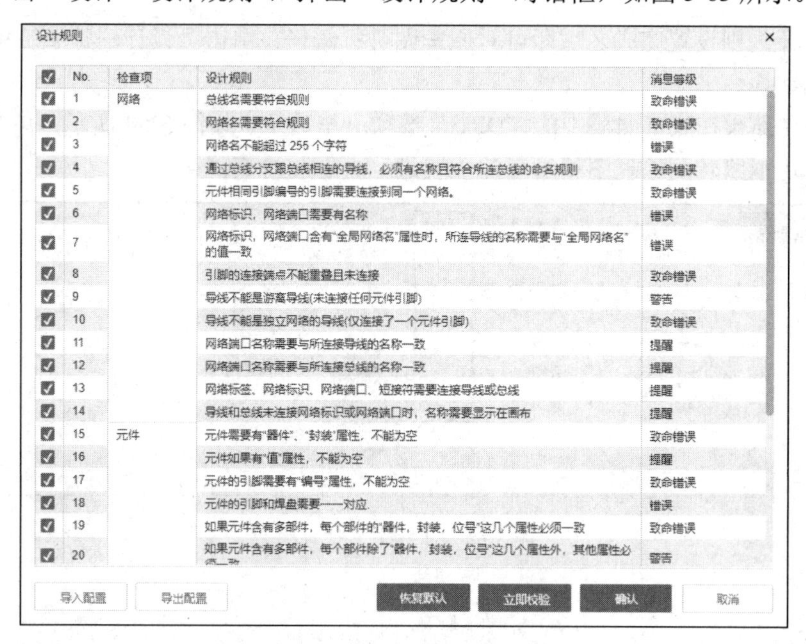

图 5-63 “设计规则”对话框

① 设计规则：编译检查对象。

② 消息等级：报告显示类型。

●提醒：对检查出来的结果只进行信息提醒。

●警告：对检查出来的结果只进行警告。

●错误：对检查出来的结果进行错误提示。

●致命错误：对检查出来的结果提示严重错误，并用红色标示。

如果需要对某项进行检查，则建议选择“致命错误”，这样比较明显并具有针对性，方便查找定位。

（2）对常规检查来说，需要集中检查以下对象。

① 导线不能是独立网络的导线（仅连接了一个元件引脚）。

② 元件位号不能重复(生成网表,在将原理图导入 PCB 的过程中会自动修改重复位号)。

③ 检测元件悬空引脚，即原理图上有无未连接导线的元件。

④ 元件需要有“器件”“封装”属性，不能为空。

系统默认的“错误”项，在编译之后也要注意一下，或者在设置的时候清楚哪些可以忽略，不可忽略的直接设置为“致命错误”类型。

5.8.2 原理图的编译

（1）设计规则设置完成之后即可对原理图进行编译，单击“设计—检查 DRC”，即可完成原理图编译。

（2）编译结果在底部面板中的“DRC”选项卡里显示，如图 5-64 所示。单击对应错误的蓝色字体可以跳转到原理图相对应的位置进行查看和检查。

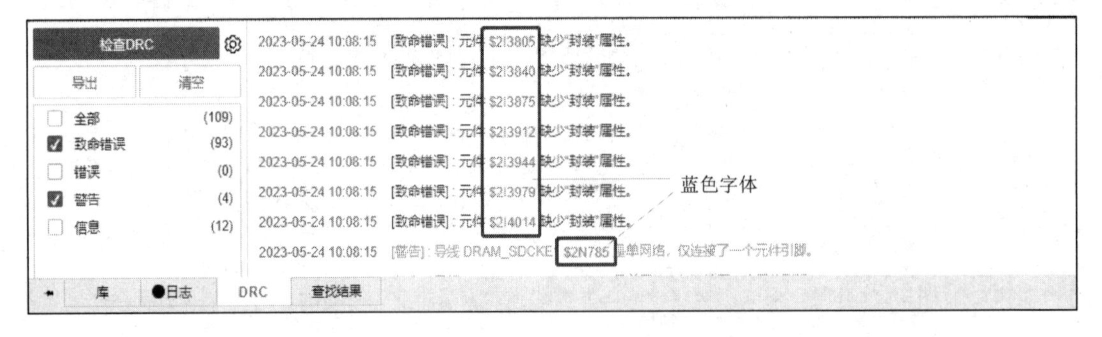

图 5-64 “DRC”选项卡

5.9 BOM 表

BOM 表即物料清单。在原理图设计完成之后，就可以开始整理物料清单准备采购元件了。如何将设计中用到的元件信息导出以方便采购呢？这个时候就会用到 BOM 表。

单击“导出—物理清单（BOM)”，弹出“导出 BOM”对话框，如图 5-65 所示。

下面对“导出 BOM”对话框中的功能进行介绍。

（1）范围：选择导出工程 PCB 的 BOM 表或原理图的 BOM 表。

（2）文件名称：导出 BOM 表的文件名。

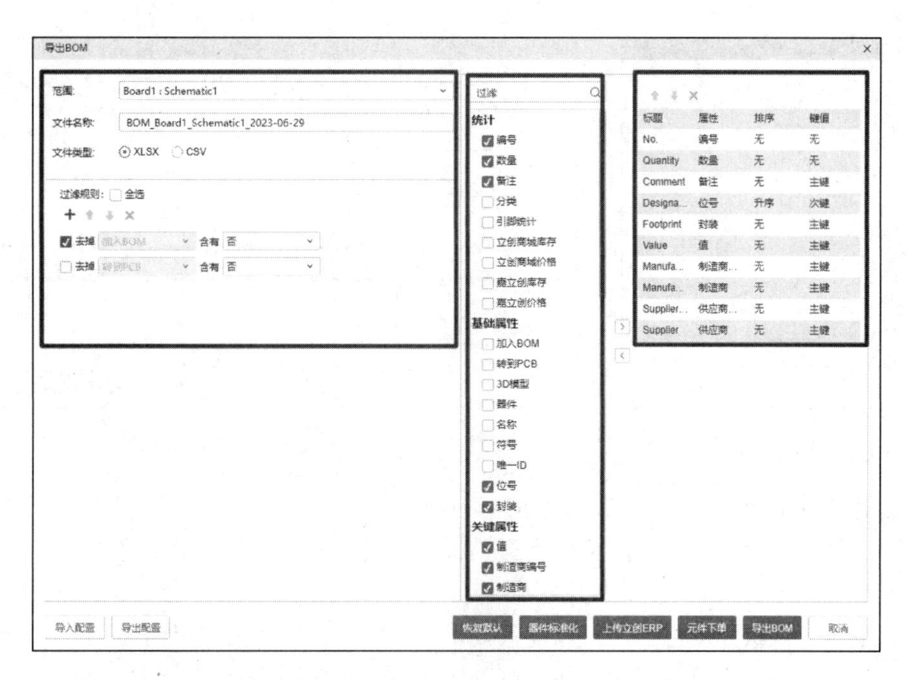

图 5-65 “导出 BOM”对话框

（3）文件类型：只支持 XLSX 和 CSV 两种格式。

（4）过滤规则：支持添加过滤规则，对不需要的元件进行过滤。过滤规则设置会保存在个人偏好中，支持云端同步。

（5）全部属性：中间是 BOM 表的类型或元件的属性。用户可以根据需要勾选要导出的属性。右边是导出的 BOM 表顶部栏设置。

（6）标题：导出 BOM 表的标题。双击可以修改 BOM 表导出的顶部栏名称。

（7）属性：导出元件的属性名。

（8）排序：导出 BOM 表属性的排列顺序，体现 BOM 表中单元格内部的排序。

（9）键值：设置该属性是否需要合并在一行。

主键表示对于将相同的属性在导出 BOM 表时将值合并导出，合并在一行。

次键表示对于将相同的属性在导出 BOM 表时将值分开导出，各自占一行。

设置完成后单击“导出 BOM”按钮即可弹出“文件保存”对话框，对路径进行设置，设置完成后单击“保存”按钮，至此 BOM 表导出完成。

5.10 原理图的打印导出

在使用嘉立创 EDA 专业版设计完原理图后，可以把原理图以 PDF 的形式导出为图纸，发给别人阅读，从而尽量降低被直接篡改的风险。

单击“文件—导出—PDF/图片”，如图 5-66 所示，进入 PDF 的导出设置界面，如图 5-67 所示。

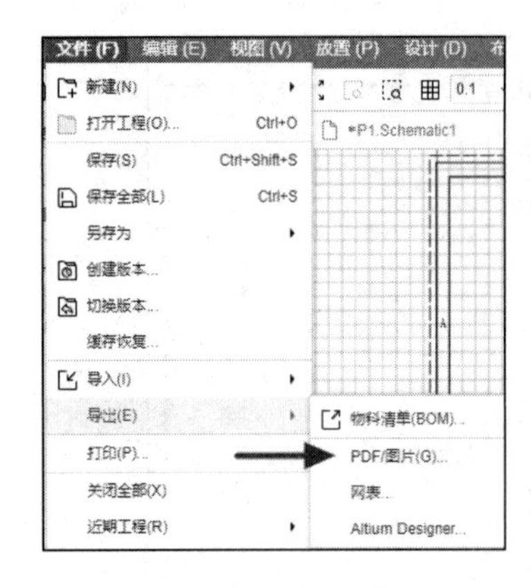

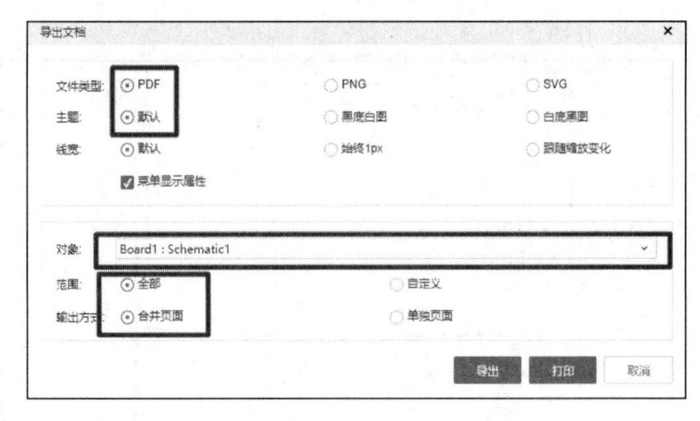

图 5-66　导出 PDF　　　　图 5-67　PDF 的导出设置界面

下面对 PDF 的导出设置界面中的功能进行介绍。

（1）文件类型：选择导出的文件类型，根据读者需求来选择，默认导出的文件类型为 PDF。

（2）主题：默认为彩色的，一般推荐设置为“默认”或“白底黑图”。

（3）对象：选择需要导出的文件，可以选择 Board，也可以选择图页。

（4）范围：选择导出范围，如导出这个 Board 的第 3 页到第 5 页，可根据需要来进行选择，推荐设置为“全部”。

（5）输出方式：“合并页面”是指将所有导出的原理图生成在一个 PDF 文件内，“单独页面”是指将每一页都生成一个 PDF 文件，推荐设置为“合并页面”。

按照图 5-67 进行设置后，单击“打印”按钮，完成 PDF 的导出，并打开 PDF，导出效果如图 5-68 所示。

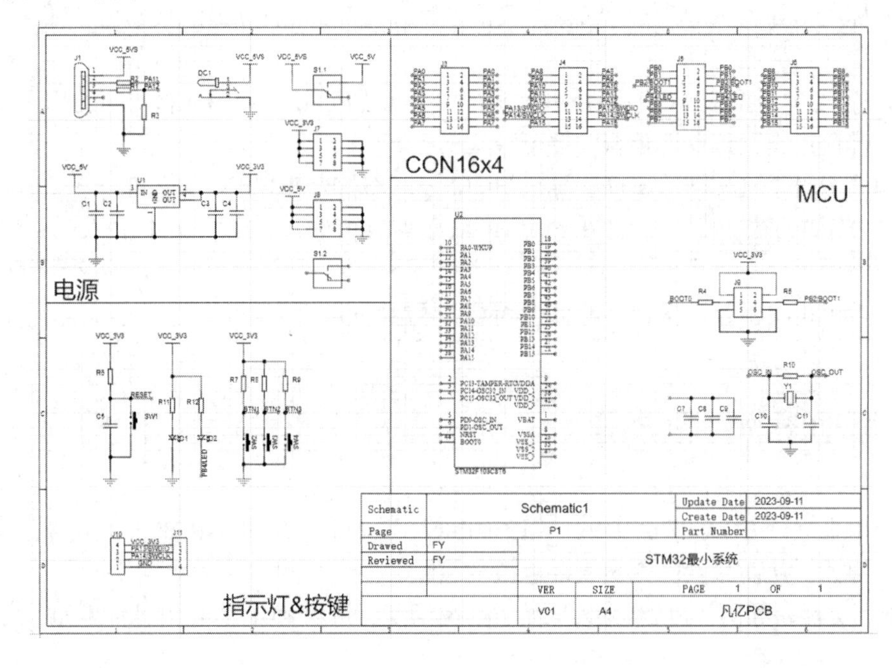

图 5-68　PDF 的导出效果

5.11 常用设计快捷命令汇总

为了让读者可以更加快捷地进行设计，本节对常用设计快捷命令进行介绍。

5.11.1 常用鼠标命令

常用鼠标命令如表 5-4 所示。

表 5-4 常用鼠标命令

命　令	功　能	命　令	功　能
单击	选择命令	右击	取消命令或进行命令选择
长按左键	拖动对象	长按右键	拖动图页

5.11.2 常用视图快捷命令

常用视图快捷命令如表 5-5 所示。

表 5-5 常用视图快捷命令

命　令	快 捷 键	功 能 说 明
适应框选	V+A	放大框选内容
适应全部	V+F	对整个图页文档进行图页归位
放大	Page Up	以鼠标光标为中心进行放大
缩小	Page Down	以鼠标光标为中心进行缩小
适应选中	V+E	可以快速对选择的对象进行放大显示

5.11.3 常用排列与对齐快捷命令

常用排列与对齐快捷命令如表 5-6 所示。

表 5-6 常用排列与对齐快捷命令

命　令	快 捷 键	功 能 说 明
左对齐	Ctrl+Shift+L	向左对齐
右对齐	Ctrl+Shift+R	向右对齐
顶部对齐	Ctrl+Shift+O	向顶部对齐
底部对齐	Ctrl+Shift+B	向底部对齐
左右居中	Shift+Alt+E	水平等间距分布对齐
上下居中	Shift+Alt+H	垂直等间距分布对齐

5.11.4 其他常用快捷命令

其他常用快捷命令如表 5-7 所示。

表 5-7 其他常用快捷命令

命 令	快 捷 键	功能说明
放置—导线	P+W/Alt+W	放置导线
放置—总线	P+B/Alt+B	放置总线
放置—器件	P+P/Shift+F	放置器件
放置—网络标签	P+N/Alt+N	放置网络标签
放置—文本	P+T/Alt+T	放置文本标注
删除	Del	删除操作

5.12 原理图设计实例——AT89C51

通过前面的元件库及原理图设计的说明，相信读者看到这里已经可以进行一些简单的原理图设计了。本节给读者准备了一个实例讲述，使读者能够将理论与实践相结合，温习前面所讲述的内容。

5.12.1 工程的创建

分别单击“文件—新建—工程”和“文件—新建—元件库”，创建好工程文件和元件库，并且将其命名为“89C51”。

5.12.2 元件的创建

（1）单击“文件—新建—元件”，弹出如图 5-69 所示的“新建器件”对话框，设置名称为“89C51”和分类为“IC”，单击“保存”按钮。

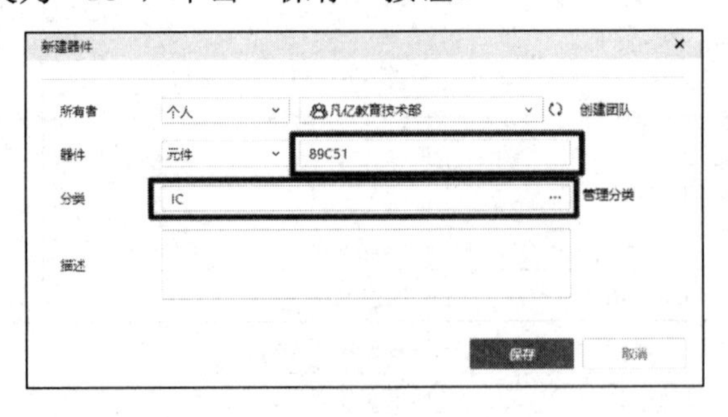

图 5-69 “新建器件”对话框

（2）单击“放置—矩形”，在工作区的中心位置放置一个合适的矩形框。

（3）单击“放置—引脚”，在矩形框的边缘放置引脚。在引脚放置状态下按 Tab 键，弹出如图 5-70 所示的“引脚”对话框，更改引脚编号为“1”，引脚名称为“P1.0”。

图 5-70 “引脚”对话框

（4）重复第（3）步，直至把 89C51 的引脚都放置完毕，如图 5-71 所示。

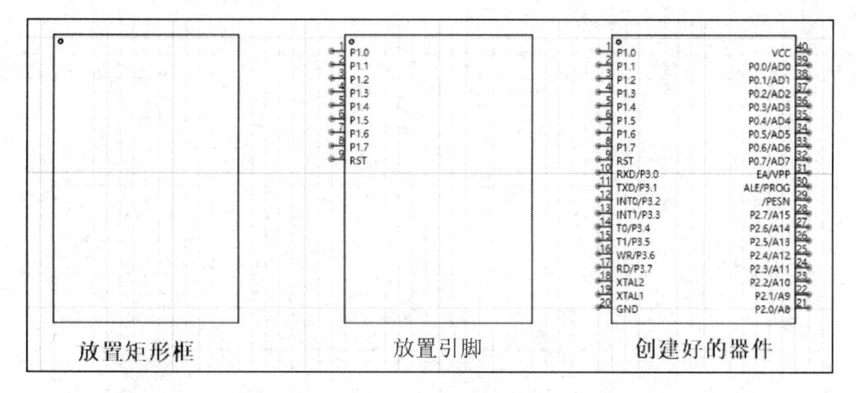

图 5-71 89C51 的绘制

（5）在左侧面板栏中单击“库设计—属性”，可以对此元件的属性进行设置，如图 5-72 所示。

图 5-72 元件属性设置

① 名称：设置为“89C51”。

② 位号：设置为“U？”。

（6）重复第（1）步至第（5）步的操作，完成对“CAP”“LED”“CRY”“RES”“电源端子”等的创建。

5.12.3 原理图的设计

（1）双击打开原理图图页，进行准备设置。

（2）单击底部面板中的“库”选项卡进入元件库，在库列表中选择需要放置的元件，如“89C51”，元件选择完成之后单击“放置”按钮，如图 5-73 所示，此时鼠标光标会跳转到原理图图页，且“89C51”这个元件会被吸附在鼠标光标上，单击即可将其放置在原理图图页的合适位置，如图 5-74 所示。

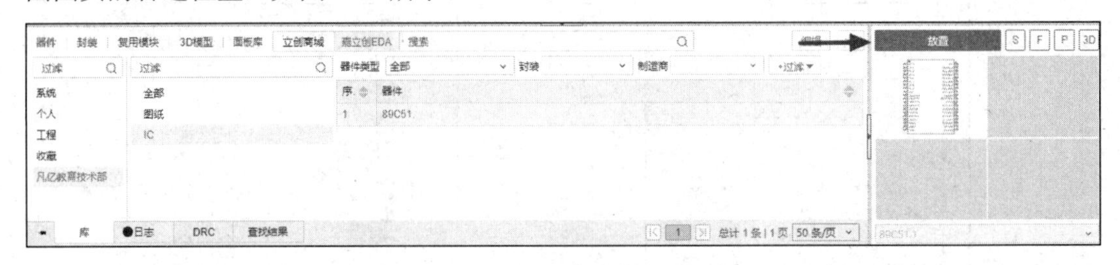

图 5-73　放置“89C51”元件

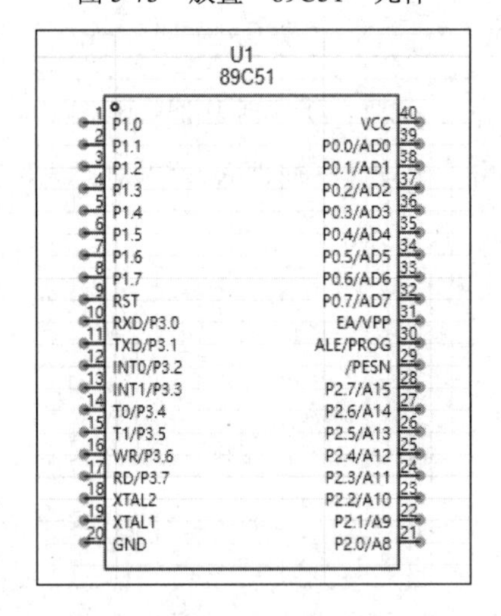

图 5-74　放置好的“89C51”元件

（3）在元件放置状态下按 Tab 键，或者放置完成之后双击元件，可以更改“89C51”元件的属性，如图 5-75 所示。

（4）重复第（2）、（3）步，放置其他元件，把所有需要放置的元件都放置到原理图中。

（5）移动元件到合适的位置，分别单击“放置—导线”、“放置—网络标签”和“放置—网络标识”，可以放置导线、网络标签和电源端口，从而完成原理图的电气性能连接。

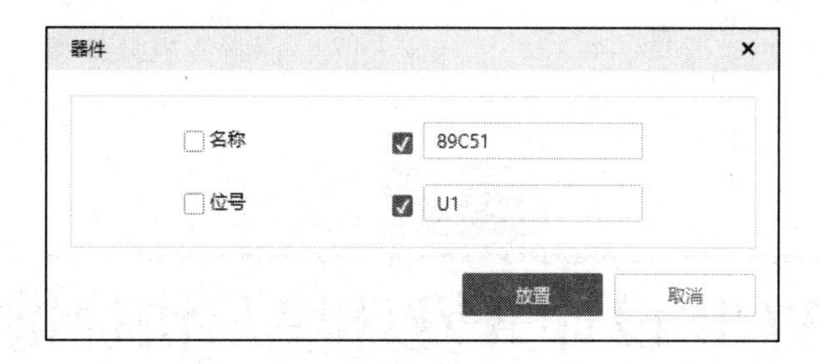

图 5-75　更改元件属性

（6）对于多路电路，可以执行复制和粘贴操作。

（7）单击“放置—折线”，放置功能模块划分辅助线。绘制好的原理图如图 5-76 所示。

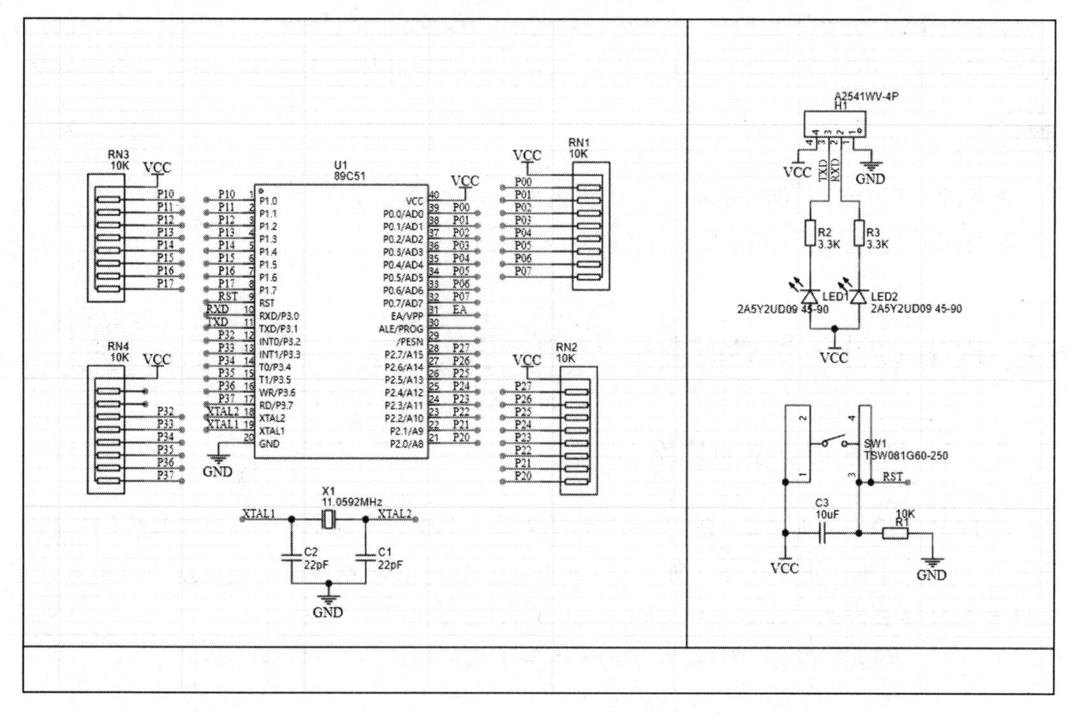

图 5-76　绘制好的原理图

5.13　本章小结

本章介绍了原理图编辑界面，并通过原理图设计流程化讲解的方式，对原理图设计的过程进行了详细讲述，目的是让读者可以一步一步地根据本章内容设计出自己需要的原理图，同时对层次原理图的设计进行了讲述，最后以一个实例教程结束，让读者可以结合实际练习，理论联系实际，融会贯通。

第 6 章

PCB 设计开发环境及快捷键

嘉立创 EDA 专业版集成了相当强大的开发环境，能够有效地对设计的各种文件进行分类及层次管理。本章通过图文的形式介绍 PCB 设计开发环境，以及较常用的视图和命令。

学习目标

➢ 熟悉常用窗口、面板的调用方式和路径。
➢ 掌握 PCB 设计的常用操作命令。

6.1 PCB 设计工作界面介绍

6.1.1 PCB 设计交互界面

与 PCB 库编辑界面类似，PCB 设计交互界面中主要包含菜单栏、顶部工具栏、左侧栏、右侧栏、底部面板、工作区域，如图 6-1 所示。丰富的信息及绘制工具组成了非常人性化的 PCB 设计交互界面。读者可以根据自己的操作进行实时体验。

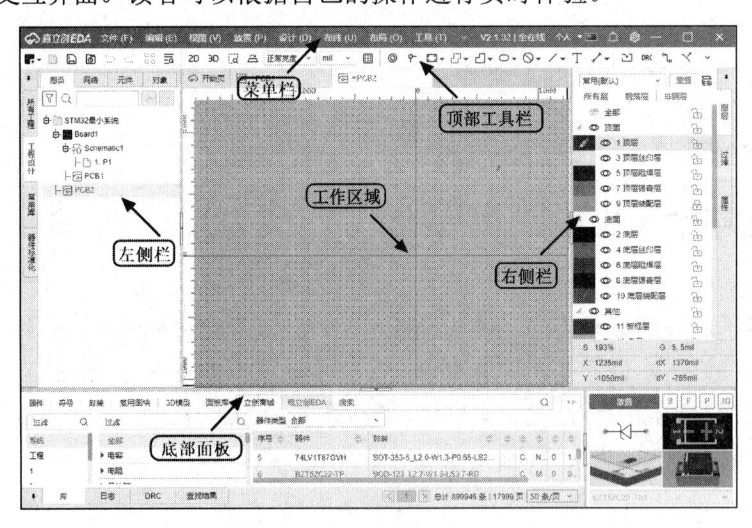

图 6-1 PCB 设计交互界面

6.1.2 PCB 设计工具栏（顶部工具栏）

嘉立创 EDA 专业版提供了非常实用的工具栏及工具操作命令，直接在 PCB 设计交互界面中单击即可激活所需要的操作命令，增强了人机交互的联动性。

本节针对 PCB 设计常用操作命令进行介绍。

1. 常用布局布线放置命令

各种电气连接可以通过走线、铺铜、放置填充区域等操作来实现。嘉立创 EDA 专业版提供了丰富的放置电气连接符号的命令。常用布局布线放置命令如表 6-1 所示。

表 6-1 常用布局布线放置命令

命令图标	功能说明	命令图标	功能说明
	放置焊盘		放置电气导线
	放置过孔		放置填充区域
	放置铺铜		放置挖槽区域
	放置禁止区域	—	—

2. 常用绘制命令

除了放置电气连接符号，还有一些具有非电气性能的辅助线及辅助工具需要绘制，可以利用常用绘制命令进行绘制，如表 6-2 所示。

表 6-2 常用绘制命令

命令图标	功能说明	命令图标	功能说明
	放置非电气折线	T	放置文本
	放置板框	线条45°	调整布线角度
	查找		拉伸导线
	阵列摆放对象	—	—

3. 常用排列与对齐命令

类似于原理图的排列与对齐命令，PCB 设计也有相似的排列与对齐命令，并且用得比原理图更加频繁，如表 6-3 所示。

表 6-3 常用排列与对齐命令

命令图标	功能说明	命令图标	功能说明
	多选项布局对齐		左向旋转
	多选项布局分布		右向旋转

4. 常用尺寸标注命令

在设计中，经常需要用到尺寸标注。清晰的尺寸标注有助于工程师或客户对设计进行清晰的尺寸大小认识。常用尺寸标注命令如表 6-4 所示。

表 6-4 常用尺寸标注命令

命令图标	功能说明	命令图标	功能说明
	放置长度尺寸标注		放置半径尺寸标注
	放置角度尺寸标注	—	—

6.1.3 PCB 设计常用选项卡

嘉立创 EDA 专业版提供了非常丰富的 PCB 设计选项卡，为 PCB 设计效率的提高起到了很大的促进作用。

可以从左侧栏中横向排列的选项卡或右侧栏中竖向排列的选项卡中，调出“图页”和“网络”等实用选项卡，如图 6-2 所示。

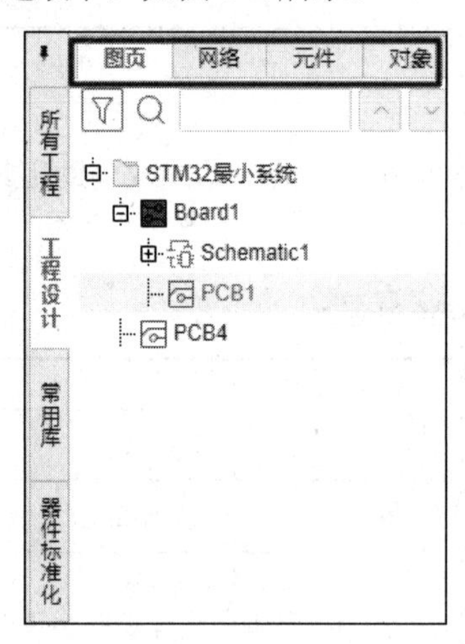

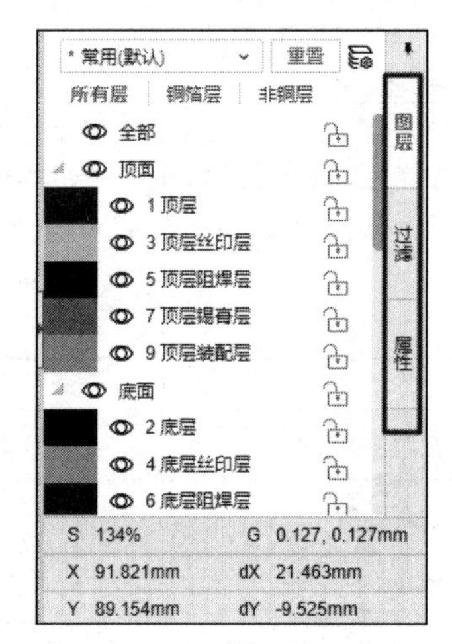

图 6-2 PCB 设计常用选项卡的调用

（1）图页：创建的图页在左侧栏中的“图页”选项卡中可以查看，双击可打开创建的文件和编辑内容。

（2）网络：用于查看和编辑当前 PCB 文件中所有网络、网络类、差分对及等长组，如图 6-3 所示。

（3）元件：用于显示放置在当前 PCB 界面中的元件数量、焊盘、位号、封装等信息；单击可高亮显示选择的元素，双击可追随到 PCB 界面并且高亮跳转到元件。

（4）对象：汇总分类了 PCB 文件中放置的所有元素及元素的数量，包括铺铜区域、焊盘、过孔等元素；与之对应，每个分类下的元素都可以通过单击使其在 PCB 中高亮显示，双击可跳转到元素并且使其高亮显示。

（5）图层：用于对 PCB 的图层进行操作，包括显示/隐藏图层、选择当前活动层、锁定图层等；图层上方有仅显示顶面、底面和图层管理器的快捷图标，如图 6-4 所示；按 Shift+S 键，可高亮显示当前铜箔层。

（6）过滤：用于筛选 PCB 中所有元素能否被选中和隐藏/显示操作；取消勾选其中某个元素后，对应 PCB 中此元素将无法被选中。单击元素名称前方的图标可隐藏该元素，当图标显示为时表示该层已隐藏，单击可显示该层。

（7）属性：当未选中元素时，可对当前 PCB 的画布属性进行设置，包括单位、网格、吸附和布线模式、移除回路等属性；当选中某元素时，可对该元素进行属性设置，如选中元件可对元件的图层、坐标、位号等属性进行设置，如图 6-5 所示。

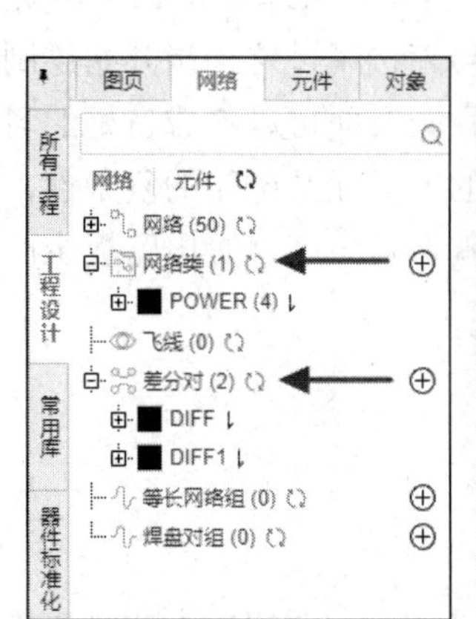

图 6-3　网络类管理

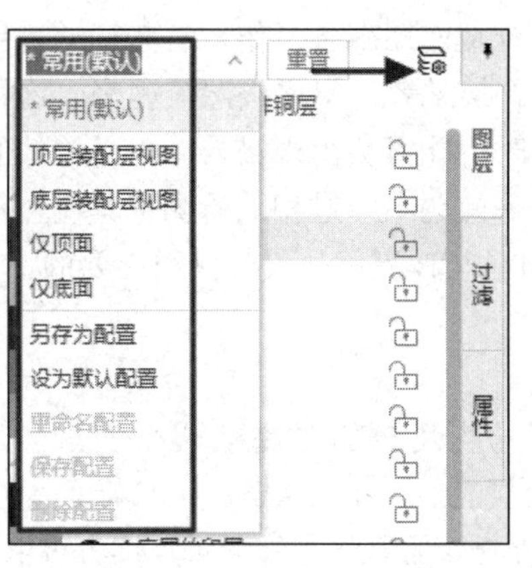

图 6-4　图层显示

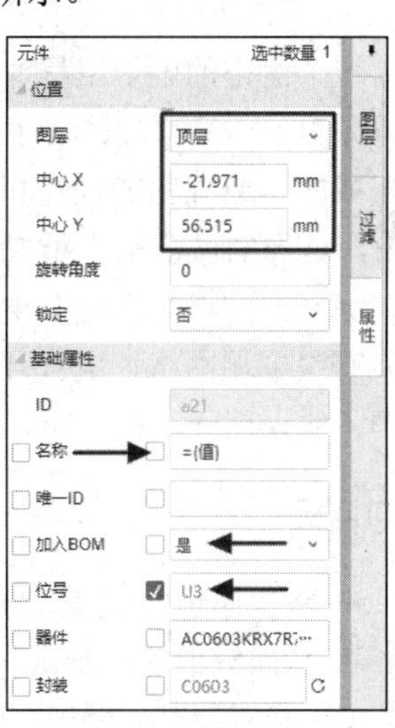

图 6-5　元件属性设置

6.2　本章小结

本章主要介绍了嘉立创 EDA 专业版的 PCB 设计工作界面，让读者对该界面中的各个模块有一个初步的认识，为后面进行 PCB 设计及提高设计效率打下一定的基础。

第 7 章

流程化设计——PCB 前期处理

一个优秀的电子工程师不仅要求原理图制作完美，还要求 PCB 设计完美，而 PCB 画得再完美，一旦原理图出了问题，也将前功尽弃，有可能要从头再来。原理图和 PCB 是相辅相成的，原理图的设计和检查是前期准备工作，有些初学者会直接跳过这一步开始绘制 PCB，这样的做法是不可取的。初学者一定要按照流程来，这样一方面可以养成良好的习惯，另一方面在处理复杂电路时也能避免出现错误。由于软件的差异性及电路的复杂性，如果有些单端网络、电气开路等问题不经过相关检测工具检查就盲目生产，等电路板生产完毕，错误就无法挽回了，所以 PCB 流程化设计是很必要的。

学习目标

- 掌握原理图的常见编译检查及 PCB 的完整导入方法。
- 掌握板框的绘制定义及层叠。

由于篇幅限制，书中有些操作步骤叙述不够详细，读者可以参考凡亿 PCB 录制的 PCB 设计教学视频，相信读者通过这些视频可以更快速地上手 PCB 设计。

7.1 原理图封装完整性检查

在执行原理图导入 PCB 操作之前，通常需要对原理图封装的完整性进行检查，以确保所有的元件都存在封装，从而避免出现无法导入或导入不完全的情况。

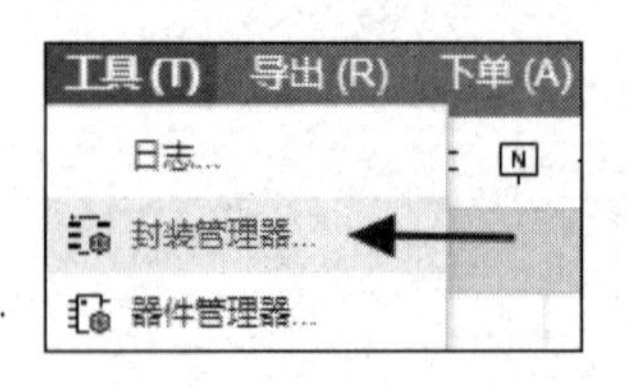

图 7-1 打开封装管理器

（1）对于封装检查，一个一个地去检查是非常麻烦的，嘉立创 EDA 专业版提供了一个集中管理元件的功能。单击“工具—封装管理器”，如图 7-1 所示，进入封装管理器，在其中可以查看及管理所有元件的封装信息。

（2）在如图 7-2 所示的界面中，原理图中涉及的元件都在左上角的列表里面显示出来了，单击“封装”后面的三角形图标，可对同类型的封装进行集中排序，方便设计者按照封装类型去检查封装的完整性。若某个元件没有添加封装，则会优先在前排显示并显示红色警告，同时在“信息”列显示警告原因。此时可以在下方的封装列表中选择封装。封装选择完成后，单击右下角的“更新”按钮，即可完成添加封装。若是添加库中没有的封装，则需要先在库中创建封装，封装的创建方法可以参考前面封装创建的内容。

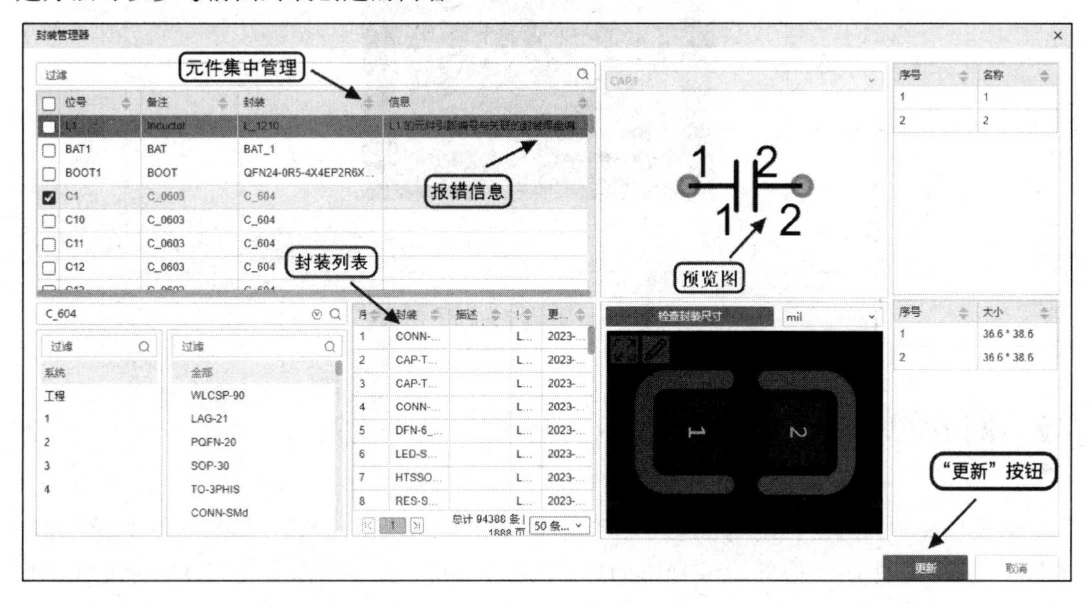

图 7-2　封装的检查与操作

（3）在封装管理器中可以对单个封装进行尺寸检查和编辑，或者对多个元件进行封装的更新等操作，如图 7-3 所示。

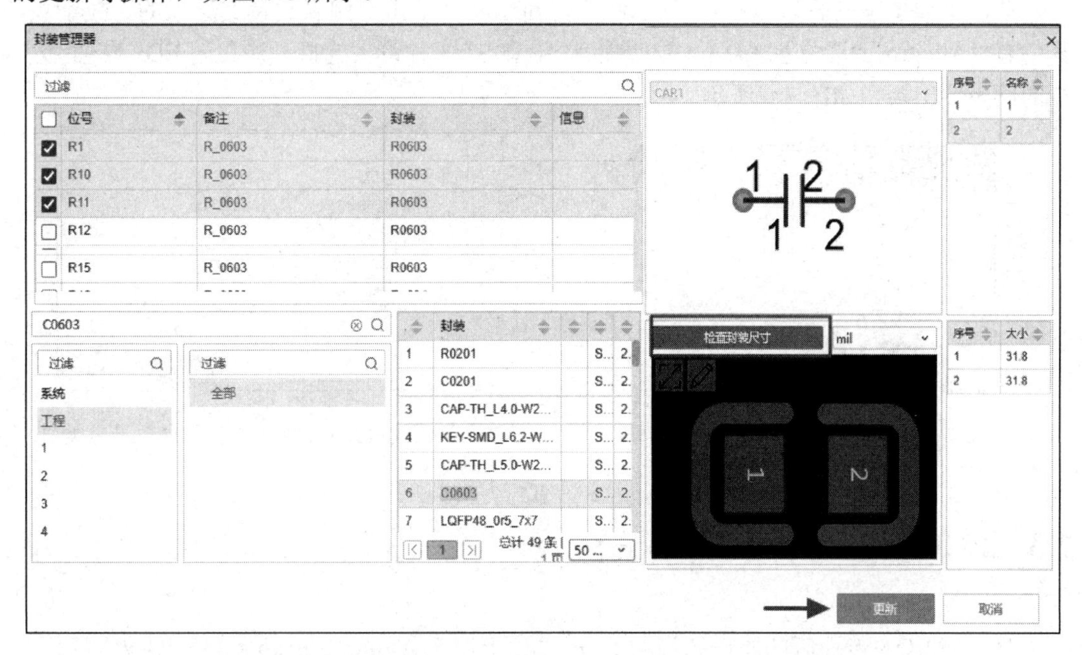

图 7-3　在封装管理器中检查单个封装尺寸或更新多个元件封装

（4）对元件的封装进行指定或编辑等操作之后，单击右下角的“更新”按钮，即可将其更新到原理图中，如图 7-4 所示。

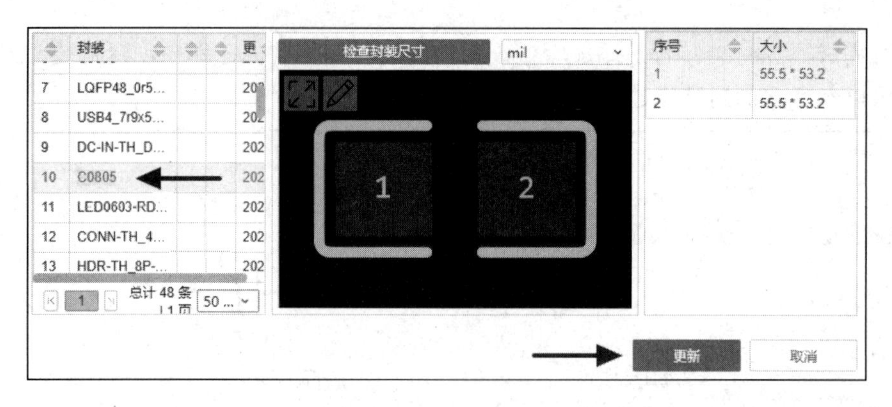

图 7-4　更新封装信息

7.2　网表的生成

网表也被称为网络表，顾名思义，就是网络连接和联系的表示，其内容主要是电路图中各个元件类型、封装信息、连接流水序号等数据信息。在使用嘉立创 EDA 专业版进行 PCB 设计时，可以通过导入网络连接关系进行 PCB 的导入。目前支持导出嘉立创 EDA、Allegro、PADS 的网表，Altium 的网表需要先将原理图导出为 Altium 格式，再在 Altium Designer 软件中导出，如图 7-5 所示。

单击“导出—网表”，弹出“导出网表”对话框，单击“网表类型”选项的下拉箭头，其中有“Allegro”“嘉立创 EDA（专业版）”“PADS”3 种可供选择。嘉立创 EDA 专业版支持的网表导出类型如图 7-6 所示。

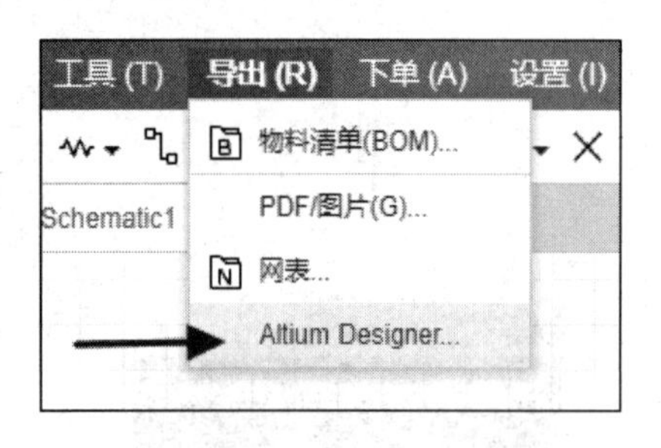

图 7-5　导出 Altium Designer 原理图

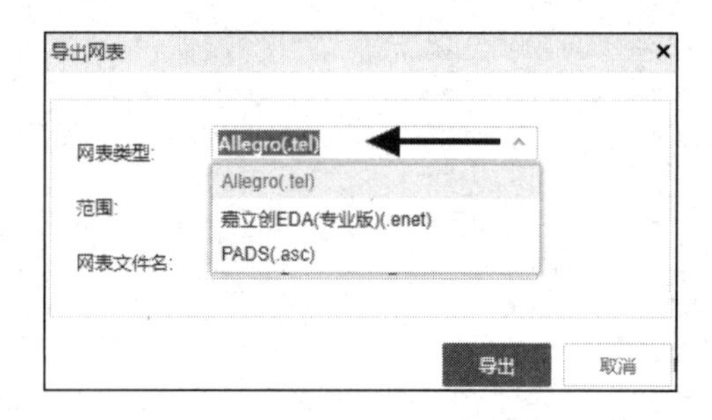

图 7-6　嘉立创 EDA 专业版支持的网表导出类型

7.3　PCB 的导入

嘉立创 EDA 专业版的原理图导入 PCB 设计类似于 Altium Designer 软件的导入流程，存在两种方法：一种是直接导入法，从原理图或 PCB 导入变更；另一种是间接法，即导入网表到 PCB。嘉立创 EDA 专业版 V2.1.30 的全在线模式仅支持导入嘉立创 EDA 原理图产生的网表，以及使用直接导入法导入 Altium Designer 软件的 PCB 文件。

7.3.1 直接导入法

导入之前必须确保原理图和 PCB 都在同一个 Board 中，如不在同一个 Board 中，则可以单击文件名称，右击打开快捷菜单，在其中选择“设置为已有板子”选项，如图 7-7 所示。一个 Board 只能有一个 PCB，如将 PCB 添加到已有 PCB 的 Board，则会将前一个 PCB 移出 Board。

（1）双击打开原理图，在原理图编辑界面中单击“设计—更新/转换原理图到 PCB”，或者在 PCB 设计交互界面中，单击“设计—从原理图导入变更”，如图 7-8 所示。

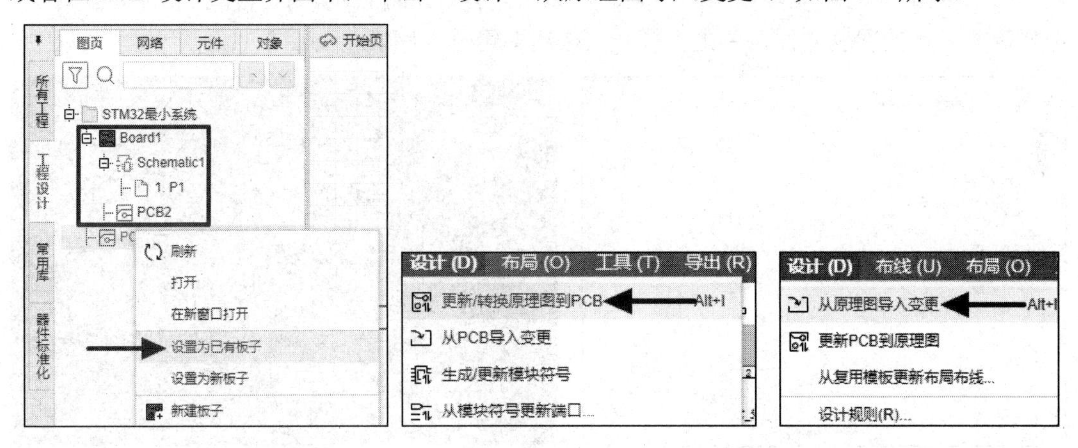

图 7-7　添加 PCB 到已有板子　　　　图 7-8　嘉立创 EDA 专业版的 PCB 直接导入法

（2）在弹出的“确认导入信息”对话框中单击“应用修改”按钮，可将原理图和封装导入 PCB，如图 7-9 所示。有报错将不能导入 PCB，会在 PCB 编辑界面的“日志”选项卡内显示报错详细原因，如图 7-10 所示。重复查看日志中的报错信息、修正问题，以及再导入这些操作，直至导入完成。

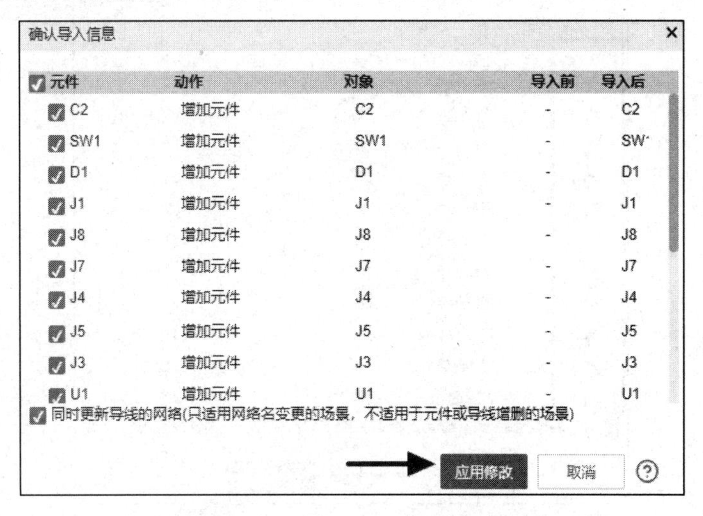

图 7-9　“确认导入信息”对话框

图 7-10　报错详细信息

7.3.2　网表导入法

（1）单击“文件—导入—导入网表”，弹出“打开”对话框，打开网表文件导出路径，选择需要导入的网表文件，单击“打开”按钮即可导入网表，如图 7-11 所示。

图 7-11　导入网表

（2）导入网表文件，弹出“确认导入信息”对话框，勾选元件位号对应的复选框就表示选中了元件，单击“应用修改”按钮，即可将网表和封装信息导入 PCB 中，如图 7-12 所示。

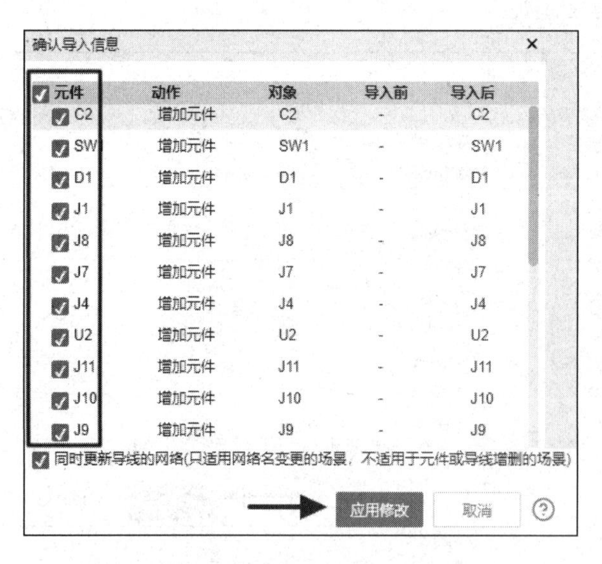

图 7-12　确认导入信息

（3）如有报错，报错信息会在 PCB 编辑界面的“日志”选项卡中显示，如图 7-13 所示。重复查看日志中的报错信息、修正问题，以及再导入这些操作，直至导入完成。网表导入 PCB 完成后的界面如图 7-14 所示。

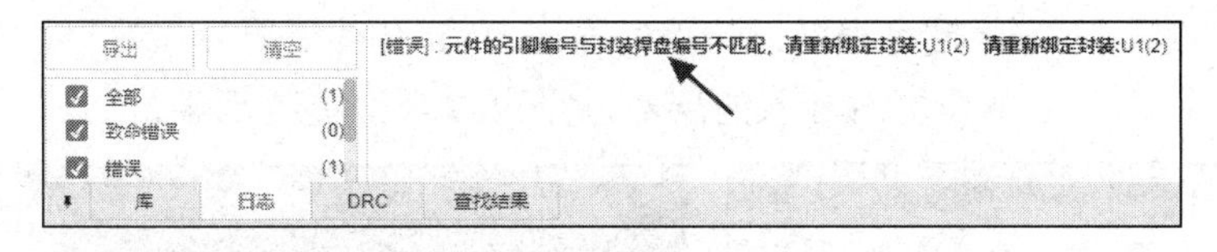

图 7-13　导入报错信息

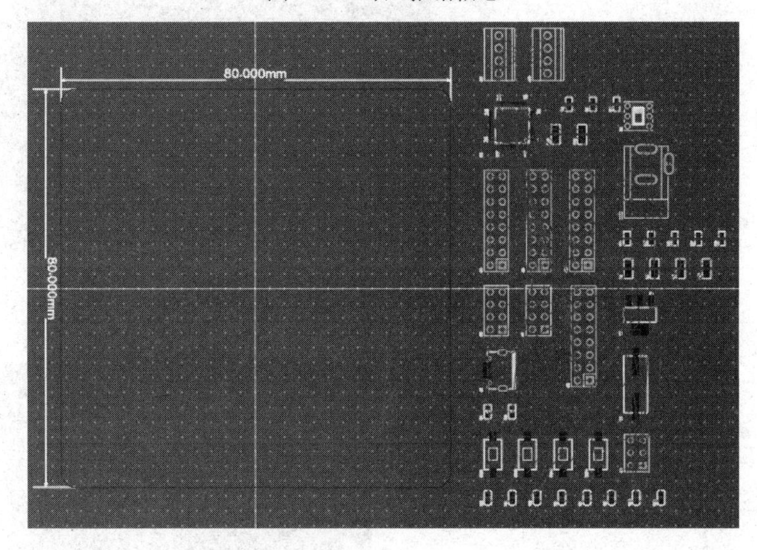

图 7-14　网表导入 PCB 完成后的界面

7.4　板框定义

一些工控板或很多消费类板卡的结构都是异形的，要由专业的 CAD 结构工程师对其进行精准设计，PCB 布线工程师可以根据 CAD 结构工程师提供的 2D 图（DWG 或 DXF 格式）进行精准的导入操作，在 PCB 中定义板形结构。

对于开发板而言，板框往往都是一个规则的圆形或矩形，这种类型的板框可以通过 PCB 编辑界面进行绘制。

7.4.1　DXF 结构图的导入

（1）创建一个新的 PCB 文件，并打开新建的 PCB，在 PCB 编辑界面中单击“文件—导入—DXF”，选择需要导入的 DXF 文件，如图 7-15 所示。

（2）DXF 文件的导入属性设置如图 7-16 所示。

① 文件名：选择导入的 DXF 文件，单击文件名可重新选择 DXF 文件。

② DXF 单位：软件自动读取，如果没有读取到单位，则默认取 mm，不可修改单位。

③ 参考点：有 DXF 文件原点和图形中心两种可选择。

④ 缩放比例：CAD 放大缩小系数，一般默认 1 即可。

“导入层”选项下方区域可根据设计需要选择 DXF 文件需要导入的层。

为方便识别，可以单个更改导入的层数，也可以全部更改到某一层。

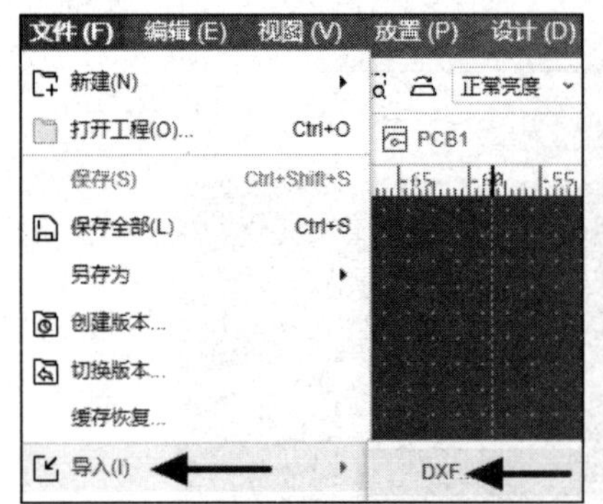

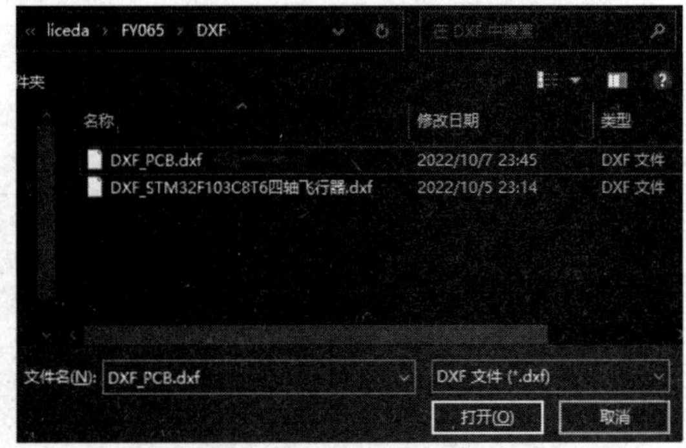

图 7-15　DXF 文件的导入

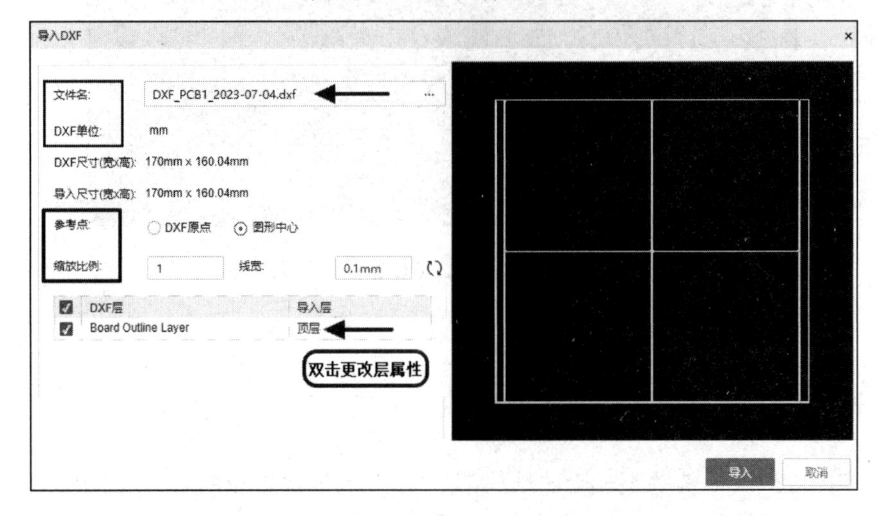

图 7-16　DXF 文件的导入属性设置

图 7-17　设置板框属性

（3）参数设置完成之后单击“导入”按钮，软件将根据选择的参考点进入待放置模式，单击画布，即可完成图形的放置。

（4）图形导入放置完成之后，选中要定义板框的图形（注意：必须是闭合图形，如不是闭合图形，则软件会弹出“是否自动闭合图形”提示框），在右侧栏的“属性”选项卡中单击“属性—类型”，选择“板框”，图层会自动切换到板框层，此时即完成板框的定义，如图 7-17 所示。

7.4.2 自定义绘制板框

一些比较常见并简单的圆形或矩形规则板框，在 PCB 中可以直接利用放置 2D 线来进行自定义绘制，下面以简单矩形为例进行演示说明。

（1）在 PCB 编辑界面，单击“放置—板框—矩形”，单击画布开始放置，可直接输入尺寸，按 Tab 键切换输入框，如图 7-18 所示。

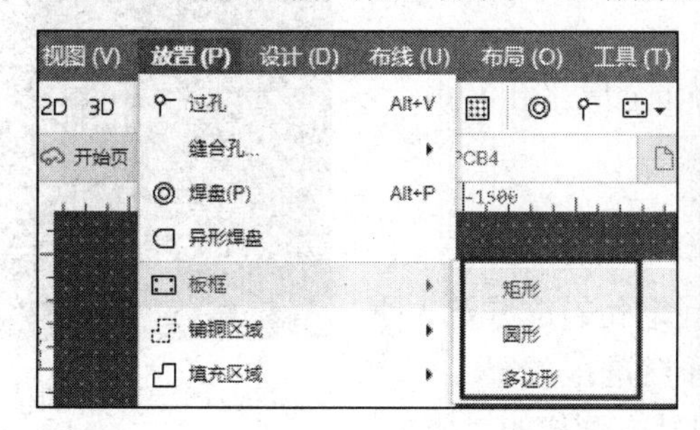

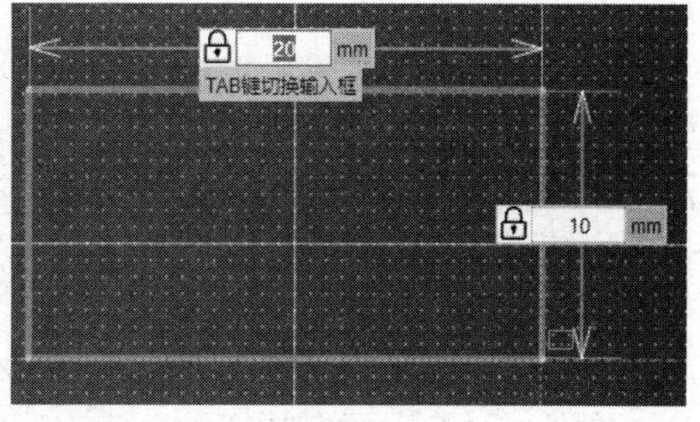

图 7-18 放置矩形板框①

（2）将板框选中之后右击，在弹出的快捷菜单中单击“添加—添加圆角”，在弹出的“输入值”对话框中输入倒角半径，可将直角板框添加为圆角、斜角倒角，如图 7-19 所示。放置完成的自定义板框如图 7-20 所示。

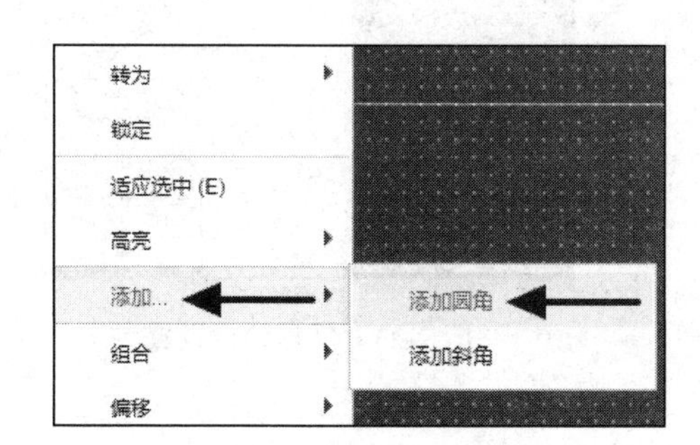

图 7-19 添加倒角

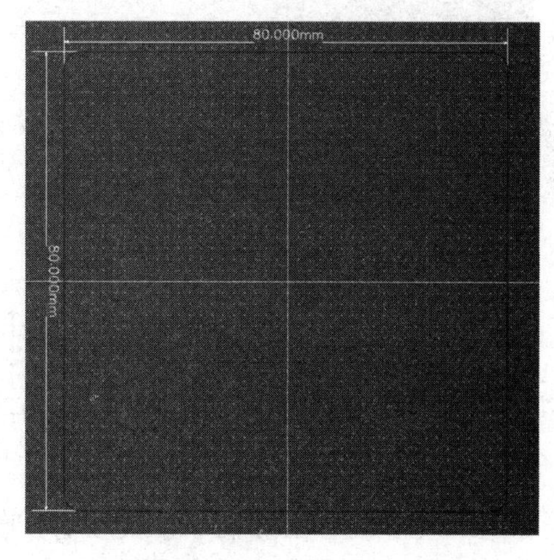

图 7-20 放置完成的自定义板框

7.5 固定孔的放置

固定孔的放置一般分为两种类型：一种是开发板型固定孔的放置，另一种是导入型板框固定孔的放置。

① 图中的“TAB 键”应为“Tab 键”，余同。

7.5.1　开发板形固定孔的放置

对于开发板，因为不需要考虑外壳，只需放置非金属化“通孔焊盘”即可，所以对于固定孔的位置及大小要求不那么严格，一般按照常规进行设置即可，如图 7-21 所示。

（1）位置要求：放置在板框交流中心距 X 轴 5mm、Y 轴 5mm 的位置。

（2）大小要求：一般采用直径为 3mm 的非金属化孔。

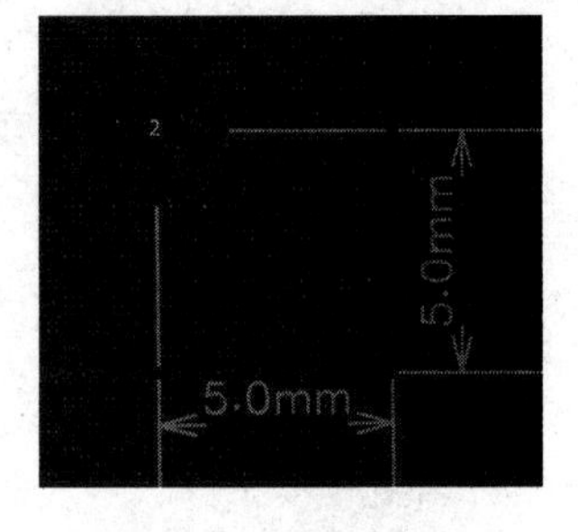

图 7-21　固定孔的位置

7.5.2　导入型板框固定孔的放置

对于导入型板框，其有实物结构模型，固定孔的位置及大小已经定义好，只能严格按照要求的位置和大小精准地放置。

（1）单击导入型板框的固定孔标识，可以从右侧栏的“属性”选项卡中看出固定孔的大小及距 X 轴、Y 轴的中心坐标信息，如图 7-22 所示，复制这些信息。

（2）单击“放置—焊盘”，放置一个焊盘，按照刚才的信息要求对焊盘属性进行设置，如图 7-23 所示。

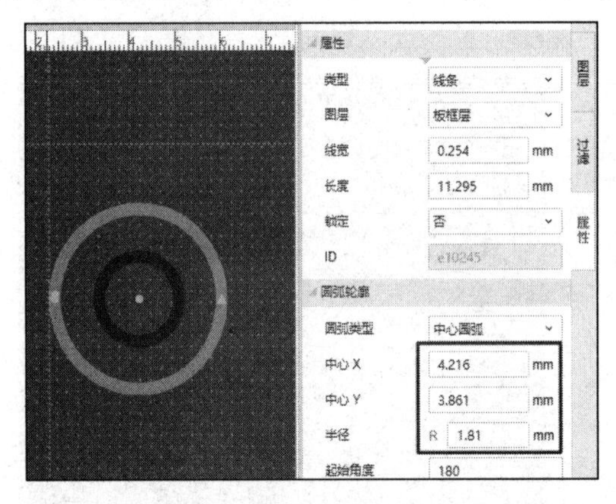

图 7-22　固定孔标识信息读取

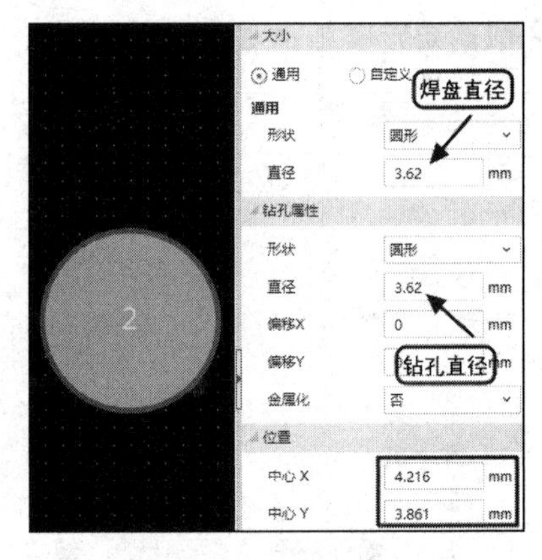

图 7-23　焊盘属性设置

① 固定孔尺寸，按照标识的尺寸输入直径尺寸。

② 金属化：金属化和非金属化的选择。固定孔一般为非金属化，但是也有例外，这需要根据实际需求进行选择。一般非金属化孔、焊盘和孔设置为等大，比如钻孔的直径和焊盘的直径都是 3.62mm。

7.6　层叠的定义及添加

对高速多层板来说，默认的两层设计无法满足布线信号质量及走线密度要求，这个时候就需要对 PCB 层叠进行添加，以满足设计的要求。

7.6.1 正片层与负片层

正片层就是平常用于走线的信号层（直观上看到的地方就是铜线），可以用“线”“铜皮”等进行大块铺铜与填充操作，如图 7-24 所示。

图 7-24 正片层

负片层则正好相反，即默认铺铜，就是生成一个负片层之后整个层就已经被铺铜了，走线的地方是分割线，没有铜存在。负片层一般需要进行的操作首先是分割铺铜，然后是设置分割后铺铜的网络，并且分割完成之后需要手动重建一次内电层，如图 7-25 所示。

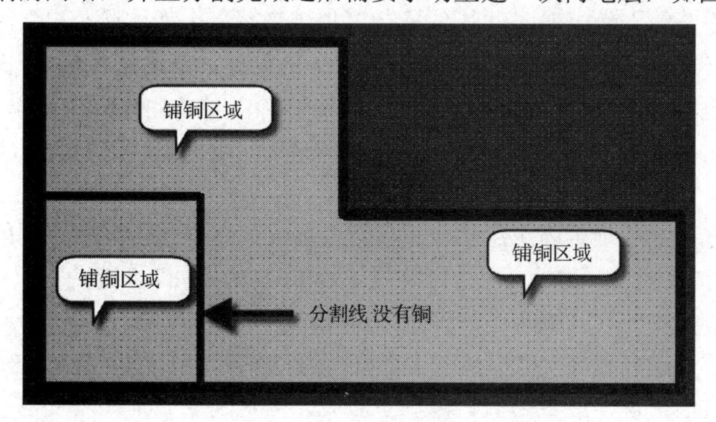

图 7-25 负片层

7.6.2 内电层的分割实现

分割内电层需要用“线条”，放置无电气属性线条不能使用导线，单击“放置—线条—折线”，如图 7-26 所示，分割线不宜太细，可以选择 15mil 及以上。分割完成之后单击选中负片，先在其右侧栏的“属性”选项卡内单击“重建内电层”按钮，再单击选中分割框内的铺铜，用右侧栏的“属性”选项卡中的“网络”选项设置网络，如图 7-27 所示。

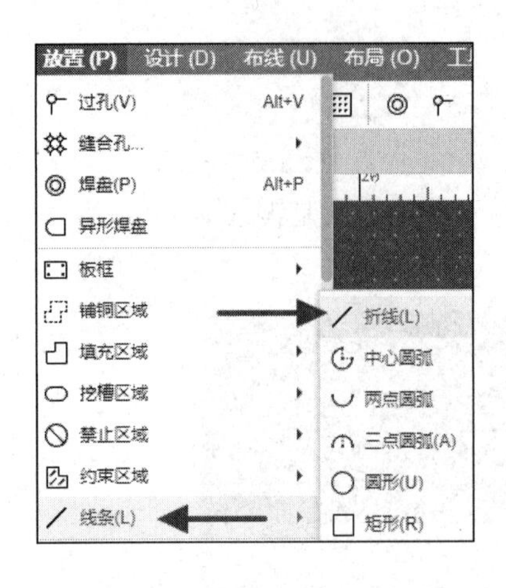

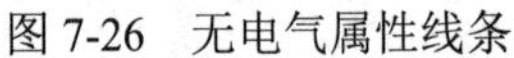
图 7-26 无电气属性线条

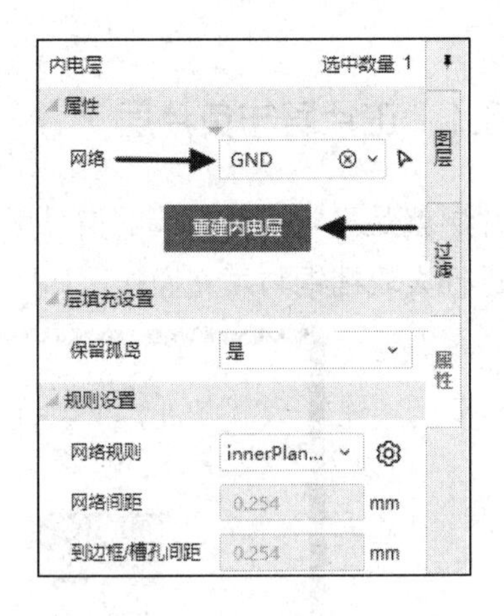

图 7-27 重建内电层和设置网络

正、负片都可以用于内层电源、地连接，那么正片可以通过走线和铺铜实现。负片的好处在于默认大块铺铜填充，这样再次进行添加过孔、改变铺铜大小等操作时都不需要重新铺铜，省去了重新铺铜计算的时间。中间层用电源层和 GND 层（也称地层、地线层、接地层）时，层面上大多是大块铺铜，这样用负片的优势就很明显。

7.6.3 PCB 层叠的认识

随着高速电路的不断出现，PCB 的复杂度也越来越高，为了避免电气因素的干扰，信号层和电源层必须分离，因此就牵涉到多层 PCB 的设计。在设计多层 PCB 之前，设计者首先需要根据电路的规模、电路板的尺寸和电磁兼容（EMC）的要求来确定所采用的电路板结构，也就是决定采用 4 层、6 层，还是更多层数的电路板。这就是设计多层板的一个简单概念。

确定层数之后，再确定内电层的放置位置及如何在这些层上分布不同的信号。这就是多层 PCB 层叠结构的选择问题。层叠结构是影响 PCB 的 EMC 性能的一个重要因素，一个好的层叠设计方案将会大大减轻电磁干扰（EMI）及串扰的影响。

板的层数不是越多越好，也不是越少越好，确定多层 PCB 的层叠结构需要考虑较多的因素。从布线方面来说，层数越多，越利于布线，但是制板成本和难度也会随之增加。对生产厂家来说，层叠结构对称与否是 PCB 制造时需要关注的焦点。因此，层数的选择需要考虑各方面的需求，以达到最佳的平衡。

对有经验的设计人员来说，在完成元件的预布局后，还要对 PCB 的布线瓶颈处进行重点分析，再综合有特殊布线要求的信号线（如差分线、敏感信号线等）的数量和种类来确定信号层的层数，最后根据电源的种类、隔离和抗干扰的要求来确定内电层的层数。这样，整个电路板的层数就基本确定了。

1. 常见的 PCB 层叠

确定了电路板的层数后，接下来的工作便是合理地排列各层电路的放置顺序。图 7-28

和图 7-29 分别列出了常见的 4 层板和 6 层板的层叠结构。

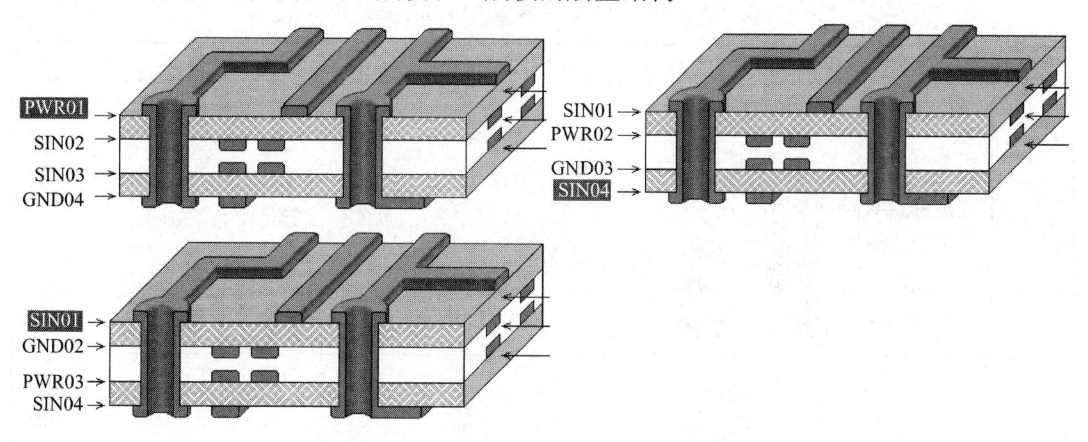

图 7-28　常见的 4 层板的层叠结构

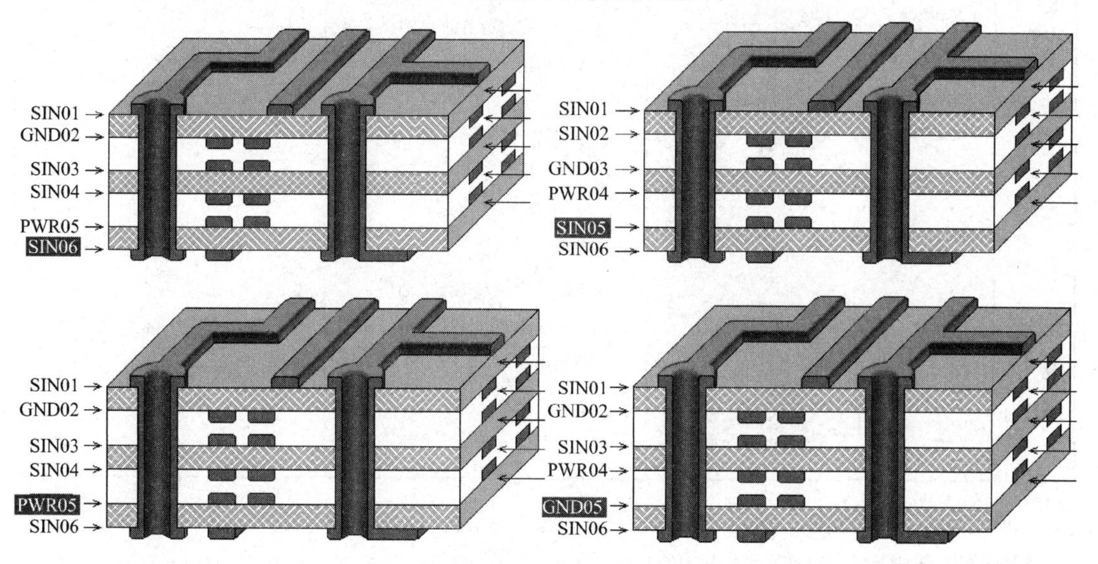

图 7-29　常见的 6 层板的层叠结构

2. 层叠分析

怎么层叠？哪种层叠更好？一般遵循以下几点基本原则。

① 元件面、焊接面为完整的地平面（屏蔽）。

② 尽可能无相邻平行布线层。

③ 所有的信号层尽可能与地平面相邻。

④ 关键信号与地层相邻，不跨分割区。

可以根据以上原则，对如图 7-28 和图 7-29 所示的常见的层叠方案进行分析，分析情况如下。

（1）3 种常见的 4 层板的层叠方案分析如表 7-1 所示。

表 7-1 3 种常见的 4 层板的层叠方案分析

方案	方案图示	优　点	缺　点
方案 1	PWR01 SIN02 SIN03 GND04	此方案主要为了达到一定的屏蔽效果，把电源、地平面分别放在顶层、底层	（1）电源、地平面相距过远，电源平面阻抗过大； （2）电源、地平面由于元件焊盘等影响，极不完整； （3）由于参考面不完整，信号阻抗不连续，预期的屏蔽效果很难实现
方案 2	SIN01 GND02 PWR03 SIN04	在元件面下有一个地平面，该方案适用于主要元件在顶层布局或关键信号在顶层布线的情况	—
方案 3	SIN01 PWR02 GND03 SIN04	与方案 2 类似，该方案适用于主要元件在底层布局或关键信号在底层布线的情况	—

通过方案 1 到方案 3 的对比可以发现，对于 4 层板的层叠，通常选择方案 2 或方案 3，具体则要结合电路板的实际情况和层叠原则来正确选择。

（2）4 种常见的 6 层板的层叠方案分析如表 7-2 所示。

表 7-2 4 种常见的 6 层板的层叠方案分析

方案	方案图示	优　点	缺　点
方案 1	SIN01 GND02 SIN03 SIN04 PWR05 SIN06	采用 4 个信号层和 2 个内部电源/地线层，具有较多的信号层，有利于元件之间的布线工作	（1）电源层和地线层分隔较远，没有充分耦合； （2）信号层 SIN03 和 SIN04 直接相邻，信号隔离性不好，容易发生串扰，在布线的时候需要错开布线

续表

方案	方案图示	优　　点	缺　　点
方案 2	SIN01 SIN02 GND03 PWR04 SIN05 SIN06	电源层和地线层耦合充分	表层信号层的相邻层也为信号层，信号隔离性不好，容易发生串扰
方案 3	SIN01 GND02 SIN03 GND04 PWR05 SIN06	（1）电源层和地线层耦合充分； （2）每个信号层都与内电层直接相邻，与其他信号层均有有效的隔离，不易发生串扰； （3）信号层 SIN03 与两个内电层（GND02 和 GND04）相邻，可以用来传输高速信号。两个内电层可以有效地屏蔽外界对 SIN03 的干扰和 SIN03 对外界的干扰	—
方案 4	SIN01 GND02 SIN03 PWR04 GND05 SIN06	（1）电源层和地线层耦合充分； （2）每个信号层都与内电层直接相邻，与其他信号层均有有效的隔离，不易发生串扰	—

通过方案 1 到方案 4 的对比可以发现，在优先考虑信号的情况下，选择方案 3 和方案 4 会明显优于前面两种方案。但是在实际设计中，产品都是比较在乎成本的，又因为布线密度大，通常会选择方案 1 来做层叠结构，所以在布线的时候一定要注意相邻两个信号层的信号交叉布线，尽量让串扰降到最低。

（3）常见的 8 层板的层叠推荐方案如图 7-30 所示，优先选方案 1 和方案 2，可用方案 3。

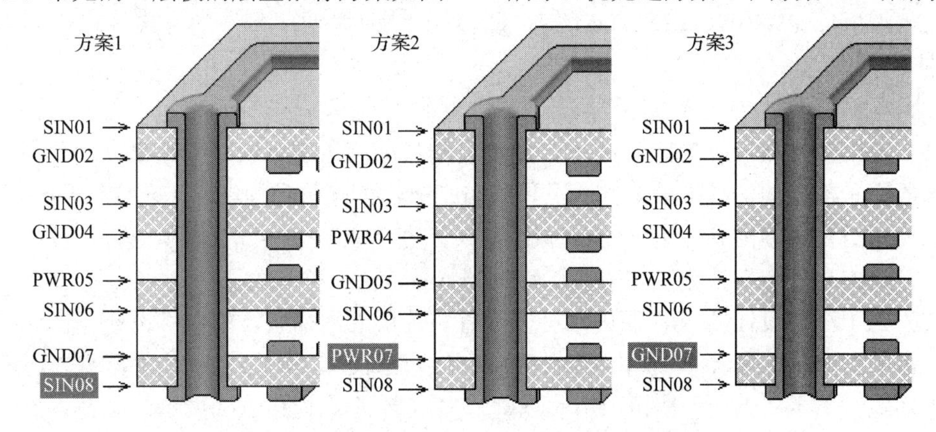

图 7-30　常见的 8 层板的层叠推荐方案

7.6.4 层的添加及编辑

确认层叠方案之后，如何在嘉立创 EDA 专业版中进行层的添加操作呢？下面就简单举例说明。

图层管理器分为“图层管理”和“物理堆叠”，“图层管理”用于添加图层，设置图层的透明度、名称、类型、颜色等操作；“物理堆叠”可设置堆叠参数，包括图层厚度、介电层材质、介电常数，在当前版本中该参数仅做记录和 3D 预览，不影响导出 Gerber，在下单的时候需要重新选择堆叠参数。

（1）单击“工具—图层管理器”或按 Ctrl+L 键，进入如图 7-31 所示的“图层管理器”对话框，进行相关参数设置。

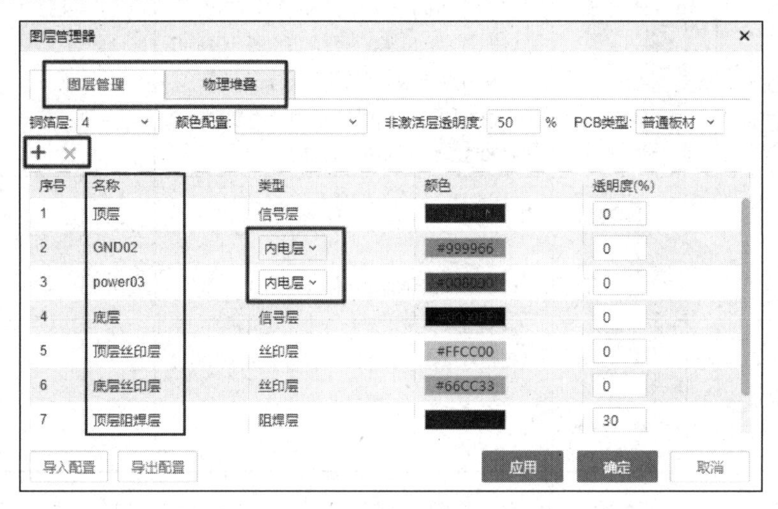

图 7-31 “图层管理器”对话框

（2）单击该对话框左上角的“铜箔层”，选择需要的层数量，单击“类型”列中的下拉箭头选择信号层或内电层。

（3）单击“名称”列中的内容可更改相应的层名称，一般可以改为 TOP、GND02、SIN03、SIN04、PWR05、BOTTOM 等，即采用“字母+层序号”的方式，这样方便读取和识别。

（4）根据层叠结构设置板层厚度。

（5）单击层列表上方的按钮“+”，创建自定义层；最多可创建 30 个自定义层，自定义层一般用于额外的信息记录，默认不导出 Gerber，不参与实物生产，在导出 Gerber 的时候可以使用自定义导出功能选择是否导出。

（6）单击“确定”按钮，完成图层管理器设置。

（7）为了满足设计的 20H 原则，可以设置负片层的内缩量，单击“设计—设计规则—平面—内电层—innerplane”，在内电层规则中单击“到边框/槽孔间距”，根据需要内缩的距离设置间距，单击“确认”按钮应用此规则。内电层规则如图 7-32 所示。层叠设置全部完成后，4 层板的层叠效果如图 7-33 所示。

图 7-32　内电层规则

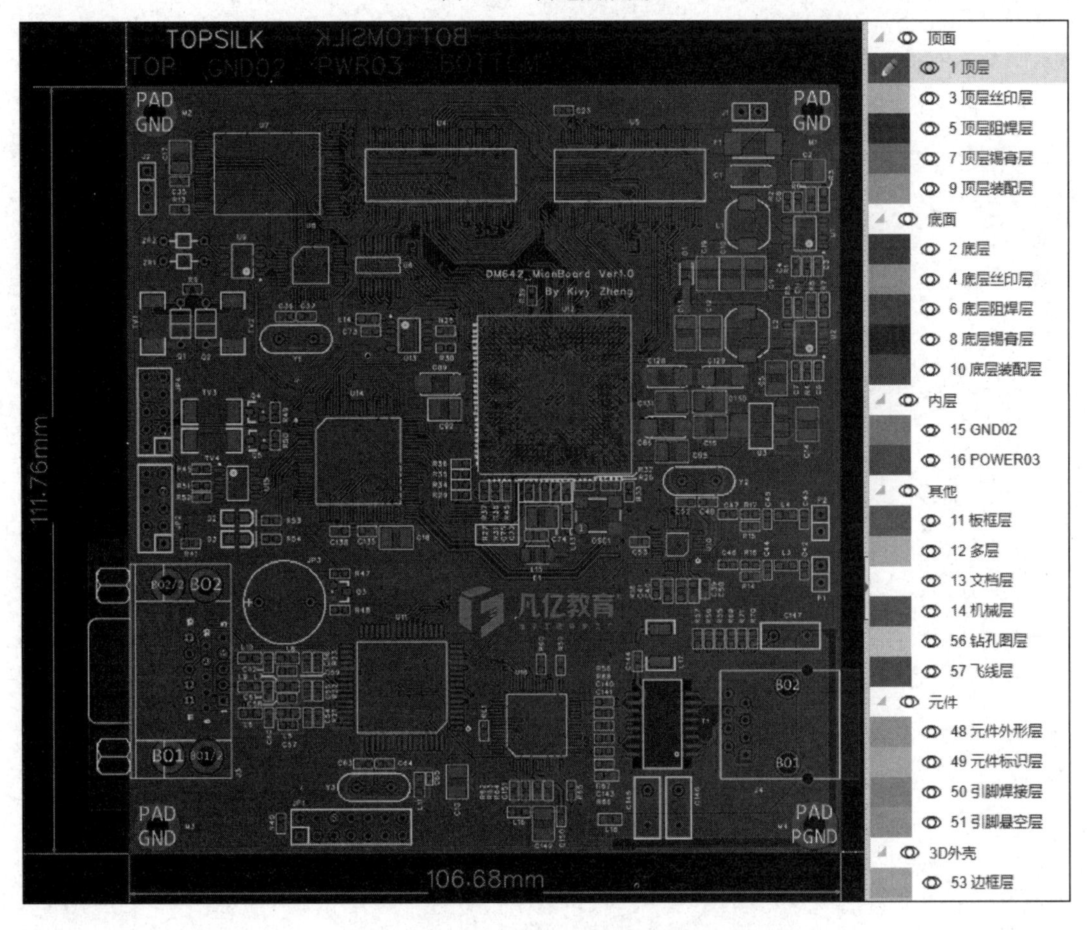

图 7-33　4 层板的层叠效果

建议信号层采用正片的方式处理，电源层和地线层采用负片的方式处理，这样可以在很大程度上减小文件数据量的大小，提高设计的速度。

7.7 本章小结

本章主要描述了 PCB 设计开始的前期准备，包括原理图的检查、封装的检查、网表的生成、PCB 的导入、层叠结构的设计等。只有把前期工作做好了，才能更好地进行后面的设计，保证设计的准确性和完整性。

书中描述的一些设计资料和参考资料，读者可以在 PCB 联盟网书籍专区获取。

第 8 章

流程化设计——PCB 布局

一块好的电路板，除了实现电路原理功能，也要考虑 EMI、EMC、ESD（静电释放）、信号完整性等电气特性，还要考虑机械结构和高功耗芯片的散热问题，在这基础上再考虑电路板的美观问题，就像进行艺术雕刻一样，对其中的每一个细节都要进行斟酌。

学习目标

- 掌握 PCB 布局原则。
- 掌握交互式布局及模块化布局操作。
- 掌握 PCB 布局常用操作。

8.1 常见 PCB 布局约束原则

在对 PCB 元件布局的时候经常会有以下几个方面考虑。

（1）PCB 板形与整机是否匹配？

（2）元件之间的间距是否合理？有无水平上或高度上的冲突？

（3）PCB 是否需要拼版？是否预留工艺边？是否预留安装孔？如何排列定位孔？

（4）如何进行电源模块的放置及散热？

（5）需要经常更换的元件放置位置是否方便替换？可调元件是否方便调节？

（6）热敏元件与发热元件之间是否考虑距离？

（7）整板 EMC 性能如何？如何布局能有效增强抗干扰能力？

通过以上的考虑，可以对常见 PCB 布局约束原则进行如下分类。

8.1.1 元件排列原则

（1）在通常条件下，所有的元件均应布置在 PCB 的同一面上，只有在顶层元件过密时，才能将一些高度有限且发热量小的元件（如贴片电阻、贴片电容、贴 IC 等）放在底层。

（2）在保证电气性能的前提下，元件应放置在栅格上且相互平行或垂直排列，以求整齐、美观，一般情况下不允许元件重叠，元件排列要紧凑，输入元件和输出元件尽量分开，不要出现交叉。

（3）某些元件或导线之间可能存在较高的电压，应加大它们的距离，以免因放电、击穿而引起意外短路，布局的时候尽可能注意这些信号的布局空间。

（4）带高电压的元件应尽量布置在调试时手不易触及的地方。

（5）位于板边缘的元件，应该尽量做到离板边缘有两个板厚的距离。

（6）元件在整个板面上应分布均匀，不要这一块区域密集，另一块区域疏松，以提高产品的可靠性。

8.1.2 按照信号走向布局原则

（1）放置固定元件之后，按照信号的流向逐个安排各个功能电路单元的位置，以每个功能电路的核心元件为中心，围绕它进行局部布局。

（2）元件的布局应便于信号流通，使信号方向尽可能保持一致。在多数情况下，信号的流向安排为从左到右或从上到下，与输入端、输出端直接相连的元件应当放在靠近输入、输出接插件或连接器的地方。

8.1.3 防止电磁干扰

（1）对于辐射电磁场较强的元件及电磁感应较灵敏的元件，应加大它们相互之间的距离，或考虑添加屏蔽罩加以屏蔽。

（2）尽量避免高、低电压元件相互混杂，以及强、弱信号的元件交错在一起。

（3）对于会产生磁场的元件，如变压器、扬声器、电感等，布局时应注意减少磁力线对印制导线的切割，相邻元件磁场方向应相互垂直，以减少彼此之间的耦合。图 8-1 所示为电感与电感垂直 90° 进行布局。

（4）对干扰源或易受干扰的模块进行屏蔽，屏蔽罩应有良好的接地。屏蔽罩的规划如图 8-2 所示。

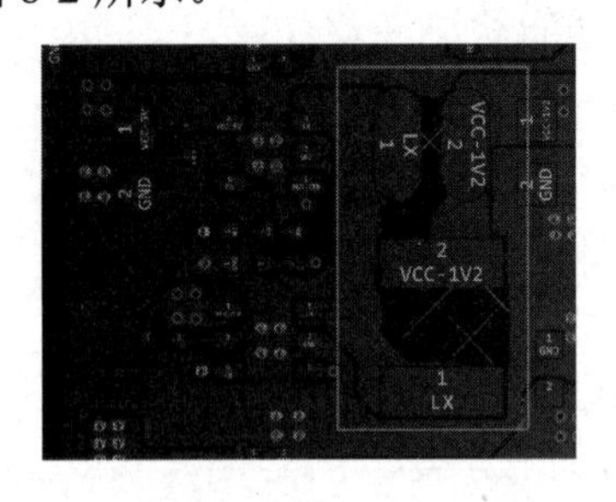

图 8-1　电感与电感垂直 90° 进行布局

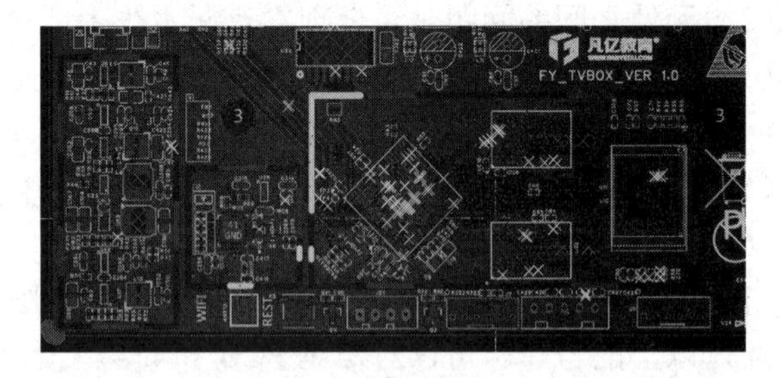

图 8-2　屏蔽罩的规划

8.1.4 抑制热干扰

（1）发热元件应优先安排在利于散热的位置，必要时可以单独设置散热器或小风扇，以降低温度，并减少对邻近元件的影响。布局的散热考虑如图 8-3 所示。

（2）一些功耗大的集成块、大功率管、电阻等，要布置在容易散热的地方，并与其他元件隔开一定距离。

（3）热敏元件应紧贴被测元件并远离高温区域，以免受到其他发热元件影响，引起误动作。

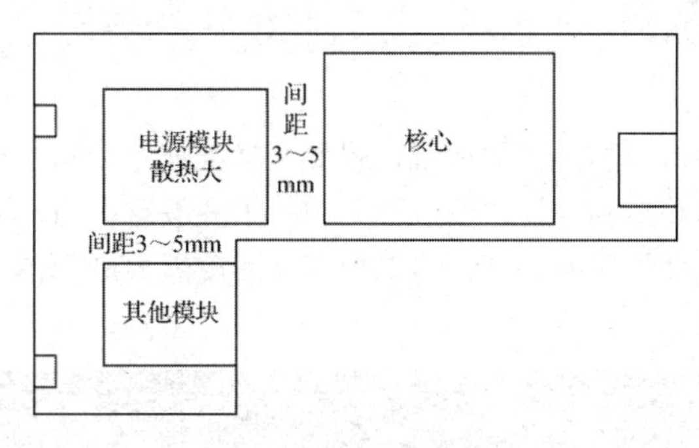

图 8-3　布局的散热考虑

（4）双面放置元件时，底层一般不放置发热元件。

8.1.5　可调元件布局原则

对于电位器、可变电容器、可调电感线圈、微动开关等可调元件的布局，应考虑整机的结构要求：若是机外调节，其位置要与调节旋钮在机箱面板上的位置相适应；若是机内调节，则应放置在 PCB 上便于调节的地方。

8.2　PCB 模块化布局思路

面对如今硬件平台的集成度越来越高、系统越来越复杂的情况，硬件工程师在进行 PCB 布局时应该具有模块化的思维，即无论是在硬件原理图的设计中还是在 PCB 布线中均使用模块化、结构化的设计方法。作为硬件工程师，在了解系统整体架构的前提下，首先应该在原理图和 PCB 布线设计中自觉融合模块化的设计思想，结合 PCB 的实际情况，规划好对 PCB 进行布局的基本思路，如图 8-4 所示。

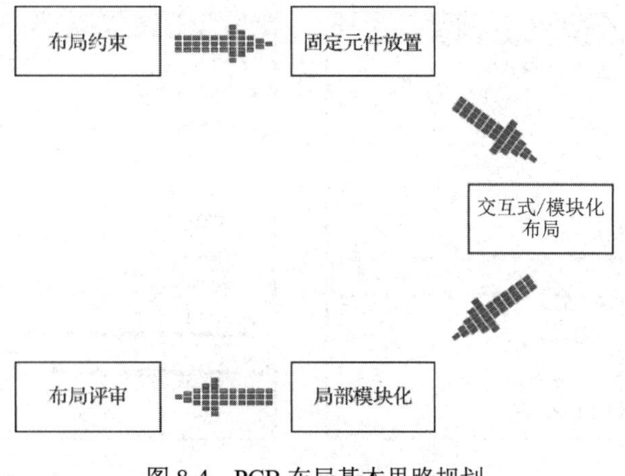

图 8-4　PCB 布局基本思路规划

8.3 固定元件的放置

固定元件的放置类似于固定孔的放置，也要求精准放置。这主要是根据设计结构来进行放置的。元件的丝印和结构的丝印要进行归中、重叠放置。固定元件的放置如图 8-5 所示。电路板上的固定元件放置好之后，可以根据飞线就近原则和信号优先原则对整个电路板的信号流向进行梳理。

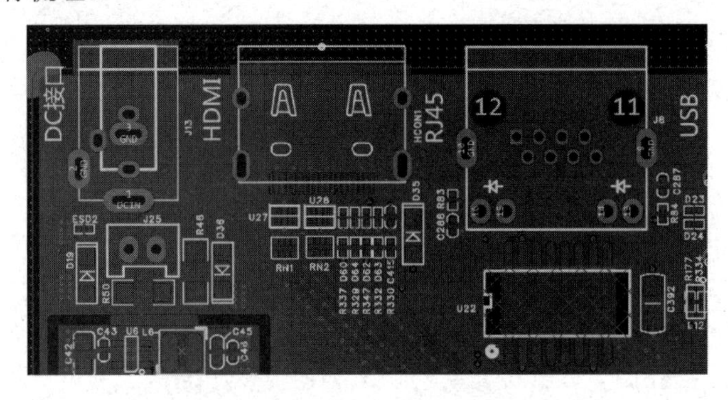

图 8-5　固定元件的放置

8.4 原理图与 PCB 的交互设置

为了方便找寻元件，我们需要把原理图与 PCB 对应起来，使两者之间能相互映射，简称交互。利用交互式布局可以比较快速地定位元件，从而缩短设计时间，提高工作效率。

（1）为了达到原理图和 PCB 两两交互，在选中元件的前提下，在原理图编辑界面和 PCB 设计交互界面都单击“设计—交叉选择”，或者按 Shift+X 键激活“交叉选择”，如图 8-6 所示。

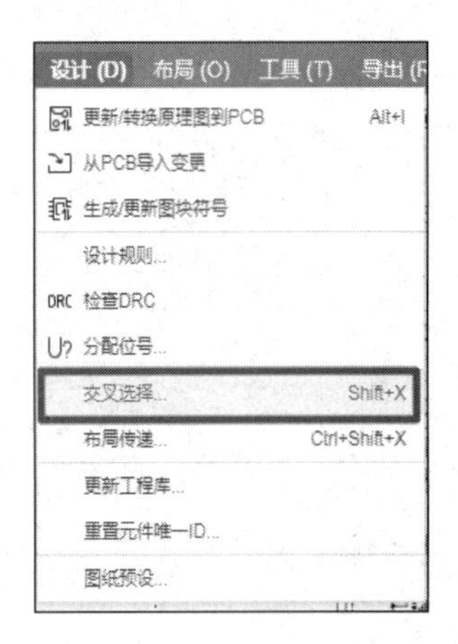

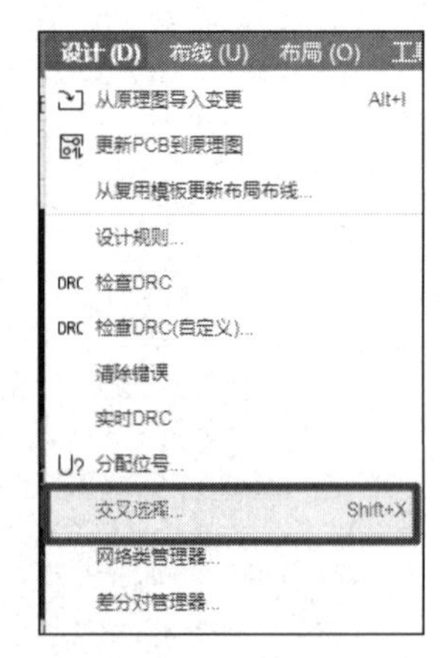

图 8-6　激活“交叉选择”

（2）交互模式下的选择如图 8-7 所示。可以看到，在原理图上选中某个元件后，PCB 上相对应的元件会同步被选中，反之，在 PCB 上选中某个元件后，原理图上对应的元件也会被选中。

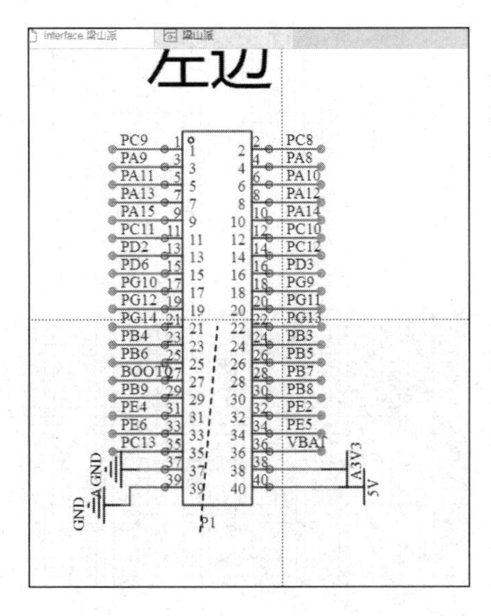

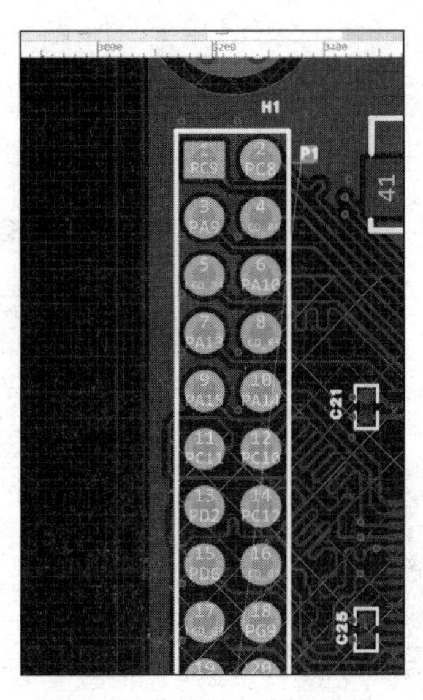

图 8-7　交互模式下的选择

8.5　模块化布局

这里介绍一个元件排列的功能，即在菜单栏中显示为“元件区域分布”的功能，可以在布局初期结合元件的交互，方便地把一堆杂乱的元件按模块分开，并摆放在一定的区域内。

（1）打开“交叉选择”模式之后，在原理图上选择其中一个模块的所有元件，这时 PCB 上与原理图相对应的元件都被选中。模块“交叉选择”模式如图 8-8 所示。

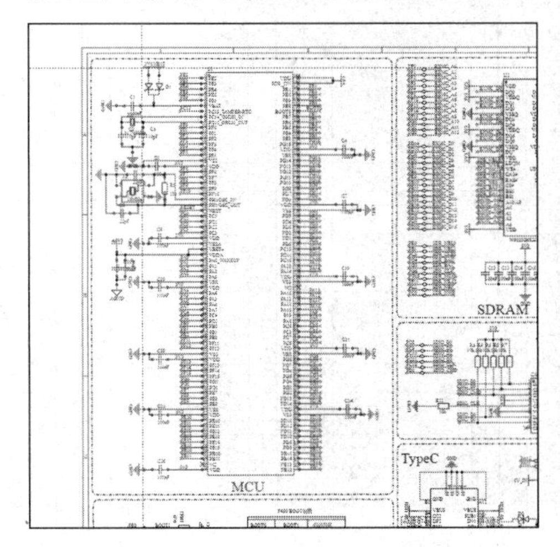

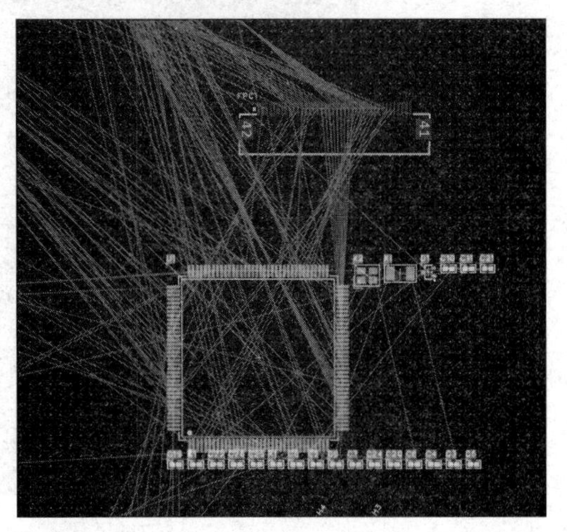

图 8-8　模块“交叉选择”模式

（2）单击“布局—分布—元件区域分布”或自行设置对应的快捷键。“元件区域分布”选项如图 8-9 所示。

（3）在 PCB 上某个空白区域框选一个范围，这时这个功能模块的元件都会排列到这个框选的范围内，如图 8-10 所示。利用这个功能，可以把原理图上所有的功能模块快速分块。

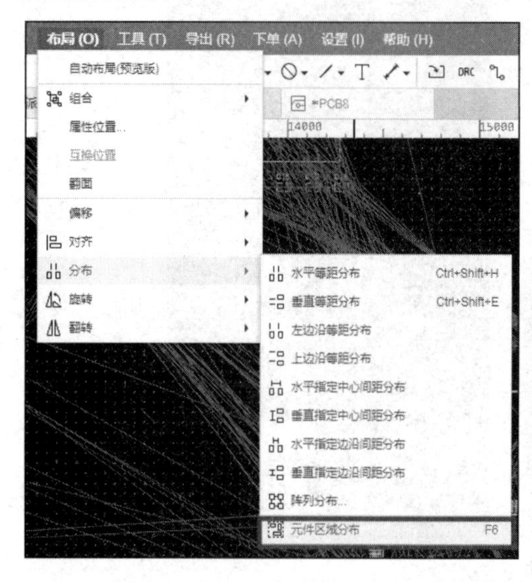

图 8-9 “元件区域分布”选项

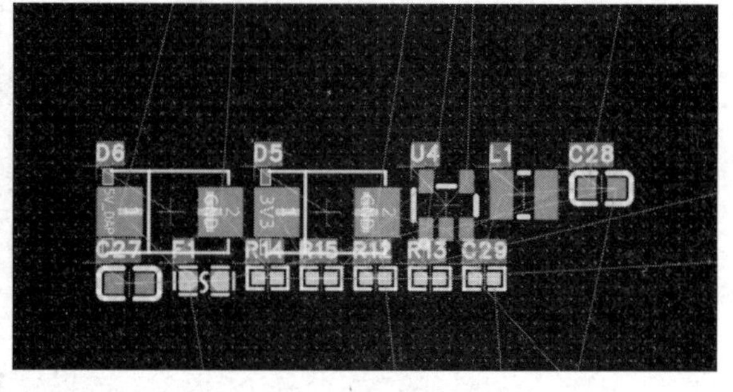

图 8-10 元件的框选排列

模块化布局和交互式布局是密不可分的。利用交互式布局，在原理图上选中模块的所有元件，一个个在 PCB 上排列好，接下来，就可以进一步细化布局中的 IC、电阻、二极管了，这就是模块化布局，模块化布局效果图如图 8-11 所示。

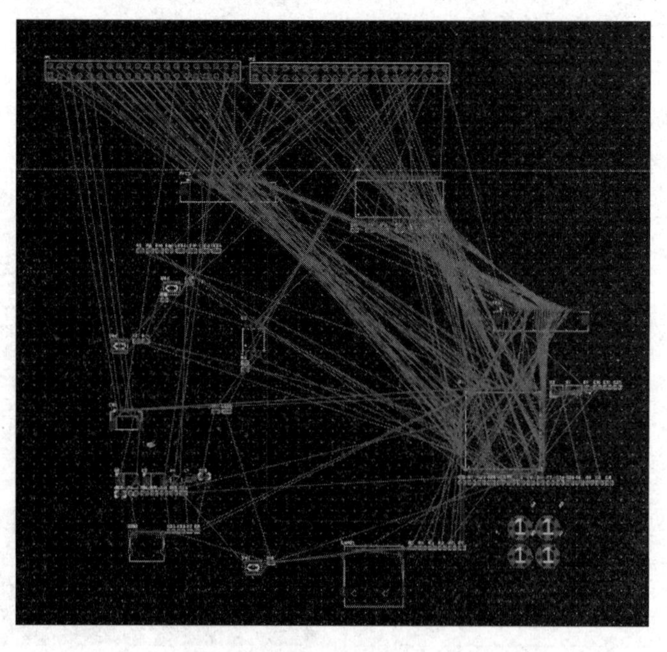

图 8-11 模块化布局效果图

8.6 布局常用操作

8.6.1 全局操作

对于刚导入 PCB 的元件，其位号大小都是默认的，对元件进行离散排列的时候，位号丝印和元件的焊盘重叠在一起，如图 8-12 所示，这样不容易识别元件。这时可以利用嘉立创 EDA 专业版提供的全局操作功能，把元件的位号丝印先改小放置在元件的中心，等到布局完成之后，再用全局操作功能改到合适的大小即可，具体操作步骤如下。

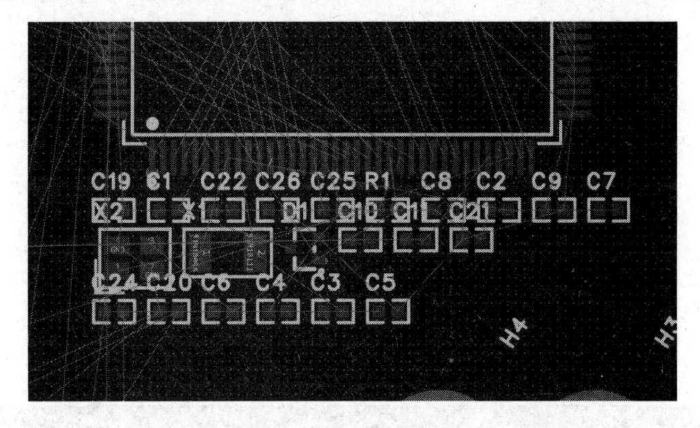

图 8-12 位号丝印过大和元件的焊盘重叠

（1）选中其中一个元件的位号丝印，右击打开快捷菜单，选择“查找”选项，如图 8-13 所示。

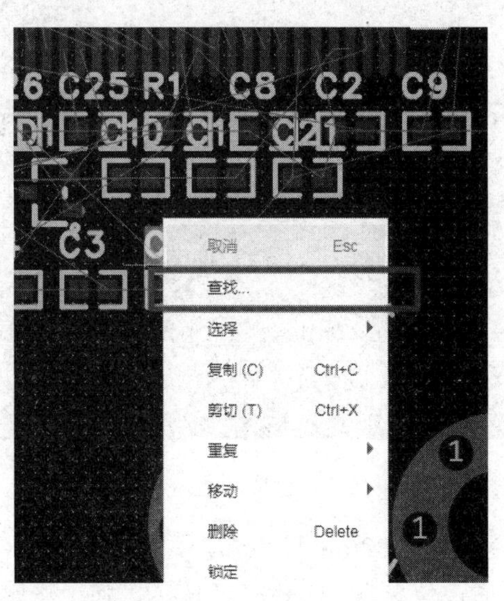

图 8-13 “查找”选项

（2）在弹出的如图 8-14 所示的“查找”对话框中，可以默认全部不限，以便全部选中

PCB 元件的位号丝印，如有特殊情况可根据需求手动进行筛选。单击左下角的“查找全部”按钮，即可将 PCB 上的元件位号丝印全部选中，如图 8-15 所示。

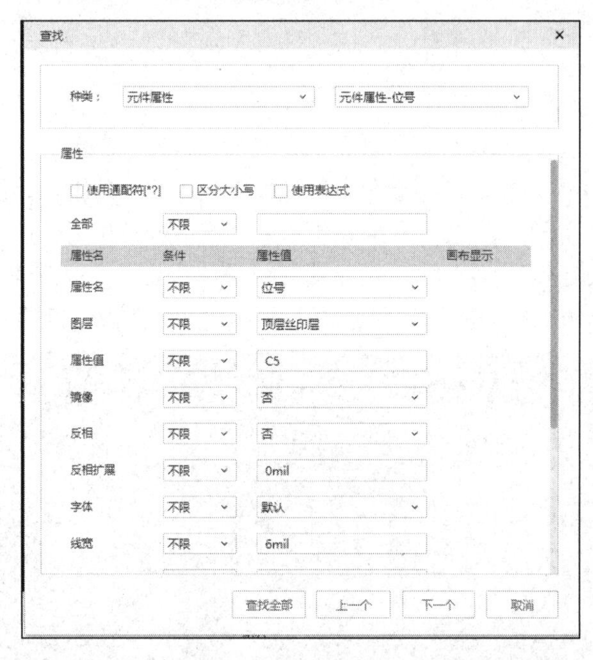

图 8-14　“查找”对话框

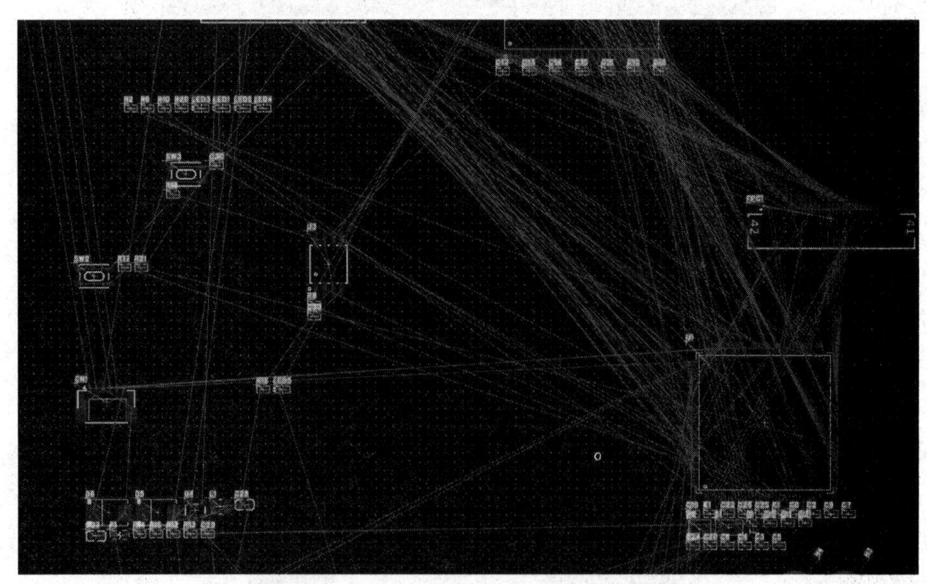

图 8-15　元件位号丝印全部选中

（3）将线宽、高度分别更改到 2mil 和 5mil，如图 8-16 所示。元件位号丝印大小更改完成之后，单击“布局—属性位置”，如图 8-17 所示，弹出“属性位置”对话框之后，可以单击“属性位置”选项的下拉箭头选择位号丝印的放置位置，一般推荐选择“中间”，选择完成后单击“确定”按钮即可。元件位号丝印位置推荐设置如图 8-18 所示。位号丝印既不会阻碍视线，也可以分辨出元件位号对应的元件，方便布局。位号丝印放置在元件中心的效果图如图 8-19 所示。

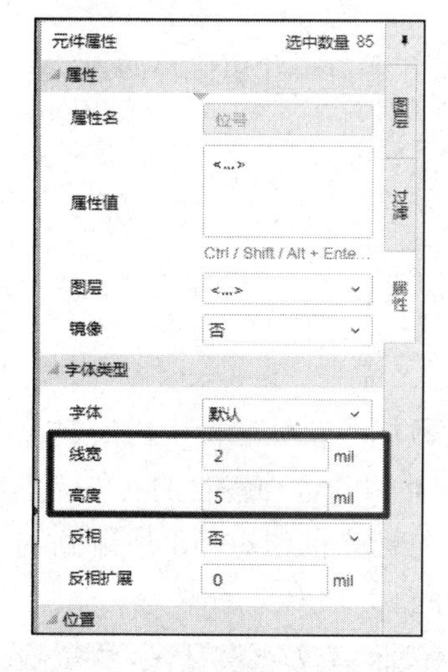

图 8-16　更改元件位号丝印大小

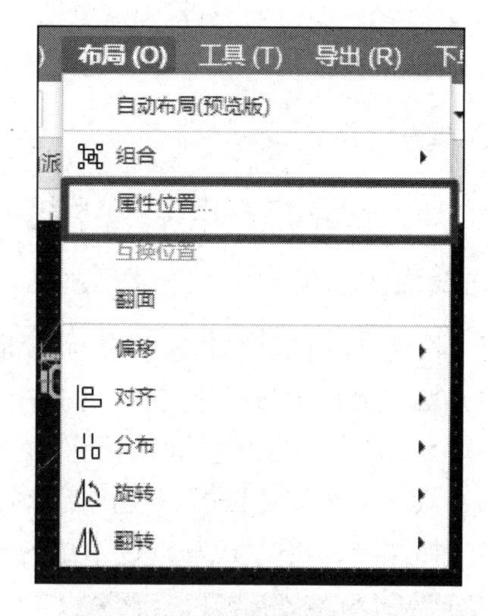

图 8-17　“属性位置”选项

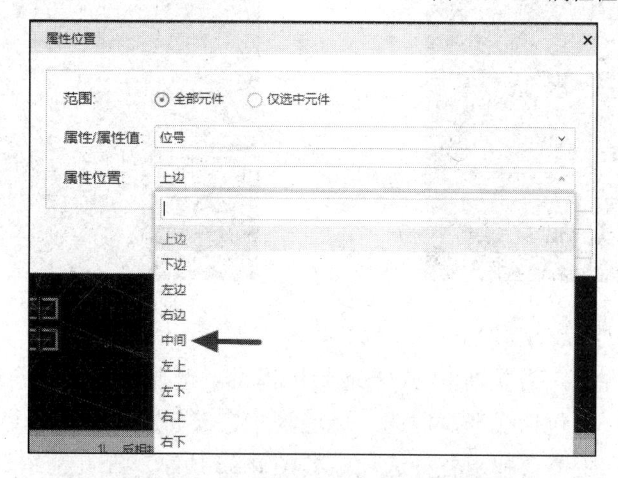

图 8-18　元件位号丝印位置推荐设置

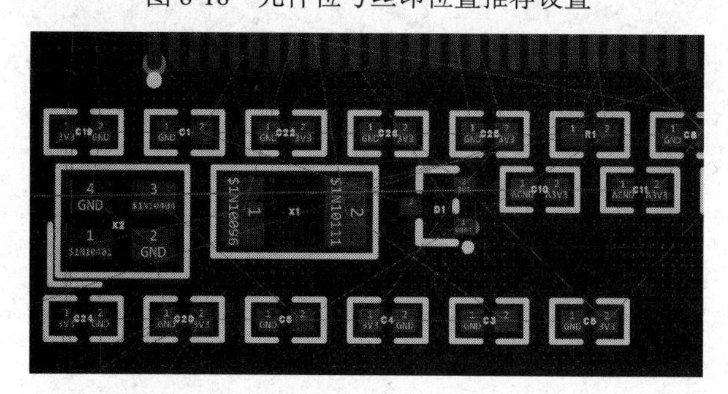

图 8-19　位号丝印放置在元件中心的效果图

全局操作功能还可以用来修改和编辑元件的锁定、过孔大小、线宽大小等属性，其操作与上面的操作步骤类似。

8.6.2 选择

在 PCB 设计中，多种多样的选择是怎么实现的呢？本节将介绍选择的方法。

1. 单选

单击鼠标左键，可以进行单个选择。

2. 多选

（1）按住 Ctrl 键，多次单击鼠标左键进行选择。

（2）从左上角按住鼠标左键，同时向右下角拖动鼠标，在框选范围内的对象都会被选中，如图 8-20 所示，框选外面的元件及与框选边框交界但未全部包含的元件无法被选中。

（3）从右下角按住鼠标左键，同时向左上角拖动鼠标，框选矩形框所碰到的对象都会被选中，如图 8-21 所示，与框选搭边的元件也被选中了。

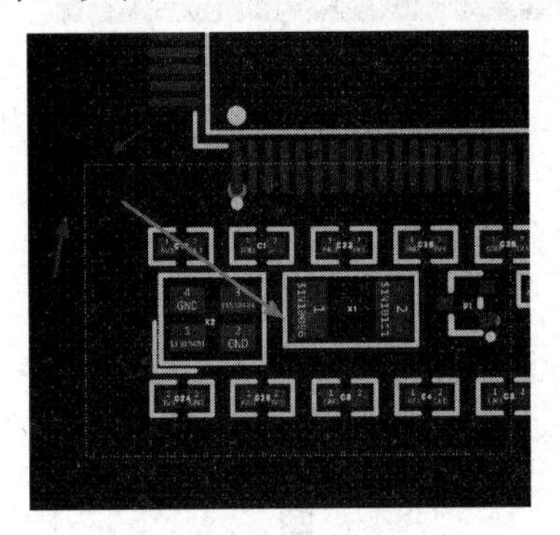

图 8-20　从上往下选择

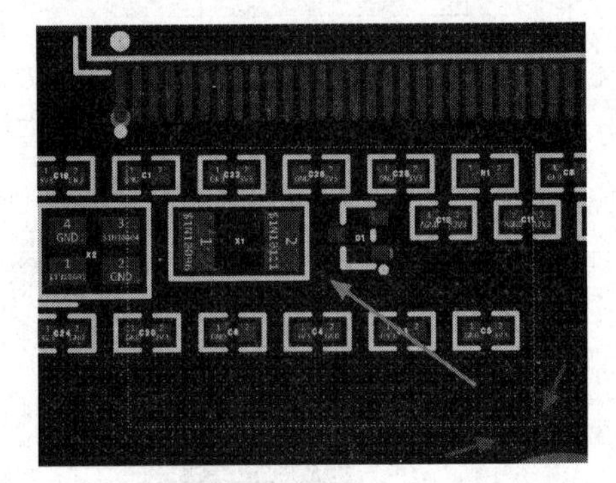

图 8-21　从下往上选择

除了上述选择方法，嘉立创 EDA 专业版还提供了选择命令。选择命令是 PCB 设计中用到较多的命令之一，包括线选、框选、反选等。按 E 键会弹出编辑命令菜单，鼠标光标放置在“选择对象”上就会弹出各种选项，如图 8-22 所示。在此介绍几种常用的选项。

① 矩形内部：依次按下 E、S、I 三个键，把完全包含在框选范围内的对象选中。

② 矩形外部：依次按下 E、S、O 三个键，把框选范围之外的所有对象选中。

③ 多边形内部：单击“编辑—选择对象—多边形内部”激活对应命令，如图 8-23 所示，或者可以手动设置对应的快捷键。命令激活之后，用鼠标光标绘制多边形进行选择，可将多边形内部所有的对象进行选中，如图 8-24 所示。

④ 多边形外部：单击“编辑—选择对象—多边形外部”激活对应命令，如图 8-25 所示，或者可以手动设置对应快捷键。命令激活之后，用鼠标光标绘制多边形进行选择，可将多边形外部所有对象进行选中，如图 8-26 所示。

⑤ 接触到线条的：线选，依次按下 E、S、L 三个键，可以把走线碰到的对象进行选中，如图 8-27 所示。

图 8-22 “选择对象”菜单

图 8-23 “多边形内部”选项

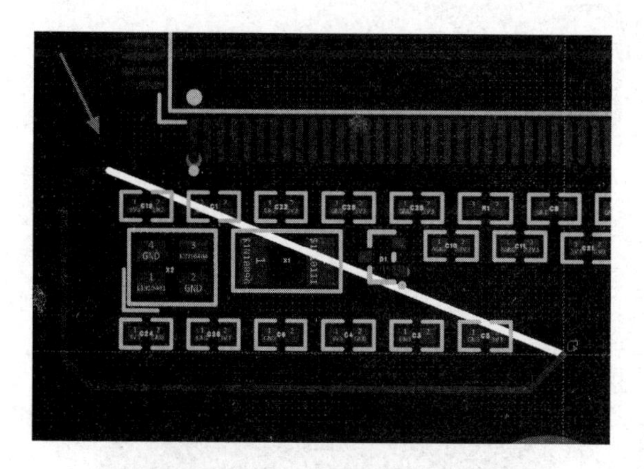

图 8-24 “多边形内部”效果图

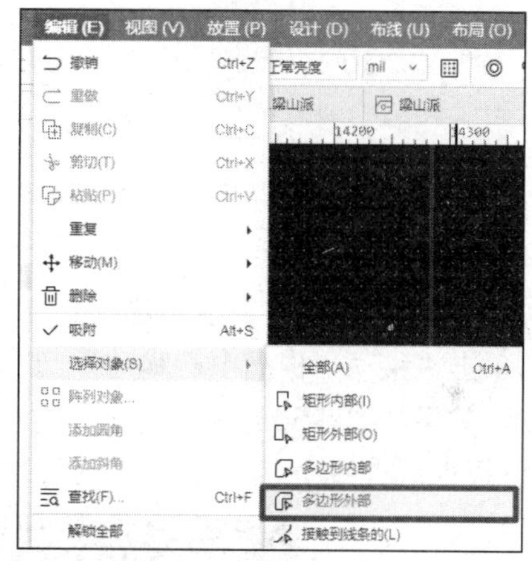

图 8-25 “多边形外部”选项

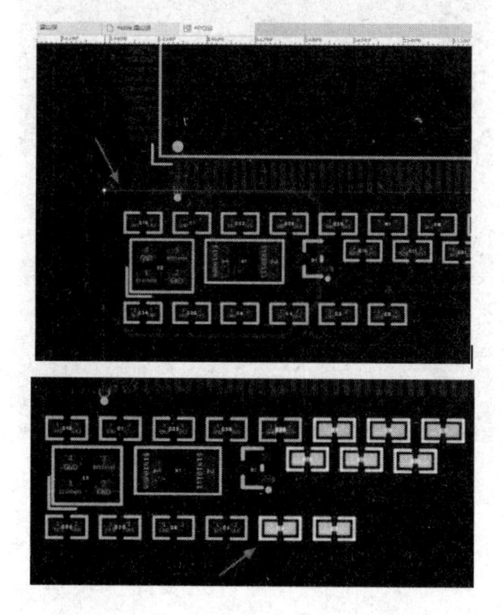

图 8-26 “多边形外部”效果图

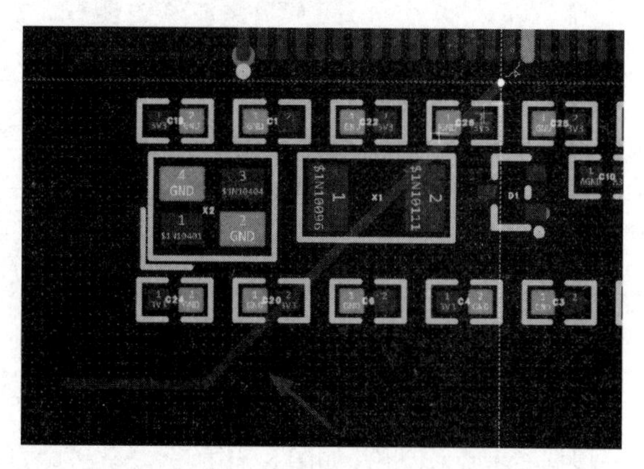

图 8-27 “接触到线条的”效果图

8.6.3 移动

选择完元件或其他对象之后，需要对选择的对象进行移动，移动的方法如下。

（1）将鼠标光标放置在对象上并单击鼠标左键，然后直接拖动，即可完成对象的移动，常见于对单个对象进行移动的情况。

（2）可利用移动命令进行移动。选中元件或其他对象，按 E 键，将鼠标光标放置在“移动”选项上，即可弹出“移动”菜单，如图 8-28 所示。在此介绍几种常用的移动命令。

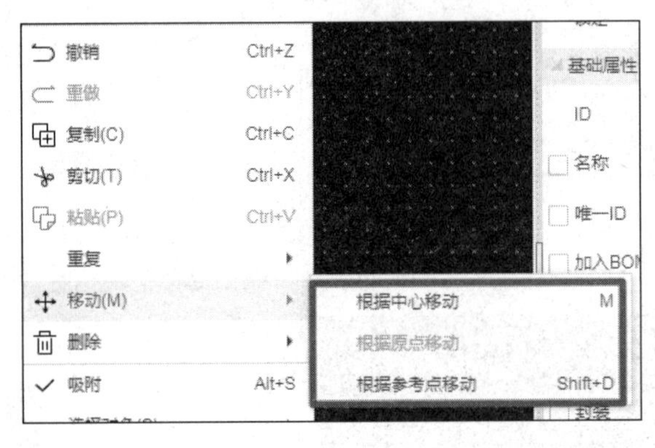

图 8-28 “移动”菜单

① 根据中心移动：选中元件或其他对象，依次按下“E”“M”“M”三个按键或者直接右击后单击“移动—根据中心移动”，如图 8-29 所示，即根据所选所有对象的整体中心进行移动，效果如图 8-30 所示。

② 根据原点移动：一般不会选择，并且它一直处于不能被选中状态。

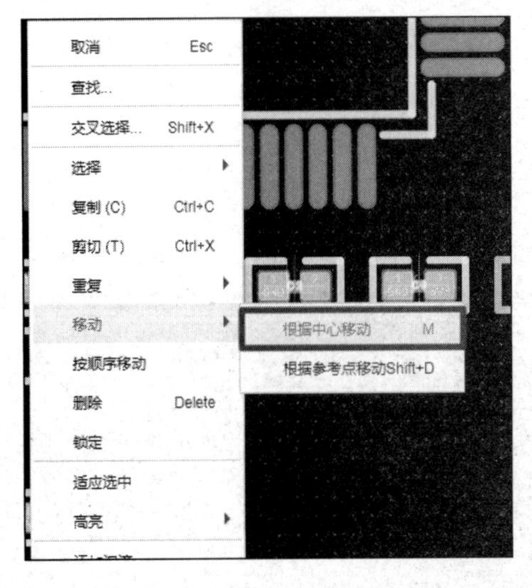

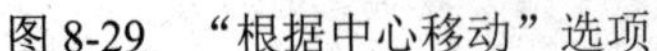

图 8-29 “根据中心移动”选项

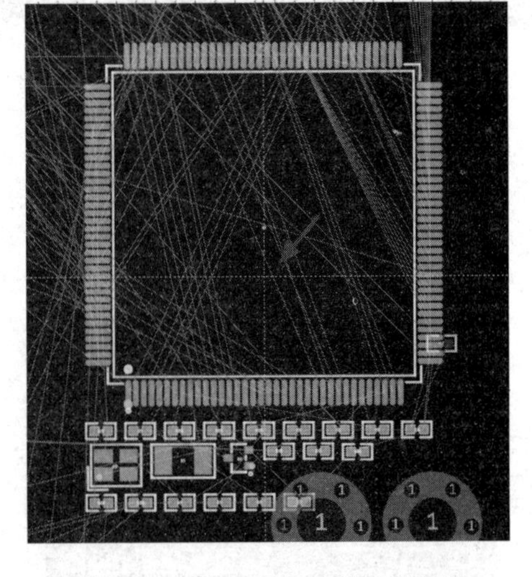

图 8-30 “根据中心移动”效果图

③ 根据参考点移动：选中元件或其他对象，按 Shift+D 键，或者直接右击后单击“移动—根据参考点移动”，如图 8-31 所示。激活命令之后，鼠标光标上会显示“请选择参考点”，根据具体设计情况进行选择，即根据自己选择的基准点进行移动，效果如图 8-32 所示。

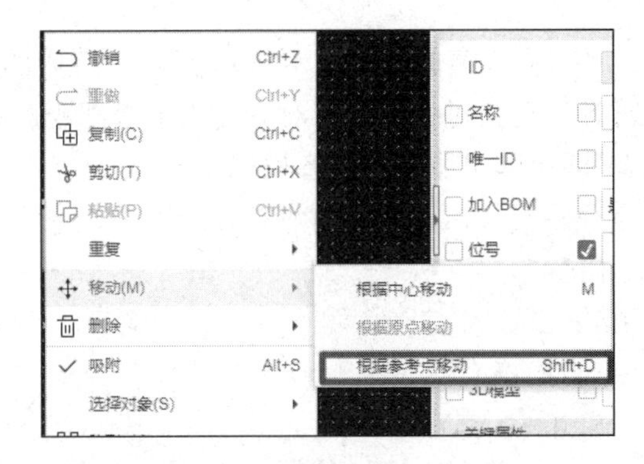

图 8-31　“根据参考点移动”选项

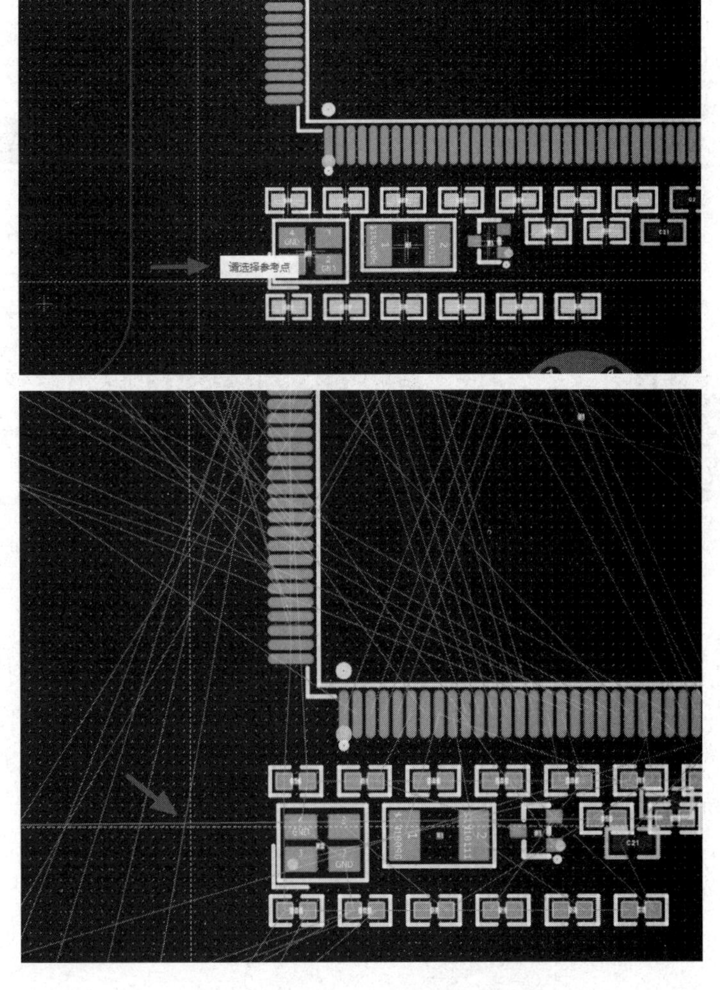

图 8-32　“根据参考点移动”效果图

8.6.4　对齐

对于其他类型的设计，软件通常是通过网格来对齐元件、过孔、走线的，嘉立创 EDA

专业版提供了非常方便的“对齐”菜单（见图 8-33），可以对选中的元件、过孔、走线等元素实行向上对齐、向下对齐、向左对齐、向右对齐、水平等间距对齐、垂直等间距对齐。

单击“布局—对齐”，即可弹出所有的对齐模式。

因为对齐的操作和原理图类似，这里不再进行详细说明，下面只提供快捷键的说明，具体释义可以参考前面的内容。

（1）左对齐（Ctrl+Shift+L 键）。

（2）右对齐（Ctrl+Shift+R 键）。

（3）顶部对齐（Ctrl+Shift+O 键）。

（4）底部对齐（Ctrl+Shift+B 键）。

值得一提的是，水平等间距对齐（水平等距分布）及垂直等间距对齐（垂直等距分布）在菜单栏的“分布”选项内，如图 8-34 所示，并且下面的“水平/垂直指定中心间距分布”选项可以按照设计需求手动输入间距值，以使元件根据自己设置的参数值进行等间距排列。

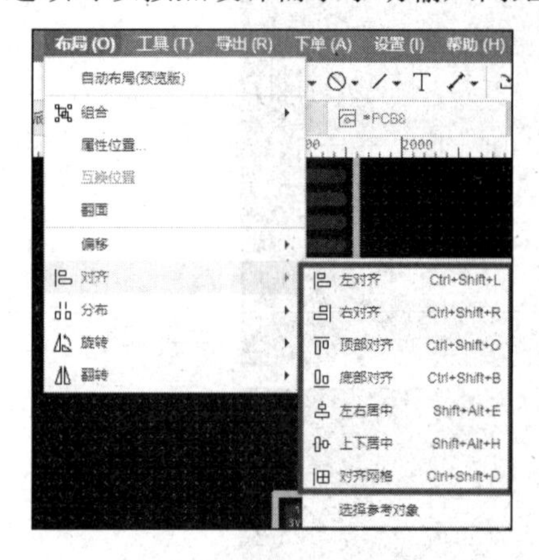

图 8-33　“对齐”菜单

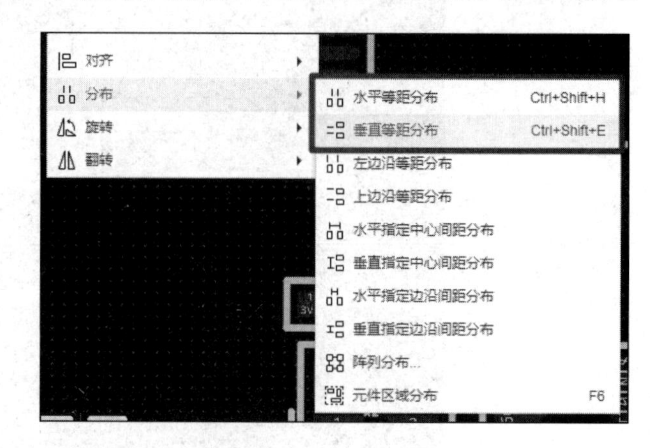

图 8-34　分布等间距选项

8.7　本章小结

PCB 布局的好坏直接关系到电路板的成败，根据基本原则并掌握快速布局的方法，有利于对整个产品的质量把控。

本章讲解了常见 PCB 布局约束原则、PCB 模块化布局、固定元件的放置、原理图与 PCB 的交互设置及布局常用操作。

第 9 章

流程化设计——PCB 布线

在 PCB 设计中，布线是完成产品设计的重要步骤之一，可以说前面的工作都是为它而服务的。在整个 PCB 设计中，布线的设计过程要求最高，技巧最细，工作量也最大。PCB 布线分单面布线、双面布线及多层布线。布线的方式也分两种：自动布线及手动布线。对于一些比较敏感和高速的线，自动布线已不能满足设计要求，一般都需要手动布线。

高速 PCB 设计采取人工布线，不是毫无头绪地、一条一条地对 PCB 进行布线，也不是常规简单的横竖走线，而是基于 EMC、信号完整性、模块化等的布线方式。一般按照如图 9-1 所示的 PCB 布线基本思路进行布线。

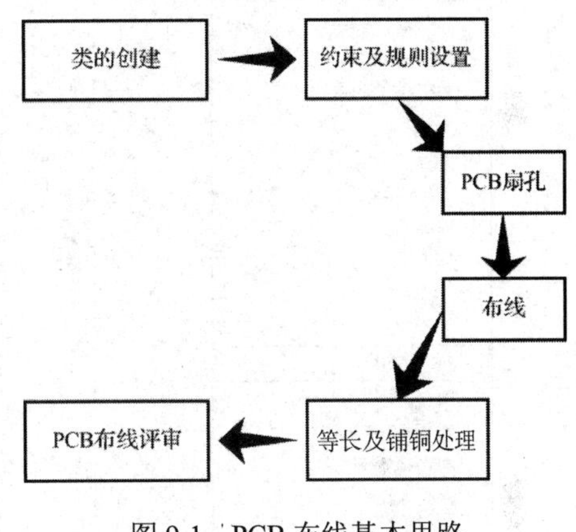

图 9-1　PCB 布线基本思路

学习目标

- 掌握常用类及规则的创建与应用。
- 掌握常用走线技巧及铜皮的处理方式。
- 掌握差分线的添加及应用。
- 熟悉蛇形线的走法及常见等长方式处理。

9.1　类与类的创建

9.1.1　类的简介

Class 就是类，同一属性的网络或元件或层或差分放置在一起构成一个类别，即常说的类。把相同属性的网络放置在一起，就是网络类，如将 GND 网络和电源网络放置在一起构成电源网络类。将属于 90Ω 的 USB 差分、HOST、OTG 的差分放置在一起，构成 90Ω

差分类。把封装名称相同的 0603R 的电阻放置在一起，就构成一组元件类。分类的目的在于可以对相同属性的类进行统一的规则约束或编辑管理。

9.1.2 网络类的创建

网络类就是按照模块总线的要求，把相应的网络汇总到一起，如 DDR 的数据线、TF 卡的数据线等。

（1）单击“设计—网络类管理器”，如图 9-2 所示，也可以单击左侧栏中“网络类”后面的图标⊕，如图 9-3 所示，或者单击“网络类”选项，选中后右击打开快捷菜单，选择“新建网络类”，如图 9-4 所示。

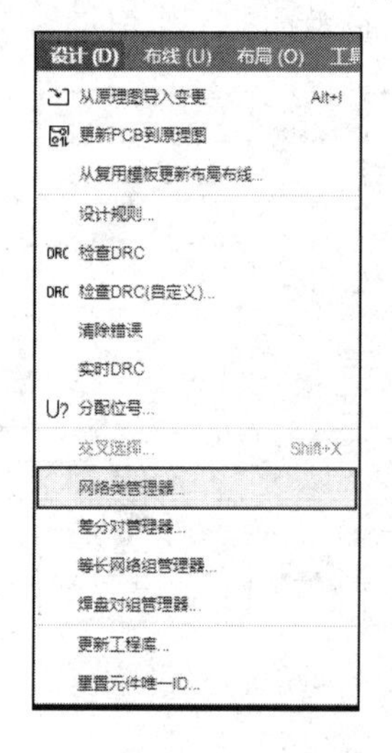

图 9-2 “网络类管理器”选项

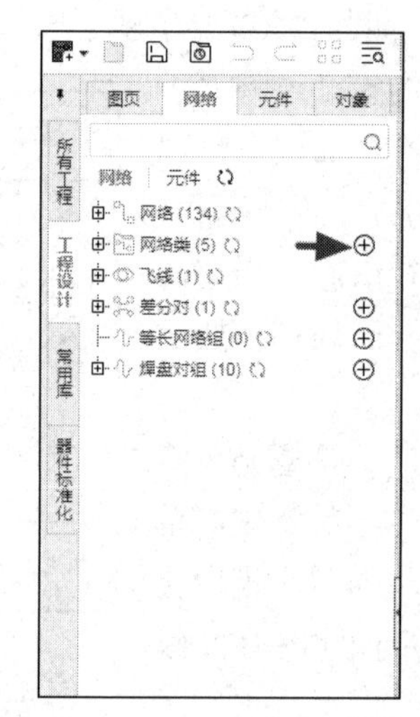

图 9-3 创建网络类一

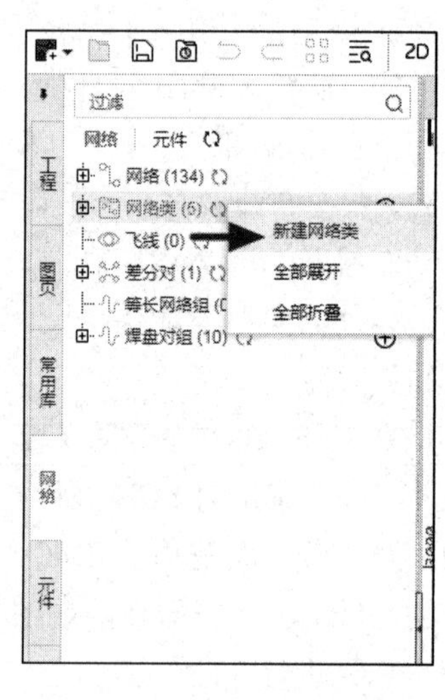

图 9-4 创建网络类二

（2）弹出“网络类管理器”对话框，单击对话框左上角的按钮“+”来添加网络类，右边的按钮“×”则是删除对应的网络类。添加或删除网络类如图 9-5 所示，然后在增加的对应框内输入需要创建网络类的名称。网络类命名如图 9-6 所示。

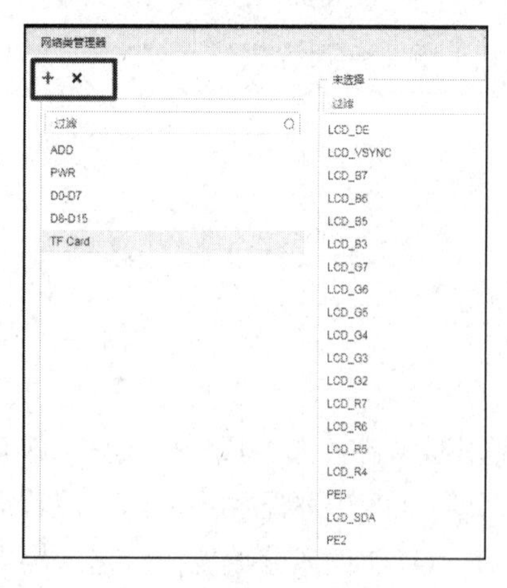

图 9-5 添加或删除网络类

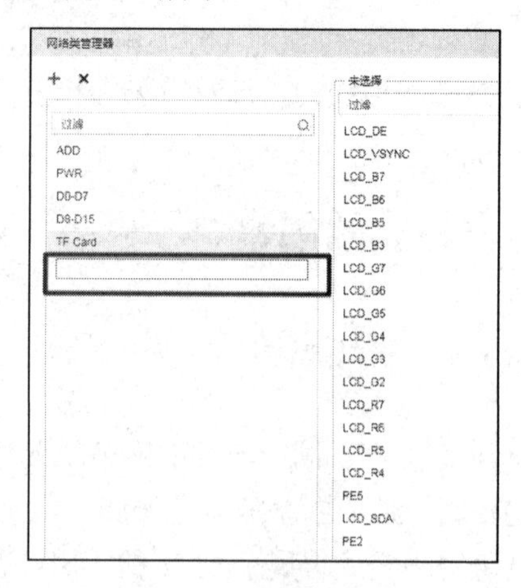

图 9-6 网络类命名

（3）以添加“PWR”为例，新建完“PWR”网络类之后，单击对应类的名称，在对话框中间的“未选择”栏内显示了 PCB 内的所有网络，如果存在已经添加过网络类的信号，则后面会有红色的“已归属于××”标识，如图 9-7 所示。

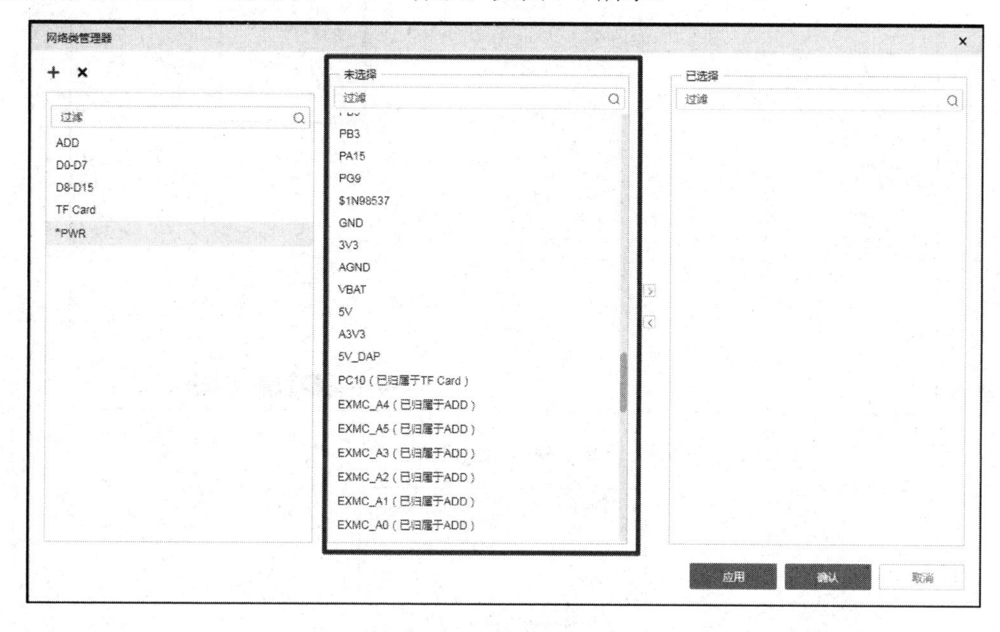

图 9-7　“未选择”栏

在“未选择”栏内将需要添加进“PWR”网络类的网络选中，然后单击“>”按钮，将左侧需要加入“PWR”网络类的网络移到“已选择”栏中，如图 9-8 所示。添加完成之后单击“应用”按钮，即可创建成功，返回 PCB 设计交互界面，在左侧面板栏的“网络类”中可以看到“PWR”的网络类添加成功，如图 9-9 所示。

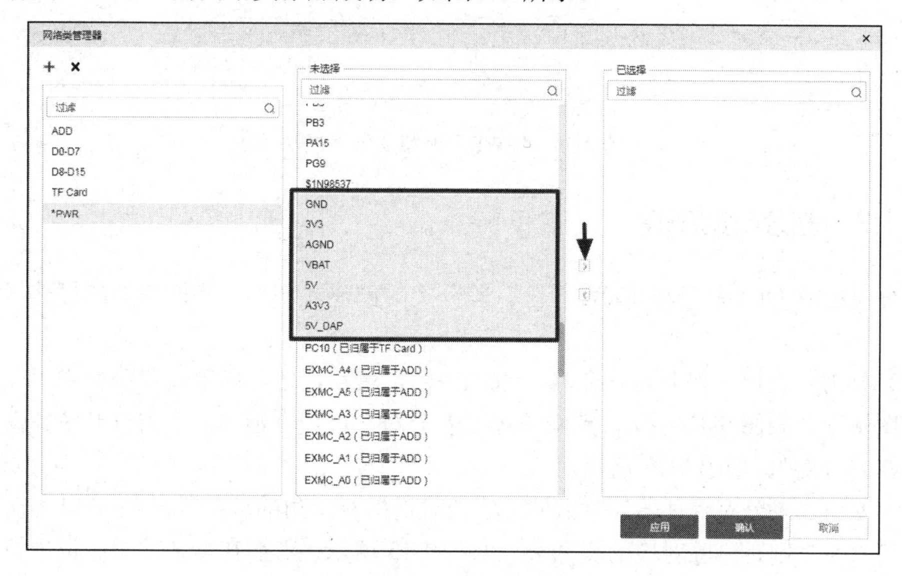

图 9-8　将对应网络添加进网络类

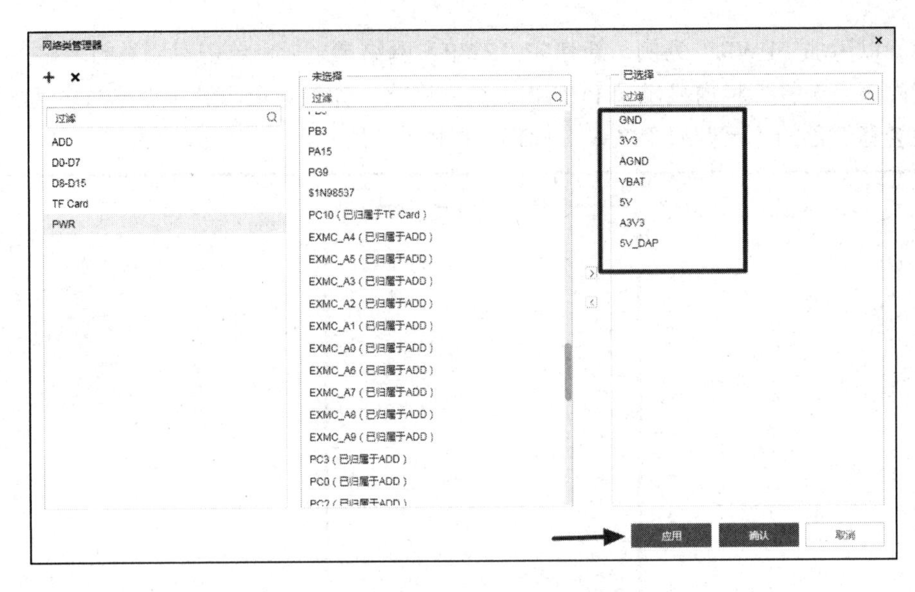

图 9-8　将对应网络添加进网络类（续）

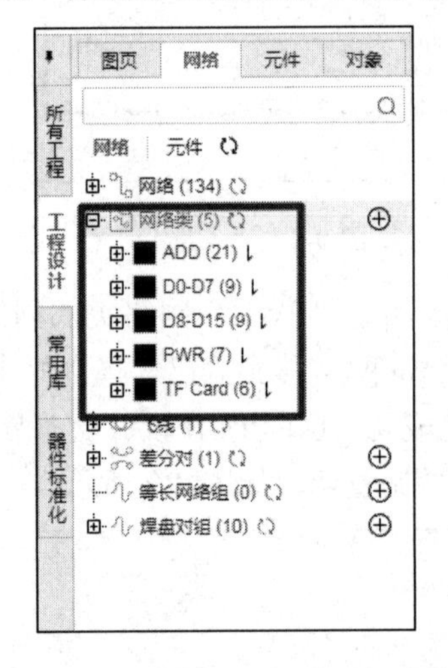

图 9-9　“PWR”网络类添加成功

9.1.3　差分类的创建

差分一般有 90Ω 差分和 100Ω 差分。差分类的创建（添加）和网络类的创建（添加）类似。

（1）单击“设计—差分对管理器”，如图 9-10 所示，也可以单击左侧栏中“差分对”后面的图标⊕，如图 9-11 所示，或者单击“差分对”选项，选中后右击打开快捷菜单，选择“新建差分对”，如图 9-12 所示。

（2）弹出“差分对管理器”对话框，单击对话框左上角的按钮“+”来添加差分类。右边的按钮“×”则是删除对应的差分类，如图 9-13 所示，然后在增加的对应框内输入需要创建的差分类的名称。差分类命名如图 9-14 所示。

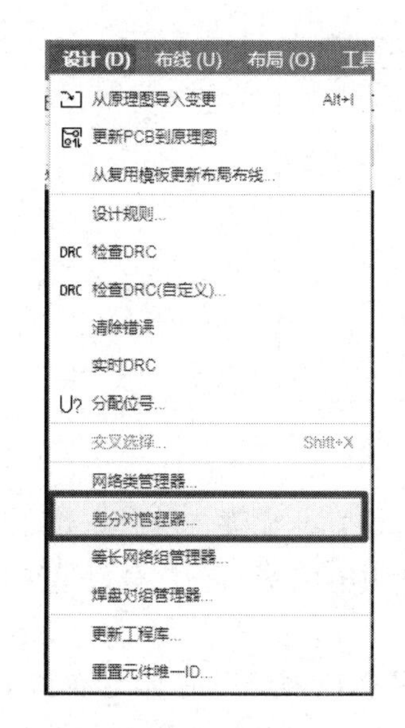

图 9-10 “差分对管理器”选项

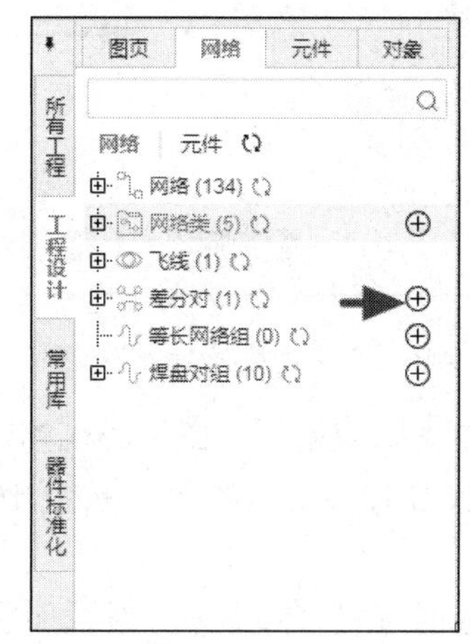

图 9-11 创建差分类一

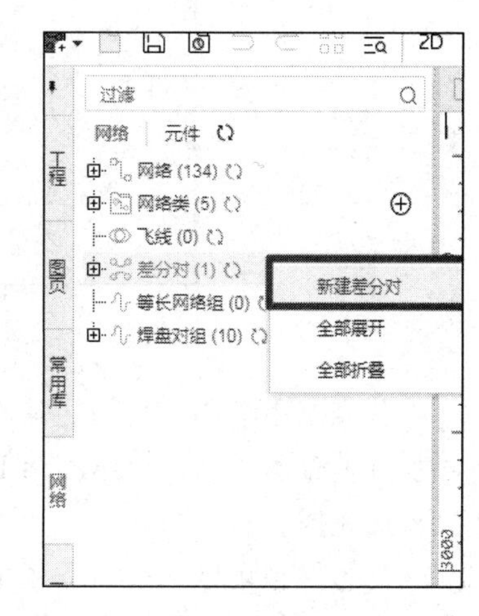

图 9-12 创建差分类二

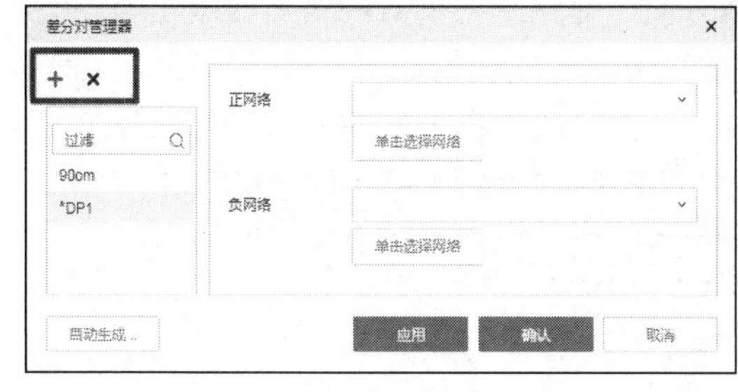

图 9-13 添加或删除差分类

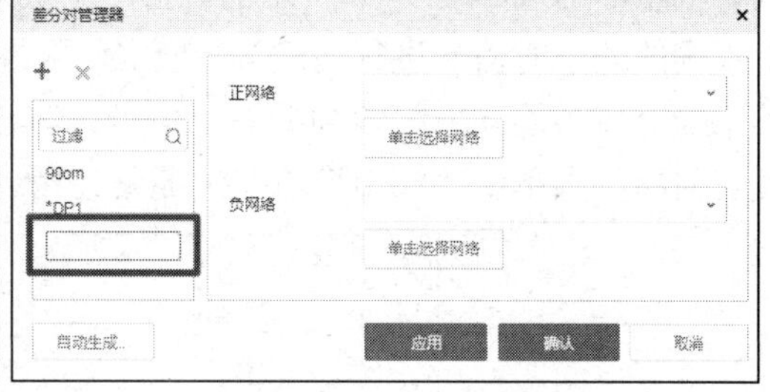

图 9-14 差分类命名

（3）当需要添加差分网络到“90om”差分类中时，先单击选中“90om”类别，再从右侧选择并添加正/负网络。右侧的正/负网络选择存在两种手动添加形式：一种是单击网络的下拉箭头进行手动选择，如图 9-15 所示；另一种是单击“单击选择网络”按钮，即会立刻退出当前对话框，并且鼠标光标变为十字光标返回 PCB 设计交互界面，此时单击对应的网络，即可将其添加到差分类，如图 9-16 所示。

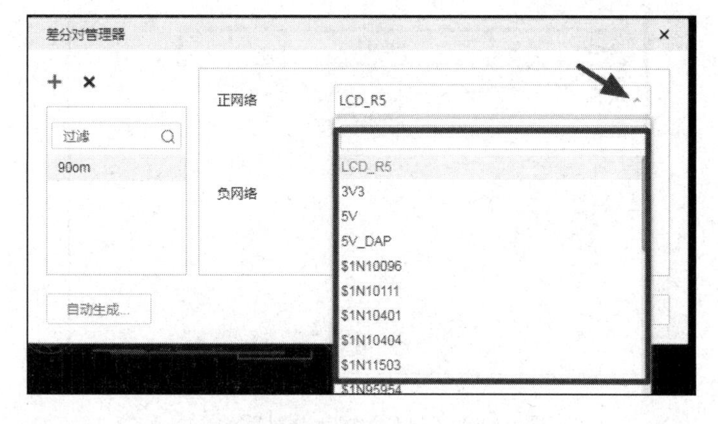

图 9-15 网络的下拉箭头

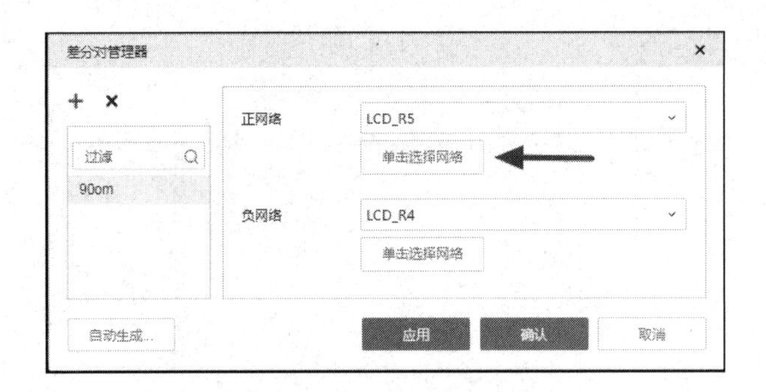

图 9-16　“单击选择网络”按钮

差分网络手动添加完成之后单击“应用”按钮，即可创建成功，如需查看对应差分是否添加到差分类内，可以返回至 PCB 设计交互界面，在左侧栏中的“差分对”分栏里可以看到添加完成。

（4）当然也可以通过自动生成的方式来添加差分对，如图 9-17 所示。在如图 9-17 所示的“差分对管理器”中，先单击需要添加差分对的差分类，然后单击左下角的“自动生成”按钮，进入如图 9-18 所示的“自动生成差分对”对话框（针对网络名前缀相同，但后缀不同的差分对信号进行匹配）。在正/负网络后缀中填写匹配的后缀，单击“搜索”按钮，其下面会自动展示出搜索到的差分信号。审核一下自动匹配出来的差分对，若差分对网络没有问题，则单击“应用”按钮。通常使用到的匹配符有“+”“-”“P”“N”“P”“M”。

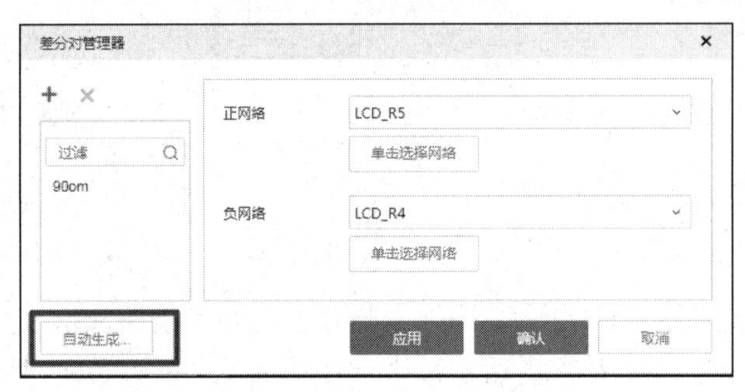

图 9-17　“自动生成”按钮

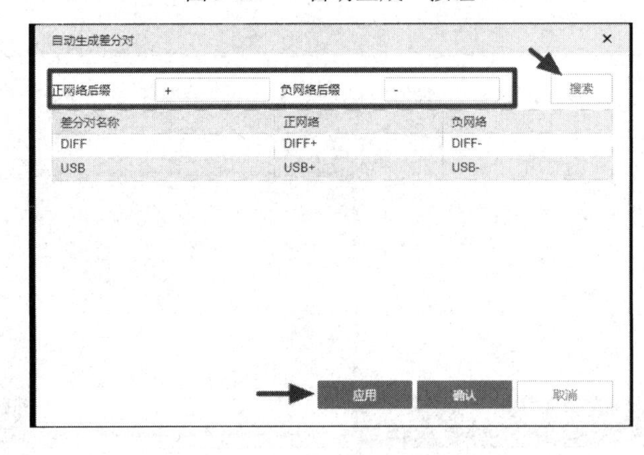

图 9-18　“自动生成差分对”对话框

9.2 常用 PCB 规则设置

规则设置是 PCB 设计中至关重要的一个环节，工程师可以通过 PCB 规则设置保证 PCB 符合电气要求和机械加工（精度）要求，为布局、布线提供依据，也为 DRC 提供依据。编辑 PCB 期间，嘉立创 EDA 专业版会实时进行一些规则检查，违规的地方会做标记。

对于 PCB 设计，嘉立创 EDA 专业版提供多种不同的详尽的设计规则，这些设计规则包括电气、元件放置、布线、元件移动等。对于常规的电子设计，不需要用到全部规则，为了使读者能快速上手，这里只对最常用的规则设置进行介绍说明。按照下面的方法设置好这些规则之后，其他规则可以忽略设置。

9.2.1 设计规则界面

单击“设计—设计规则”（见图 9-19），或可以将其命令自定义一组快捷键，进入“设计规则”对话框，对话框最上方显示的是设计规则的类型，共分 4 类，右侧列出的是设计规则的具体设置，如图 9-20 所示。

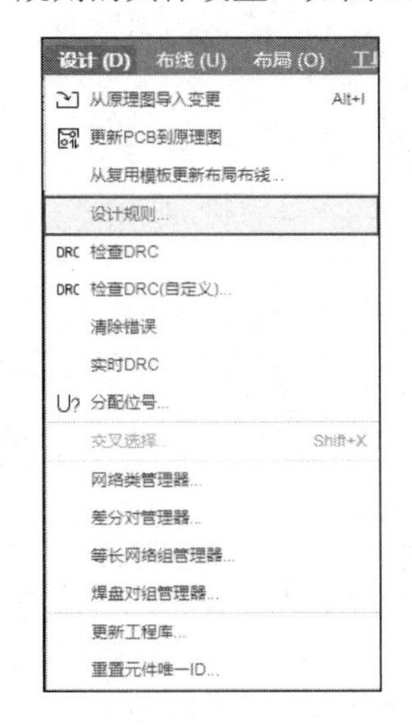

图 9-19 “设计规则”选项

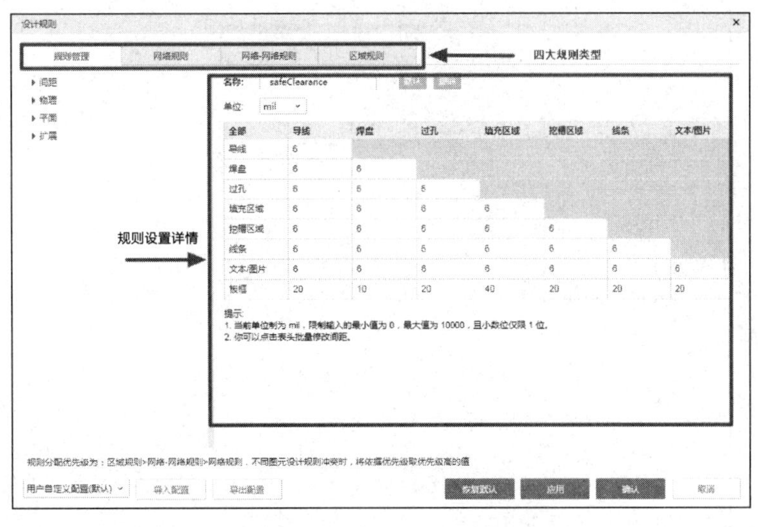

图 9-20 “设计规则”对话框

9.2.2 规则管理界面

规则管理界面设置其实大部分就是电气设置，即设置 PCB 在布线时必须遵守的规则，包括安全距离、物理规则、铺铜的设置。这几个参数的设置会影响到所设计 PCB 的生产成本、设计难度及设计的准确性，因此应严谨对待。

在规则管理分栏下存在四大类型的规则，每类规则选项下可以新增、修改、删除对应规则。对于没有特殊设置规则的网络，则会使用默认的规则进行 PCB 设计，如图 9-21 所示。

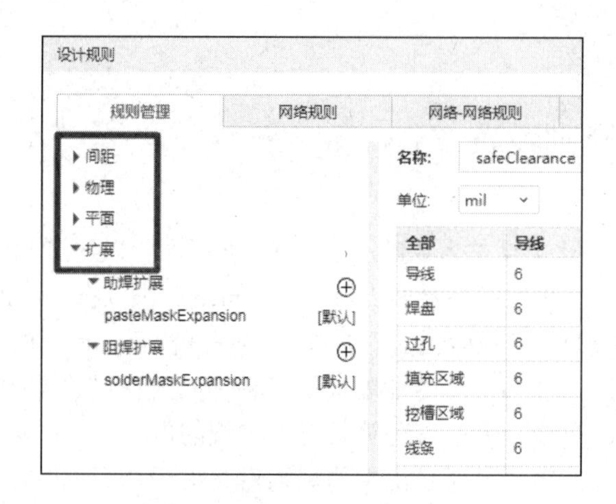

图 9-21　规则管理界面

在需要新增的规则类型中单击其后面的图标⊕，即可新建一个规则，在此新建规则的右侧规则参数设置界面中输入规则名称后，再在规则命名输入框外部随意单击一下，即可创建规则，如图 9-22 所示。需要注意的是，同一个类型下规则名称不能重复。

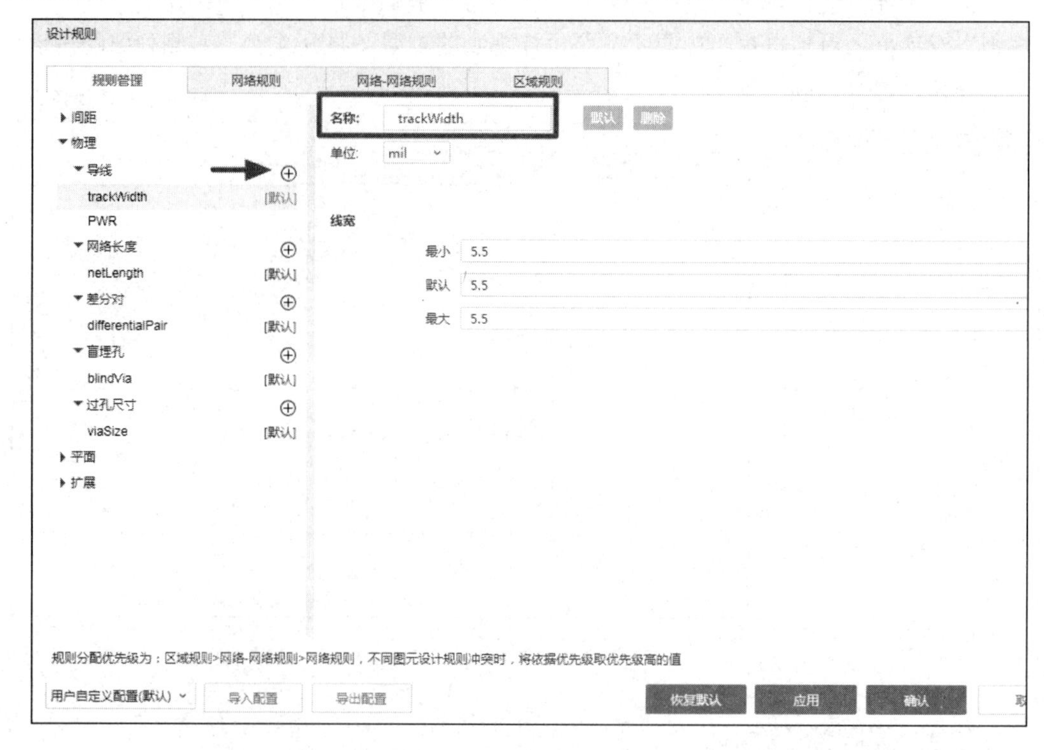

图 9-22　新增规则创建及命名

由于左侧栏内每类规则只存在一个默认规则，因此创建完新增规则之后该规则会置顶。如果想要将此新增规则设置为默认规则，则可以在该规则名称后面单击“设为默认”按钮，如图 9-23 所示。

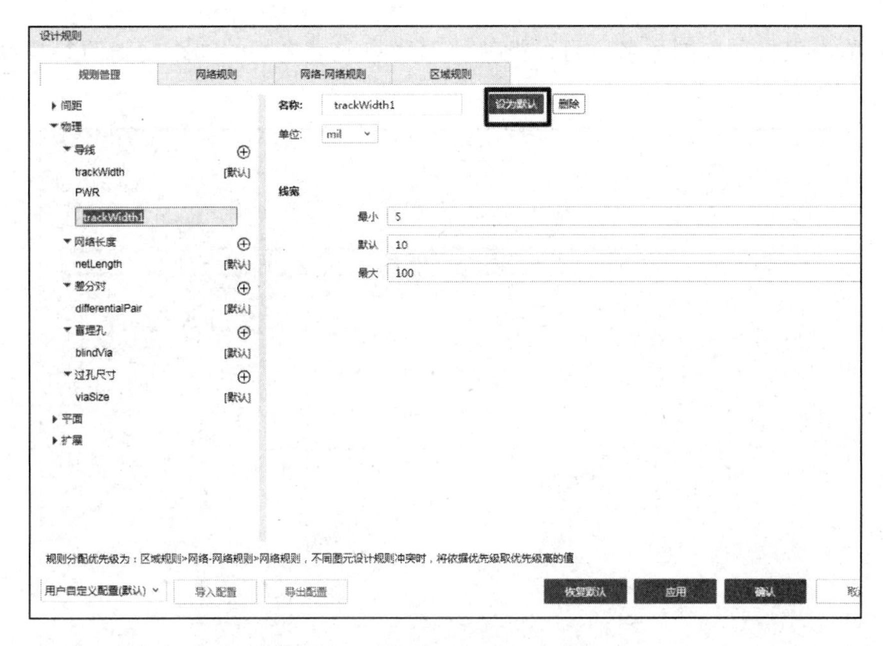

图 9-23　设置新增规则为默认规则

1. 间距规则

1）安全间距规则

（1）单击“间距”左侧的下拉箭头将其规则项目展开，即可看到它分为“安全间距”“其他间距”两大类规则设置。单击“安全间距”后面的图标⊕，即可新建一个间距规则。在右侧弹出的界面中的“名称”文本框内给新创建规则命名，生成名为“50OM-3W”的新设计规则。注意，还可以对规则进行重命名，如图 9-24 所示。名称下面为间距规则单位设置，一般推荐使用“mil”。

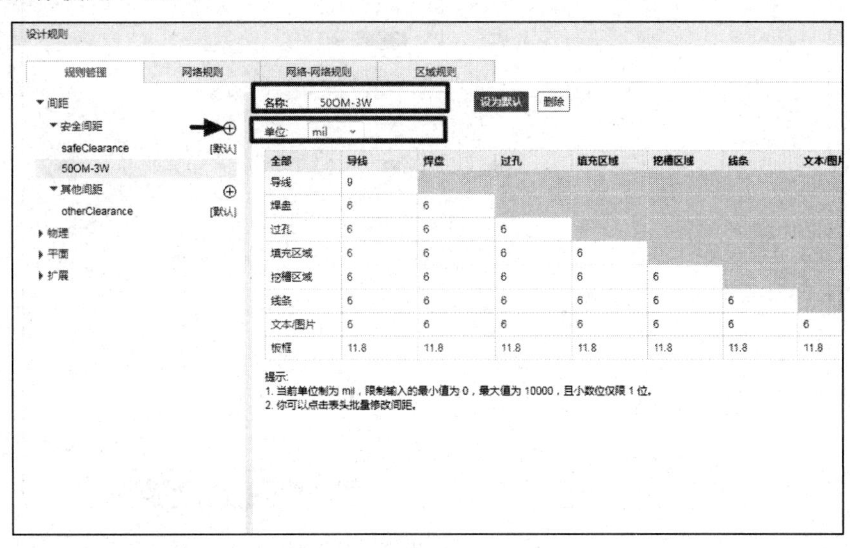

图 9-24　新建间距规则及其命名

（2）单击表格顶部的命名，可以批量修改所有元素之间的间距规则的参数设置，如图 9-25 所示。

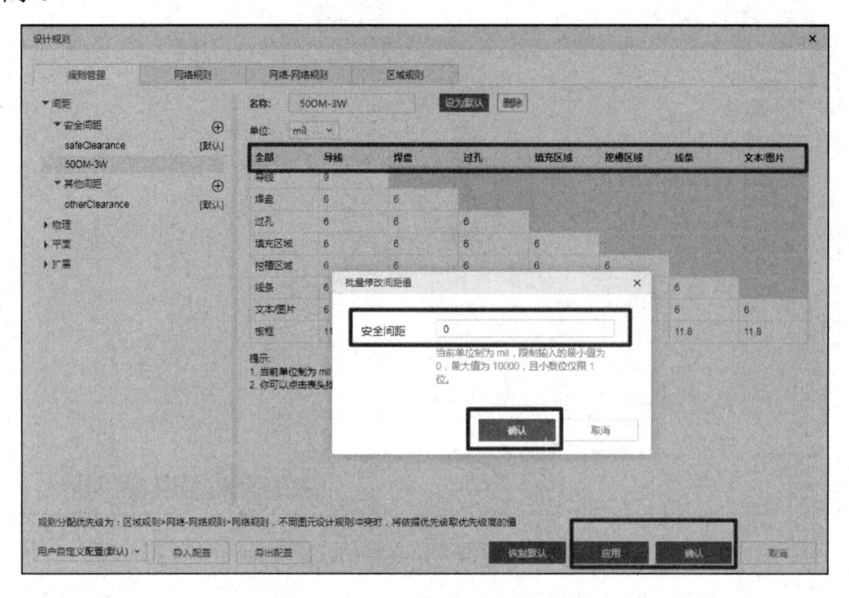

图 9-25　批量修改所有元素之间的间距规则的参数设置

（3）对应图 9-26 的表格中需要填写的参数，工程师可以根据自己的实际设计需要进行某些元素与元素之间的间距规则设置。例如，设置过孔和过孔之间的间距为 5mil，只要将这两个元素横竖对应的间距参数值更改为自己设计需要的数据即可，或者设置过孔和走线之间的间距为 6mil，同样将这两个元素横竖对应的间距参数值更改为自己需要的数据即可，如图 9-26 所示，设置好对应规则之后单击“应用”按钮和“确认”按钮即可。

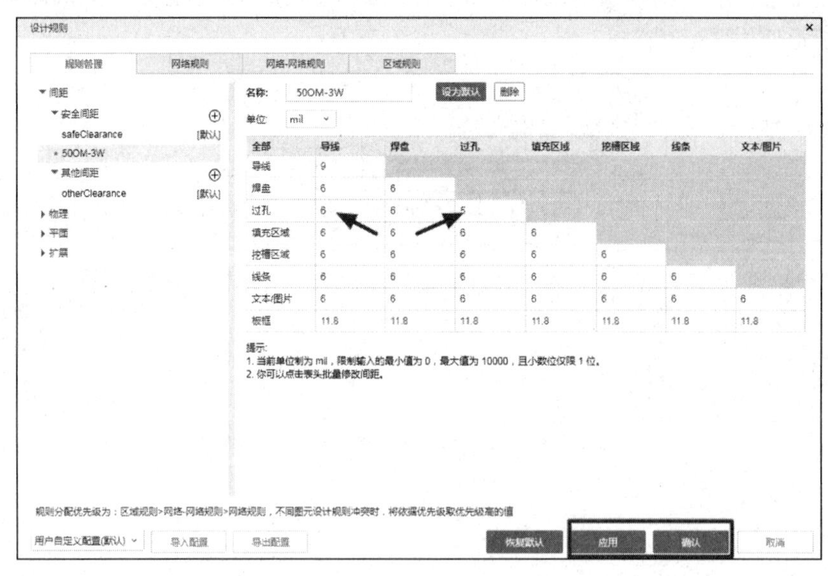

图 9-26　间距规则参数设置

（4）常用对象推荐间距设置如表 9-1 所示。

表 9-1　常用对象推荐间距设置

对　　象	所　　有	过　　孔	填 充 区 域	导　　线
所有	5mil	—	—	—
过孔	—	5mil	5mil	5mil
填充区域	—	5mil	10mil	6mil
导线	—	5mil	6mil	—

2）其他间距规则

单击其他间距规则后面的图标⊕，即可新建其他间距规则，规则的命名与创建规则和上述安全间距规则新建方法一致。在“其他间距”规则选项中，目前支持元件到元件的间距规则，其是以元件整体轮廓围成的矩形来检测元件与元件之间是否满足间距要求的；也支持插件焊盘到 SMD（贴片）元件的间距规则检查。选择对应的“其他间距”规则选项，在右侧界面中可以打开“其他间距”的参数设置。单位推荐设置“mil”，名称按照自己的设计需要更改。单击“元件到元件”后面的参数框进行规则设置，设置完成单击“应用”按钮和“确认”按钮即可，插件焊盘到 SMD 元件的间距设置方法与此一致，如图 9-27 所示。

图 9-27　“其他间距”规则设置

2. 物理规则

嘉立创 EDA 专业版设计规则中的物理规则主要分为五大类，即导线规则、网络长度规则、差分对规则、盲埋孔规则和过孔尺寸规则。在进行高速 PCB 设计时一般需要用到阻抗线，它对每一层的线宽要求是不一致的，同时考虑到电源特性，对电源走线线宽有特殊的要求。设计时不要设计过多的过孔尺寸类型，因为种类太多，在生产的时候需要更换多种钻头，建议一个 PCB 的设计中不要超过两种。一般需要对过孔的尺寸进行设置，以控制电路板上的过孔种类，可以把信号孔设置为一类，把电源孔设置为一类。

1）导线规则

（1）导线规则有 3 个值可供设置，分别为最大线宽、默认线宽、最小线宽。系统中导线宽度的默认值为 10mil，设置的时候建议将最大、默认、最小设置为一样的。

（2）如果需要新增导线规则类型，单击“导线”选项后面的“⊕”，即可新增一个规则。输入规则名称后，在输入框外部单击即可创建新导线规则，如图 9-28 所示。需要注意的是，同一个类型下规则名称不能重复。

图 9-28　新增导线规则及命名

（3）如果需要对某个网络或网络类单独设置线宽，则单击“导线”规则后的图标“⊕”，以新建一个规则，命名为“PWR”为例。单击“网络规则—导线”，在其中选择适配的网络类进行规则驱动，并在设置导线规则之前将电源网络类内的信号添加到“PWR”电源类，如图 9-29 所示。对于电源线，一般把最大、最小、默认线宽进行单独设置，让走线在一个范围内，一般设置最小线宽为 8mil，默认线宽为 15mil，最大线宽为 60mil，如图 9-30 所示。

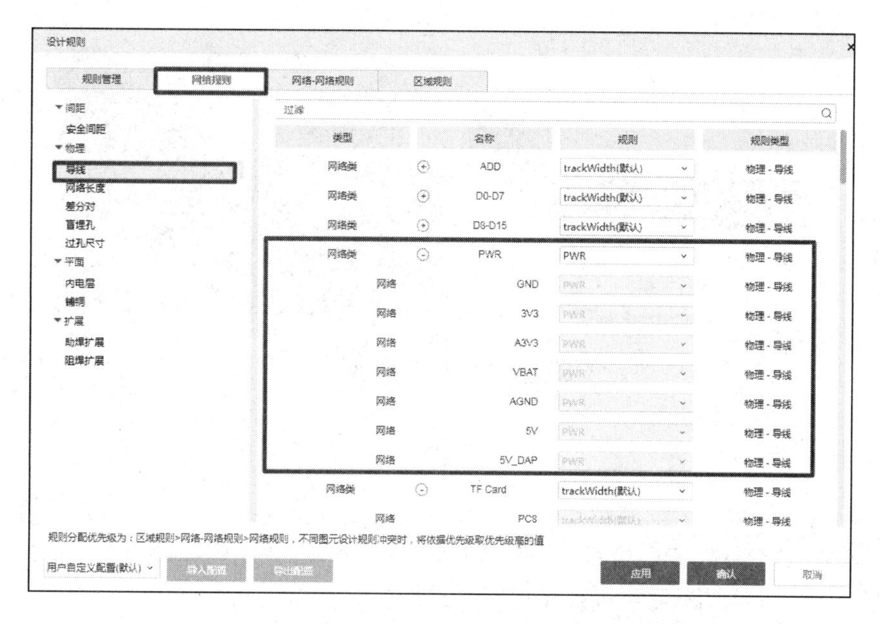

图 9-29 “PWR”电源网络类导线规则驱动

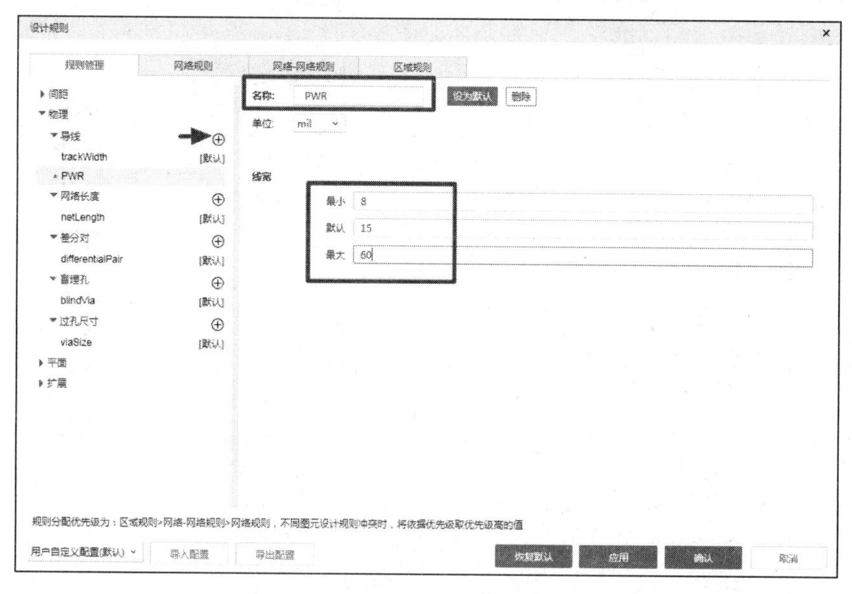

图 9-30 “PWR”电源类规则设置

为什么最大线宽设置为 60mil，而不是更大呢？

因为在 PCB 设计中会有很多过孔，过孔无法自动避让铜皮，在 PCB 上进行 60mil 以上线宽的走线时，无法做到避让时会存在很多 DRC，不方便调整。而铺铜有很好的避让效果，所以 60mil 以上的线宽走线选择铺铜来处理。走线和铺铜的对比如图 9-31 所示。这里最大线宽设置为 60mil。

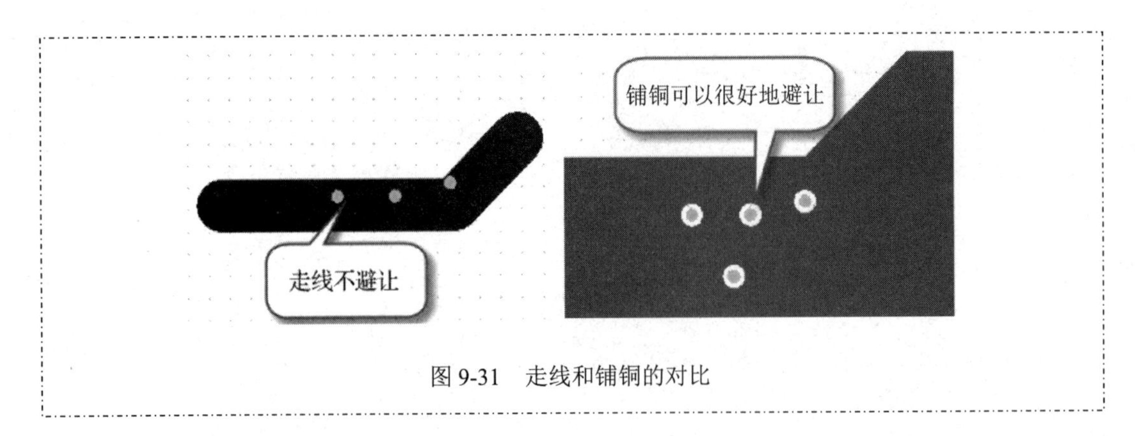

图 9-31 走线和铺铜的对比

2）网络长度规则

网络长度规则适用于设定检查单根信号走线的总体长度或检查某个网络类组内的长度误差，此规则不能通过 DRC 检查，所以只能在方便布线的时候查看单根信号走线长度是否符合规则，一般设计是不需要进行此规则设置的。

（1）如果需要新增网络长度规则类型，单击“⊕”即可新增一个规则。输入规则名称后，在输入框外部单击即可成功创建规则，如图 9-32 所示。需要注意的是，同一个类型下规则名称不能重复。最大、最小长度按照设计需要进行设置即可。

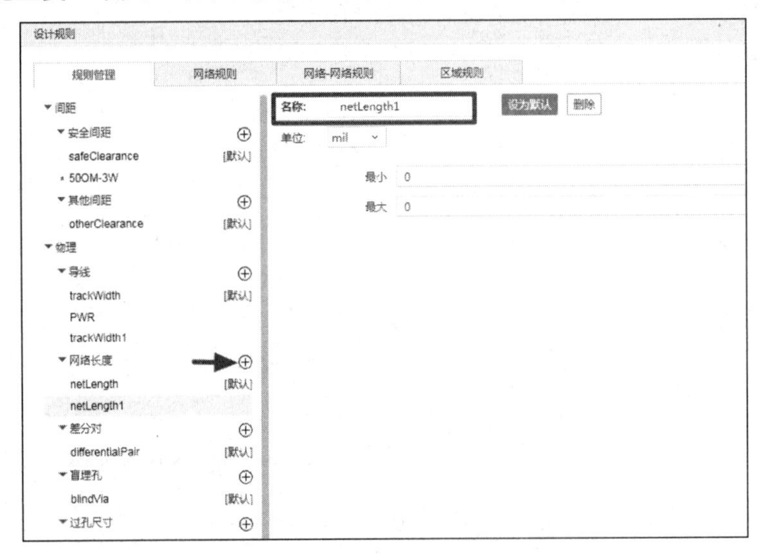

图 9-32 新增网络长度规则及命名

（2）此单根信号走线若符合设定的规则长度，则会有指示显示，在符合此网络长度规则走线的情况下，指示会标绿色，若大于或小于规则长度则会显示红色，如图 9-33 所示。

3）差分对规则

（1）差分规则主要有差分线宽、差分线距、差分对长度误差三类设置。对于差分线宽设置，建议最大、默认、最小三个参数值设置一致。差分线距设置根据 PCB 叠层控制对应阻抗计算（可以使用嘉立创 EDA 阻抗计算神器进行阻抗的计算演示）出来的线宽及线距设置即可，最大及默认参数值也推荐设置为一致。差分对长度误差设置则根据设计需要的误差范围进行设置。

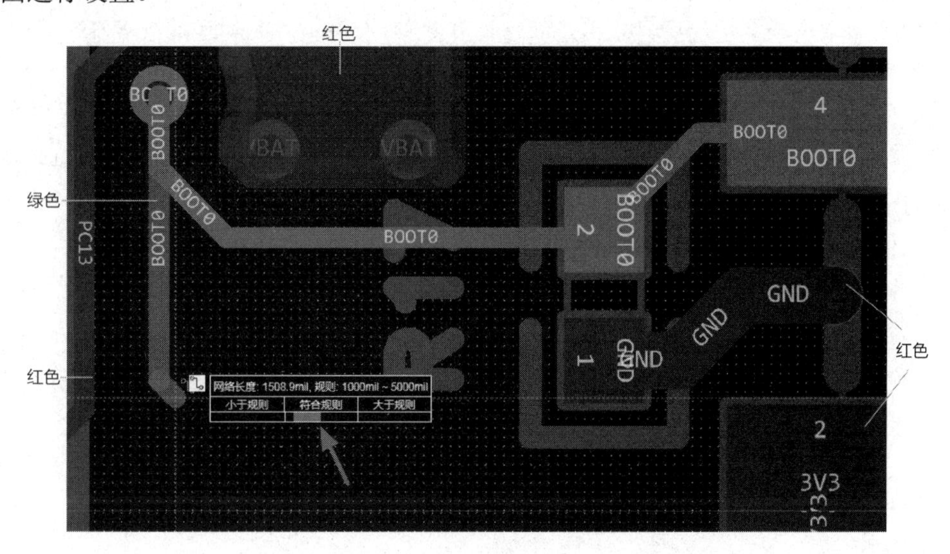

图 9-33　网络长度规则显示

（2）差分规则的新增方法与之前描述的安全间距、导线、网络长度新建方法一致，可以参考操作。

（3）如果需要对某对差分或某类差分单独设置差分规则，就要单击“网络规则—差分对”，选择适配的差分对网络或差分类进行规则驱动。需要注意的是，如果驱动某个差分类规则，就要在设置差分类规则之前将差分类内的差分添加完成，如图 9-34 所示。

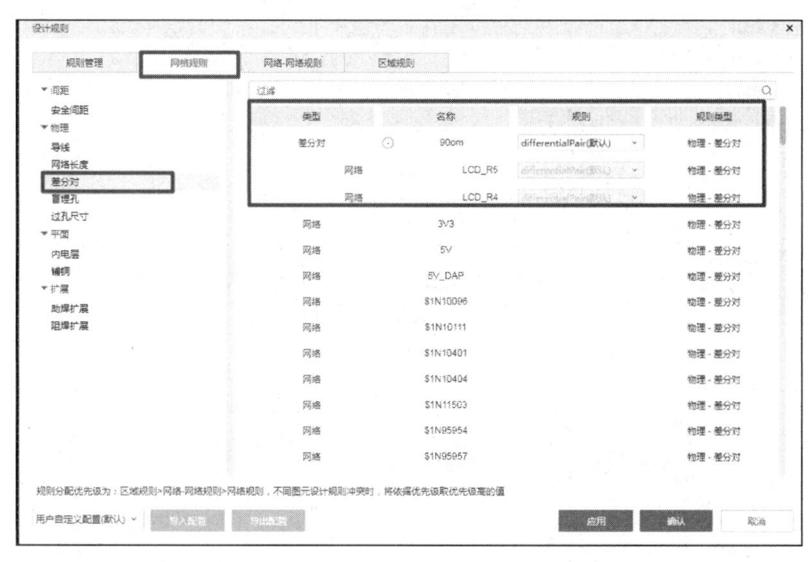

图 9-34　差分规则驱动

4）盲埋孔规则

盲孔为表面层和一个或多个内层的连通，该孔有一边在电路板的一面，通至电路板的内部。埋孔为内层间的通孔，压合后无法看到，因此不必占用外层的面积，该孔上下两面都在电路板的内部层。它是埋在电路板内部的。

盲埋孔通常用于多层板设计，在新增盲埋孔之前需要确定设计的 PCB 是否已经设置为多层，如果未设置，则需要到图层管理器中进行设置。

（1）PCB 中如果需要放置盲埋孔，就要在设计规则中进行添加。单击“盲埋孔”选项右侧界面中的图标⊕，即可在盲埋孔列表中新增一个盲埋孔尺寸，输入盲埋孔的名称，以及设置对应盲埋孔的起始层和结束层，单击“应用”按钮即可添加成功，如图 9-35 所示。

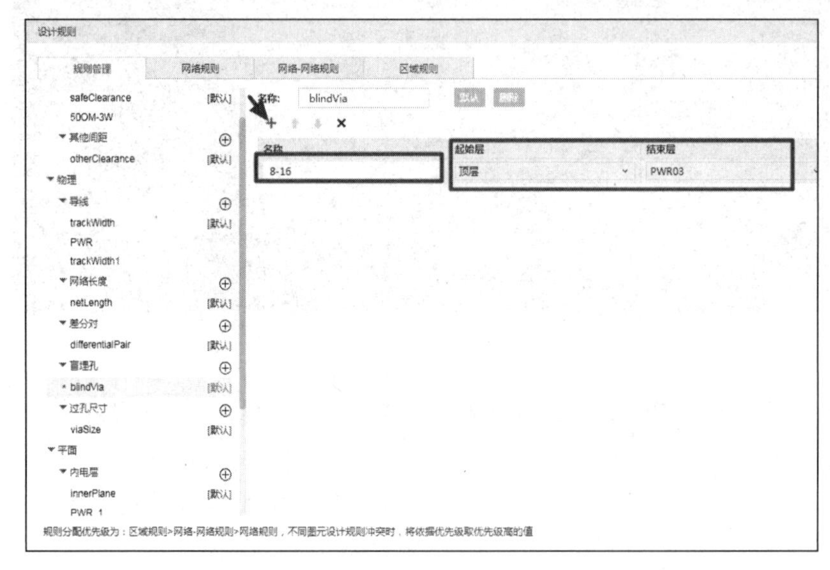

图 9-35　新增盲埋孔尺寸

（2）如果需要删除对应的盲埋孔尺寸，在盲埋孔列表中先选中此类盲埋孔，再单击按钮“×”，即可删除该盲埋孔尺寸，如图 9-36 所示。

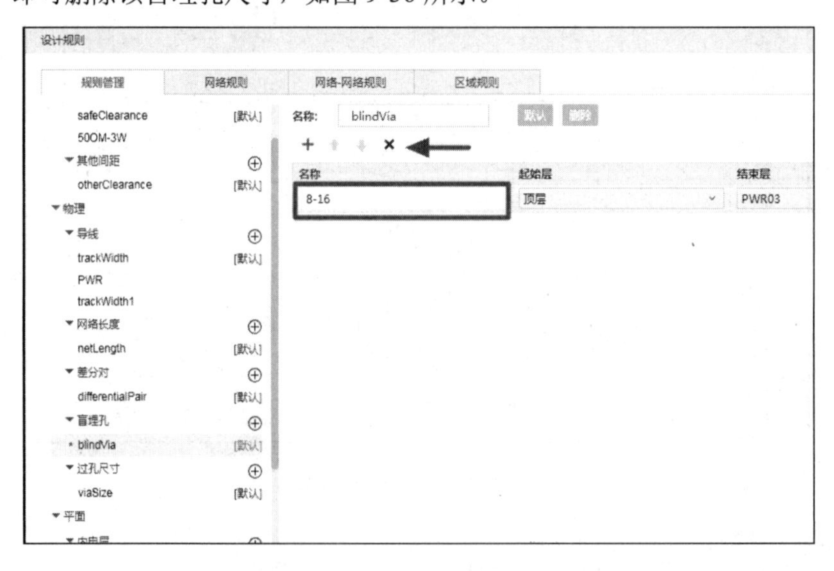

图 9-36　删除新建的盲埋孔尺寸

（3）在存在多种类型盲埋孔的情况下，在盲埋孔列表中选中某一个盲埋孔，单击列表上方的按钮“↑”“↓”，则可以调整其在列表中的顺序，如图 9-37 所示。那么在进行 PCB 设计布线时放置盲埋孔尺寸的优先级会根据该排列顺序进行对应，相当于一个优先级的排列。

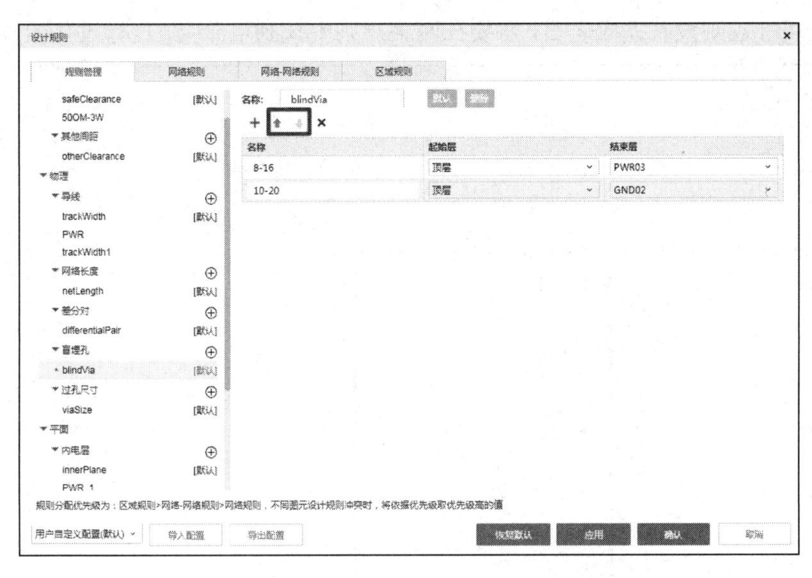

图 9-37　盲埋孔的优先级调整

5）过孔尺寸规则

（1）过孔尺寸规则设置是设置布线中过孔的尺寸，如图 9-38 所示，可以设置的参数有“过孔外直径”和“过孔内直径”，也包括最大值、最小值和默认值。设置时应注意过孔直径和通孔直径的差值不宜过小，否则将不宜制板加工，常规应设置为 0.2mm 及以上的孔径大小。

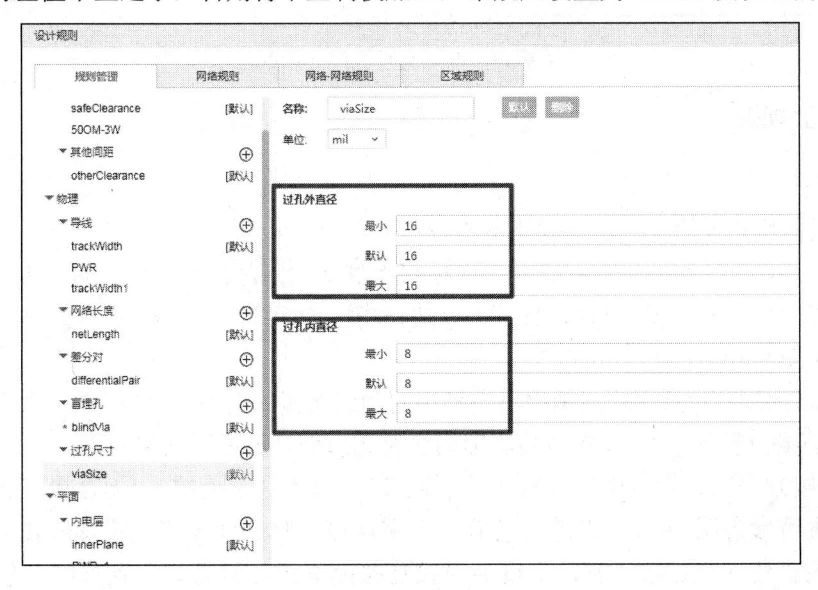

图 9-38　过孔尺寸规则设置

（2）如需新增过孔尺寸规则，其新增方法与之前描述的安全间距、导线、网络长度的新建方法一致，可以进行参考。

（3）默认孔径即进行 PCB 设计时布线打孔默认放置的过孔尺寸。可以对电源类过孔尺寸进行单独设置，也可以针对电源单独设置大一些的过孔尺寸，如图 9-39 所示。同时注意，电源的过孔尺寸规则设置完成之后，需要在网络规则中找到电源类，进行过孔尺寸规则驱动。

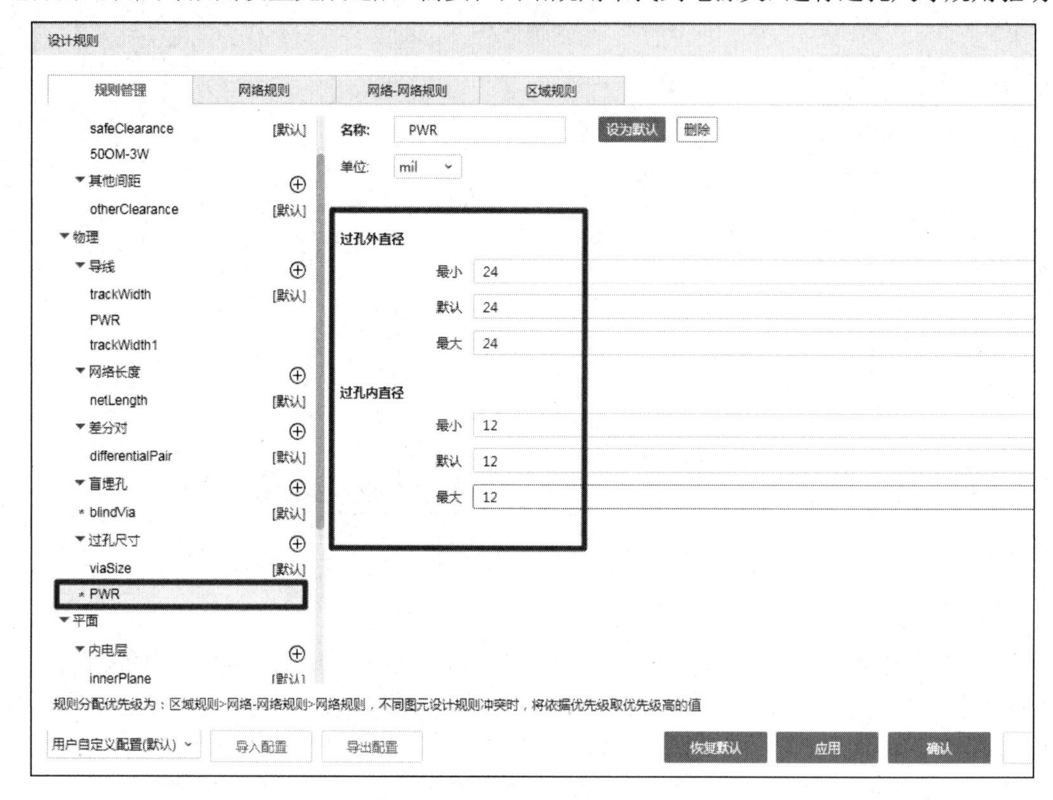

图 9-39　电源类过孔尺寸设置

3. 平面规则

1）内电层规则

内电层规则主要用于多层板设计中的负片层。

（1）在“设计规则”选项中选择“内电层”默认规则，在右边对应的内电层默认规则参数设置界面中则会出现“网络间距”“到边框/槽孔间距”“连接方式”“发散间距”等规则设置，如图 9-40 所示。

① 网络间距：设置负片层铺铜填充到不同网络元素的间距。

② 到边框/槽孔间距：设置负片层铺铜填充到边框、挖槽区域的间距。

③ 连接方式：分为常规的发散（十字连接）、直连（全连接）、无连接三种模式，具体连接效果可参考图 9-41。设置为发散（十字连接）时分别需要设置发散线宽和发散间距。设置为直连（全连接）时，铜皮会直接连接到焊盘。设置为无连接时，铜皮不会连接到焊盘。

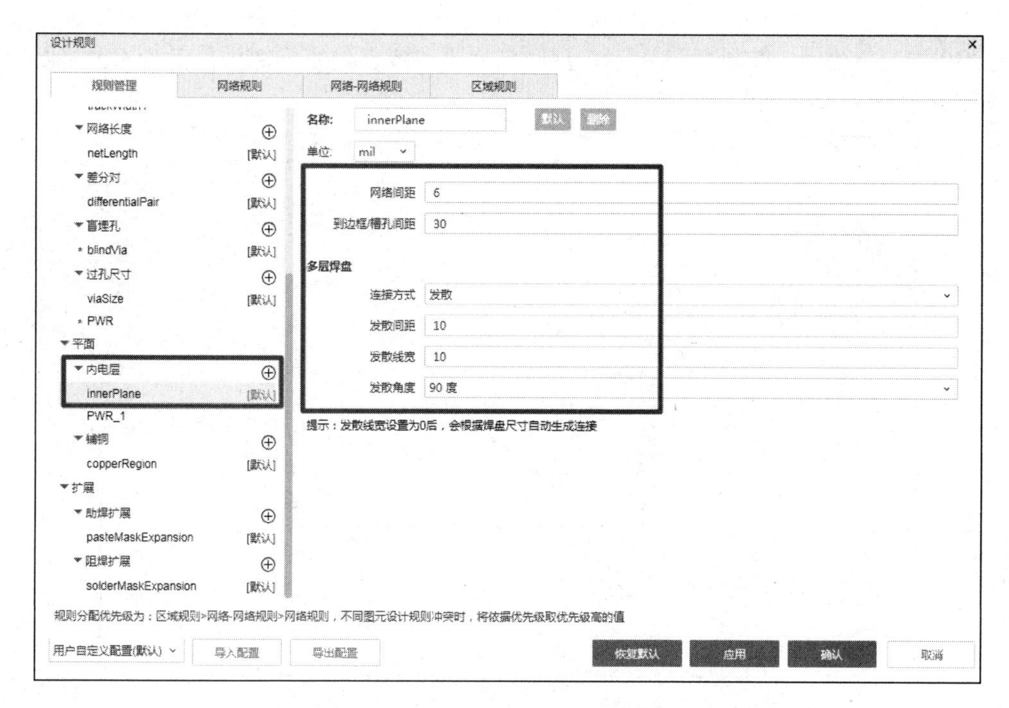

图 9-40　内电层连接规则设置

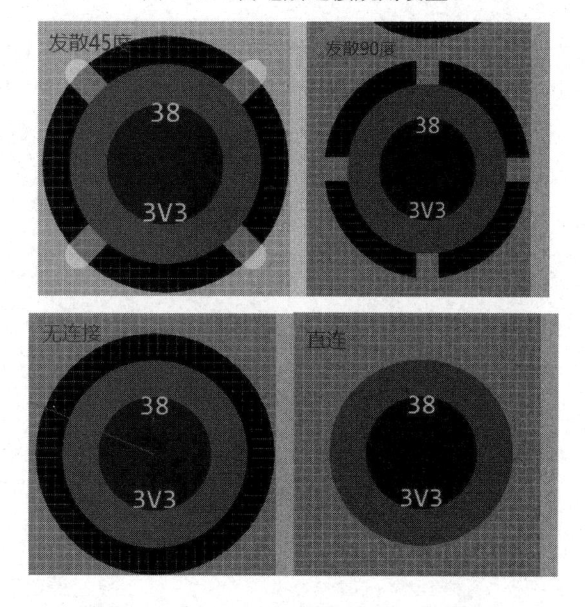

图 9-41　负片铜皮与焊盘的连接形式效果

④ 发散间距：用于设置负片铜皮与焊盘空隙的间隔宽度。

⑤ 发散线宽：用于设置负片铜皮与焊盘导通的导线宽度。

⑥ 发散角度：用于选择负片铜皮与焊盘的发散角度，可以有“45 度”或“90 度”供选择。

（2）如需单独针对某层负片层的连接规则进行设置，则要新建一个内电层规则，新建方法与之前描述的安全间距、导线、网络长度的新建方法一致。创建及更改规则名称，以新建“PWR_1”为例，如图 9-42 所示，规则名称更改或创建完成之后再将其相关规则参数根据 PCB 设计需求进行设置即可。

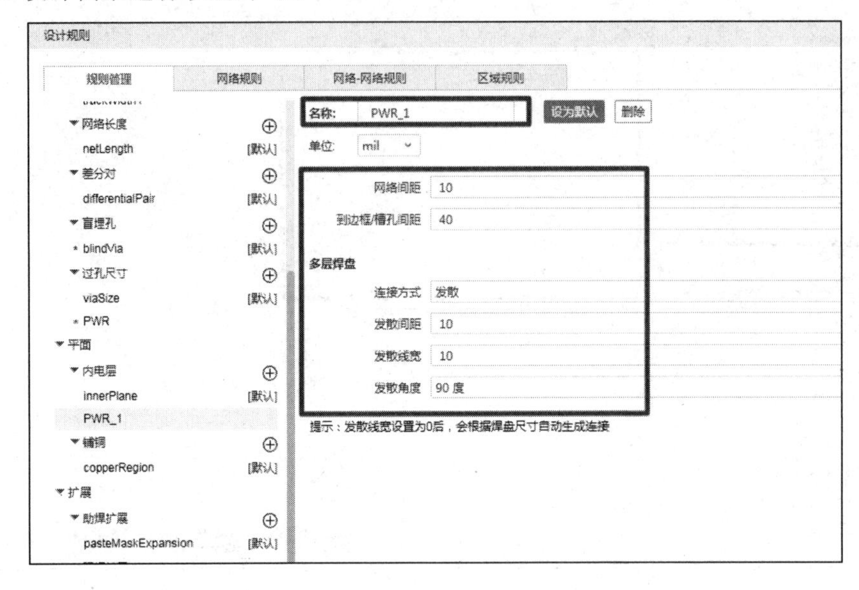

图 9-42　“PWR_1”内电层规则设置

2）铺铜规则

该规则的设置可以类比负片层连接规则设置，正片层就是常规的多边形铺铜与焊盘或导线之间的连接方式，也存在铜皮的三种连接方式，分别为发散、直连、无连接。根据具体 PCB 设计需求进行规则参数设置及连接形式设置即可。需要注意的是，当发散线宽设置为 0 后，铜皮会根据焊盘尺寸自动生成连接，如图 9-43 所示。

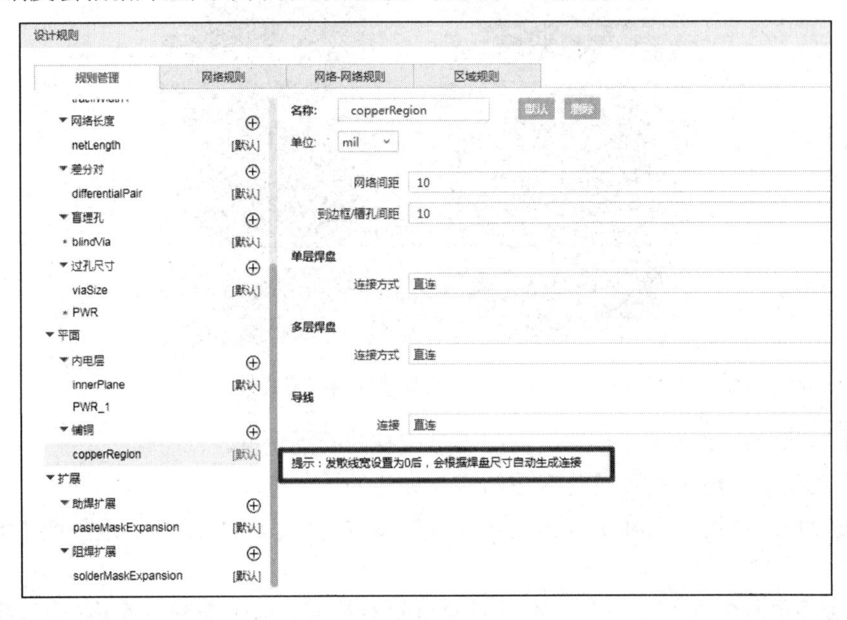

图 9-43　发散线宽设置需注意事项

铺铜规则相比内电层规则，增加了铜皮与导线连接方式的设置，正常设计默认是“直连”。如果设置为无连接，那么相同网络的铜皮与导线不会相连，效果也就是导线不能被铜皮覆盖连接，如图 9-44 所示。

图 9-44　铜皮规则设置为与导线无连接

4. 扩展规则

1）助焊扩展

助焊层即锡膏层（钢网层），顶层和底层分别都有其独立的顶层锡膏层与底层锡膏层。顶层和底层的锡膏层与焊盘大小一致，进行 SMT 可以利用这两层进行钢网制作，在钢网上挖出焊盘大小的孔，先将钢网罩在 PCB 上，再用带有锡膏的刷子在钢网罩上刷，从而在电路板上刷上均匀的锡膏。

（1）单击“助焊扩展”默认规则后，在右侧界面中会出现焊盘的“顶层扩展”和“底层扩展”规则参数设置，以及测试点的“顶层扩展”和“底层扩展”规则参数设置，如图 9-45 所示。

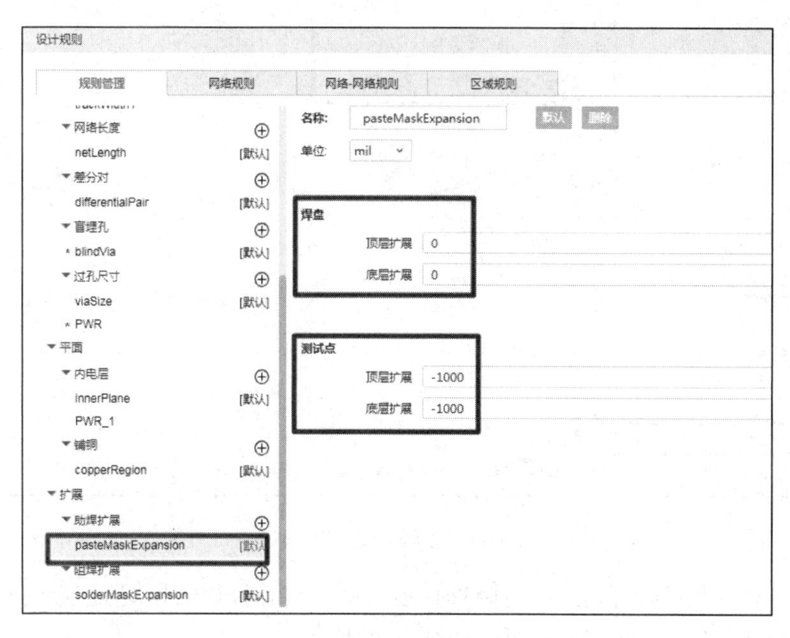

图 9-45　助焊扩展规则设置

（2）助焊扩展用于贴片封装的焊盘，PCB 元件内焊盘的扩展属性设置为“通用”时，如图 9-46 所示，设计就会以“设计规则”对话框中的助焊层扩展规则作为其扩展规则。如需自定义额外的助焊扩展，则选择“自定义”选项，在“助焊扩展”后的数值框内设置具体参数值即可。

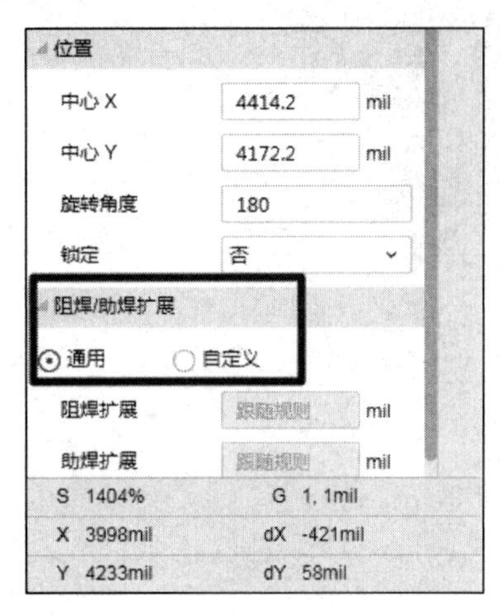

图 9-46　助焊扩展“通用”设置

2）阻焊扩展

阻焊扩展主要分为焊盘、过孔及测试点的扩展。阻焊扩展规则针对焊盘的设置是设置焊盘到绿油的距离，在制作电路板时，阻焊层要预留一部分空间给焊盘，使绿油不至于覆盖到焊盘上，从而避免出现锡膏无法上锡到焊盘的问题，这个延伸量就是防止绿油和焊盘相重叠，不宜设置得过小，也不宜设置得过大，一般设置为 2.5mil。那么阻焊扩展规则对于过孔的设置为过孔是否需要开窗。

（1）在“设计规则”对话框中单击“阻焊扩展”默认规则，在右侧界面中出现此规则针对焊盘、过孔及测试点的扩展参数规则设置。一般只需要设置焊盘顶层/底层扩展参数即可，推荐设置为 2.5 mil，如图 9-47 所示。

图 9-47　阻焊扩展规则设置

（2）如需对过孔进行开窗，则将阻焊扩展规则中过孔分栏的顶层/底层扩展参数设置为小于孔径的数字（如-1000mil）即可，如图 9-48 所示。

图 9-48　阻焊扩展过孔开窗设置

（3）焊盘或过孔的“阻焊扩展”属性设置为“通用”，设计就会以“设计规则”对话框中的阻焊层扩展规则作为其阻焊扩展规则，如图 9-49 所示。如需自定义额外的阻焊扩展，则选择“自定义”选项，在“阻焊扩展”后的数值框内设置具体的参数值即可。

图 9-49　阻焊扩展“通用”设置

9.3 网络规则设置

在“设计规则”对话框的“规则管理”选项卡内将 PCB 的各个设计规则如线宽规则、差分规则、过孔规则等设置完成之后，就需要将 PCB 中每个网络所对应的规则进行驱动，此时就可以设置“网络规则”。在“网络规则”选项卡中可以对当前 PCB 内的所有网络进行规则分配，继而让对应网络遵守其设置的规则。

（1）“网络规则”选项卡的左侧界面即各个规则的分类，与之前的设计规则中的类别一一对应，右侧界面即 PCB 内所有网络的列表，如图 9-50 所示。

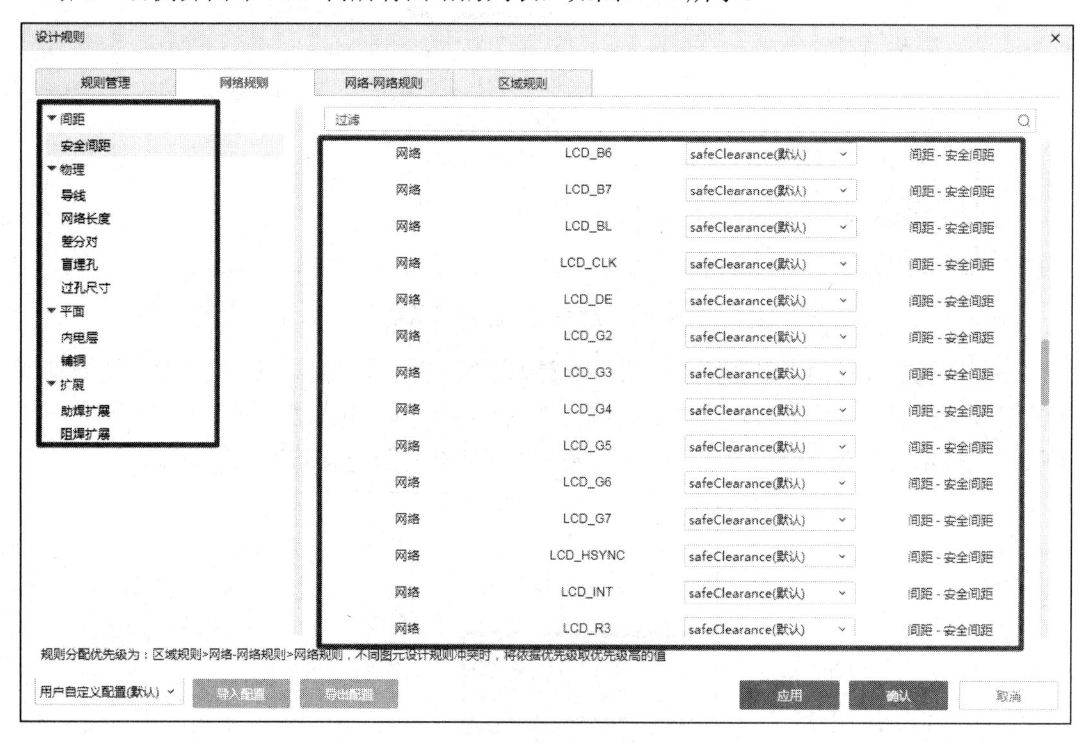

图 9-50 “网络规则”选项卡

（2）网络规则设置最初默认右侧的 PCB 网络都是驱动设计规则中的默认规则，如需修改某个网络或网络类所对应的规则，即可在规则选项的下拉菜单内进行选择，如图 9-51 所示。

（3）以为“PWR”网络类设置对应的“PWR”导线线宽规则为例，左侧界面中的规则分类选择“导线”选项，单击将其选中。在右侧界面中将“规则”下拉菜单中的“PWR”导线线宽规则选中，从而将“PWR”网络类设置为对应的“PWR”导线线宽规则，如图 9-52 所示。

图 9-51　切换网络所对应的规则

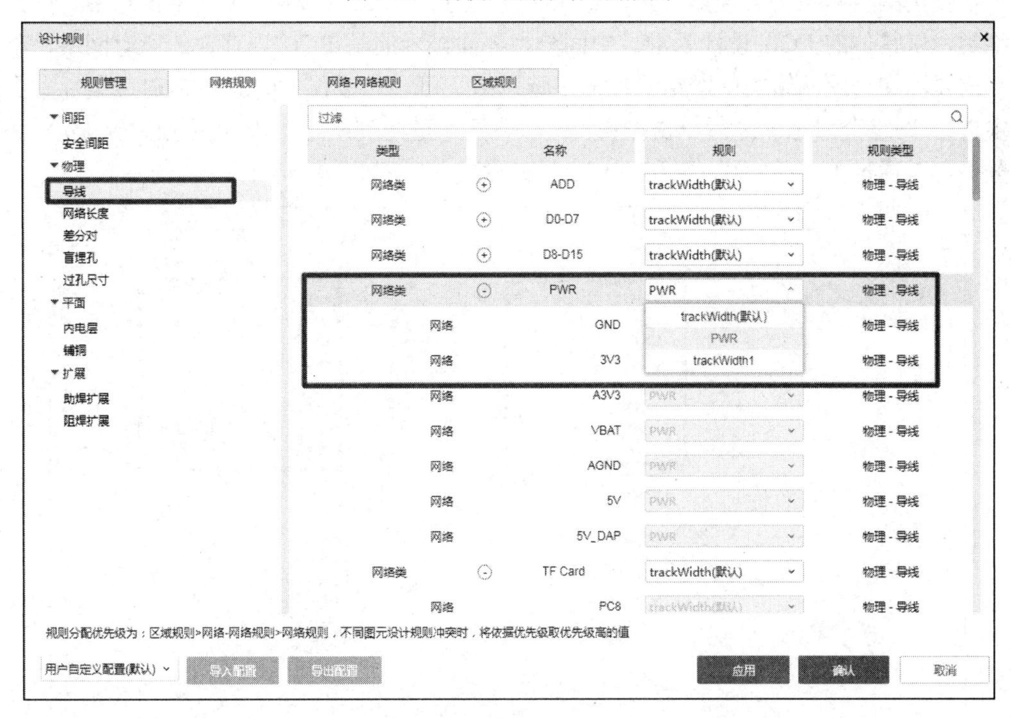

图 9-52　为“PWR”网络类设置对应的“PWR”导线线宽规则

网络规则设置在“网络规划”选项卡的右侧界面中，提供了快速创建网络类的功能，即在网络列表中右击，选择“新建网络类”选项创建网络类，如图 9-53 所示。

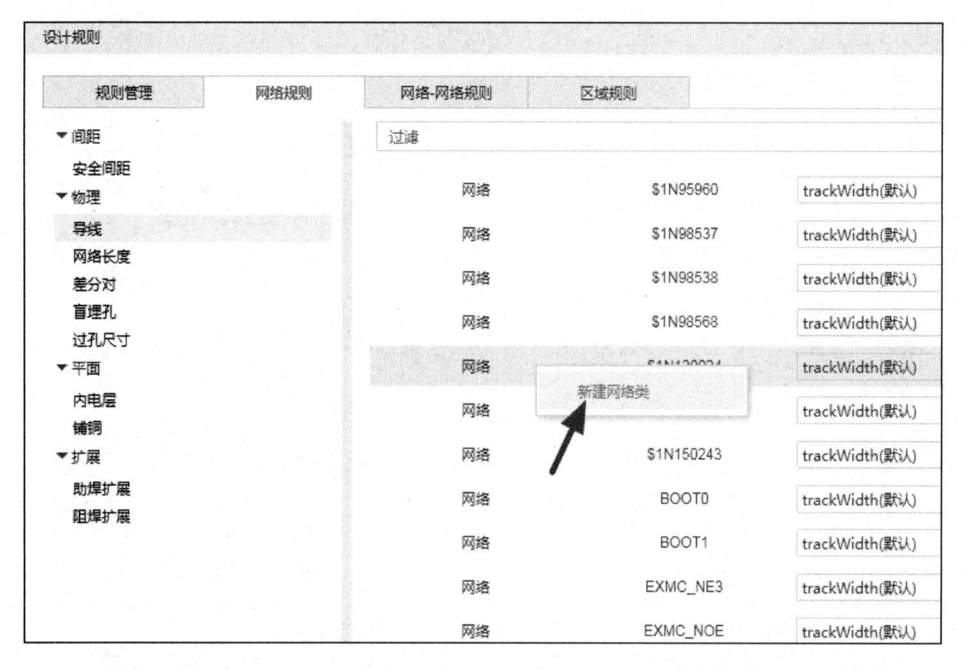

图 9-53　在“网络规则”选项卡右侧界面中快速创建网络类

在弹出的“网络类管理器”对话框中，左侧分栏可以新建网络类或单击选中已创建的网络类，以具体的 PCB 设计为准。中间分栏界面显示的是 PCB 内存在的所有网络，单击对应需要添加进此网络类的网络（如需多选网络，可以在按住 Ctrl 键的同时用鼠标单击进行多选），网络全部选中之后单击按钮“>”，将网络过滤到网络类内即可。该中间分栏和右侧分栏可以通过单击按钮“<”和“>”进行网络调整，如图 9-54 所示。

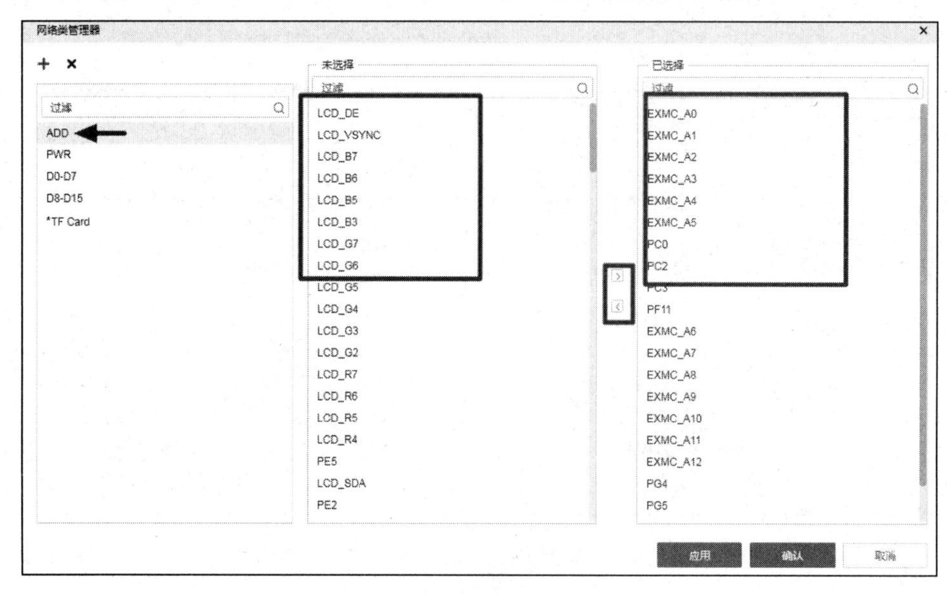

图 9-54　将对应网络添加到网络类

9.4 网络-网络规则设置

网络-网络规则是支持两个不同的网络之间的规则约束或两个不同的网络类之间的规则约束的，能够实现安全间距、内电层、铺铜这三个类别的规则设置。

“网络-网络规则”选项卡左侧界面为支持规则设置的安全间距、内电层、铺铜三种规则类别，在右侧界面中单击按钮“+”，新建“网络-网络规则”的操作后，才可以弹出网络或网络类的规则设置，如图 9-55 所示。

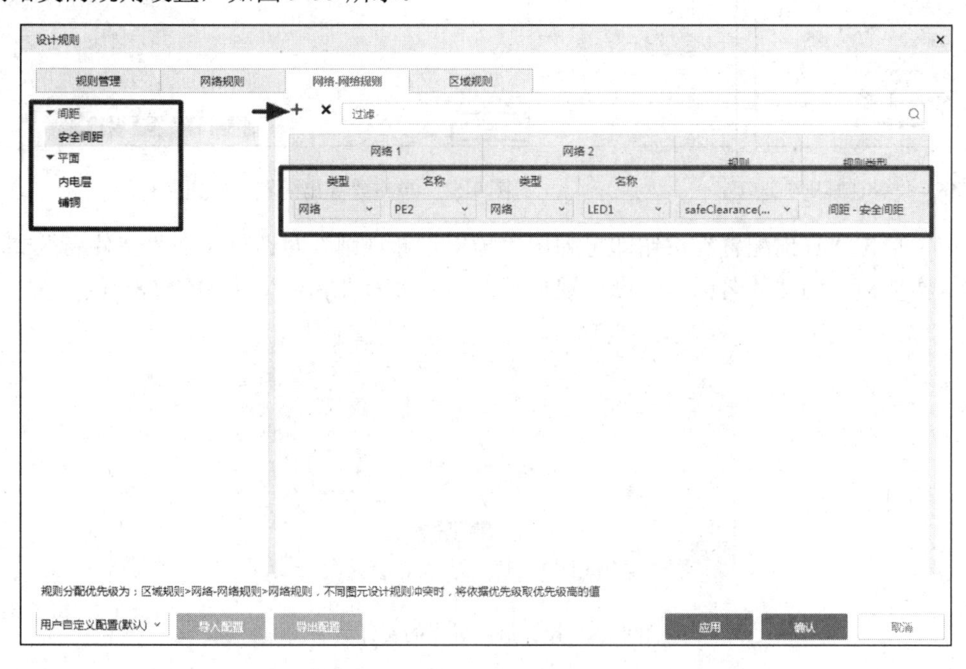

图 9-55　“网络-网络规则”选项卡

9.5 规则的导入与导出

有时设置的规则可以套用多个电路板，或者设置一个原始规则进行规则复位，这种时候需要用到规则的导入与导出。

（1）单击“设计—设计规则”，如图 9-56 所示，打开“设计规则”对话框。

（2）在“设计规则”对话框的左下角存在“导入配置”“导出配置”两个按钮，即对应的 PCB 设计规则导入及导出。如果需要将设计规则导出则单击“导出配置”按钮，需要导入其他 PCB 上的设计规则就单击“导入配置”按钮，我们以图 9-56 中的设计规则导出为例，单击“导出配置”按钮，如图 9-57 所示。

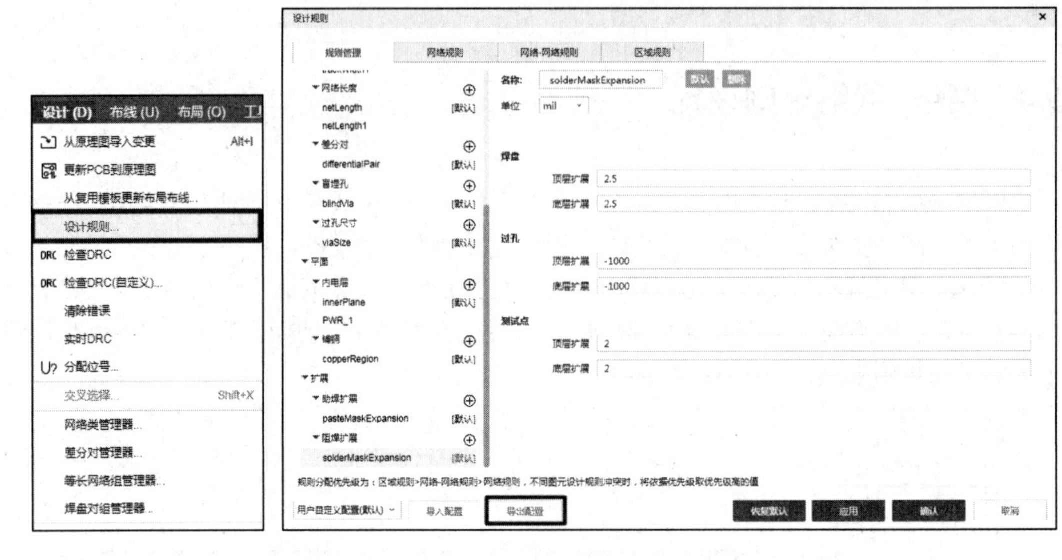

图 9-56　“设计规则”选项　　　　　　　　图 9-57　单击“导出配置”按钮

（3）单击“导出配置”按钮即可弹出“导出设计规则”对话框，在“文件名”文本框内输入需要命名的文件名称。此设计规则文件的后缀为“.json”，如图 9-58 所示。

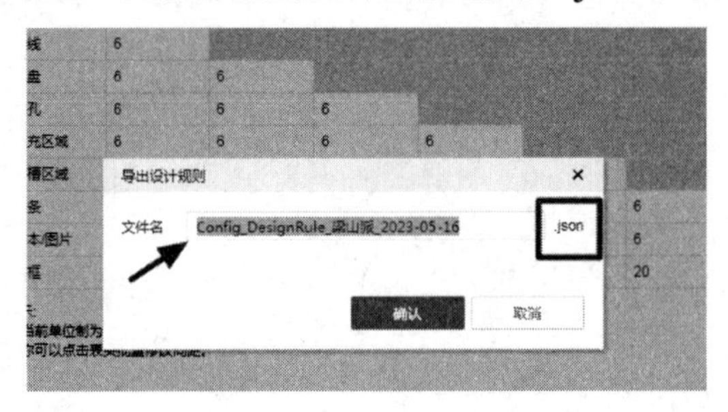

图 9-58　设计规则导出的文件命名

（4）将设计规则文件名称输入完成之后，单击“确认”按钮，弹出设计规则文件路径保存对话框，如图 9-59 所示，将对应文件保存好即可。

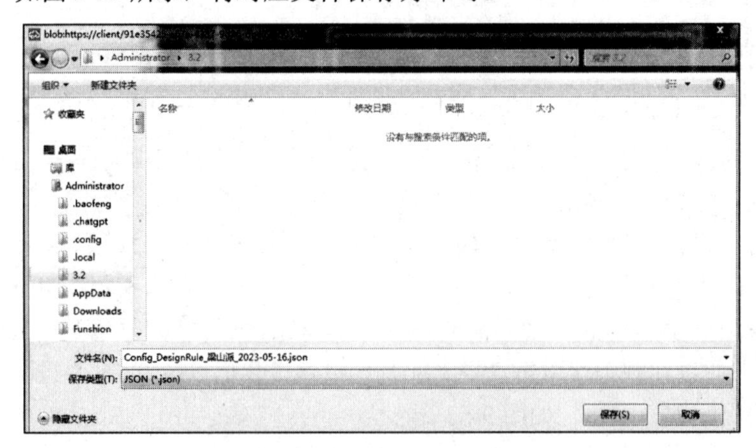

图 9-59　设计规则文件路径保存对话框

（5）在另外一个 PCB 上单击“设计—设计规则”，进入“设计规则”对话框，单击“导入配置”按钮，如图 9-60 所示。

（6）弹出 PCB 设计规则文件导入对话框，将对应设计规则模板文件选中再进行导入即可，如图 9-61 所示。

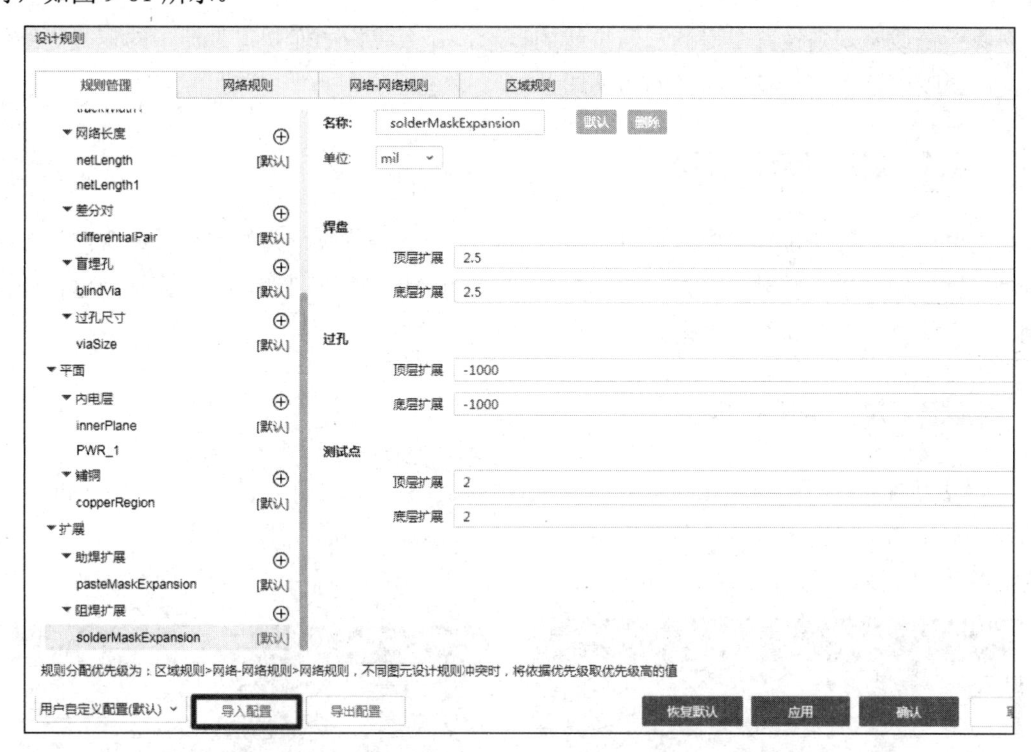

图 9-60 单击“导入配置”按钮

图 9-61 导入设计规则文件

9.6 阻抗计算

我们在线宽规则设置中提到过阻抗线的概念，那么我们如何知道设计中的信号走线线宽与间距呢？这就涉及阻抗计算的相关知识。

9.6.1 阻抗计算的必要性

当电压、电流在传输线中传播时，特性阻抗不一致会造成所谓的信号反射现象等。在信号完整性领域里，反射、串扰、电源平面切割等问题都可以归为阻抗不连续问题，因此阻抗匹配的重要性在此展现出来。

9.6.2 常见的阻抗模型

一般利用 Polar SI9000 阻抗计算工具进行阻抗计算。在计算之前需要认识常见的阻抗模型。常见的阻抗模型有特性阻抗模型、差分阻抗模型、共面性阻抗模型。常见的阻抗模型如图 9-62 所示，阻抗模型又细分为以下几类。

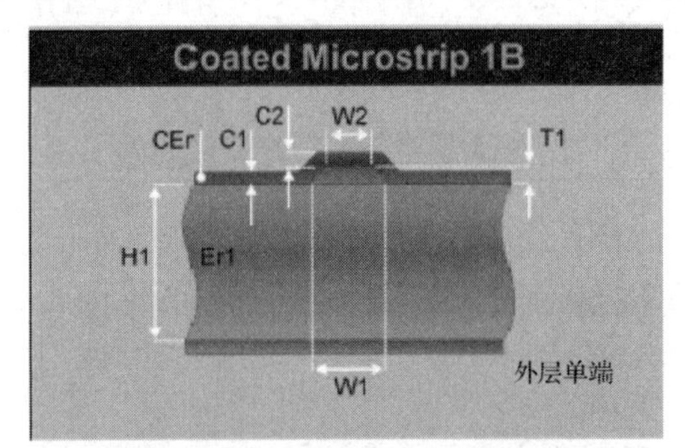

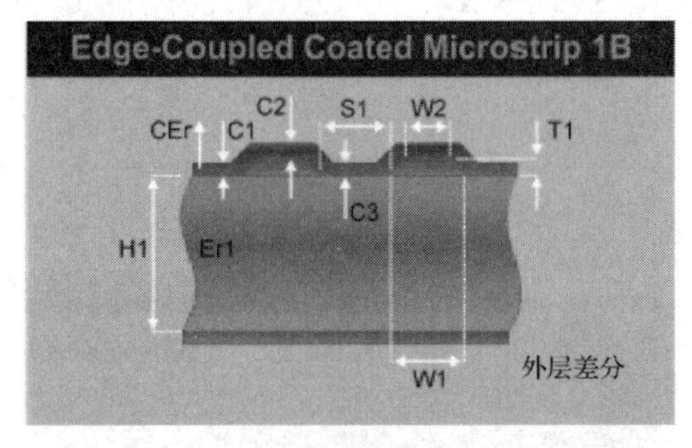

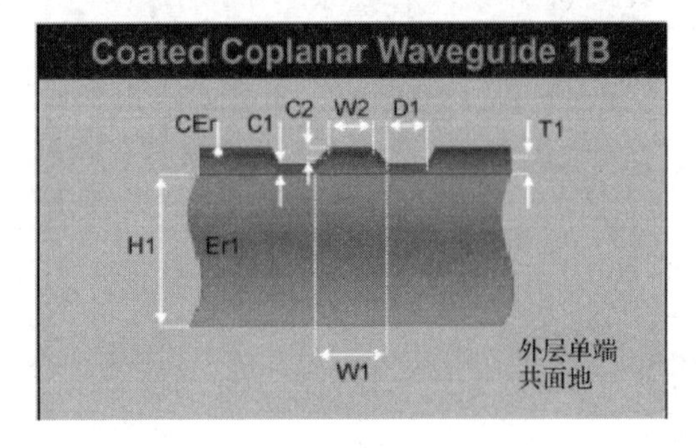

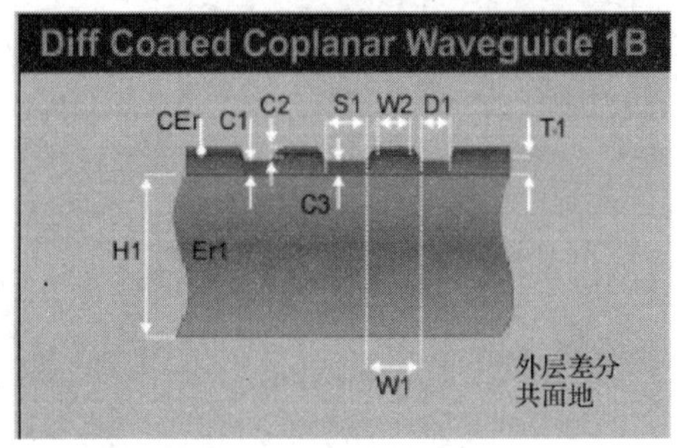

图 9-62　常见的阻抗模型

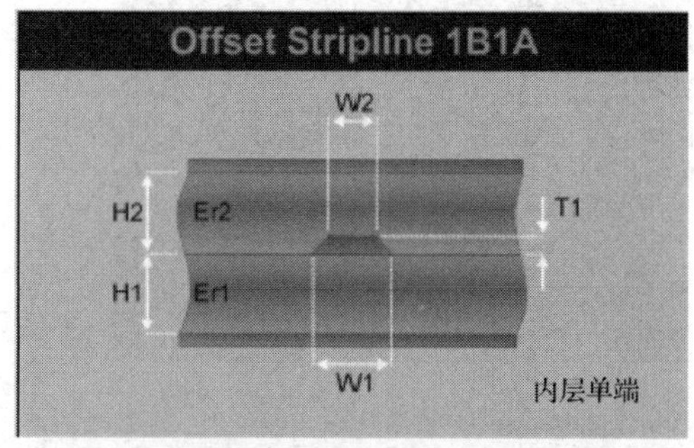

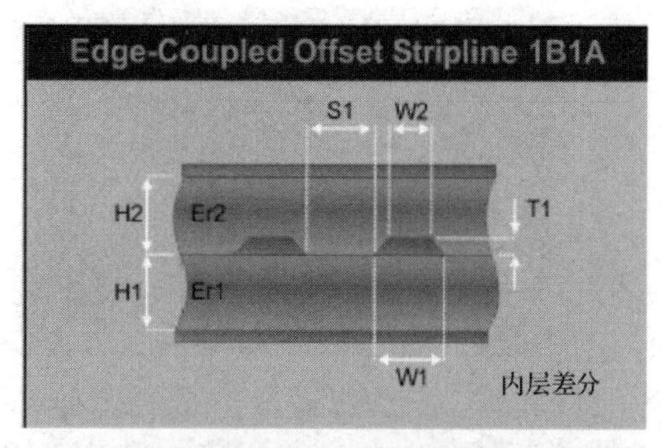

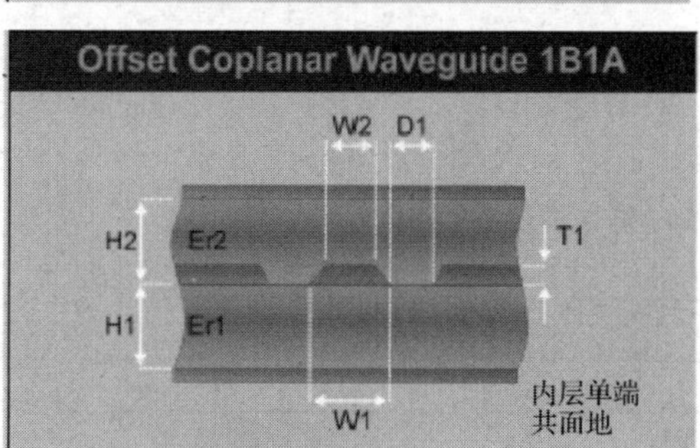

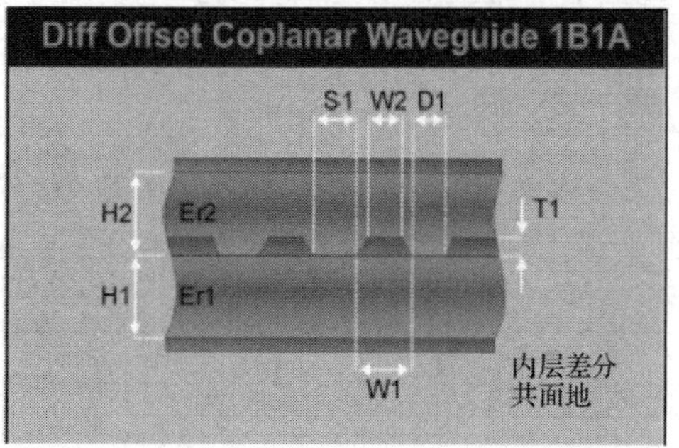

图 9-62　常见的阻抗模型（续）

（1）外层特性阻抗模型。

（2）内层特性阻抗模型。

（3）外层差分阻抗模型。

（4）内层差分阻抗模型。

（5）共面性阻抗模型。

① 外层共面特性阻抗模型。

② 内层共面特性阻抗模型。

③ 外层共面差分阻抗模型。

④ 内层共面差分阻抗模型。

9.6.3　阻抗计算详解

1. 阻抗计算的必要条件

阻抗计算的必要条件有板厚、层数（信号层数、电源层数）、板材、表面工艺、阻抗值、阻抗公差、铜厚。

2. 影响阻抗的因素

影响阻抗的因素有介质厚度、介电常数、铜厚、线宽、线距、阻焊厚度，如图 9-63 所示。

在图 9-63 中，*H*1 为介质厚度［半固化片（PP 片）或板材，不包括铜厚］；Er1 为 PP 片或板材的介电常数，多种 PP 片或板材压合在一起时取平均值；*W*1 为阻抗线下线宽；*W*2 为阻抗线上线宽；*T*1 为成品铜厚；CEr 为绿油的介电常数（3.3）；*C*1 为基材的绿油厚度（一般按照 0.8mil）；*C*2 为铜皮或走线上的绿油厚度（一般按照 0.5mil）。

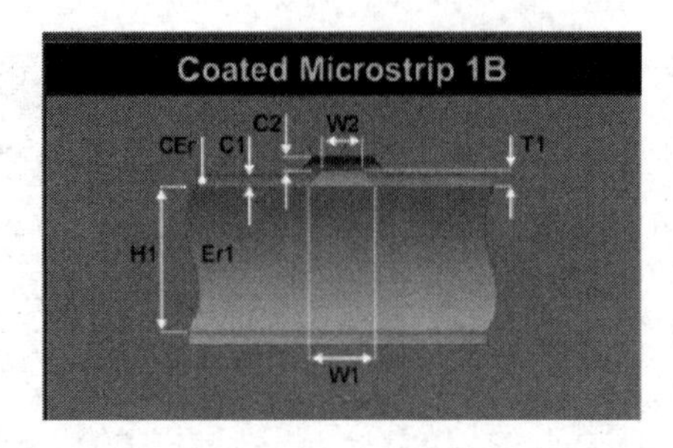

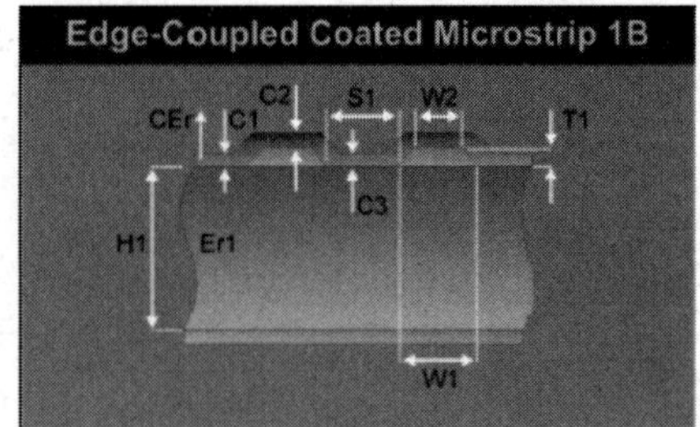

图 9-63　影响阻抗的因素

一般来说，上、下线宽存在如表 9-2 所示的关系。

表 9-2　上、下线宽关系表

基　铜　厚	上线宽（mil）	下线宽（mil）	线距（mil）
内层 18μm	W0-0.1	W0	S0
内层 35μm	W0-0.4	W0	S0
内层 70μm	W0-1.2	W0	S0
负片 42μm	W0-0.4	W0+0.4	S0-0.4
负片 48μm	W0-0.5	W0+0.5	S0-0.5
负片 65μm	W0-0.8	W0+0.8	S0-0.8
外层 12μm	W0-0.6	W0+0.6	S0-0.6
外层 18μm	W0-0.6	W0+0.7	S0-0.7
外层 35μm	W0-0.9	W0+0.9	S0-0.9
外层 12μm（全板镀金工艺）	W0-1.2	W0	S0
外层 18μm（全板镀金工艺）	W0-1.2	W0	S0
外层 35μm（全板镀金工艺）	W0-2.0	W0	S0

注：表中 W0 为设计线宽，S0 为设计线距。

3. 阻抗计算方法

下面通过一个实例来演示阻抗计算的方法及步骤。

普通的 FR-4 板材一般有生益、建滔、联茂等板材供应商。生益 FR-4 及同等材料芯板可以根据板厚来划分。表 9-3 列出了常见生益 FR-4 芯板厚度参数及介电常数。

表 9-3　常见生益 FR-4 芯板厚度参数及介电常数

类　别	芯板（mm）	0.051	0.075	0.102	0.11	0.13	0.15	0.18	0.21	0.25	0.36	0.51	0.71	≥0.8
	芯板（mil）	2	3.0	4	4.33	5.1	5.9	7.0	8.27	10	14.5	20	28	≥31.5
Tg≤170	介电常数	3.6	3.65	3.95	无	3.95	3.65	4.2	3.95	3.95	4.2	4.1	4.2	4.2
IT180A S1000-2	介电常数	3.9	3.95	4.25	4	4.25	3.95	4.5	4.25	4.25	4.5	4.4	4.5	4.5

PP 片一般包括 106、1080、3313、2116、7628 等。表 9-4 列出了常见 PP 片厚度参数及介电常数。

表 9-4　常见 PP 片厚度参数及介电常数

类　别	类　型	106	1080	3313	2116	7628
Tg≤170	理论厚度（mm）	0.0513	0.0773	0.1034	0.1185	0.1951
	介 电 常 数	3.6	3.65	3.85	3.95	4.2
IT180A S1000-2B	理论厚度（mm）	0.0511	0.07727	0.0987	0.1174	0.1933
	介 电 常 数	3.9	3.95	4.15	4.25	4.5

对于 Rogers 板材，Rogers4350　0.1mm 板材的介电常数为 3.36，其他 Rogers4350 板材的介电常数为 3.48；Rogers4003 板材的介电常数为 3.38；Rogers4403 半固化片的介电常数为 3.17。

我们知道，每个多层板都是由芯板和半固化片通过压合而成的。当计算叠层结构时，通常需要把芯板和 PP 片叠在一起，组成板子的厚度。例如，一块芯板和两张 PP 片叠加，即“芯板+106+2116”，那么它的理论厚度就是 0.25mm+0.0513mm+0.1185mm=0.4198mm。但需注意以下几点。

（1）一般不允许 4 张或 4 张以上 PP 片叠放在一起，因为压合时容易产生滑板现象。

（2）7628 的 PP 片一般不允许放在外层，因为 7628 的表面比较粗糙，会影响电路板的外观。

（3）另外，3 张 1080 也不允许放在外层，因为压合时也容易产生滑板现象。

（4）芯板一般选择大于 0.11mm 的，6 层的一般用 2 块芯板，8 层的一般用 3 块芯板。

由于铜厚的原因，理论厚度和实测厚度有一定的差额，具体可以参考图 9-64。

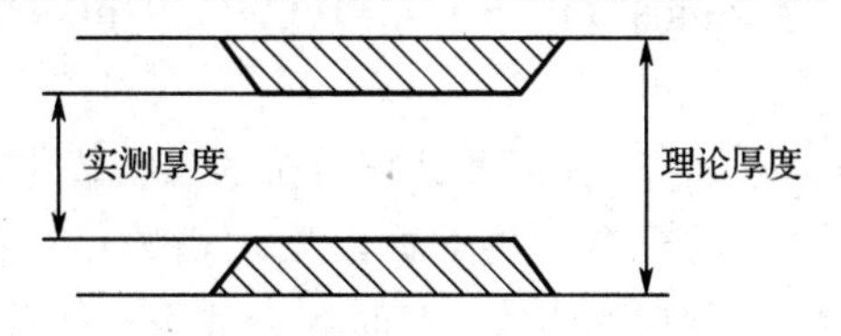

图 9-64　理论厚度与实测厚度

从图 9-64 中可以看出，理论厚度和实测厚度存在铜厚的差额，可以总结出如下公式。

$$实测厚度=理论厚度-铜厚1(1-X1)-铜厚2(1-X2)$$

式中，$X1$、$X2$ 表示残铜率，表层取 1，光板取 0。电源地平面残铜率一般取值为 0.7（70%），信号层残铜率一般取值为 0.23（23%）。

残铜率是指板平面上有铜的面积和整板面积之比。例如，没有加工的原材料残铜率就是 1，蚀刻成光板时就是 0。

“OZ”表示铜厚单位“盎司”，1OZ 约为 0.035mm。

9.6.4 阻抗计算实例

（1）叠层要求：板厚为 1.2mm，板材为 FR-4，层数为 6 层，内层铜厚为 1OZ，表层铜厚为 0.5OZ。

（2）根据芯板和 PP 片常见厚度参数组合及叠层厚度要求，可以堆叠出如图 9-65 所示的 6 层叠层结构图。

Finished Thickness(mm):1.2±0.12
AccountThickness(mm):1.15
LAYER STACKING

TOP			0.5OZ +Plating	positive
	PP(3313)	3.65		
GND02			1OZ	negative
	Core	5.10		
ART03			1OZ	positive
	PP(7628*3)	20.92		
ART04			1OZ	positive
	Core	5.10		
PWR05			1OZ	negative
	PP(3313)	3.65		
BOTTOM			0.5OZ +Plating	positive

图 9-65　6 层叠层结构图

图 9-65 中标出的 PP 片厚度为实际厚度，计算公式如下。

PP(3313)[实测值]=0.1034mm[理论值]−0.035/2mm×(1−1)[表层铜厚为 0.5OZ，残铜率取 1]−0.035mm×(1−0.7)[内层铜厚为 1OZ，残铜率取 0.7]=0.0929mm=3.65mil

PP(7628×3)[实测值]=0.1951mm×3[理论值]−0.035mm×(1−0.23)[内层铜厚为 1OZ，相邻信号层残铜率取 0.23]−0.035mm×(1−0.23)[内层铜厚为 1OZ，相邻信号层残铜率取 0.23]=0.5314mm=20.92mil

板子总厚度=0.5OZ+3.65mil+1OZ+5.1mil+1OZ+20.92mil+1OZ+5.1mil+1OZ+3.65mil+0.5OZ=1.15mm

（3）打开 Polar SI9000 软件，选择需要计算阻抗的阻抗模型，计算表层 50Ω 单线阻抗的线宽。如图 9-66 所示，根据压合叠层数据，填入相关已知参数，计算得出走线线宽 *W*0=6.8mil。这个是计算出的比较粗的走线，有时候会基于走线难度准许阻抗存在一定的误差，因此可以根据计算得出的走线线宽来稍微调整。例如，调整计算参数走线线宽 5.5mil 时，计算阻抗 *Z*o=54.82，如图 9-67 所示。

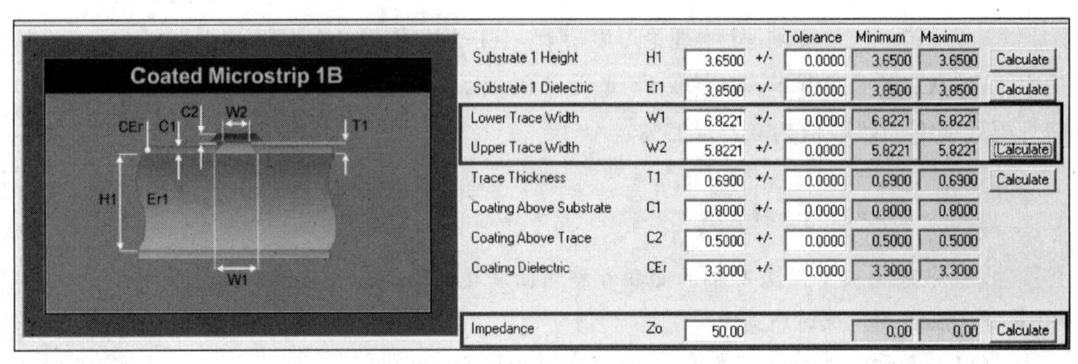

图 9-66　根据阻抗计算线宽

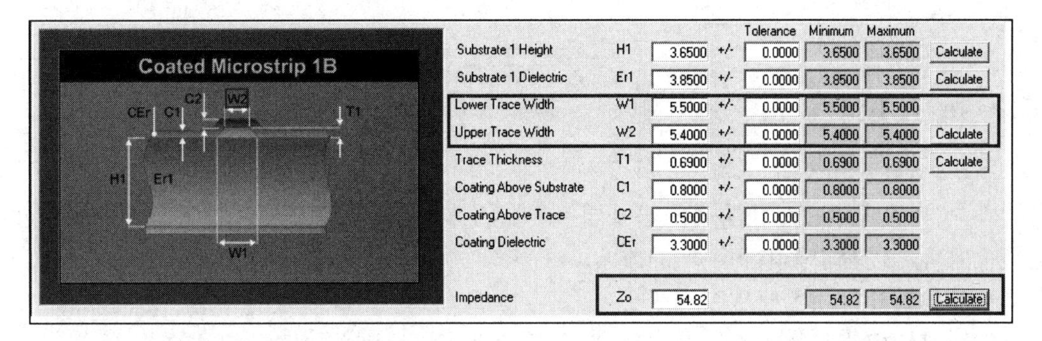

图 9-67　根据线宽微调阻抗

（4）需计算内层（以第 3 层为例）90Ω 差分阻抗走线的线宽与间距，如图 9-68 所示，选择内层差分阻抗模型，先根据压合叠层数据填入已知参数，然后通过阻抗要求调整线宽和间距，分别计算，考虑到板卡设计难度可以微调阻抗在准许范围之内。

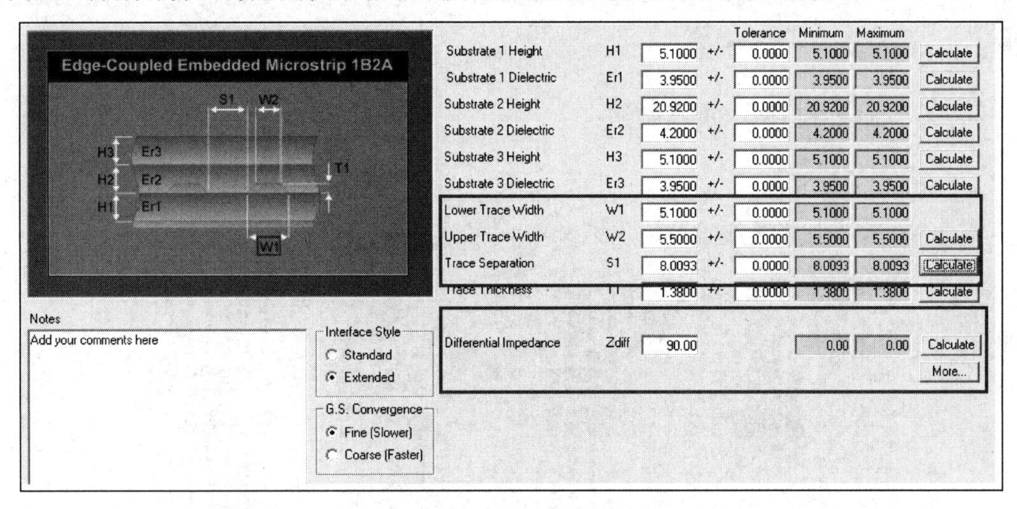

图 9-68　90Ω 差分阻抗计算结果

（5）阻抗计算结果如表 9-5 所示。

表 9-5　阻抗计算结果

Single Trace Impedance Control				
Layer	With（mil）	Impedance（Ohm）	Precision	Refer Layer
L1 / L6	5.5	50	+ / -10%	L2 / L5
L3 / L4	6.5	50	+ / -10%	L2 / L5
Differential Trace Impedance Control				
Layer	With（mil）	Impedance（Ohm）	Precision	Refer Layer
L1 / L6	4.5 / 5.0	100	+ / -10%	L2 / L5
L3 / L4	4.5 / 8.0	100	+ / -10%	L2 / L5
L1 / L6	8.0 / 8.0	90	+ / -10%	L2 / L5
L3 / L4	5.5 / 8.5	90	+ / -10%	L2 / L5

9.7 PCB 扇孔

在 PCB 设计中，过孔的扇出很重要，扇孔的方式会影响到信号完整性、平面完整性、布线的难度，以至于影响到生产的成本。

扇孔的直观目的主要是以下两个。

（1）缩短回流路径，比如 GND 孔，就近扇孔可以达到缩短路径的目的。

（2）打孔占位，预先打孔是为了防止在走线很密集的时候无法打孔下去，要绕很远连一条线，这样就会形成很长的回流路径。这种情况在进行高速 PCB 设计及多层 PCB 设计的时候经常遇到。预先打孔后面删除很方便，反之等走线完了再想去加一个过孔则很难，这时候通常的想法就是随便找条线连上，然而这样不能考虑到信号完整性，不符合规范做法。

9.7.1 扇孔推荐及缺陷做法

从图 9-69 中可以看出，推荐做法可以在内层两孔之间过线，参考平面也不会被割裂，反之不推荐做法增加了走线难度，也把参考平面割裂，破坏了平面完整性。

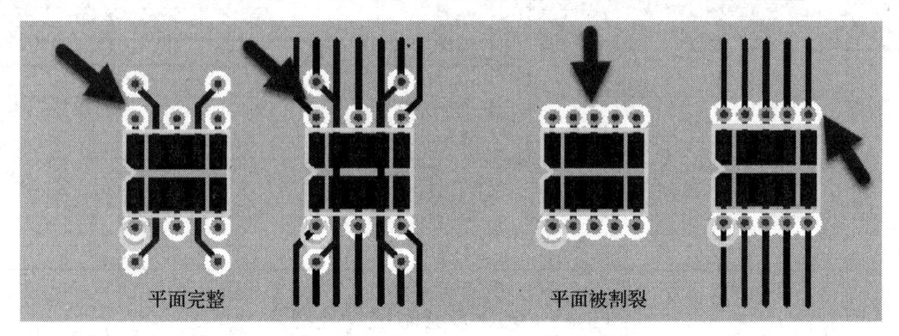

图 9-69 常规 CHIP 元件扇出方式对比

同样，这样的元件扇孔方式也适用于打孔换层的情景，如图 9-70 所示。

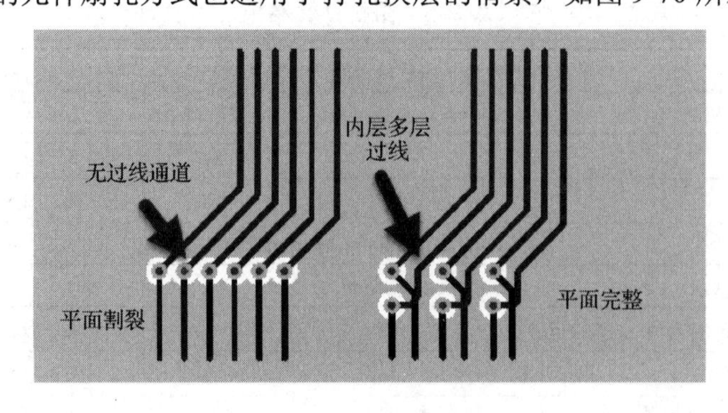

图 9-70 打孔换层的情景

9.7.2 扇孔的拉线

扇孔不仅打孔，还会进行短线的拉线处理，因此有必要对扇孔的拉线一些要求进行说明。

（1）为满足国内制板厂的生产工艺能力要求，常规扇孔拉线的线宽应大于或等于 4mil（0.1016mm）（特殊情况可用 3.5mil，即 0.0889mm），若小于这个值则会极大挑战工厂的生产能力，使报废率提高。

（2）不能出现任意角度走线，任意角度走线会挑战工厂的生产能力，很容易在蚀刻铜线时出现问题，推荐 45° 或 135° 走线，如图 9-71 所示。

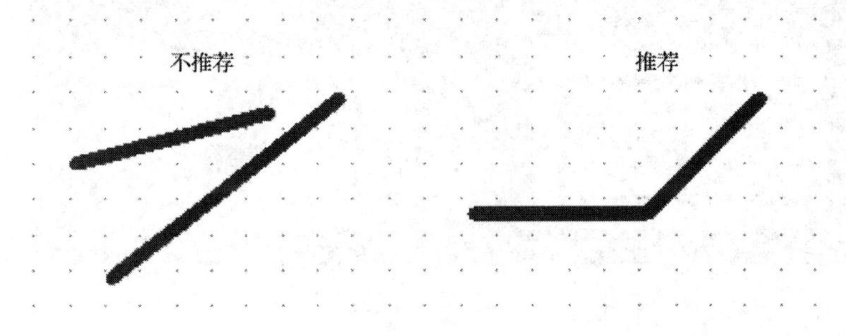

图 9-71　任意角度走线和 135° 走线

（3）如图 9-72 所示，同一网络不宜出现直角或锐角走线。直角或锐角走线一般是 PCB 布线中要求尽量避免的情况，这也几乎成为衡量布线好坏的标准之一。直角走线会使传输线的线宽发生变化，造成阻抗不连续，以及信号的反射，在尖端产生 EMI，从而影响线路。

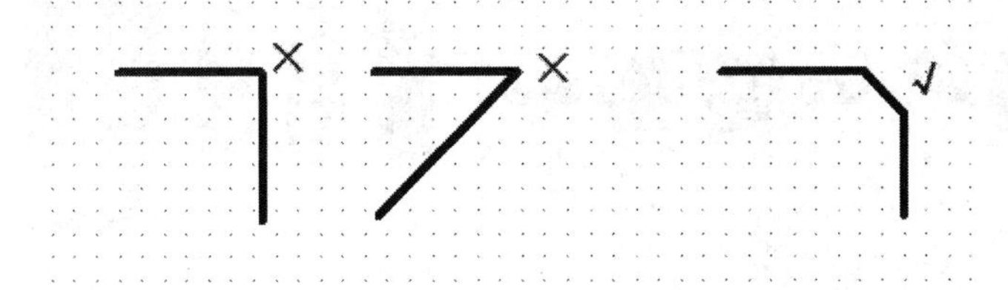

图 9-72　不宜出现直角或锐角走线

（4）设计的焊盘的形状一般都是规则的，如 BGA 的焊盘是圆形的，QFP 的焊盘是长圆形的，CHIP 元件的焊盘是矩形的等。但实际做出的 PCB，焊盘却不规则，可以说是奇形怪状。以 0402R 电阻封装的焊盘为例，如图 9-73 所示，由于生产时存在工艺偏差，设计的规则焊盘出线之后，实际的焊盘是在原矩形焊盘的基础上加一个小矩形焊盘组成的，不规则，这就出现了异形焊盘。

如果在 0402R 电阻封装的两个焊盘对角分别走线，加上 PCB 生产精度造成的阻焊偏差（阻焊窗单边比焊盘大 0.1mm），就会形成如图 9-74 中左图所示的焊盘。在这样的情况下，电阻焊接时由于焊锡表面张力的作用，会出现如图 9-74 中右图所示的不良旋转。

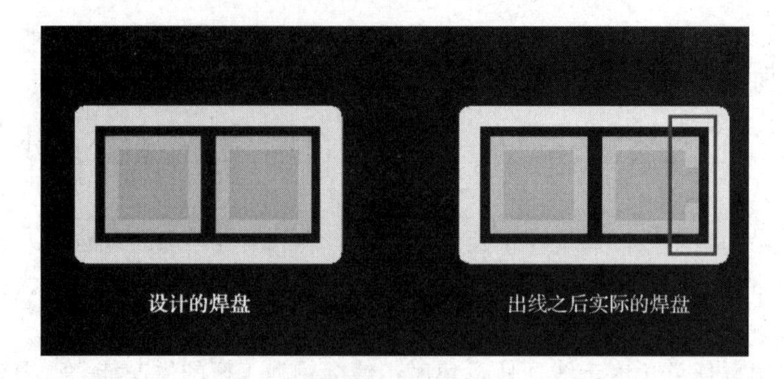

图 9-73　设计的焊盘和出线之后实际的焊盘

图 9-74　不良出线造成元件容易旋转

（5）采用合理的布线方式，焊盘连线采用关于长轴对称的扇出方式，可以比较有效地减小 CHIP 元件贴装后的不良旋转；如果焊盘扇出的线也关于短轴对称，那么还可以减小 CHIP 元件贴装后的漂移，如图 9-75 所示。

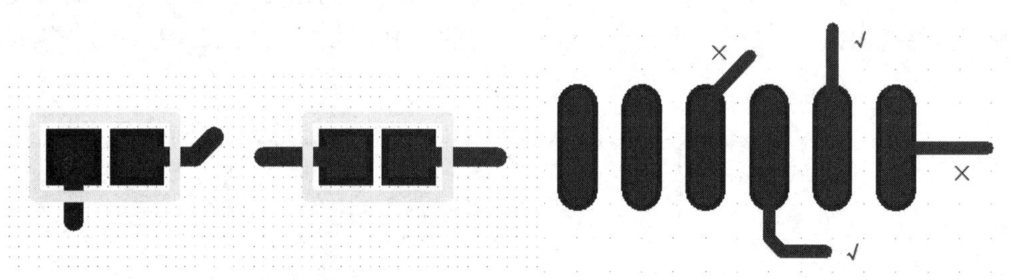

图 9-75　元件的出线

（6）相邻焊盘是同网络的，不能直接连接，需要先连接外焊盘之后再进行连接，如图 9-76 所示，直连容易在手动焊接的时候造成连焊。

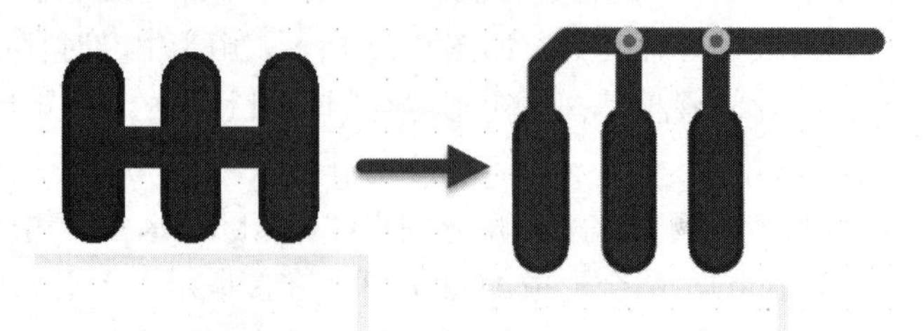

图 9-76　相邻同网络焊盘的连接方式

（7）连接器引脚拉线需要从焊盘中心拉出再往外走，不可出现其他的角度，避免在连接器拔插的时候把线撕裂，如图 9-77 所示。

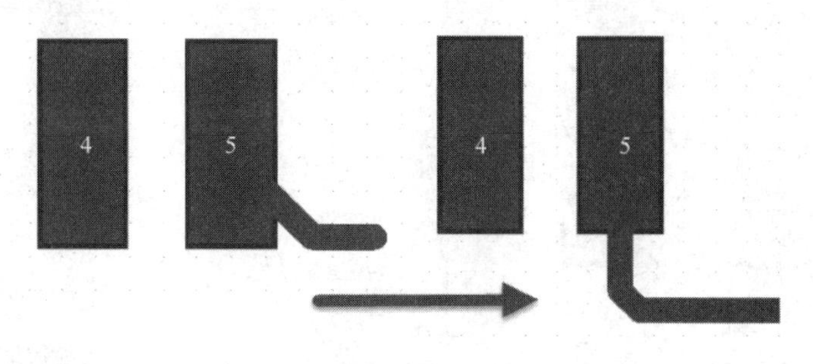

图 9-77　连接器的出线

9.8　布线常用操作

9.8.1　飞线的打开与关闭

飞线又叫鼠线，指两点间表示连接关系的线。飞线有利于梳理信号的流向，从而有逻辑地进行布线操作。当两个器件的焊盘网络相同时则会出现飞线，这表示此相同网络的焊盘可以通过走线进行连接，如图 9-78 所示，这是飞线全部打开的效果。在进行 PCB 布线时，可以有选择性地对某类网络或某个网络的飞线进行打开与关闭。

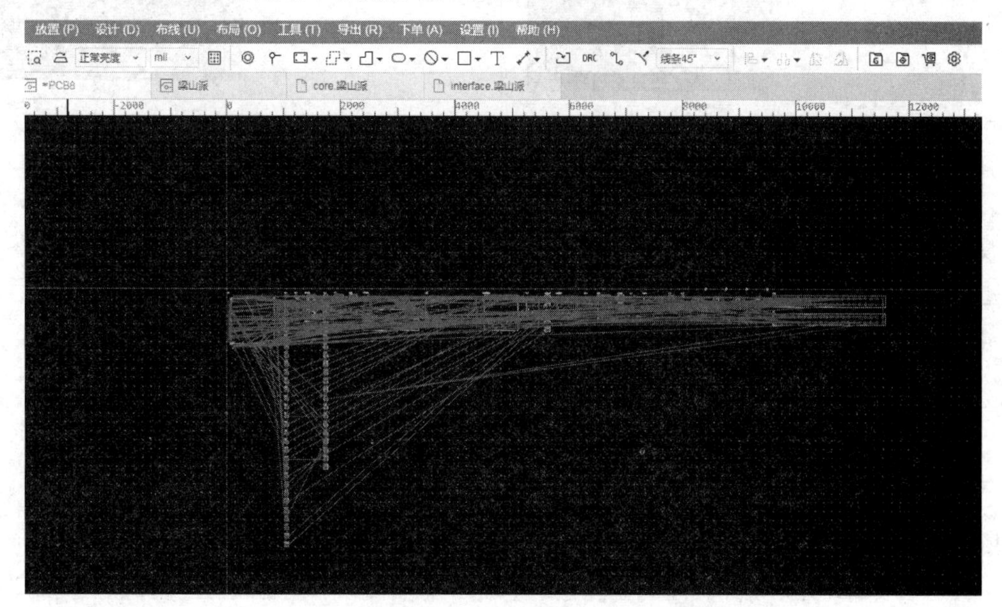

图 9-78　飞线显示效果图

（1）单击“视图—飞线”如图 9-79 所示，可以展开“飞线”菜单选项，“隐藏全部”“显示全部”，即打开或关闭 PCB 上的所有飞线，如图 9-80 所示。

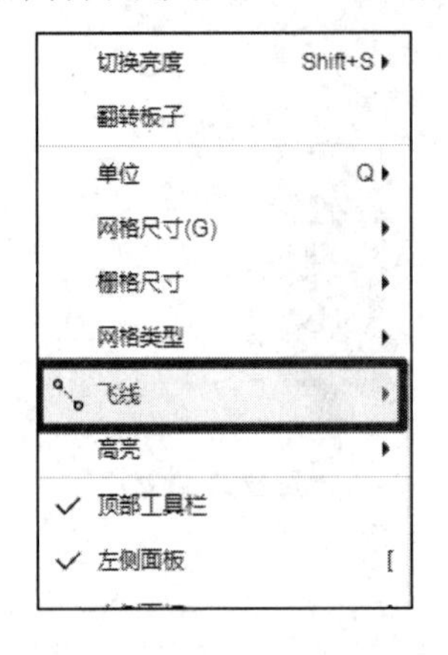

图 9-79　选择“飞线”选项　　　　图 9-80　所有飞线的打开和关闭选项

（2）如果需要针对某个器件或是某个焊盘网络进行飞线的隐藏与关闭，首先需要将对应器件或对应网络的焊盘选中，然后单击“视图—飞线—隐藏所选/显示所选”，如图 9-81 所示，或者使用 Ctrl+R 键进行切换。那么对应的器件或对应焊盘的网络的飞线可以隐藏或显示。

（3）如果需要显示或隐藏某个器件的飞线，首先选中对应器件，然后单击“视图—飞线—隐藏/显示器件飞线”，进行对应器件飞线的隐藏与显示切换，如图 9-82 所示。

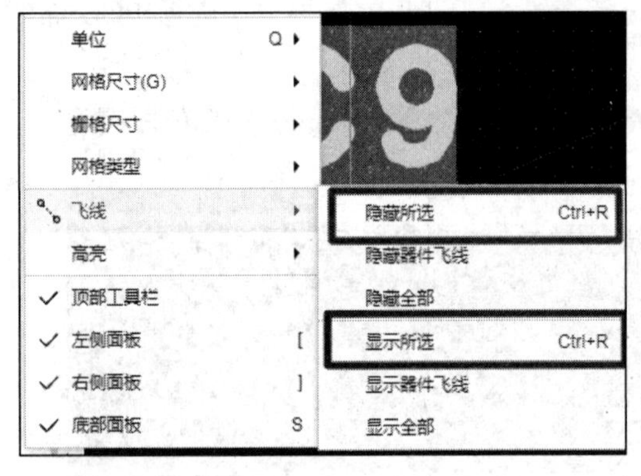

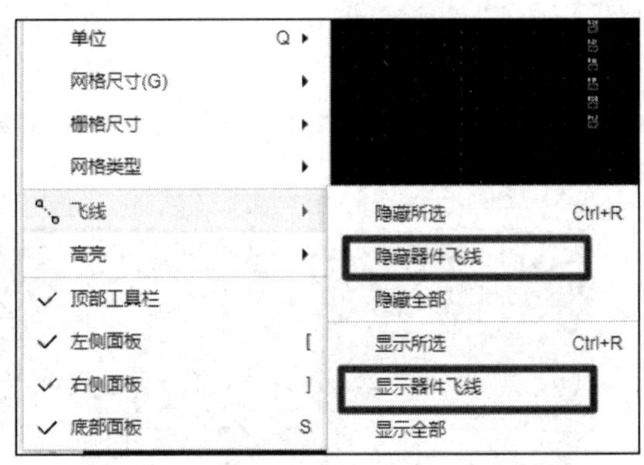

图 9-81　器件或网络的飞线打开和关闭选项　　　　图 9-82　某个器件的飞线打开和关闭选项

9.8.2　网络及网络类的颜色管理

为了方便识别信号走线，常常对网络类或某单个网络进行颜色设置，这样可以很方便地梳理信号流向和识别网络。一般按照如下步骤操作。

（1）在 PCB 交互设计界面的左侧栏中单击“工程设计—网络”，在打开的“网络”选项卡内罗列出了“网络”“网络类”“飞线”“差分对”等，如图 9-83 所示。

（2）如果需要针对某个网络进行颜色设置，首先要在“网络”选项卡中单击“网络”选项前的图标⊕，将 PCB 上所有存在的网络展开，如图 9-84 所示，然后找到对应需要设置颜色的网络（这里我们以为“3V3”网络设置颜色为例进行介绍），找到“3V3”网络之后单击网络前面的黑框，弹出颜色面板，最后选择对应设置的颜色即可赋予“3V3”网络颜色，如图 9-85 所示（选择黑色）。网络颜色设置完成之后，可以在 PCB 设计中查看对应网络是否显示对应颜色，如图 9-86 所示。

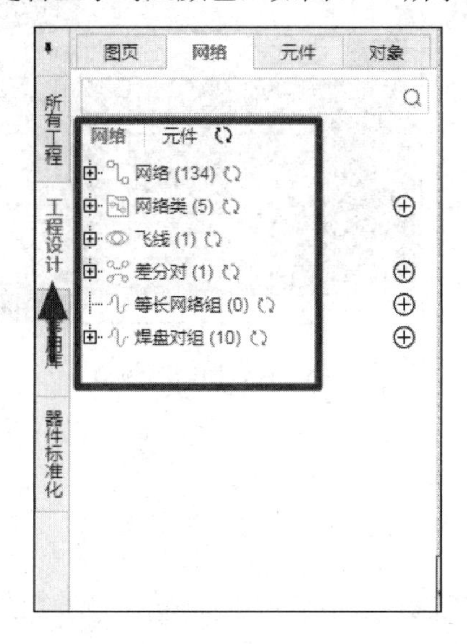

图 9-83 “网络”选项卡

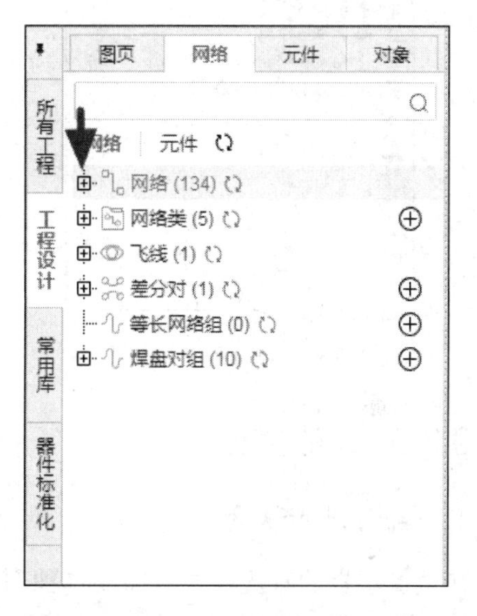

图 9-84 展开所有网络

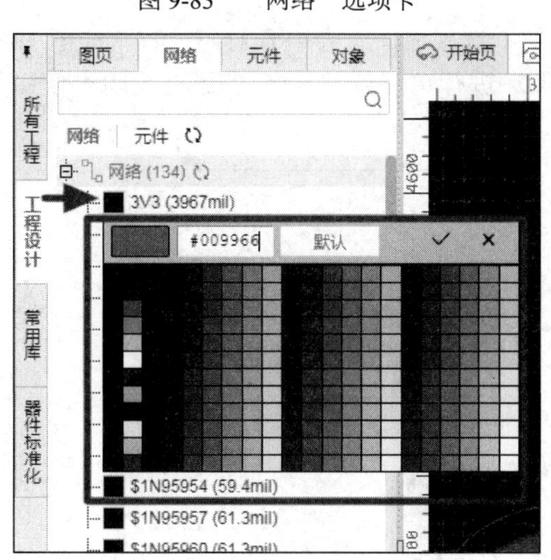

图 9-85 “3V3”网络颜色设置

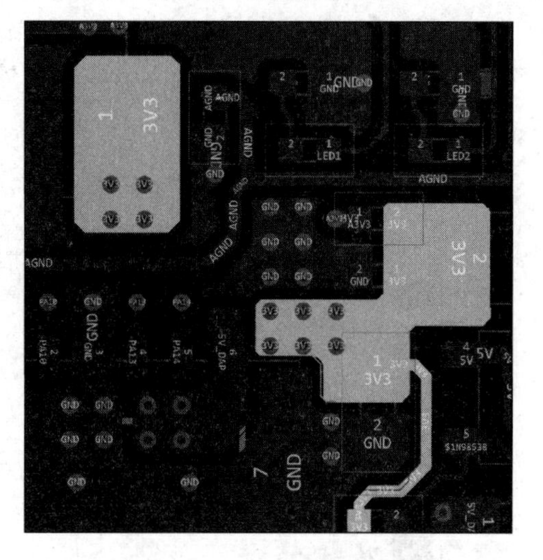

图 9-86 PCB 中网络颜色效果

（图中各深色线块均为黑色）

（3）如果需要快速地设置某一个网络类的颜色，操作方法同上述设置网络颜色基本一致。在左侧栏中单击“工程设计—网络”，弹出对应的网络面板，单击“网络类”选项前面的图标⊕，将 PCB 上的所有网络类展开，如图 9-87 所示。在展开的网络类中，单击选中对应网络类前的黑框，进行颜色的设置，如图 9-88 所示。

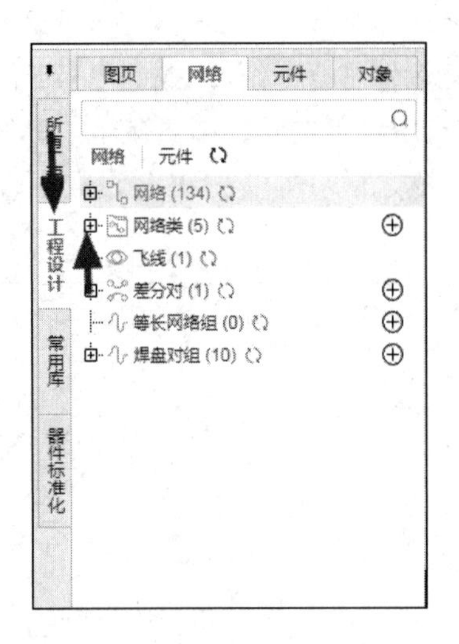

图 9-87　展开所有网络类

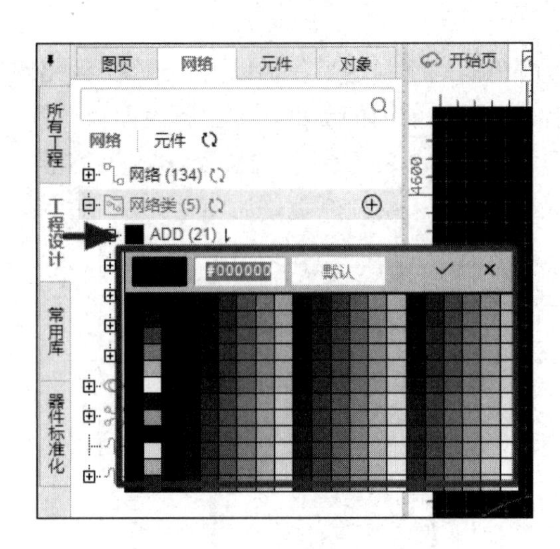

图 9-88　设置网络类颜色

9.8.3　层的管理

1. 层的打开与关闭

在做多层板的时候，经常需要单独用到某层或某几层的情况，这种情况就要用到层的打开与关闭功能。

在 PCB 设计交互界面右侧栏中单击“图层”选项卡，就会展开对应内容，如图 9-89 所示。鼠标可以多次单击对应图层前的图标 进行单层或多层的打开与关闭操作，如图 9-90 所示。

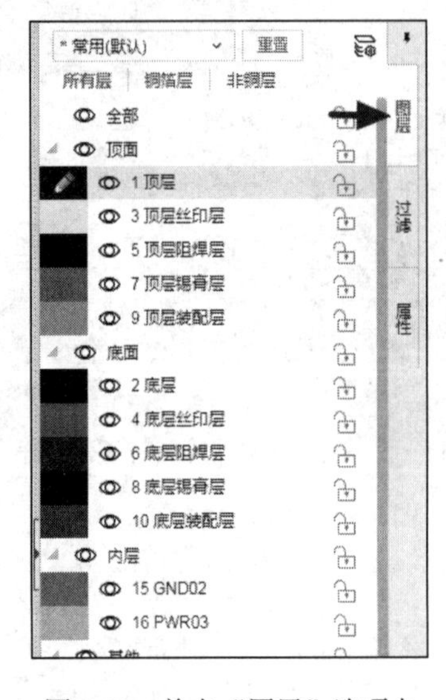

图 9-89　单击“图层”选项卡

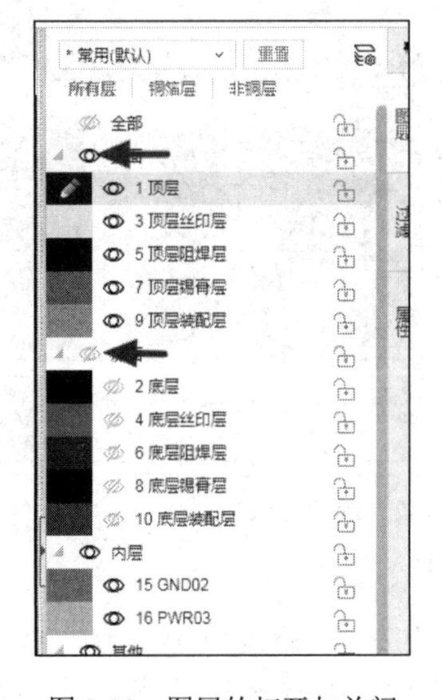

图 9-90　图层的打开与关闭

2. 层的颜色设置

为了设计时方便识别层属性，可以对不同层的线路默认颜色进行设置。单击“工具—

图层管理器”，如图 9-91 所示，或者单击 PCB 设计交互界面右侧栏中的“图层”选项卡，在此选项卡内单击右上角的图标 ，如图 9-92 所示，可以打开“图层管理器”对话框。

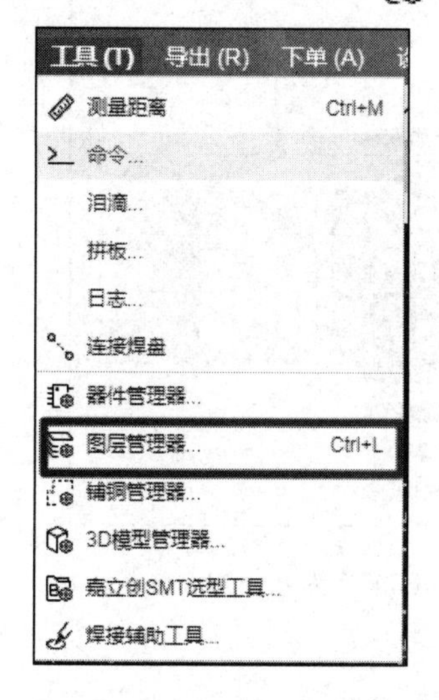

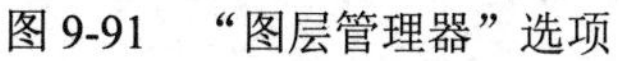
图 9-91　“图层管理器”选项

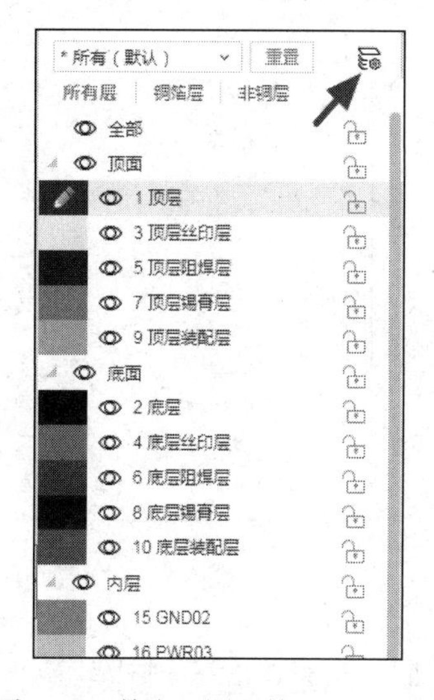

图 9-92　单击“图层管理器”图标

打开对应的“图层管理器”对话框之后，“类型”分栏中显示 PCB 设计所存在的各个图层，每个图层的后面都有颜色设置栏。在此颜色设置栏中单击对应需要更改默认颜色的层，如图 9-93 所示，随即弹出颜色设置面板，设置好对应颜色即可，如图 9-94 所示。至此，图层颜色设定已完成。

图层管理器

图层管理　物理堆叠

铜箔层: 4　颜色配置:　非激活层透明度: 50 %　PCB类型: 普通板材

序号	名称	类型	颜色	透明度(%)
1	顶层	信号层	[illegible]	0
2	GND02	内电层	#BC8E00	0
3	PWR03	内电层	#70DBFA	0
4	底层	信号层	[illegible]	0
5	顶层丝印层	丝印层	#FFFF00	0
6	底层丝印层	丝印层	#808000	0
7	顶层阻焊层	阻焊层	[illegible]	30
8	底层阻焊层	阻焊层	#FF00FF	30
9	顶层锡膏层	锡膏层	#808080	0
10	底层锡膏层	锡膏层	[illegible]	0
11	顶层装配层	装配层	#33CC99	0

导入　导出　应用　确认

图 9-93　图层颜色设置栏

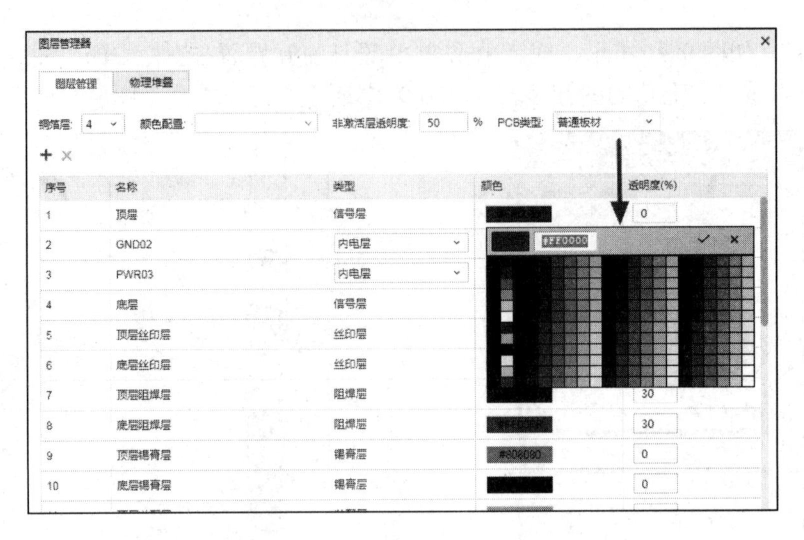

图 9-94　图层颜色设定（此处的“#FF000”为红色）

9.8.4　元素的显示与隐藏

在设计的时候，为了更好地识别和引用，有时候会进行关闭走线、显示过孔或隐藏铜皮等操作，从而可以更好地对其中的某个单独元素进行分析处理。

在 PCB 设计交互界面右侧栏中单击“过滤”选项卡（见图 9-95），就会展开各个元素是否过滤及是否显示的设置。单击对应需要显示或关闭的元素前面的图标 进行切换，从而可将对应元素进行显示与隐藏操作，如图 9-96 所示。

单击过滤面板最上面“全部”选项前面的图标 进行切换即可对所有元素进行一键显示与隐藏，如图 9-97 所示。

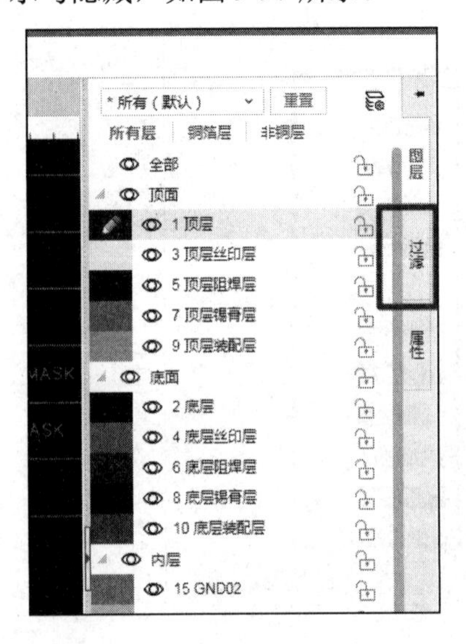

图 9-95　单击“过滤”选项卡

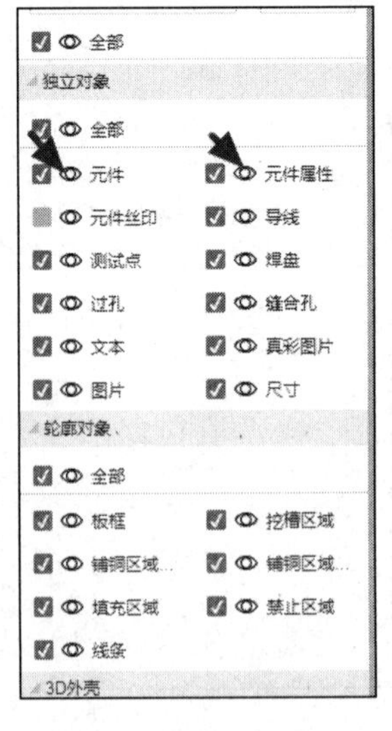

图 9-96　显示或者隐藏元素

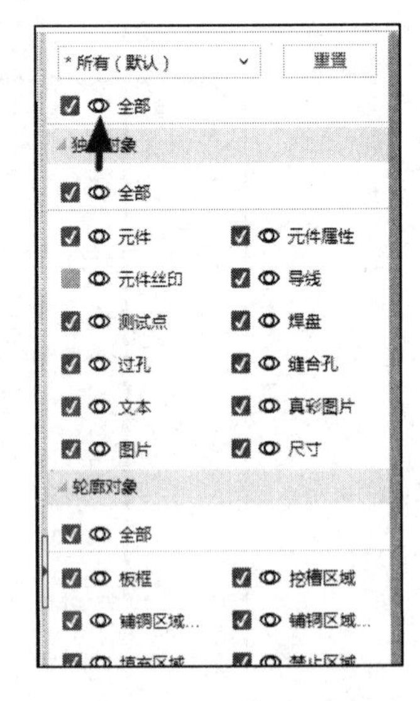

图 9-97　一键显示与隐藏所有元素

9.8.5　泪滴的作用与添加

1. 泪滴的作用

（1）避免电路板受到巨大外力冲撞时导线与焊盘或导线与导孔的接触点断开，也可使电路板显得更加美观。

（2）焊接上，可以保护焊盘，避免多次焊接时焊盘脱落；生产时，可以避免蚀刻不均、过孔偏位出现裂缝等。

（3）信号传输时平滑阻抗，减少阻抗的急剧跳变；避免高频信号传输时由于线宽突然变小而造成反射，可使走线与元件焊盘之间的连接趋于平稳过渡化。

2. 泪滴的添加

（1）在单根走线与焊盘或单根走线与过孔之间添加泪滴的步骤如下：选中需要添加泪滴的走线，单击“工具—泪滴”如图 9-98 所示。随即弹出“泪滴”对话框，单个泪滴添加设置如图 9-99 所示，注意“应用范围”选区需要选择“仅选中”选项，参数设置完成后单击“应用”按钮即可添加，单根走线添加泪滴的效果图如图 9-100 所示。

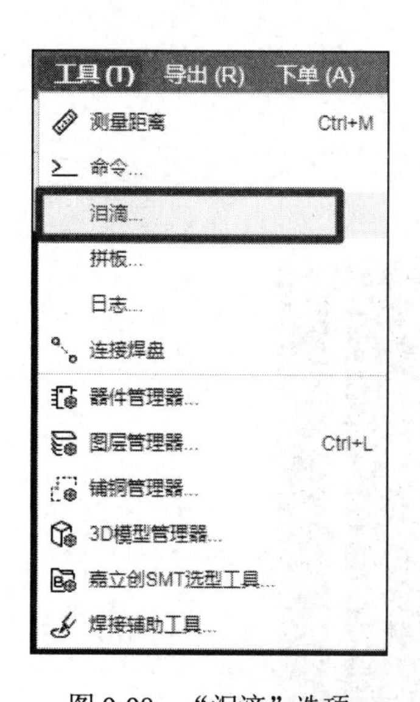

图 9-98　“泪滴”选项

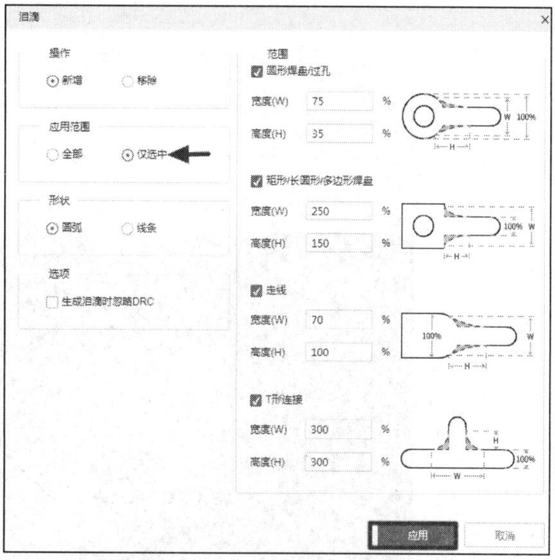

图 9-99　单个泪滴添加设置

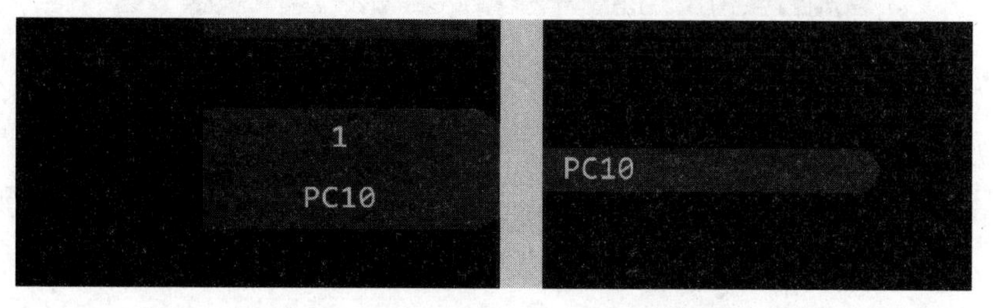

图 9-100　单根走线添加泪滴的效果图

（2）如果需要将整个 PCB 上都进行泪滴添加，相关步骤如下：单击“工具—泪滴”，弹出“泪滴”对话框，注意与单根走线添加泪滴设置不同的是，“应用范围”分区需要选择“全部”选项，如图 9-101 所示。其他的宽度、高度根据具体 PCB 设计进行填写或保持默认，设置完成后单击“应用”按钮即可，PCB 全部添加泪滴的效果图如图 9-102 所示。

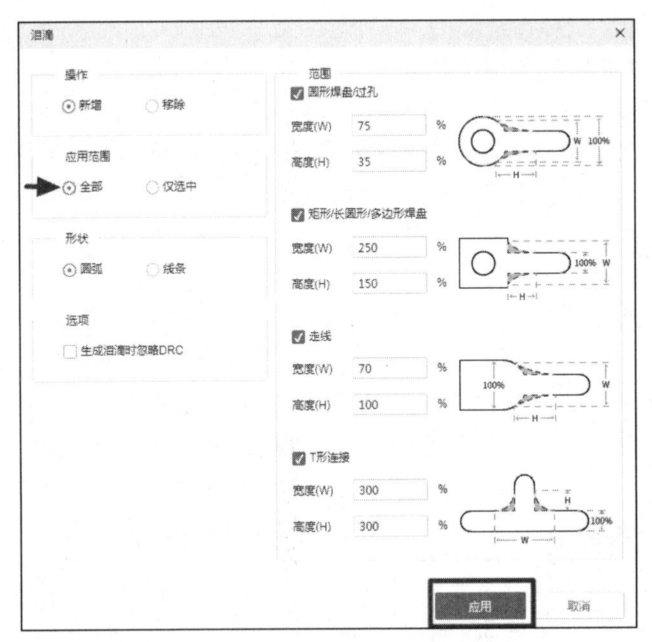

图 9-101　泪滴添加设置

图 9-102　PCB 全部添加泪滴的效果图

9.9　PCB 铺铜

所谓铺铜，就是将 PCB 上闲置的空间作为基准面，然后用固体铜填充，这些铜区又称为灌铜。铺铜的意义如下。

（1）增加载流面积，提高载流能力。

（2）减小地线阻抗，提高抗干扰能力。

（3）降低压降，提高电源效率。

（4）与地线相连，减小环路面积。

（5）多层板对称铺铜可以起到平衡作用。

在 PCB 设计中，铺铜应用很广泛。在嘉立创 EDA 专业版中，铺铜的操作、铺铜设置、铺铜的编辑修正等很值得我们分析研究。

9.9.1 局部铺铜

对于 PCB 设计中的一些电源模块，因为考虑到电流的大小载流，需要加宽载流路径，走线的话，因为路径上含有过孔或其他阻碍物，不会自动避让，不方便进行 DRC 处理，这个时候可以用局部铺铜。

（1）单击“放置—铺铜区域”，菜单中有三种铺铜区域形状可选，分别为“矩形”“圆形”“多边形”，如图 9-103 中的左图所示。此外，选择顶部工具栏中的“铺铜区域”选项也可执行铺铜命令，如图 9-103 中的右图所示。

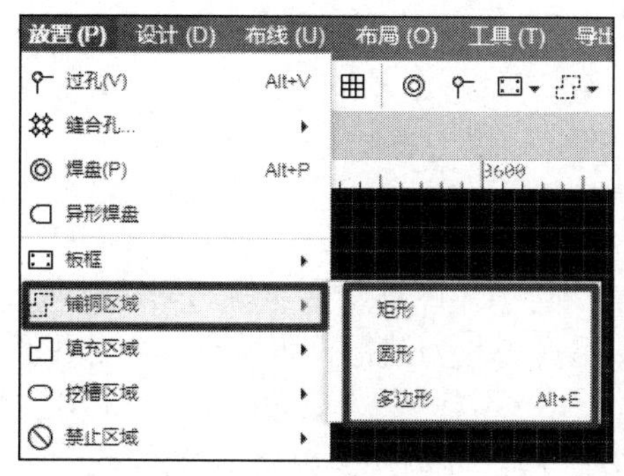

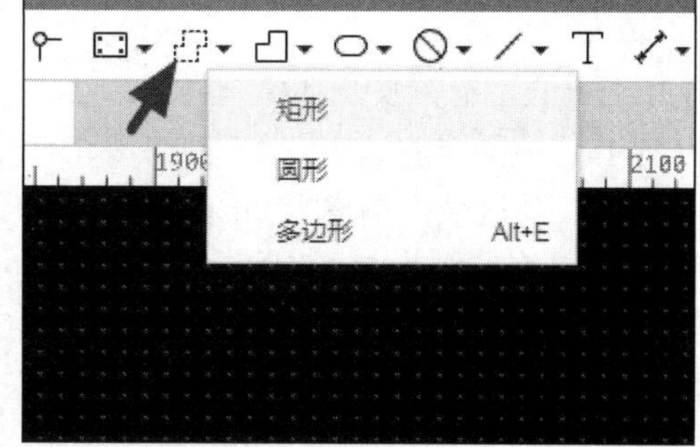

图 9-103 铺铜区域形状

（2）以多边形绘制铜皮为例，命令激活之后，鼠标光标会出现铺铜命令的形状，如图 9-104 所示。然后通过鼠标光标绘制出对应形状的铜皮，绘制完成之后在“轮廓对象”窗口中进行属性设置，如图 9-105 所示。

其中的各项设置解析如下。

① 类型：绘制完铜皮之后软件默认为铺铜区域类型。

② 名称：根据自己的具体设计给对应铜皮设置不同的名称。

③ 图层：可以修改铺铜区的层，即顶层、底层、内层 1、内层 2、内层 3、内层 4，当内层的类型是内电层时，无法绘制铺铜。

④ 网络：设置铜皮所连接的网络，当网络和 PCB 上的元素网络相同时，铺铜才可以和元素连接，并会显示出来，否则铺铜会被认为是孤岛而被移除。

⑤ 锁定：仅锁定铺铜的位置，锁定后将无法在 PCB 上修改铺铜大小和位置。

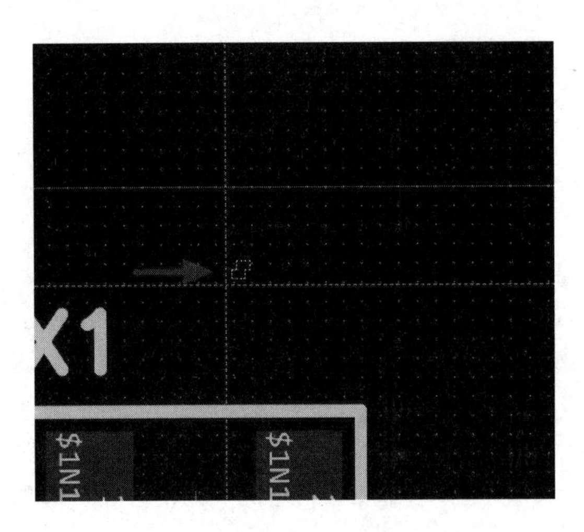

图 9-104　激活铺铜命令的鼠标光标

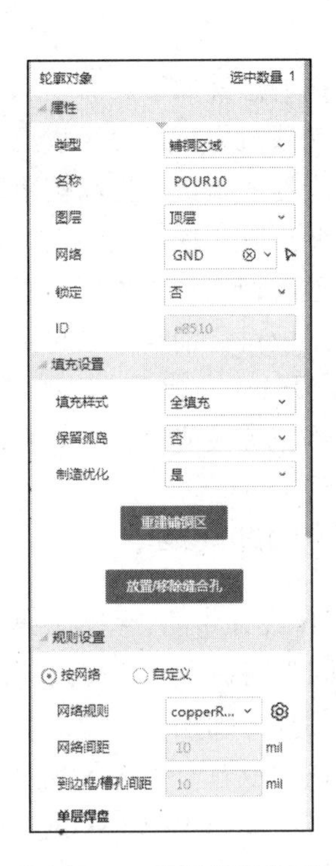

图 9-105　铺铜属性设置

⑥ 填充样式如下。

全填充：正常的铜皮全部填充样式。

网格 45：该区域的铜皮为 45°网格填充。

网格 90：该区域的铜皮为 90°网格填充。

⑦ 保留孤岛：即是否去除死铜，若铺铜的一小块填充区域没有设置网络，那么它将被视为死铜而去除。如果需要保留铺铜，可选择保留孤岛或为铺铜设置一个与相邻焊盘相同的网络，并重建铺铜，按 Shift+B 键。

⑧ 制造优化：仅在填充样式为全填充时出现，网格铺铜默认启用制造优化。

⑨ 重建铺铜区：根据选中的铺铜进行重建，按 Shift+B 键会把全部铺铜（包括内电层）一起重建。

⑩ 放置/移除缝合孔：根据选中的铺铜自动放置或移除缝合孔（批量过孔）。

⑪ 规则设置：可以根据网络切换铺铜规则，以及自定义铺铜规则。

9.9.2　全局铺铜

全局铺铜一般在整板铺铜好之后进行，可以系统地对整个电路板的铺铜进行优先级设置、重新铺铜等操作。单击“工具—铺铜管理器”，如图 9-106 所示，进入“铺铜管理器”对话框。“铺铜管理器”对话框主要分为优先级、名称、图层、颜色、网络这几种设置，如图 9-107 所示。

（1）优先级：单击“优先级”分栏中的铜皮，然后单击按钮“↑”“↓”调整对应铜皮的优先级。

（2）名称：铜皮名称可在“名称”分栏中修改，即双击编辑铜皮名称。

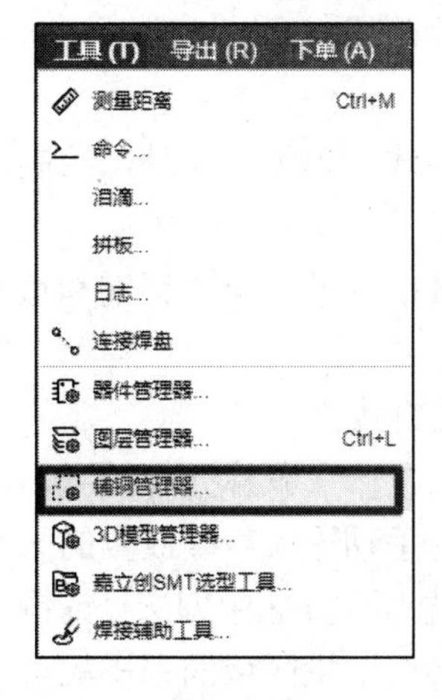

图 9-106 “铺铜管理器”选项

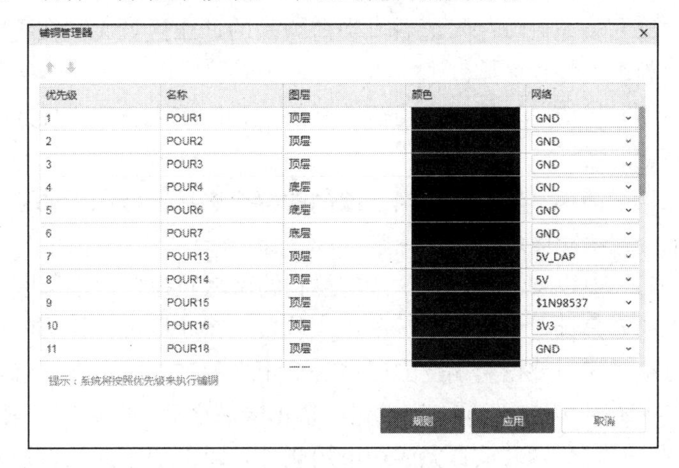

图 9-107 “铺铜管理器”对话框

（3）图层：双击对应铜皮后的“图层”分栏，可打开图层的下拉菜单进行此铜皮在 PCB 上的图层切换。

（4）颜色：铜皮在 PCB 上的显示颜色。

（5）网络：单击对应铜皮的“网络”分栏，进行铜皮网络选择。

注意：PCB 上的铺铜顺序是根据铺铜的优先级进行的，优先级高就优先铺此铜皮。

9.9.3 多边形挖空的放置

有时在铺铜之后还需要删除一些碎铜或尖岬铜皮，单击“放置—禁止区域”，如图 9-108 所示，“禁止区域”选项的功能就是禁止此区域放置元件、放置填充区域、放置导线、铺铜、放置内电层，如图 9-109 所示，具体每项解析如下。

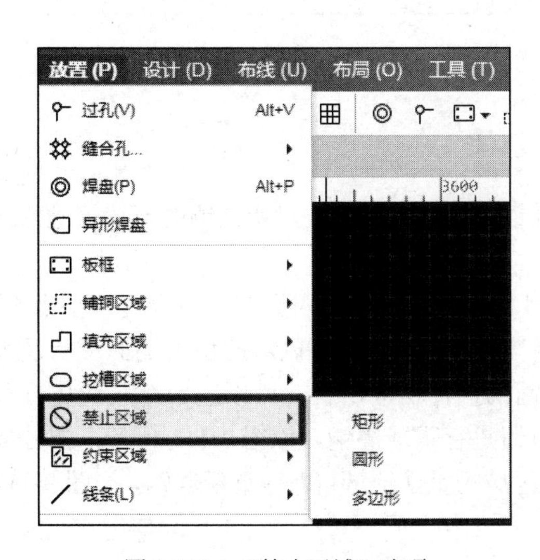

图 9-108 “禁止区域”选项

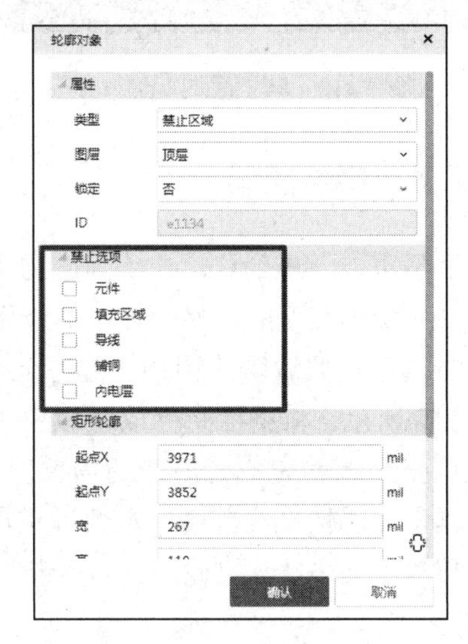

图 9-109 “禁止选项”分区

（1）元件：勾选后，当前绘制的禁止区域无法在里面放置元件。

（2）填充区域：勾选后，当前绘制的禁止区域无法在里面绘制填充区域，也无法从外部绘制进入禁止区域。

（3）导线：勾选后，当前绘制的禁止区域无法在里面绘制导线，也无法从外部绘制进入禁止区域。

（4）铺铜：勾选后，当前绘制的禁止区域无法在里面绘制铺铜区域，全局铺铜和重建铺铜会把禁止区域的铜皮挖空。

（5）内电层：勾选后，当前绘制的区域将挖空内电层区域的铜皮。

如果只针对铺铜有效，单击“放置—禁止区域—矩形”之后，十字鼠标光标被激活，即可在对应需要挖空铜皮的区域进行矩形放置，也可在动态框内手动输入需要放置的大小数值，如图 9-110 所示。放置完成禁止区域之后，需要在“禁止选项”分区中勾选“铺铜”，如图 9-111 所示。放置完成后不用删除，重新灌下此块铜皮，那么此块区域的铜皮就可以被挖掉。

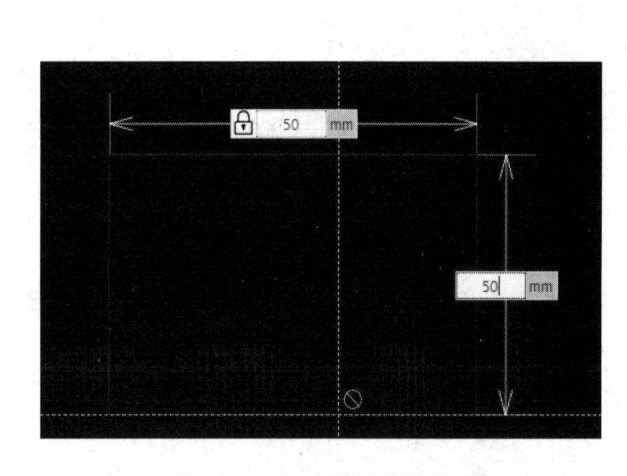

图 9-110　禁止区域矩形放置

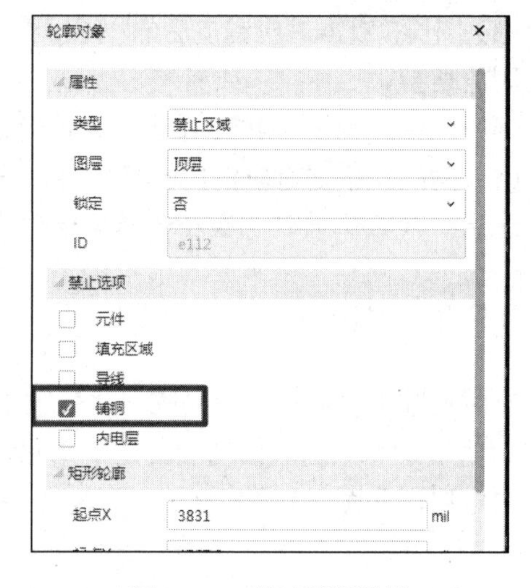

图 9-111　针对铺铜设置

9.9.4　修整铺铜

铺铜不可能一步到位，在实际应用中，铺铜完成之后，需要对所铺铜的形状等进行一些调整，如铺铜宽度的调整、钝角的修整等。

单击选中需要编辑的铺铜，选中之后即可看到此块铺铜的四周有一些绿色“小点”，如图 9-112 所示，将鼠标光标放在绿色“小点”上进行拖动，可以对此块铺铜的形状及大小进行调整。调整完成之后，还需要对此块铺铜进行铺铜刷新，可以选中对应铜皮打开其属性框，在属性框内单击“重建铺铜区”按钮进行重新灌铜，如图 9-113 所示；或者选中此铜皮后右击，打开快捷菜单，单击“铺铜区域—重建所选”进行重新灌铜，如图 9-114 所示。

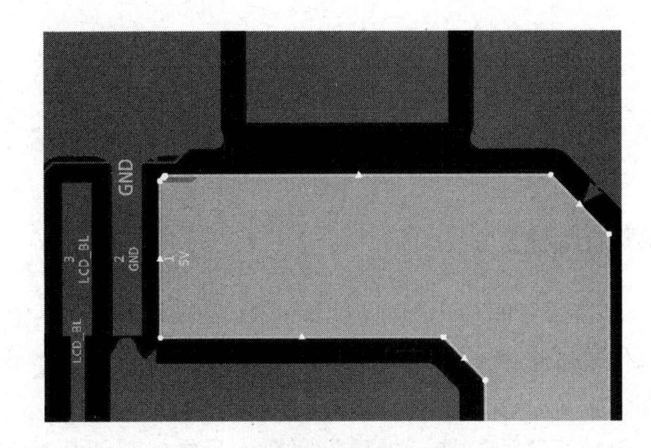

图 9-112　铺铜的形状及大小调整

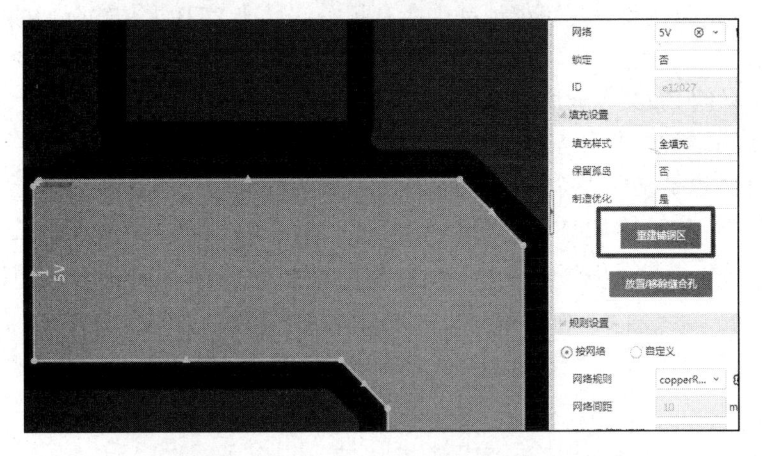

图 9-113　单击“重建铺铜区”按钮

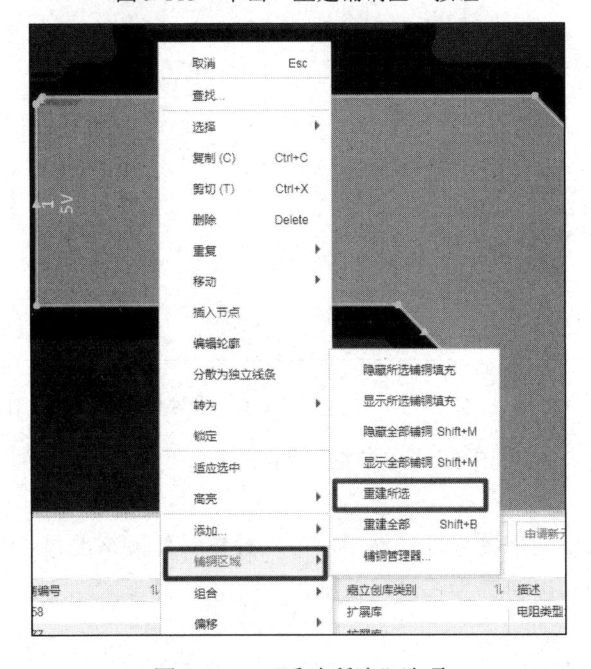

图 9-114　“重建所选”选项

9.10 蛇形走线

9.10.1 单端蛇形走线

在 PCB 设计中，蛇形等长走线主要是针对一些高速的并行总线来讲的。由于这类并行总线往往有多条数据信号基于同一个时钟采样，每个时钟周期可能要采样 2 次甚至 4 次，而随着芯片运行频率的提高，信号传输延迟对时序的影响比重越来越大，为了保证在数据采样点（时钟的上升沿或下降沿）能正确采集所有信号的值，就必须对信号传输延迟进行控制。等长走线的目的就是尽可能地减少所有相关信号在 PCB 上传输延迟的差异，保证时序的匹配。

（1）在嘉立创 EDA 专业版中，等长绕线之前建议完成 PCB 的连通性，并且建立好相对应的总线网络类，因为等长是在既有的走线上进行绕线的，不是一开始就走成蛇形线，等长的时候也是基于一个总线里面最长的那条线进行长度的等长。

（2）单击“布线—等长调节”（Shift+A 键），如图 9-115 所示。激活等长命令之后，单击需要等长的走线，并按 Tab 键调出“等长调节设置”对话框，如图 9-116 所示。

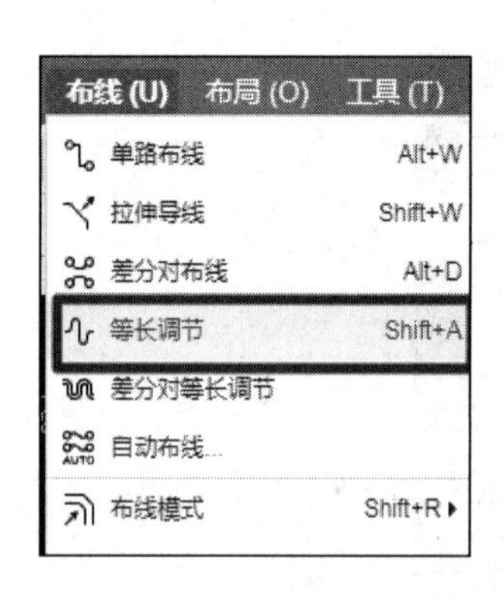

图 9-115 “等长调节”选项

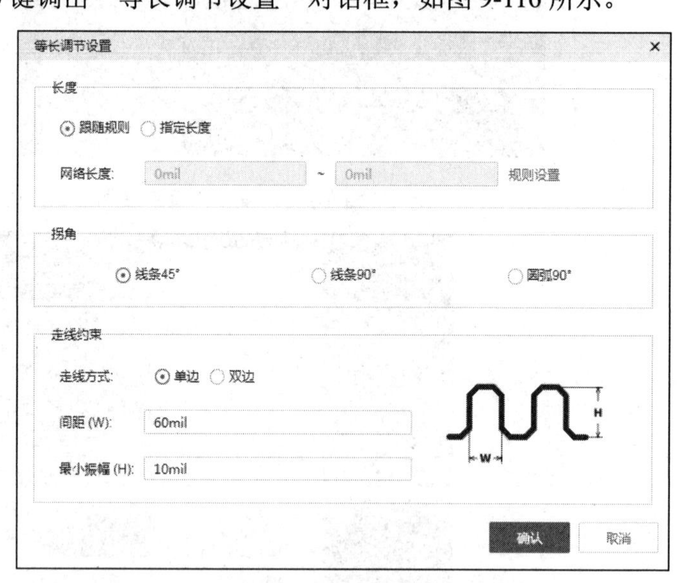

图 9-116 “等长调节设置”对话框

“等长调节设置”对话框中的各项参数说明如下。

① 长度。

跟随规则：依据规则来设置目标长度，可以设置具体网络的最长长度和最短长度。

指定长度：手动直接设置等长目标长度。

② 拐角。

线条 45°：斜线条 45° 等长模式，如图 9-117 所示。

图 9-117　斜线条 45° 等长模式

线条 90°：直角线条 90° 等长模式，如图 9-118 所示。

圆弧 90°：圆弧线条 90° 等长模式，如图 9-119 所示。

图 9-118　直角线条 90° 等长模式　　图 9-119　圆弧线条 90° 等长模式

③ 走线约束。

走线方式：单边或双边选项，单边走线即等长时只会往一个方向进行等长摆幅；双边走线即等长时走线的两边都能拉等长调整。等长“单边”或“双边”效果图如图 9-120 所示。

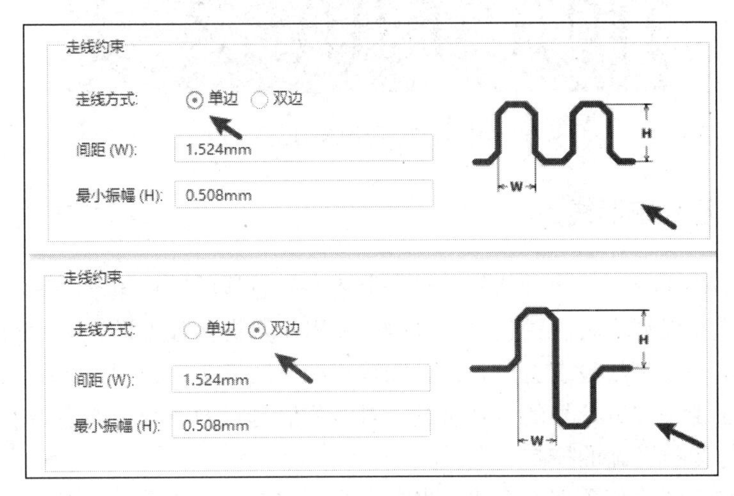

图 9-120　等长“单边”或“双边”效果图

间距和最小振幅：间距即蛇形等长线的宽度设置；最小振幅即高度设置。在具体的“等长调节设置”对话框内可以看到其参数值对应的位置调整，如图 9-121 所示。

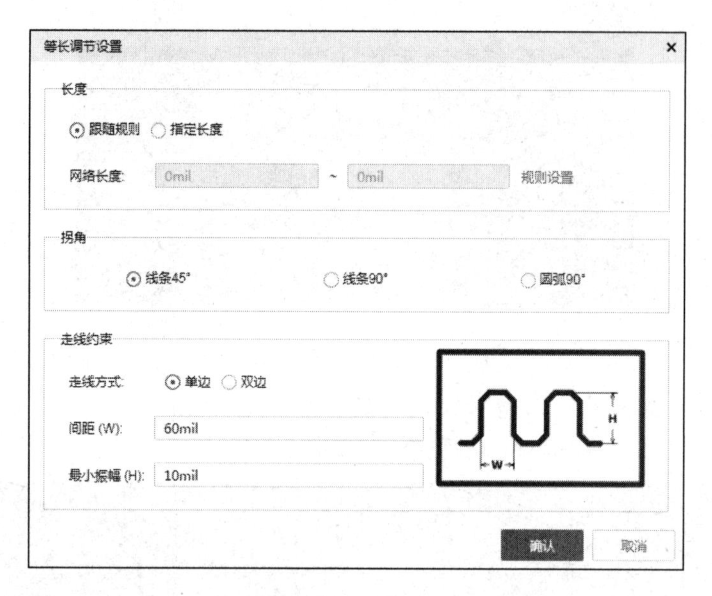

图 9-121　蛇形等长线的间距及振幅设置

（3）常规的等长走线是围绕走线的上下两边同时进行绕线的，为了节约等长空间，一般按照单边走线方式，在进行等长绕线前，在等长另一侧增加一条阻碍线，这样蛇形绕线通常会出现在同侧，之后删除阻碍线即可，如图 9-122 所示。

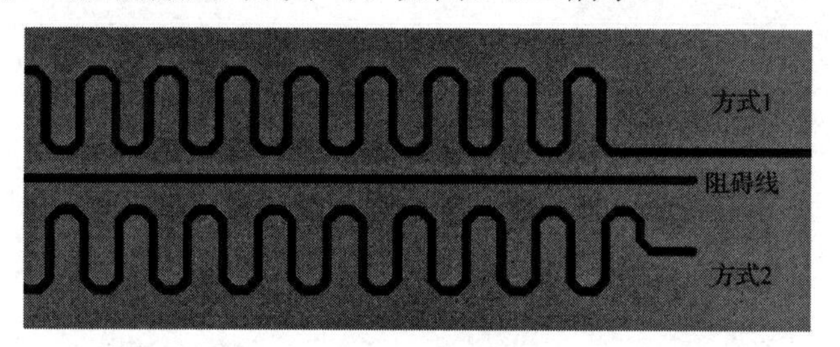

图 9-122　阻碍线的使用

9.10.2　差分蛇形线

USB、SATA、PCIE 等串行信号并没有上述并行总线的时钟概念，其时钟是隐含在串行数据中的。数据发送方将时钟包含在数据中发出，数据接收方通过接收到的数据恢复出时钟信号。这类串行总线没有上述并行总线等长布线的概念，但因为这些串行信号都采用差分信号，为了保证差分信号的信号质量，对差分信号对的布线一般会要求等长且按总线规范的要求进行阻抗匹配的控制。

（1）差分蛇形线类似单端蛇形线，也是先执行完差分走线命令，再执行“布线—差分对等长调节”，如图 9-123 所示，激活差分等长命令之后，单击需要等长的差分走线，并按 Tab 键调出“等长调节设置”对话框，进行对应的差分走线等长参数设置，如图 9-124 所示，按照要求设置差分蛇形线参数，其具体参数与单端蛇形线参数设置基本一致，如图 9-125 所示。

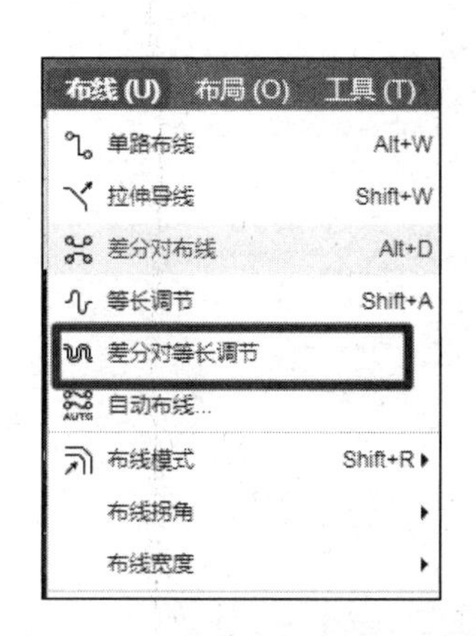

图 9-123 “差分对等长调节”选项

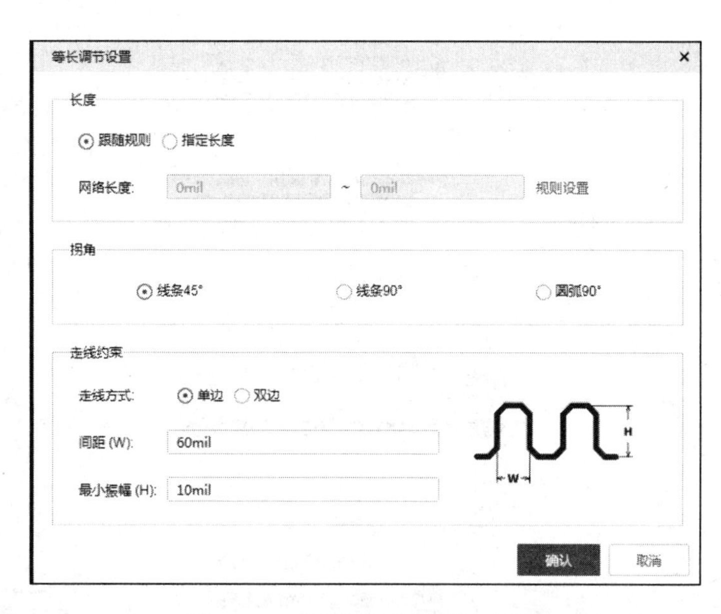

图 9-124 “等长调节设置”对话框

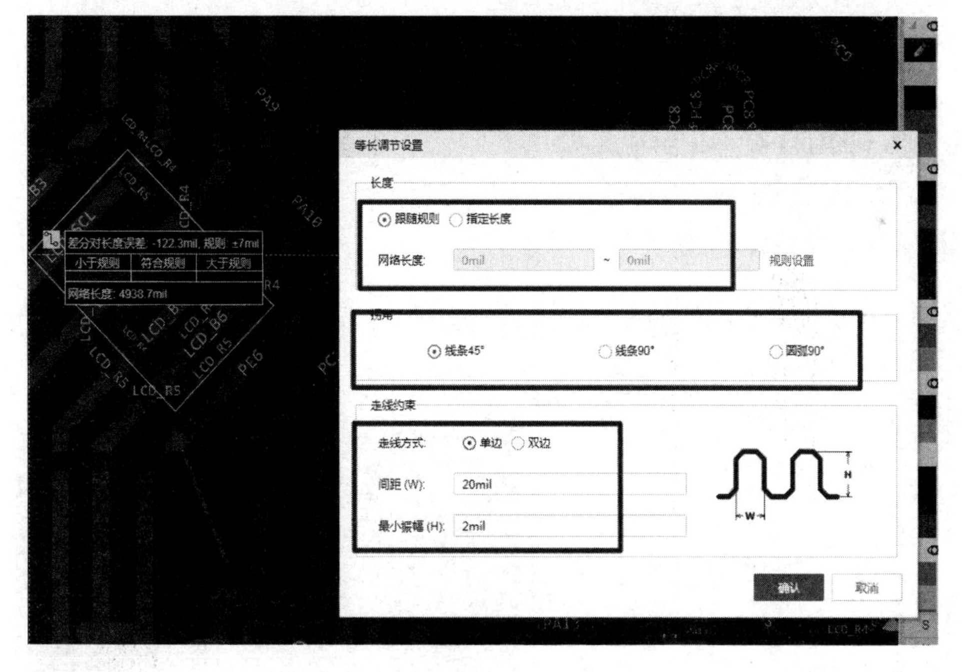

图 9-125 差分蛇形线参数设置

（2）单击需要等长的差分走线，并拖动鼠标，即开始差分蛇形走线，必要时也可以加阻碍线。

（3）为了满足差分对内之间的时序匹配，一般差分对内之间也需要进行等长，误差要求一般是 5mil 以内。这种等长方式一般不再是以差分走线来等长了，而是利用单端走线命令，对差分走线的其中一条来进行绕线。常见差分对内等长方式如图 9-126 所示。

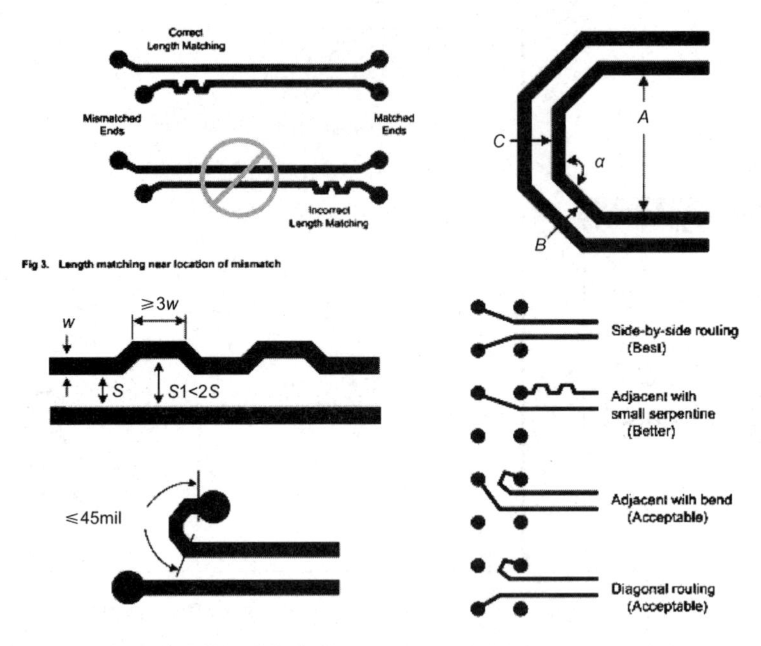

图 9-126　常见差分对内等长方式

9.11　多种拓扑结构的等长处理

9.11.1　点到点绕线

点到点绕线如图 9-127 所示，可以在类别中调用长度表格进行参照，一条一条地绕到目标长度即可。

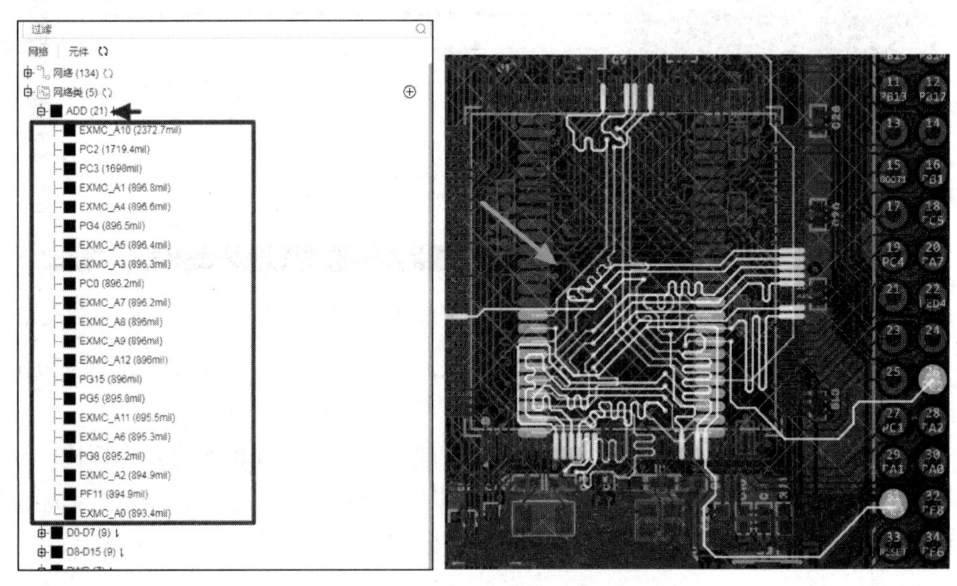

图 9-127　点到点绕线

若主干道上串联有电阻，可在原理图中将电阻两端短接起来，更新到PCB中，这样可以让串阻两端的网络是一样的了，再按照点到点的方法进行绕线即可，如图9-128所示。

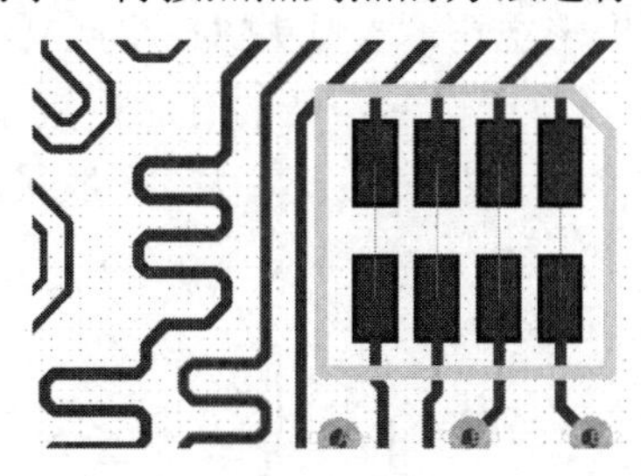

图9-128　电阻两端短接

含有串阻的单端建议都采用这种方法，简单、方便、快速。但是值得注意的是，在原理图上处理的时候要备份原始版本，处理完等长之后再拿原始版本的原理图进行比对并更新回来。

9.11.2 菊花链结构

在PCB设计中，信号走线通过U1出发途经U2，再由U2到达U3的信号结构称为菊花链结构，如图9-129所示。在这种连接方法中，不会形成网状的拓扑结构，只有相邻的元件之间才能直接通信。

复制3个版本的PCB，如图9-130所示，利用嘉立创EDA专业版自带的单击对应网络类其会自动高亮显示的功能，先过滤出菊花链的某个网络类，绕线前端时，可以框选后端走线进行删除，这样就转换为点到点绕线，然后在另外一个备份PCB中反向操作，最后综合到完成版本上即可。

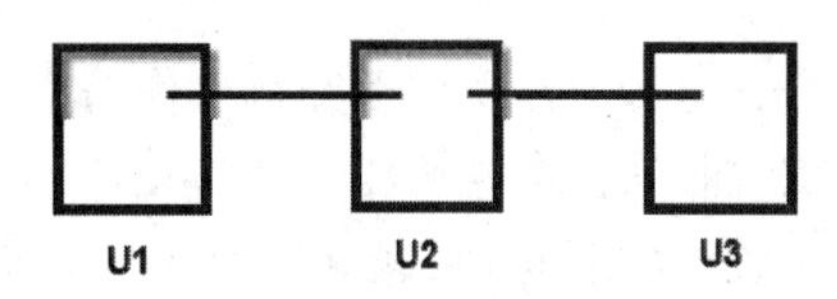

图9-129　菊花链结构

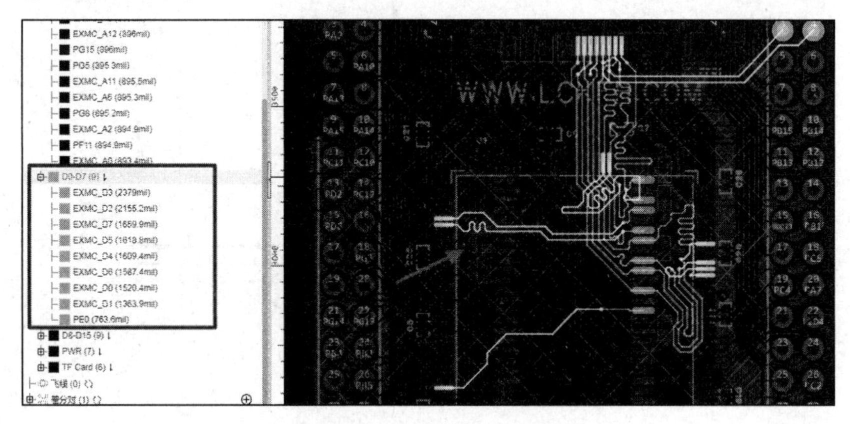

图9-130　网络类高亮功能

9.11.3 T形结构

星形网络型结构常被称为T形结构，如图9-131所示。DDR2相比之前的DDR规范没有延时补偿技术，因此时钟线与数据选通信号的时序裕量相对比较紧张。为了不使每片DDR芯片的时钟线与数据选通信号的长度相差太大，一般采用T形拓扑，T形拓扑的分支也应尽量短且长度相等。

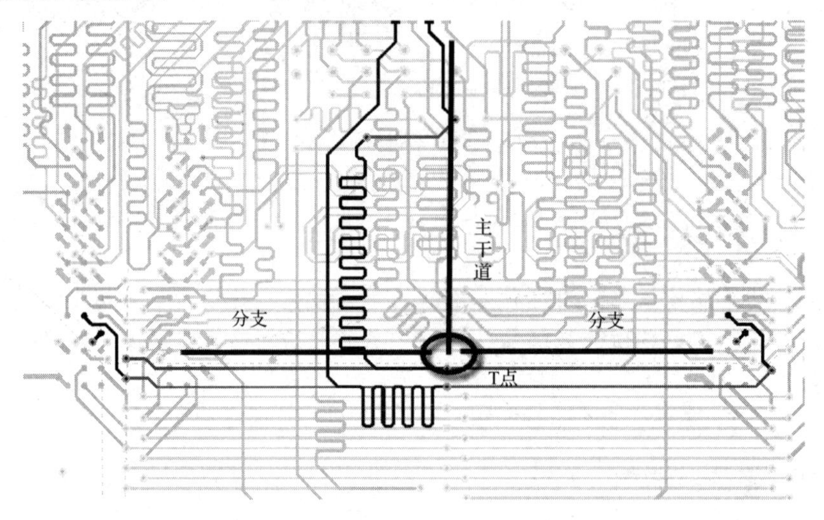

图9-131 T形结构

9.11.4 T形结构分支等长法

这种方法类似菊花链操作方法，主要是利用节点和多版本的操作，把等长转换为点对点等长法，实现 $L+L'=L+L''=L1+L1'=L2+L2'$，即CPU焊盘到每一片DDR焊盘的走线长度等长，如图9-132所示。

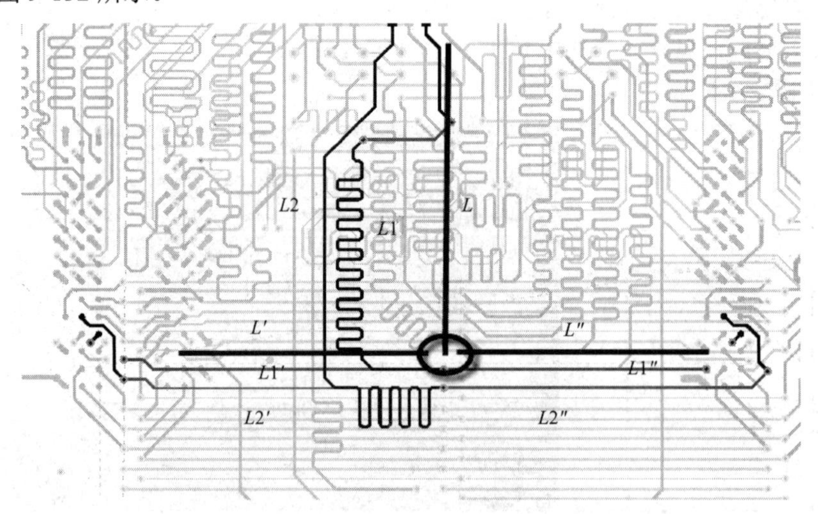

图9-132 T点等长

9.12　本章小结

PCB 布线是 PCB 设计中占比重最大的一个部分，是学习重点中的重点。读者需要掌握设计中的各类技巧，这样可以有效地缩短设计周期，也可以提高设计的质量。希望读者在学习过程中能多多练习，做到熟能生巧。

第10章

PCB的DRC与生产导出

前期为了满足各项设计的要求，通常会设置很多约束规则，当一个PCB设计完成之后，通常要进行DRC。DRC就是检查设计是否满足所设置的规则。一个完整的PCB设计必须经过各项连接性规则检查，常见的检查包括开路及短路的检查，更加严格的还有差分对、阻抗线等检查。

学习目标

- 掌握DRC。
- 掌握装配图或多层线路PDF文件的导出方式。
- 掌握Gerber文件的导出步骤并灵活运用。

10.1 DRC

10.1.1 DRC设置

DRC具体需要检查哪些规则选项，其实都是和规则相对应的，在检查某个选项时，请注意对应的规则是否已经被勾选。

（1）设置DRC检查选项：单击“设计—检查DRC（自定义）”，选择需要检查的规则项，并进行勾选（见图10-1）。

（2）单击“设计—检查DRC”，如图10-2所示。

图10-1　设计规则检查器

图10-2　打开DRC设置命令

（3）如图 10-3 所示，检查的 DRC 结果在“DRC”选项卡中显示。

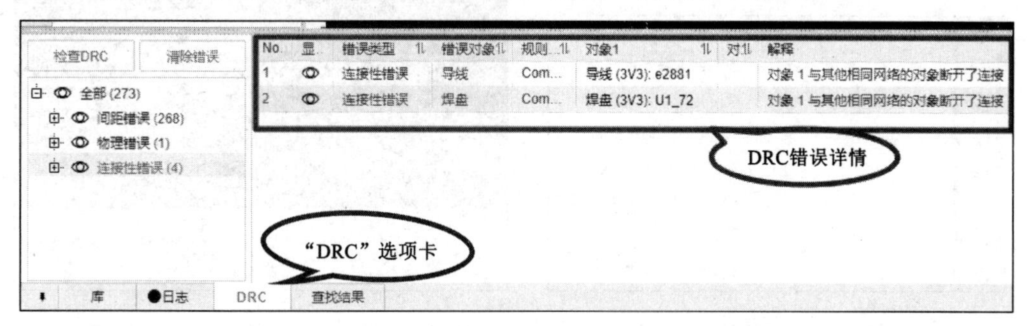

图 10-3　DRC 详细报告内容

（4）开启实时 DRC：单击“设计—实时 DRC”，开启实时 DRC 时，能在绘制 PCB 过程中实时报告错误，显示黄色的“X”标识。开启实时 DRC 时，软件会弹窗提示是否执行一次 DRC 检查，直接单击“是”按钮，若“实时 DRC”前面出现“√”标志，则表示实时 DRC 已开启，如图 10-4 所示。

（5）清除错误：单击“设计—清除错误”，将 DRC 检查复位，清空画布的 DRC 错误标识；或者单击“底部面板—DRC—清除错误”即可把检查后的 DRC 清除复位，如图 10-5 所示。

图 10-4　开启实时 DRC　　　　图 10-5　清除错误

DRC 不是说所有的规则都需要检查，工程师只需要检查自己想要检查的规则即可。下面对常见的几种 DRC 进行详细描述。

10.1.2　导线间距检查

导线间距检查包括导线到导线的间距检查、导线到焊盘的间距检查、导线到过孔的间距检查、导线到板框的间距检查等。对于普通、低速信号，干扰一般不会出现太大问题，高速信号中只要走线间距处理得当，适当地屏蔽，就可以消除部分干扰。一般这几项都需要勾选，推荐设置如图 10-6 所示。导线到导线的间距 DRC 检查报错如图 10-7 所示。

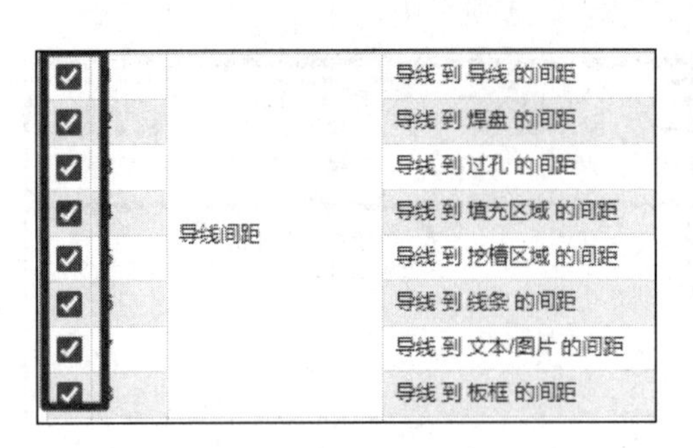

图 10-6　导线间距检查设置

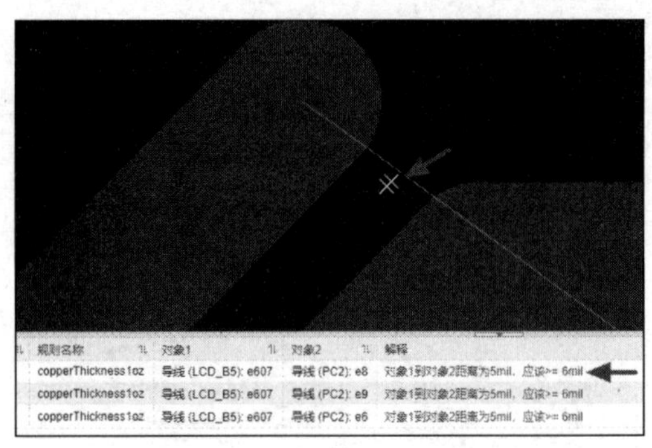

图 10-7　导线到导线的间距 DRC 检查报错

10.1.3　焊盘间距检查

焊盘间距检查包括焊盘到焊盘的间距检查、焊盘到过孔的间距检查、焊盘到板框的间距检查等。若焊盘上有过孔或焊盘与过孔距离太近，则焊接时焊料熔化后会流到 PCB 底面，造成焊点少锡缺陷，相关推荐设置如图 10-8 所示。焊盘到过孔的间距 DRC 检查报错如图 10-9 所示。

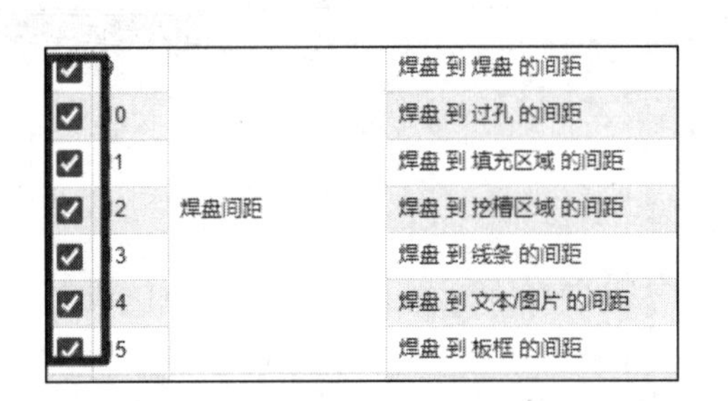

图 10-8　焊盘间距检查设置

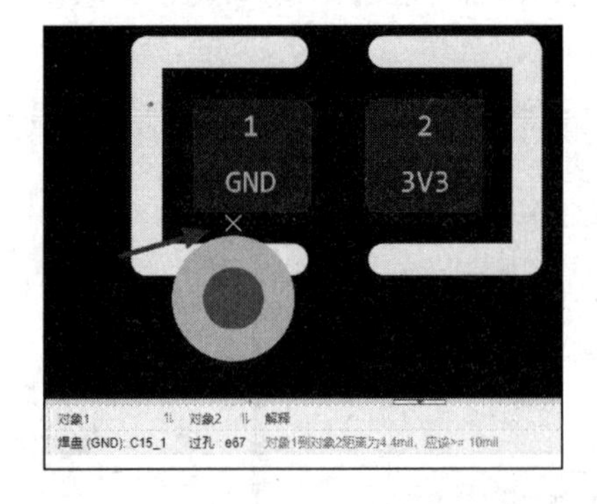

图 10-9　焊盘到过孔的间距 DRC 检查报错

10.1.4　过孔间距检查

过孔间距检查包括过孔到过孔的间距检查、过孔到填充区域的间距检查、过孔到挖槽区域的间距检查、过孔到线条的间距检查、过孔到文本/图片的间距检查、过孔到板框的间距检查，推荐设置如图 10-10 所示。不同网络的钻孔间距不足，会产生破孔、芯吸效应导致的短路等不良情况。规则约束要求不能满足时软件就会提示 DRC 报错，如图 10-11 所示。

一般在设计中，过孔的类型不要超过两种，这样在再生产的时候可以减少使用的钻头类型，提高生产效率。

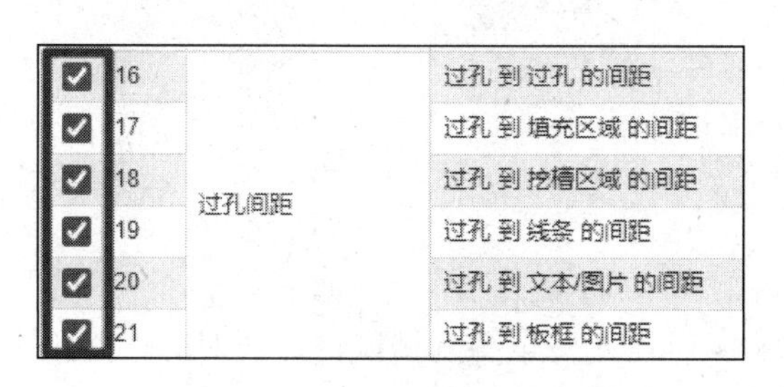

☑	16	过孔间距	过孔 到 过孔 的间距
☑	17		过孔 到 填充区域 的间距
☑	18		过孔 到 挖槽区域 的间距
☑	19		过孔 到 线条 的间距
☑	20		过孔 到 文本/图片 的间距
☑	21		过孔 到 板框 的间距

图 10-10　过孔间距检查设置

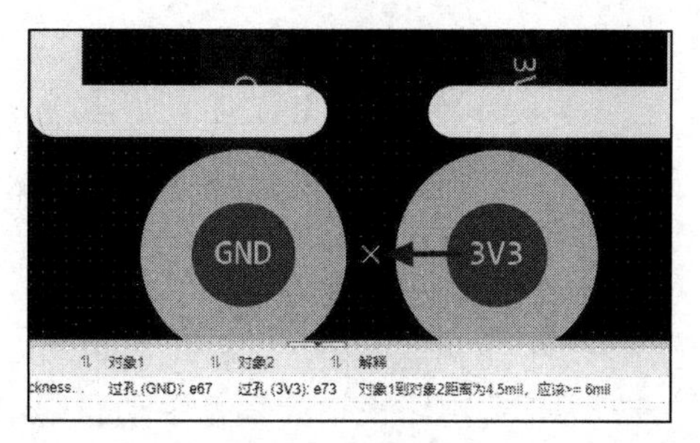

图 10-11　过孔到过孔的间距 DRC 检查报错

10.1.5　填充区域间距检查

填充区域与铺铜区域有类似的地方，但是实心填充不能与不同网络的元素产生间隙，也就是我们常说的静态铜皮。在 PCB 设计时应避免铜皮裸露在板边可能引起的卷边或电气短路等情况发生，推荐设置如图 10-12 所示。

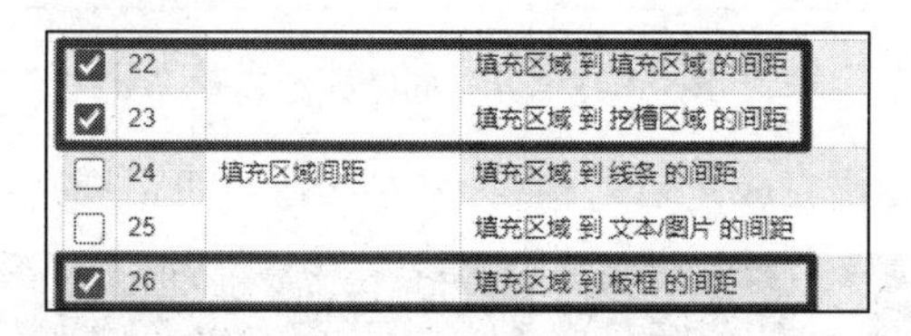

☑	22	填充区域间距	填充区域 到 填充区域 的间距
☑	23		填充区域 到 挖槽区域 的间距
☐	24		填充区域 到 线条 的间距
☐	25		填充区域 到 文本/图片 的间距
☑	26		填充区域 到 板框 的间距

图 10-12　填充区域间距检查设置

10.1.6　挖槽区域间距检查

在 PCB 设计中无论是高压板卡爬电间距，还是板形结构要求，会经常遇到电路板需要挖槽（直接挖穿电路板）的情况。如果挖槽之间的间距太近，可能会导致热量无法有效地散发。电子元件在工作时会产生热量，如果无法及时散热，可能会导致电路板过热，从而损坏电子元件或影响性能。因此在检查 DRC 时就需要检查各挖槽区域是否满足规则设置，推荐设置如图 10-13 所示，建议对此处的各项全部进行勾选。

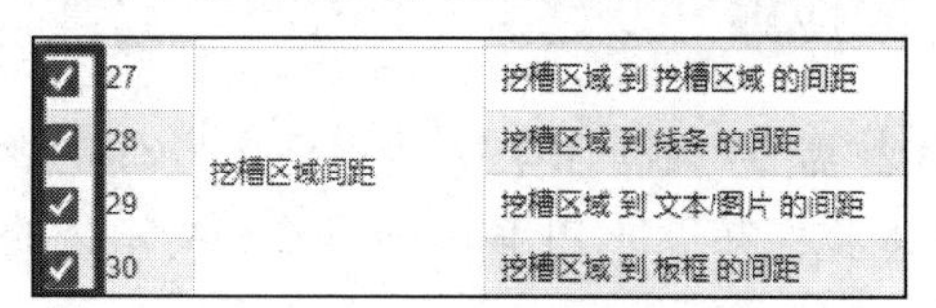

☑	27	挖槽区域间距	挖槽区域 到 挖槽区域 的间距
☑	28		挖槽区域 到 线条 的间距
☑	29		挖槽区域 到 文本/图片 的间距
☑	30		挖槽区域 到 板框 的间距

图 10-13　挖槽区域间距检查设置

10.1.7　文本/图片间距检查

有时候需要在 PCB 上放置公司 Logo 和文本，如果将 Logo 和文本放置在 TOP 层和 Bottom 层，为避免 Logo 和文本出现重叠的情况就需要进行检查，如果 Logo 和文本放置在丝印层，则不用检查此选项，如图 10-14 所示。

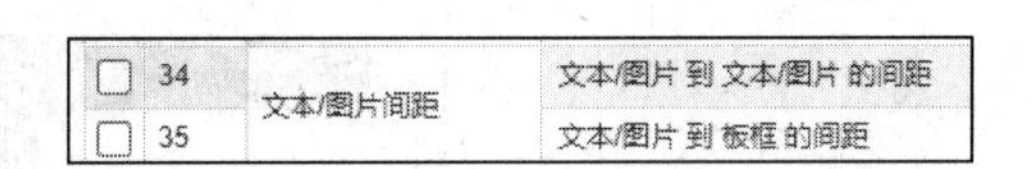

☐	34	文本/图片间距	文本/图片 到 文本/图片 的间距
☐	35		文本/图片 到 板框 的间距

图 10-14　文本/图片间距检查设置

10.1.8　元件间距检查

（1）大部分电路板设计都是手动布局，难免存在元件重叠的情况，需要对元件间距进行检查，以防后期元件装配时出现干涉，推荐设置如图 10-15 所示，元件到元件的间距一般推荐设置为 5mil。

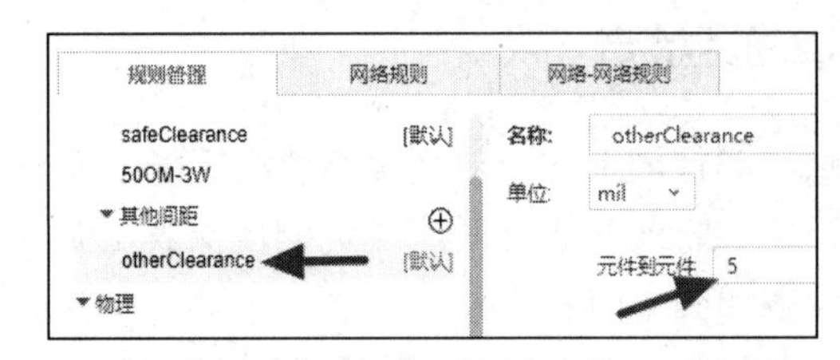

图 10-15　元件间距检查设置

（2）元件间距规则设置完成之后，检查 DRC，元件间距规则检查如图 10-16 所示。

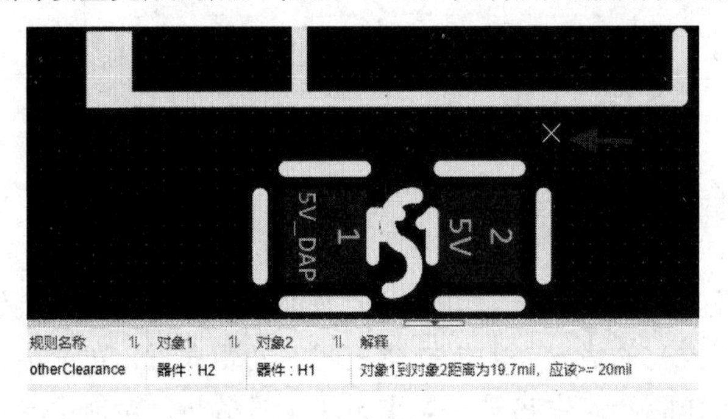

图 10-16　元件间距规则检查

10.1.9　内电层间距检查

一般 4 层以上的 PCB 都需要用到内电层，为保证信号有完整的参考平面，电源和地常设置为负片形式，这就要求我们在设计 PCB 时注意检查内电层的间距是否满足设计要求，内电层间距检查设置如图 10-17 所示。

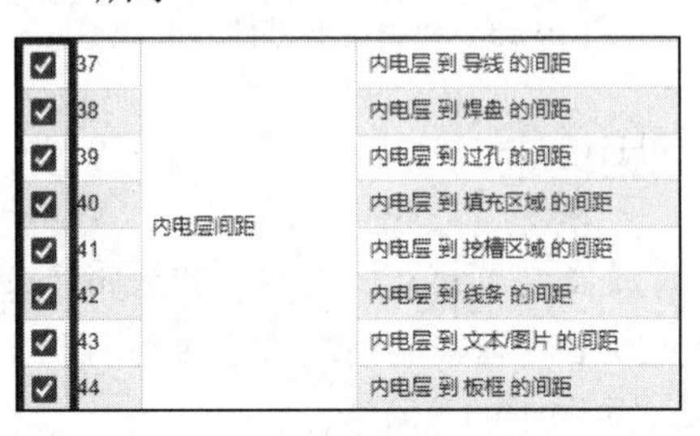

☑	37	内电层间距	内电层 到 导线 的间距
☑	38		内电层 到 焊盘 的间距
☑	39		内电层 到 过孔 的间距
☑	40		内电层 到 填充区域 的间距
☑	41		内电层 到 挖槽区域 的间距
☑	42		内电层 到 线条 的间距
☑	43		内电层 到 文本/图片 的间距
☑	44		内电层 到 板框 的间距

图 10-17　内电层间距检查设置

10.1.10 铺铜间距检查

铺铜间距检查包括铺铜到导线的间距检查、铺铜到焊盘的间距检查、铺铜到过孔的间距检查、铺铜到填充区域的间距检查、铺铜到挖槽区域的间距检查、铺铜到线条的间距检查等，推荐设置如图 10-18 所示，绘制铜皮及铜皮自动避让时，会产生毛刺，容易产生尖端放电、连焊，一般推荐全部勾选。

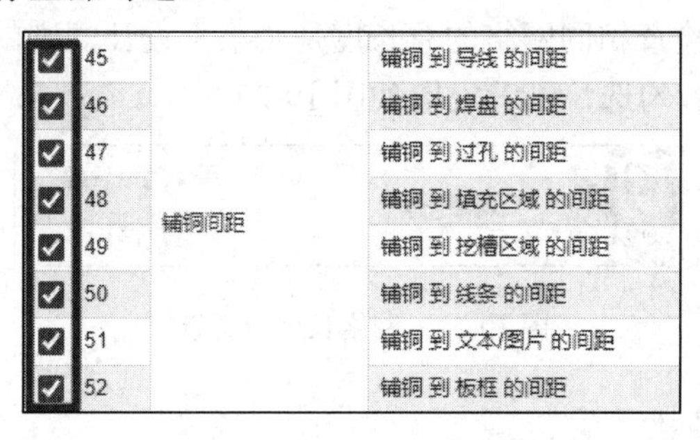

☑	45	铺铜间距	铺铜 到 导线 的间距
☑	46		铺铜 到 焊盘 的间距
☑	47		铺铜 到 过孔 的间距
☑	48		铺铜 到 填充区域 的间距
☑	49		铺铜 到 挖槽区域 的间距
☑	50		铺铜 到 线条 的间距
☑	51		铺铜 到 文本/图片 的间距
☑	52		铺铜 到 板框 的间距

图 10-18　铺铜间距检查设置

10.1.11 同封装内间距错误检查

同封装内焊盘和焊盘之间的间距在画封装的时候就已经确定好了，在确定封装没有什么问题的情况下，这个可以不用进行检查，推荐设置如图 10-19 所示。

☐	53	同封装内间距错误	同一封装内的两图元间距违反DRC值

图 10-19　同封装内间距错误检查设置

10.1.12 禁止区域检查

在设计 PCB 时，有些电路对信号比较敏感，信号容易受干扰，通常都要设置一个禁止区域，或者在铺铜时出现尖岬铜皮也需要放置禁止区域，也就是常说的铺铜挖空。禁止区域包括禁止布线、铺铜、元件。在放置时难免会有重合的现象，此时就需要勾选 DRC 进行检查。禁止区域检查设置如图 10-20 所示。

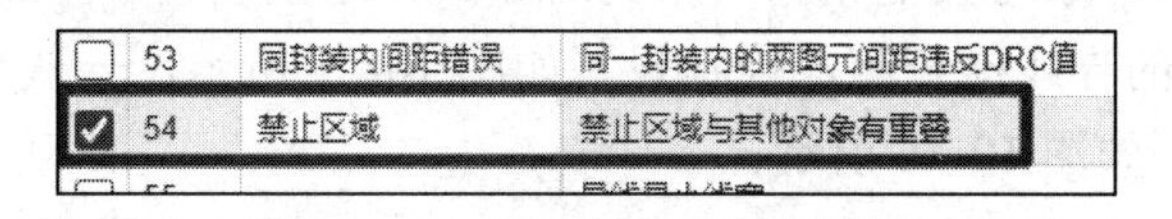

☐	53	同封装内间距错误	同一封装内的两图元间距违反DRC值
☑	54	禁止区域	禁止区域与其他对象有重叠

图 10-20　禁止区域检查设置

10.1.13 导线检查

导线检查包含导线最小线宽检查、导线最大线宽检查，当设置的线宽不满足规则约束要求时就会提示 DRC 报错。导线检查设置如图 10-21 所示。

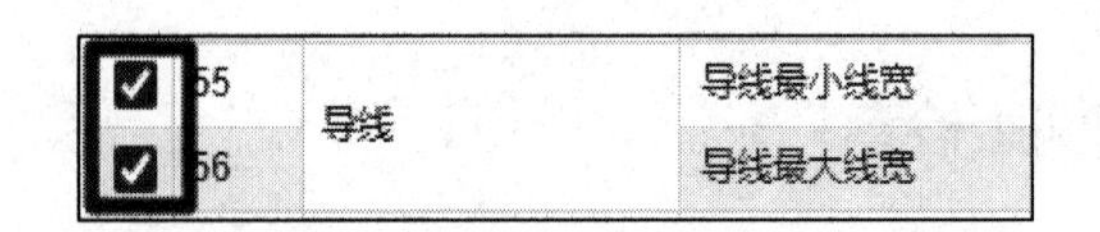

图 10-21　导线检查设置

10.1.14　网络长度检查

网络长度检查是指检查相同网络的总长度是否小于设计规则的导线长度，一般用于检查需要等长的信号，推荐勾选，推荐设置如图 10-22 所示。

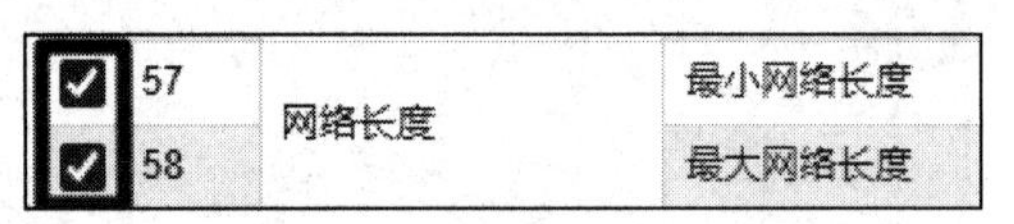

图 10-22　网络长度检查设置

10.1.15　孔径检查

孔径检查包括最小过孔尺寸检查、最大过孔尺寸检查，当设置的过孔大小不满足规则约束要求时就会提示 DRC 报错，推荐勾选，推荐设置如图 10-23 所示。孔径检查 DRC 报错显示如图 10-24 所示。

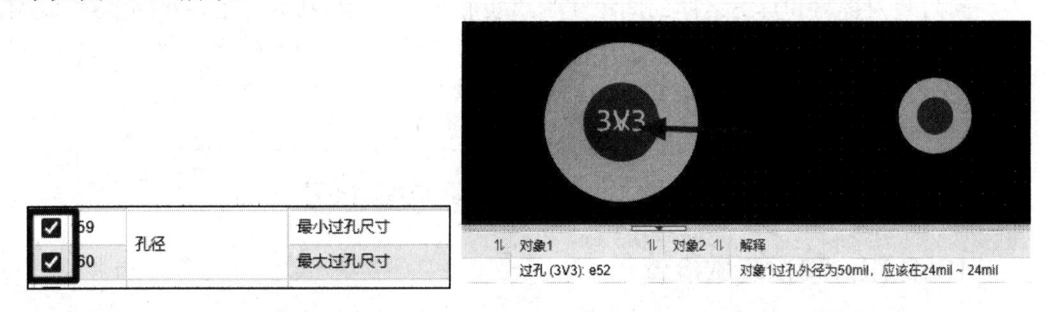

图 10-23　孔径检查设置　　　　图 10-24　孔径检查 DRC 报错显示

10.1.16　连接性检查

连接性检查包括对象与其他相同网络的对象断开连接检查（开路检查）、游离的铜块（孤铜）检查、游离的导线检查等，推荐设置如图 10-25 所示，一般这几项都需要勾选。连接性报错（开路）如图 10-26 所示。

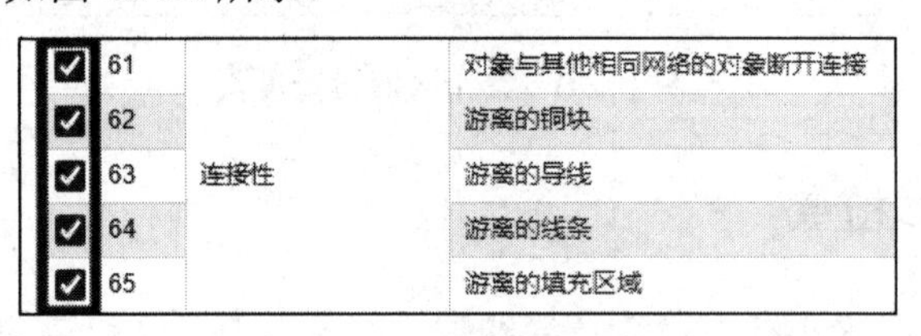

图 10-25　连接性检查设置

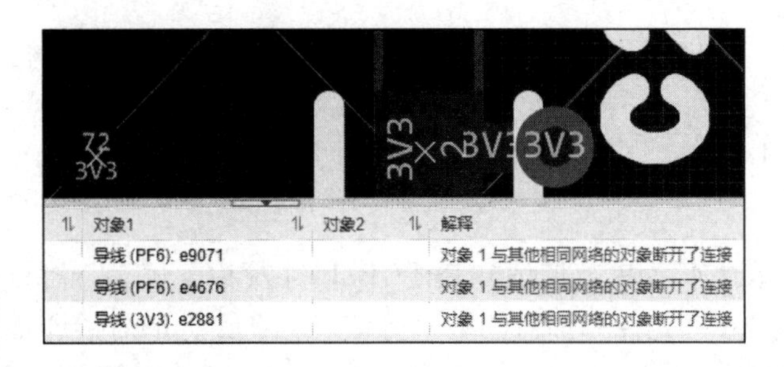

图 10-26　连接性报错（开路）

10.1.17　差分对检查

当设置的差分线宽不满足规则约束要求时就会提示 DRC 报错，一般需要进行勾选。差分对检查设置如图 10-27 所示。

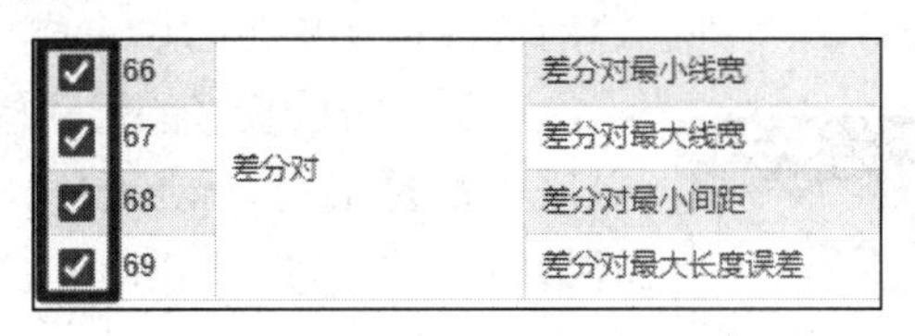

图 10-27　差分对检查设置

勾选上述常见的 DRC 检查选项之后，单击右下角的“立即检查”按钮，检查的 DRC 结果在底部面板中的“DRC”选项卡里显示，对应的 PCB 报错处也会存在一个“X”的标识，如图 10-28 所示。

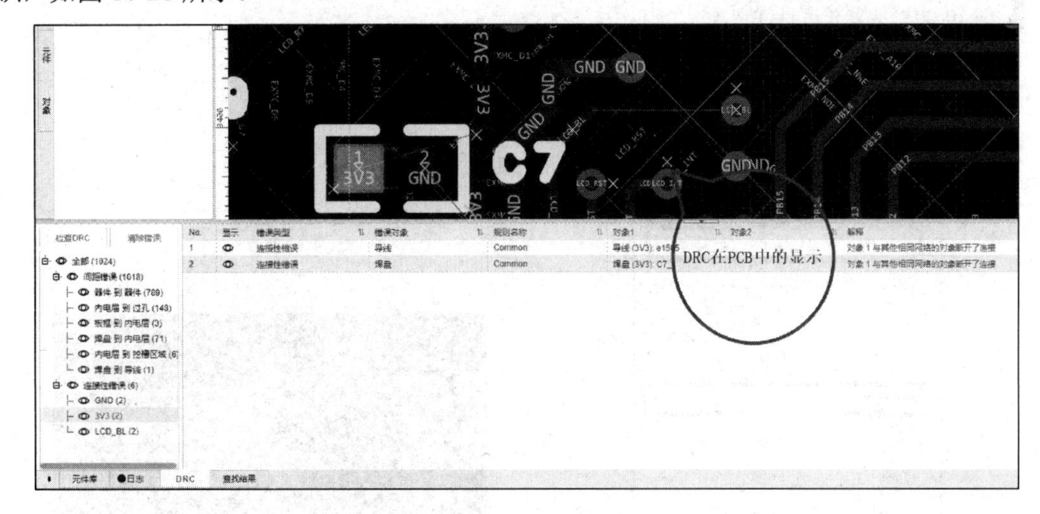

图 10-28　DRC 报告

单击底部面板中“DRC”选项卡中的“错误类型”可在 PCB 高亮定位，双击会放大并定位错误点，可以有针对性地对这个 DRC 报错修正，能接受的 DRC 报错可以直接忽略。

重复上述步骤直到所有 DRC 报错更改完成或所有 DRC 报错可以忽略为止，即完成 DRC 检查。PCB 电路设计通过 DRC 检查后可以进行下一步骤。

10.2 尺寸标注

为了使工程师或生产者更方便地知晓 PCB 尺寸及相关信息，可以单击“导出—PCB 信息”来查看板子尺寸、元件和焊盘的数量等信息。在设计的时候通常要考虑到给设计好的 PCB 添加尺寸标注。尺寸标注方式分为长度、角度、半径等形式，下面对最常用的长度标注及半径标注进行说明。

10.2.1 长度标注

（1）尺寸标注一般放置在文档层，单击“放置—尺寸—长度”如图 10-29 所示，单击边线，开始放置长度标注，在另外一边的边线再次单击可以完成标注的放置。

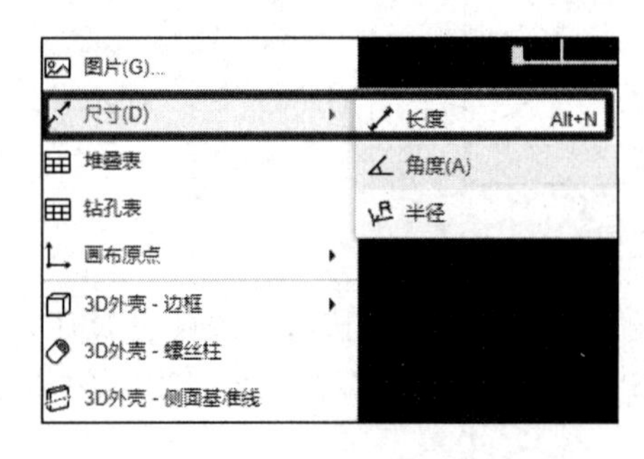

图 10-29 放置长度标注选项

（2）单击放置好的尺寸标注可以在右侧的“属性”分区中设置相关的显示参数，如图 10-30 所示，一般设置常用的即可。

① 图层：放置的层，一般推荐放在文档层。

② 单位：显示的单位，如 mil、mm、inch 等，推荐单位使用 mm。

③ 尺寸精度：显示的小数位的个数，推荐保留两位小数。

（3）长度标注显示效果如图 10-31 所示。

尺寸	选中数量 1	
属性		
尺寸类型	长度尺寸	
图层	文档	
单位	mm	
长度	15.3	mm
宽	0.152	mm
字体高度	2.54	mm
尺寸精度	2	
位置		
起点X	93.955	mm
起点Y	33.02	mm
终点X	109.255	mm
终点Y	33.02	mm
锁定	否	

图 10-30 长度标注显示设置

图 10-31 长度标注显示效果

为了规范标注，建议保留两位小数标注，单位选择 mm。

10.2.2 半径标注

（1）放置半径标注的方法类似于长度标注，单击“放置—尺寸—半径”如图 10-32 所示，单击圆弧进行放置。

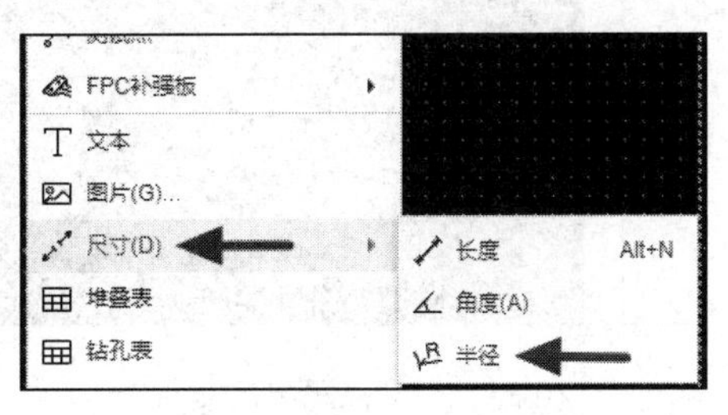

图 10-32　放置半径标注选项

（2）单击放置好的尺寸标注可以在右侧的“属性”分区中设置相关的显示参数，如图 10-33 所示，一般设置常用的即可。

（3）半径标注显示效果如图 10-34 所示。

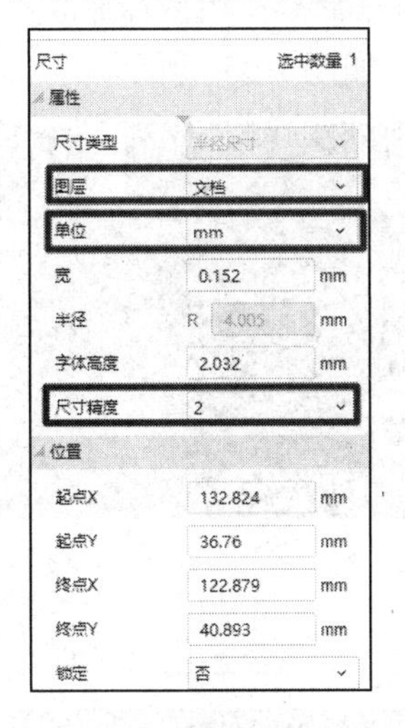

图 10-33　半径标注显示设置

图 10-34　半径标注显示效果

10.3 距离测量

距离测量一般分为两种：一种是点到点距离的测量，另一种是边到边距离的测量（边缘间距的测量）。

10.3.1 点到点距离的测量

（1）首先需要在 PCB 空白处右击打开快捷菜单，选择“吸附”选项（Alt+S 键）。

（2）这种测量主要用于对某两个对象之间的距离进行查看。单击“工具—测量距离”（Alt+M 键），激活测量命令之后，再单击起点和终点位置，测量距离直接在 PCB 上显示出来，如图 10-35 所示。

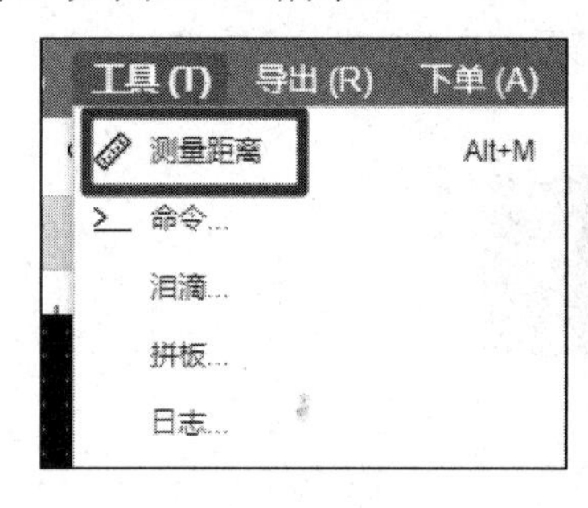

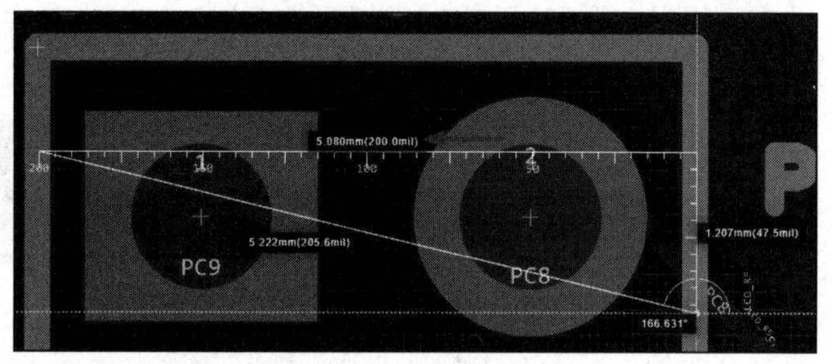

10-35　点到点距离的测量

10.3.2 边缘间距的测量

（1）首先需要在 PCB 空白处右击打开快捷菜单，选择“吸附”选项（Alt+S 键）。

（2）单击“工具—测量距离”（Alt+M 键），激活测量命令，用鼠标抓取被测量对象的边缘部位，那么其测量距离可直接在 PCB 上显示出来，如图 10-36 所示。

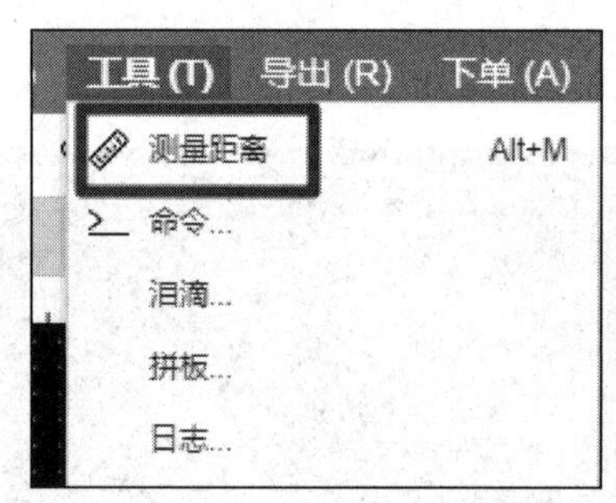

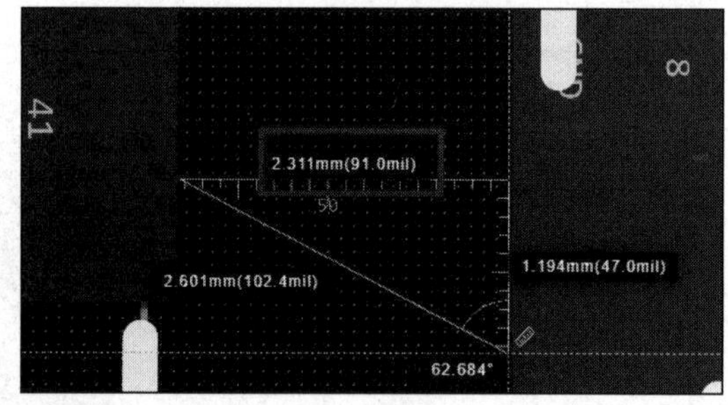

图 10-36　边缘间距测量

（3）另外测量信息也可以在底部面板中的“日志”选项卡里显示出来，如图 10-37 所示。

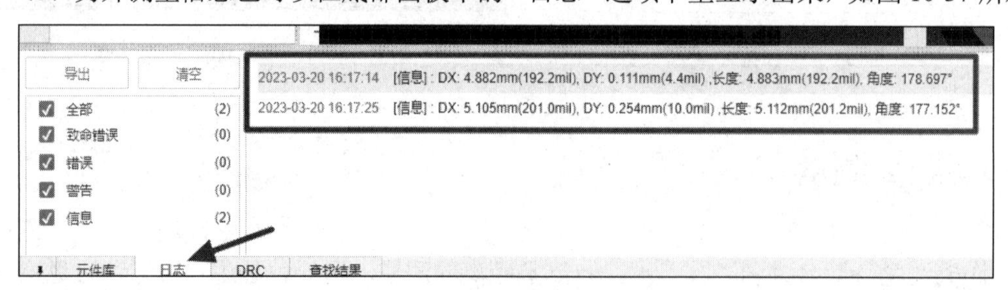

图 10-37　测量详细报告

10.4 丝印位号调整

针对后期元件装配，特别是手动装配元件，一般都得导出 PCB 的装配图，用于元件放料定位，这时丝印位号就显示出其必要性了。

生产时 PCB 上的丝印位号可以进行显示或隐藏，但是不影响装配图的导出。在右侧的“图层”选项卡里单击“全部”选项左侧的图标 ，即关闭所有层，再单独只打开丝印层及相对应的阻焊层，即可对丝印进行调整。

10.4.1 丝印位号调整的原则及常规推荐尺寸

以下是丝印位号调整的原则及常规推荐尺寸。

（1）丝印位号不上阻焊，否则放置丝印生产之后会产生缺失。

（2）丝印位号清晰，字号推荐字宽/字高尺寸为 4/25mil、5/30mil、6/45mil。

（3）保持方向统一性，一般一块 PCB 上不要超过两个方向摆放，推荐字母在左或在下，如图 10-38 所示。

（4）对于一些摆不下的丝印标识，可以用放置 2D 辅助线或放置方块的方法进行标记，以便读取，如图 10-39 所示。

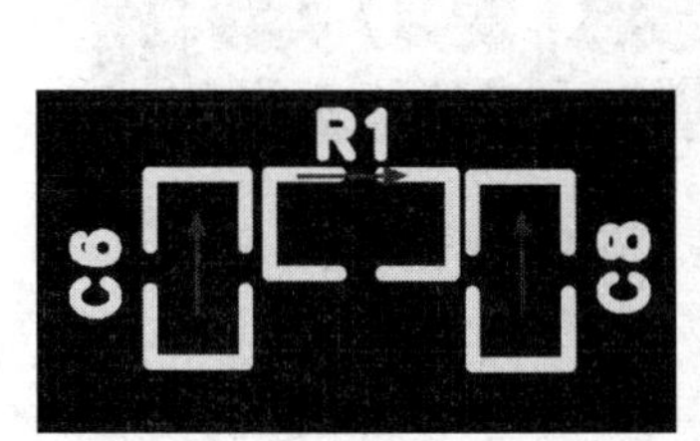

图 10-38　丝印位号显示方向

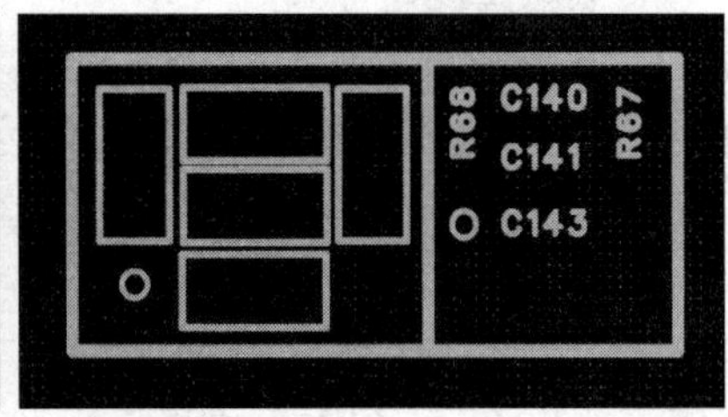

图 10-39　辅助线及方块

10.4.2 丝印位号的调整方法

嘉立创 EDA 专业版提供了一个快速调整丝印的方法，即“属性位置”选项，如图 10-40 所示，此选项可以快速地把元件的丝印放置在元件的四周或元件的中心。

（1）选中需要调整丝印位号的元件。

（2）单击“布局—属性位置”，软件会弹出一个“属性位置”对话框，如图 10-41 所示。

① 范围：有“全部元件”和“仅选中元件”两种选项，选择“全部元件”选项，软件会自动选中 PCB 设计交互界面上所有元件的丝印位号；选择“仅选中元件”选项，其是针对调整被选中的元件丝印位号。

② 属性/属性值：只提供“位号”一种选项。

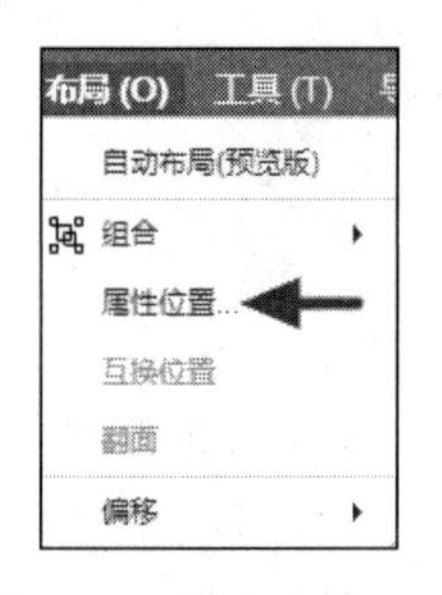

图 10-40 “属性位置”选项

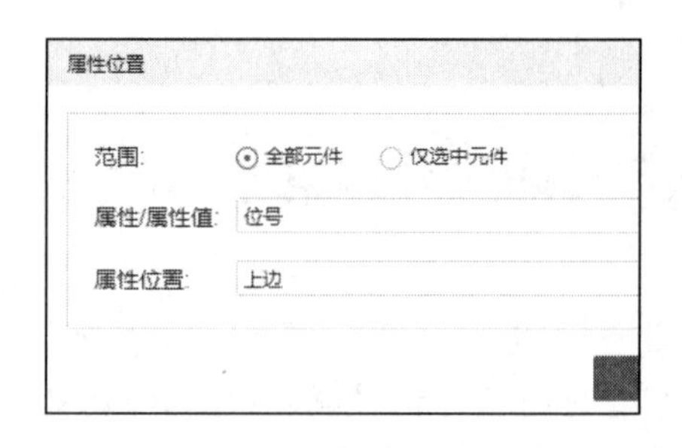

图 10-41 “属性位置”对话框

③ 属性位置：其中有上边、下边、左边、右边、中间、左上、左下、右上、右下几个方向，如图 10-42 所示。

（3）丝印位号快速放置到元件上方的效果图如图 10-43 所示。

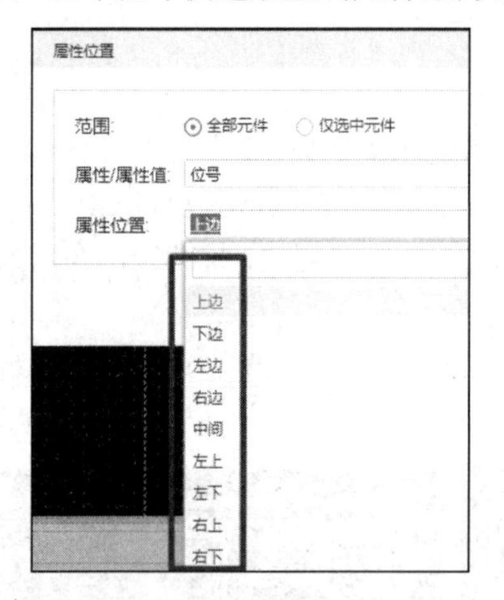

图 10-42 “属性位置”模式选择

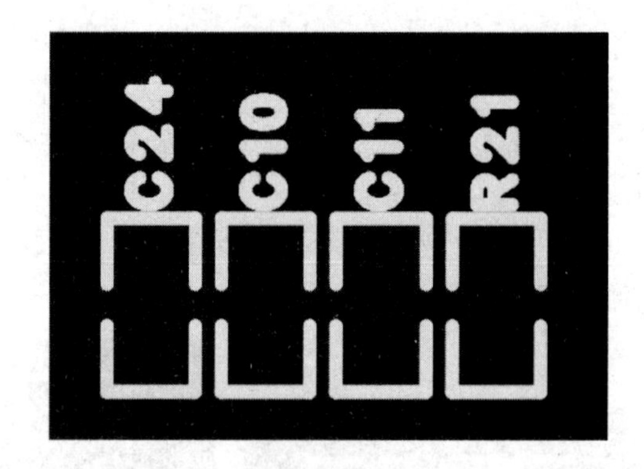

图 10-43 丝印位号快速放置到元件上方的效果图

10.5 PDF 文件的导出

在 PCB 生产调试期间，为了方便查看文件或查询相关元件信息，会把 PCB 设计文件转换成 PDF 文件。下面介绍常规 PDF 文件的导出方式。

10.5.1 装配图的 PDF 文件导出

前期工作是需要在计算机上安装 PDF 阅读器，准备充足后按照以下步骤进行操作。

（1）单击“导出—PDF/图片”，弹出“导出文档”对话框，如图 10-44 所示。系统默认创建装配图顶层和装配图底层及钻孔图导出元素，我们只需要勾选“装配图顶层”和“装配图底层”即可。导出 PDF 参数设置推荐如图 10-44 所示。

① 显示方式：有菜单显示属性、仅显示轮廓两种方式，一般默认勾选“菜单显示属性”。

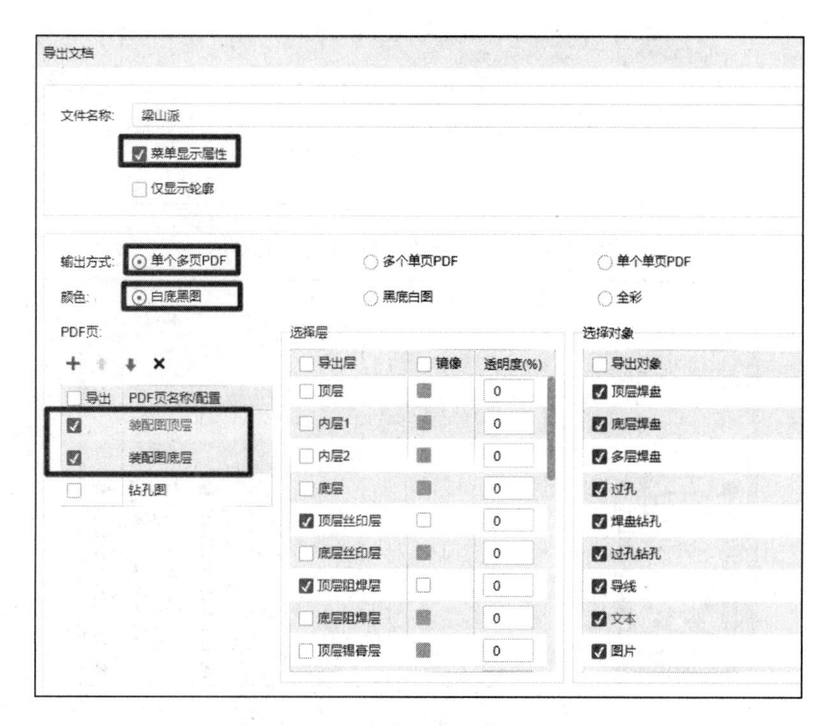

图 10-44　导出 PDF 参数设置推荐

② 输出方式：有单个多页 PDF、多个单页 PDF、单个单页 PDF 三种方式，一般推荐设置为“单个多页 PDF”。

单个多页 PDF：导出单个文件多页图页，如图 10-45 所示。

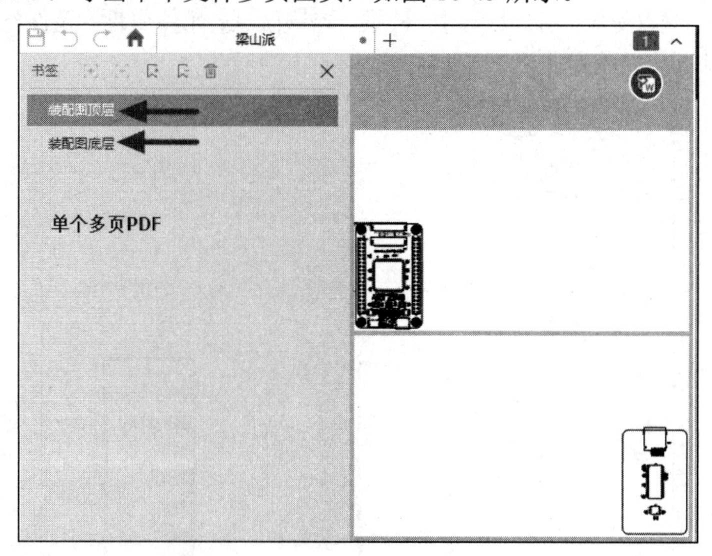

图 10-45　单个多页 PDF 导出效果图

多个单页 PDF：将所有的图层单独导出为一个压缩包，如图 10-46 所示。

单个单页 PDF：将所有的图层导出为一个图页，如图 10-47 所示。

③ 颜色：有白底黑图、黑底白图、全彩三种方式，一般推荐设置为“白底黑图”。

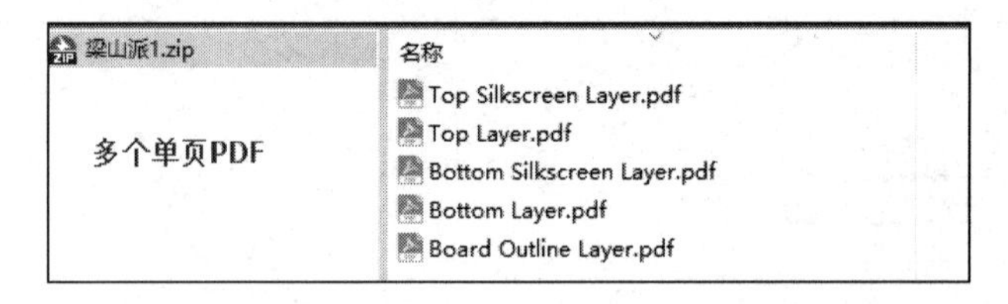

图 10-46　多个单页 PDF 导出效果图

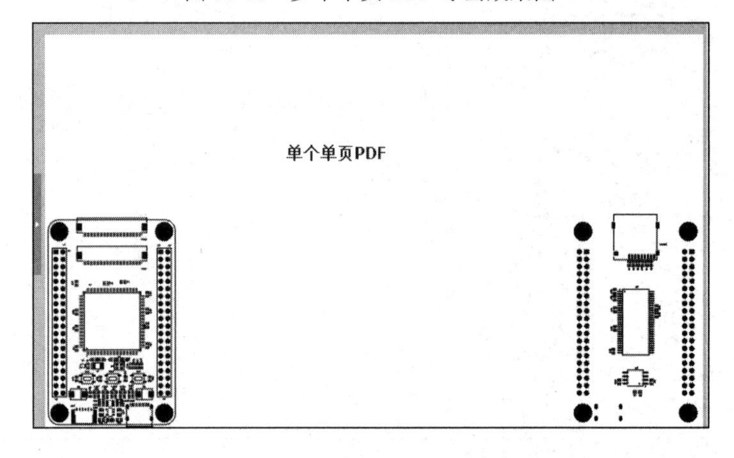

图 10-47　单个单页 PDF 导出效果图

（2）勾选“装配图顶层”，可以对选择层和选择对象进行设置，一般默认即可。

① 选择层设置：装配元素一般选择板框层、顶层丝印层及顶层阻焊层。

② 选择对象设置：装配元素一般选择顶层焊盘、底层焊盘、多层焊盘、过孔、焊盘钻孔、过孔钻孔、导线、文本、图片、尺寸、板框、挖槽区域、元件属性、元件丝印，如图 10-48 所示。同理，对“装配图底层”进行相同操作。

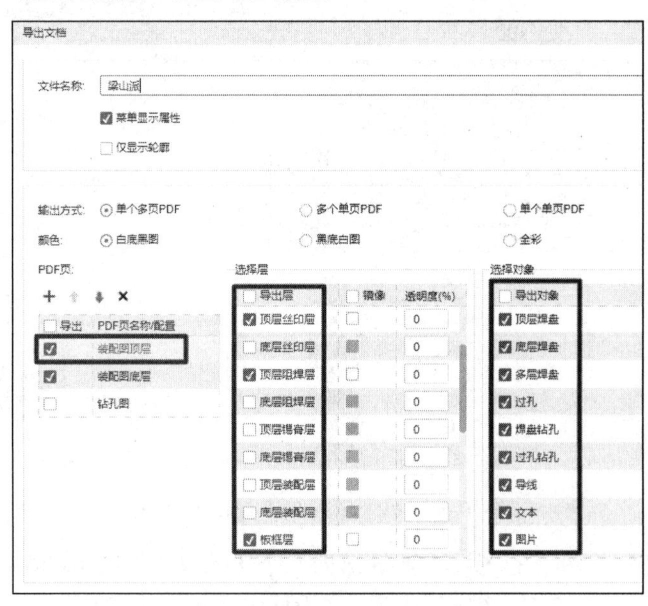

图 10-48　装配元素导出设置选项

（3）在如图 10-49 所示的视图设置中，装配图底层需要勾选“镜像”，这样在导出之后观看 PDF 文件时是顶视图，反之则是底视图。

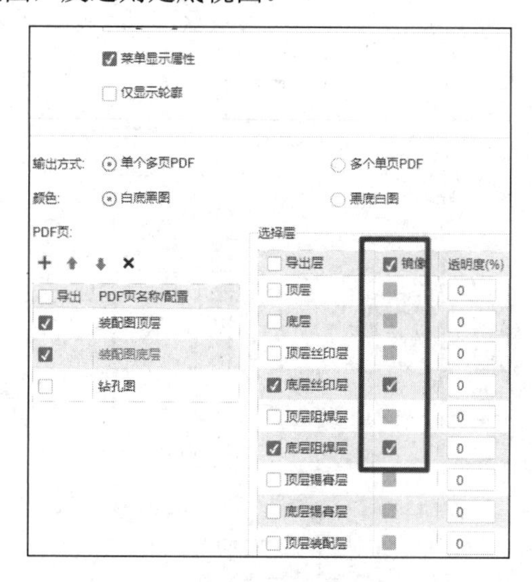

图 10-49　视图设置

（4）设置完成之后直接单击“导出”按钮，之后会弹出一个对话框，设置文件导出路径，单击“保存”按钮，PDF 导出完成。

（5）对于 Demo 案例装配图，其 PDF 文件导出效果图如图 10-50 所示。

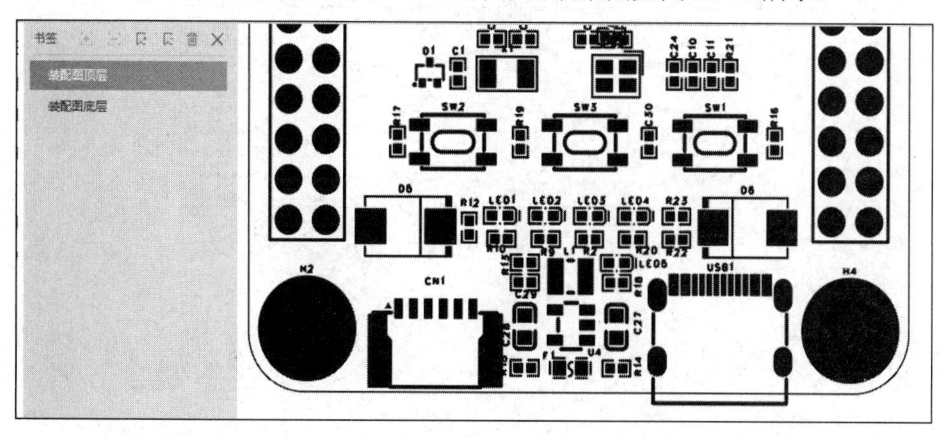

图 10-50　Demo 案例装配图的 PDF 文件导出效果图

10.5.2　多层线路的 PDF 文件导出

多层线路导出主要是便于那些不熟悉嘉立创 EDA 专业版的工程师检查 PCB 线路，可以一层一层地单独导出。

（1）单击“导出—PDF/图片”，弹出“导出文档”对话框，输出方式选择“多个单页 PDF”，颜色选择“全彩”，如图 10-51 所示，对需要导出的层和选择对象进行勾选，注意底层需要勾选“镜像”。

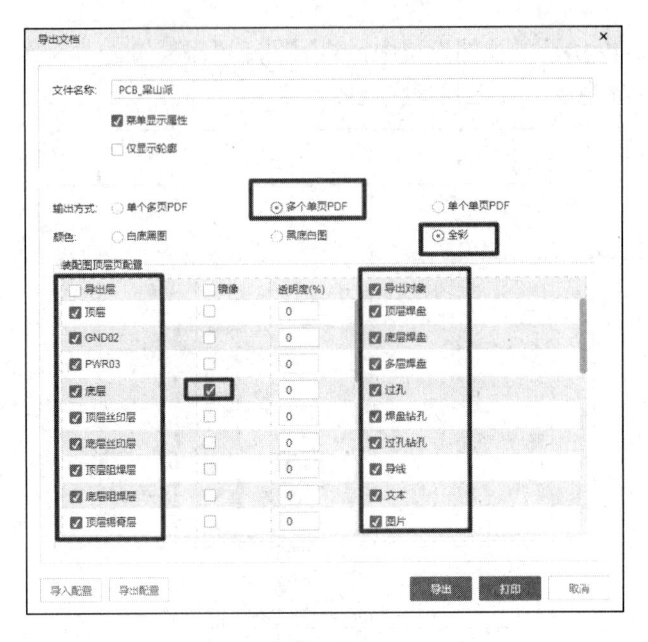

图 10-51　装配元素导出设置选项

（2）设置完成之后直接单击“导出”按钮，之后会弹出一个对话框，设置文件导出路径（文件以.zip 压缩包的形式导出），单击“保存”按钮，PDF 导出完成。解压后即可查看，如图 10-52 所示。

Top Solder Mask Layer.pdf	55,821	438,598	PDF Document
Top Silkscreen Layer.pdf	38,974	365,220	PDF Document
Top Paste Mask Layer.pdf	42,649	368,244	PDF Document
Top Layer.pdf	237,824	1,037,616	PDF Document
Top Assembly Layer.pdf	17,114	257,799	PDF Document
Multi-Layer.pdf	7,660	70,556	PDF Document
Mechanical Layer.pdf	550	1,104	PDF Document
Hole Layer.pdf	8,625	59,408	PDF Document
Drill Drawing Layer.pdf	15,981	84,674	PDF Document

图 10-52　多层线路的 PDF 压缩文件

10.6　生产文件的导出

生产文件的导出，俗称 Gerber Out。Gerber 文件是所有电路设计软件都可以产生的文件，在电子组装行业又称为模板文件（Stencil Data），在 PCB 制造业又称为光绘文件。可以说，Gerber 文件是电子组装业中应用十分广泛的文件，生产厂家拿到 Gerber 文件就可以快速、精确地读取制板的信息。

10.6.1　Gerber 文件的导出

（1）在导出 Gerber 文件之前，通常会在 PCB 的旁边放置钻孔表和层叠信息，单击“放置—钻孔表”和“放置—堆叠表”，在导出 Gerber 文件之后，会看到钻孔的属性及数量等信息，如图 10-53 和图 10-54 所示。

图层	类型	材质	厚度(mm)	介电常数	损耗切线
顶层丝印层	TOP_SILK	-	0	0	0
顶层锡膏层	TOP_PASTE_MASK	-	0	0	0
顶层阻焊层	TOP_SOLDER_MASK		0	0	0
顶层	TOP	外层铜厚1oz	0.035	0	0
Dielectric1	SUBSTRATE	7628 RC49% 8.6mil	0.21	0	0
内层1	PLANE	内层铜厚	0.015	0	0
Dielectric2	SUBSTRATE	1.1mm H/HOZ 含铜	1.065	0	0
内层2	PLANE	内层铜厚	0.015	0	0
Dielectric3	SUBSTRATE	7628 RC49% 8.6mil	0.21	0	0
底层	BOTTOM	外层铜厚1oz	0.035	0	0
底层阻焊层	BOT_SOLDER_MASK		0	0	0
底层锡膏层	BOT_PASTE_MASK		0	0	0
底层丝印层	BOT_SILK	-	0	0	0

图 10-53　堆叠表详情

图 10-54　钻孔表详情

（2）在 PCB 设计交互界面中，单击“文件—导出—PCB 制板文件（Gerber）”弹出“导出 PCB 制板文件”对话框，选择“自定义配置”选项，进行 Gerber 文件设置，如图 10-55 所示。

① 文件名称：支持修改文件名称再导出。

② 单位：导出的 Gerber 文件和钻孔文件的单位，默认是 mm，即文件导出推荐单位。

③ 格式：导出的钻孔文件的数值格式，整数位和小数位的数字个数，影响数值精度的表达（传统的钻孔文件坐标数字只有 6 位，所以一般是 3∶3、4∶2 的格式）。该设置可能会影响 Gerber 查看器查看钻孔文件的对位。如果 Gerber 查看器预览 Gerber 文件和钻孔文件时发现钻孔文件对位不准，可以在 Gerber 查看器中重新设置钻孔文件的数值格式为 3∶3 或 4∶2 等。

④ 钻孔：包含“导出金属化钻孔信息”、“导出非金属化钻孔信息”和“导出钻孔表”三项，由于在 PCB 设计交互界面已放置钻孔表，默认勾选前两项。

⑤ 导出配置和导入配置：支持导出/导入 Gerber 文件自定义配置，方便导出 Gerber 文件的配置复用。

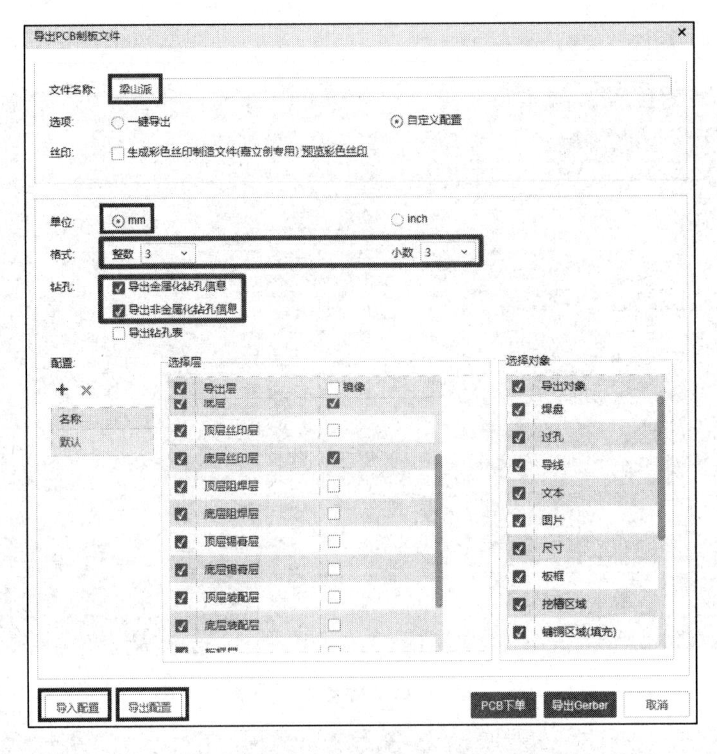

图 10-55　导出单位及比例格式选择

导出 Gerber 文件的参数设置可参考图 10-55。

（3）导出层选项设置：电气层一定要进行勾选［顶层、中间层（多层板）和底层］，顶层丝印层、底层丝印层、顶层阻焊层、底层阻焊层、顶层锡膏层、底层锡膏层等建议全部勾选，如图 10-56 所示。

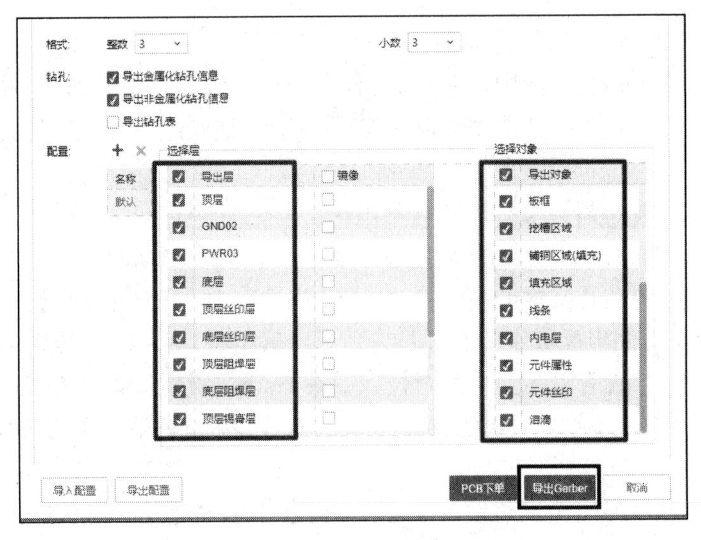

图 10-56　层的导出选择

（4）设置完成之后，单击“导出 Gerber”按钮，系统会检测 PCB 中是否还存在飞线，如果存在，会弹出如图 10-57 所示的弹窗。单击“是，检查飞线”按钮，软件会自动定位到第一个飞线。如果单击“否，继续导出”按钮，下一步后，软件会提示“是否检查 DRC 再继续”，建议先检查 DRC 再导出 Gerber 文件。设置好文件存放的路径后，单击“保存”按钮，Gerber 文件导出完成。

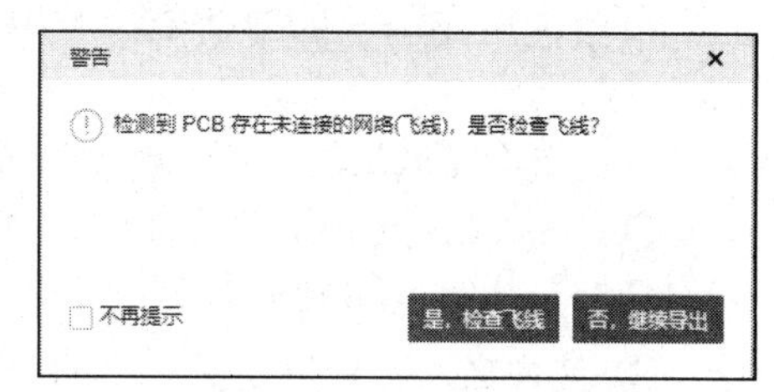

图 10-57　是否检查飞线提示弹窗

（5）如果不需要每次导出 Gerber 文件时都提示检查飞线或 DRC，可以单击“设置—PCB /封装—常规”，在打开的界面中取消勾选“生成制造文件前检查网络连接”和“生成制造文件前检查 PRC”，如图 10-58 所示。

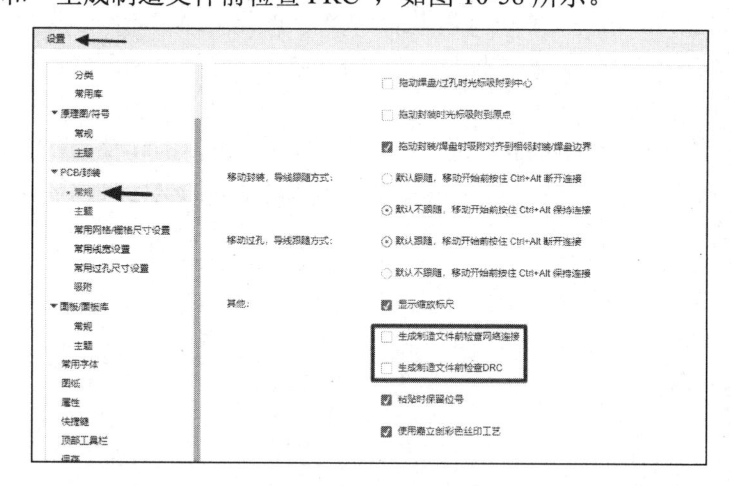

图 10-58　关闭提示检查飞线或 DRC 设置

（6）用 CAM350 查看 Gerber 文件导出效果预览，如图 10-59 所示。

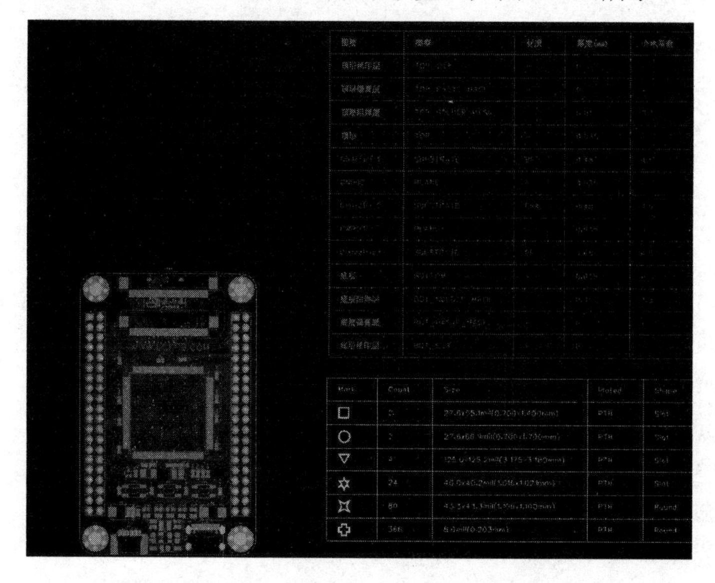

图 10-59　Gerber 文件导出效果预览

10.6.2 贴片坐标文件的导出

制板生产完成之后，后期需要对各个元件进行贴片，这需要用到各元件的坐标图。

（1）在 PCB 设计交互界面中，单击“导出—坐标文件”，进入贴片坐标文件的导出设置对话框，如图 10-60 所示。

① 文件名：支持自定义导出的文件名。

② 导出文件类型：支持 XLSX 和 CSV 两种类型的文件，推荐使用 XLSX 的文件类型。

③ 单位：可以选择 mm 和 mil 两种单位，推荐选择 mm。

④ 统计：支持“中心 X”“中心 Y”“原点 X”“原点 Y”“1 号焊盘 X”“1 号焊盘 Y”“层”“旋转角度”“贴片器件”“引脚数”共 10 种，推荐全部勾选。

⑤ 元件属性：包含“封装”“位号”“立创商城元件名”“供应商编号”“制造商”等，可以根据需求进行勾选。

⑥ 其他选项：包含“镜像底层元件坐标”“包含拼板后的元件坐标”“包含拼板后的 Mark 点坐标”三种。有部分贴片厂商需要底层元件镜像后的坐标时，可以勾选对应选项，一般不需要勾选。

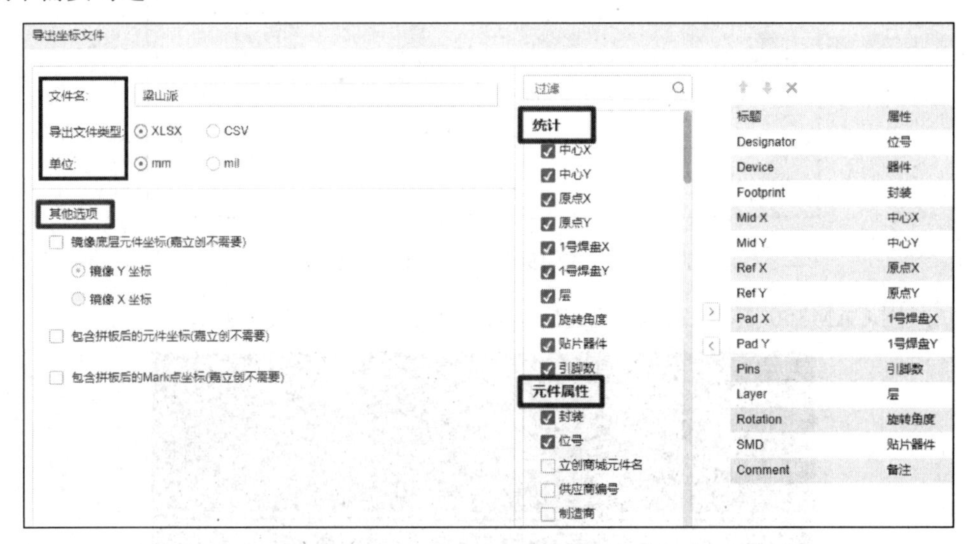

图 10-60 贴片坐标文件的导出设置

（2）设置好各参数后，单击“导出”按钮，设置好文件保存路径，等待一下，坐标文件导出完成。坐标文件预览图如图 10-61 所示。

① Designator：位号。

② Footprint：封装，器件绑定的封装名。

③ Mid X 和 Mid Y：封装的中心坐标。

④ Ref X 和 Ref Y：封装的原点坐标。

⑤ Pad X 和 Pad Y：封装第一个焊盘的坐标。

⑥ Layer：封装所在的层。

⑦ Rotation：封装的旋转角度。

⑧ Pins：封装的引脚数量。

⑨ SMD：封装是否属于全贴片。

Designator	Footprint	Mid X	Mid Y	Ref X	Ref Y	Pad X	Pad Y	Layer	Rotation	Pins	SMD
U1	lqfp-144_20	100.706mm	73.732mm	100.706mm	73.732mm	91.956mm	63.031mm	T	0	144	Yes
R1	R0402	103.196mm	60.745mm	103.196mm	60.745mm	103.629mm	60.745mm	T	180	2	Yes
D1	SOT-523-3_L	90.475mm	58.611mm	90.475mm	58.611mm	89.975mm	57.961mm	T	-90	3	Yes
SW3	sw-smd_4p-l	100.952mm	54.229mm	100.952mm	54.229mm	98.702mm	55.303mm	T	0	4	Yes
SW2	sw-smd_4p-l	92.05mm	54.229mm	92.05mm	54.229mm	94.3mm	53.155mm	T	180	4	Yes
SW1	sw-smd_4p-l	109.855mm	54.229mm	109.855mm	54.229mm	107.605mm	55.303mm	T	0	4	Yes
C3	r0402	96.778mm	60.745mm	96.778mm	60.745mm	97.211mm	60.745mm	T	180	2	Yes
C2	r0402	94.639mm	60.745mm	94.639mm	60.745mm	94.207mm	60.745mm	T	0	2	Yes
C1	r0402	92.354mm	58.56mm	92.354mm	58.56mm	92.354mm	58.127mm	T	90	2	Yes
C24	r0402	107.036mm	58.56mm	107.036mm	58.56mm	107.036mm	58.993mm	T	-90	2	Yes
C21	r0402	88.29mm	86.691mm	88.29mm	86.691mm	88.29mm	86.258mm	T	90	2	Yes
C19	r0402	113.081mm	65.507mm	113.081mm	65.507mm	113.081mm	65.939mm	T	-90	2	Yes
C7	r0402	104.47mm	87.122mm	104.47mm	87.122mm	104.037mm	87.122mm	T	0	2	Yes
C4	r0402	88.29mm	64.549mm	88.29mm	64.549mm	88.29mm	64.981mm	T	-90	2	Yes
C26	r0402	113.081mm	82.956mm	113.081mm	82.956mm	113.081mm	83.389mm	T	-90	2	Yes

图 10-61　坐标文件预览图

至此，所有的 Gerber 文件导出完毕，把当前工程目录下导出文件夹中的所有文件进行打包，即可发送到 PCB 加工厂进行加工。Gerber 文件的打包如图 10-62 所示。

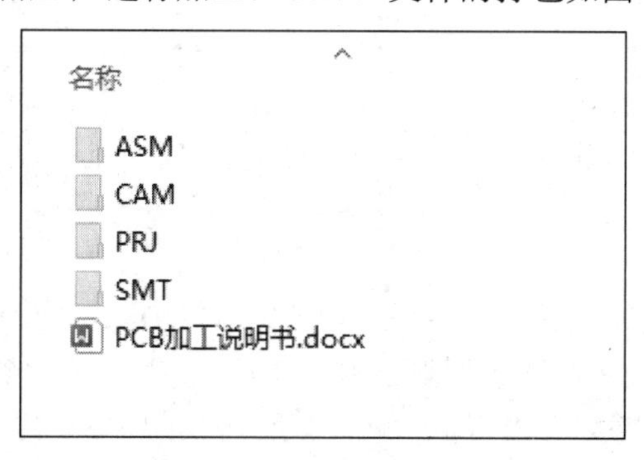

图 10-62　Gerber 文件的打包

10.7　焊接辅助工具

嘉立创 EDA 专业版提供一个简单的焊接辅助工具，以便在焊接的时候进行元件定位。单击“工具—焊接辅助工具”进入焊接辅助工具设置界面，如图 10-63 所示。

（1）显示模式包含“显示全部元件”“隐藏已焊接”“仅显示已焊接”三种。

（2）可支持元件位号聚合或不聚合。

（3）可在左侧元件列表中勾选已焊接部分。

（4）移动鼠标，当鼠标光标经过元件列表时，右侧的 3D 预览会同时高亮对应元件的模型，以便进行定位。

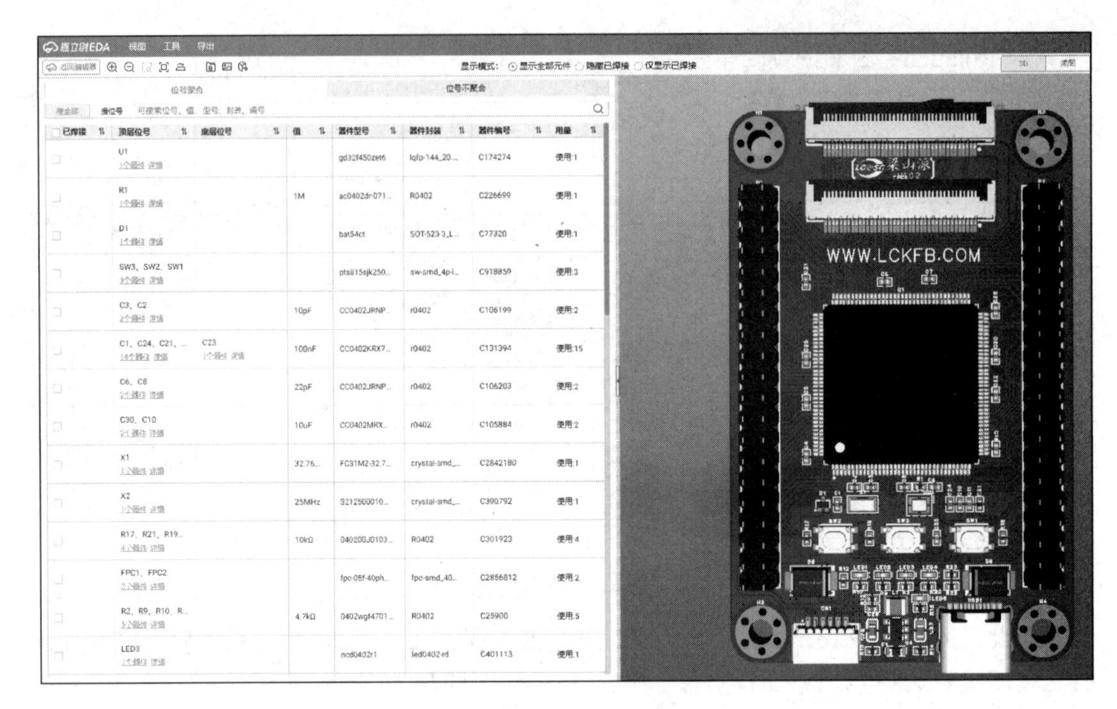

图 10-63　焊接辅助工具设置界面

10.8　本章小结

本章主要讲述了 PCB 设计的一些后期处理，包括 DRC、丝印的摆放、PDF 文件的导出及生产文件的导出。读者应该全面掌握本章内容，并将其应用到自己的设计中。

对于一些 DRC 检查项，可以直接忽略，但是对于书中提到的一些检查项，则应引起重视，着重检查。通过进行检查，很多生产问题都可以在设计阶段规避。对于书中讲解不到位的内容或读者不理解的地方，欢迎读者和本书编著者沟通咨询。

第 11 章

嘉立创 EDA 专业版高级设计技巧及应用

嘉立创 EDA 有很多的应用技巧，本章总结了一些嘉立创 EDA 专业版的 PCB 设计中常用的高级设计技巧，读者通过对本章的学习可以有效地提高工作效率。

软件之间相互转换的操作是目前很多工程师都有的困扰，本章的讲解为使用不同软件平台的工程师提供了便利。

11.1 相同模块布局布线的方法

PCB 的相同模块如图 11-1 所示。很多 PCB 设计板卡中存在相同模块，给人整齐、美观的感觉。从设计的角度来讲，整齐划一，不但可以减少设计的工作量，而且可以保证系统性能的一致性，方便检查与维护。相同模块的布局布线存在其合理性和必要性。

图 11-1 PCB 的相同模块

（1）模块的布局布线如图 11-2 所示，对其中一个模块执行布局布线。

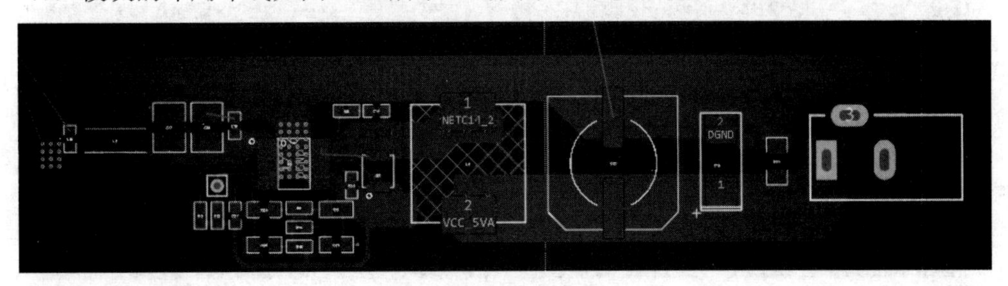

图 11-2 模块的布局布线

（2）框选该模块，单击“布局—组合—组合”（Ctrl+G 键）或右击后单击“组合—组合选中”，在弹出的“新建组合”对话框中给组合命名，命名完成之后单击“确认”按钮即可将框选的元素组合成一个模块，如图 11-3 所示。

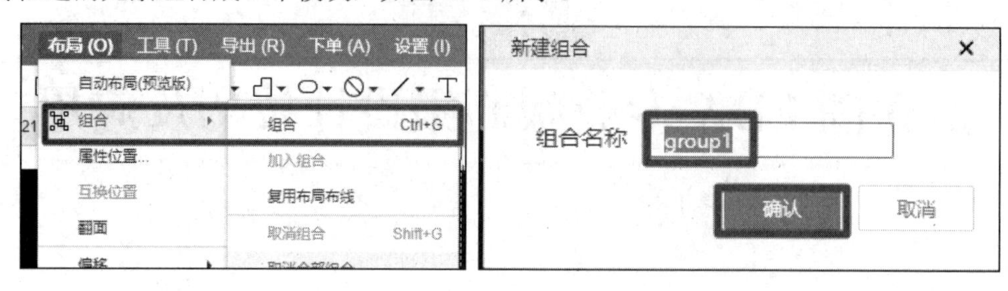

图 11-3　组合的创建

（3）框选第二路需要进行模块复用的元件，单击“布局—组合—复用布局布线”或右击后单击“组合—复用布局布线”，出现带有“请单击选择一个组合”的十字光标后，单击第一个已布局布线的模块，如图 11-4 所示。

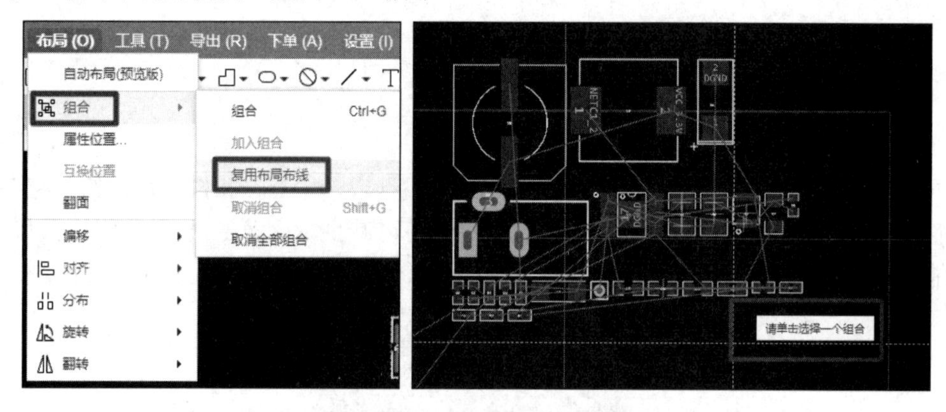

图 11-4　第二路模块复用

（4）模块复用后的布局布线如图 11-5 所示，单击选择第一个布局布线的模块后，未布局布线的元件将自动组合为一个新组合，并复用第一个组合的元件位置和布线，且模块会吸附在鼠标光标上，选择对应的位置进行放置即可。

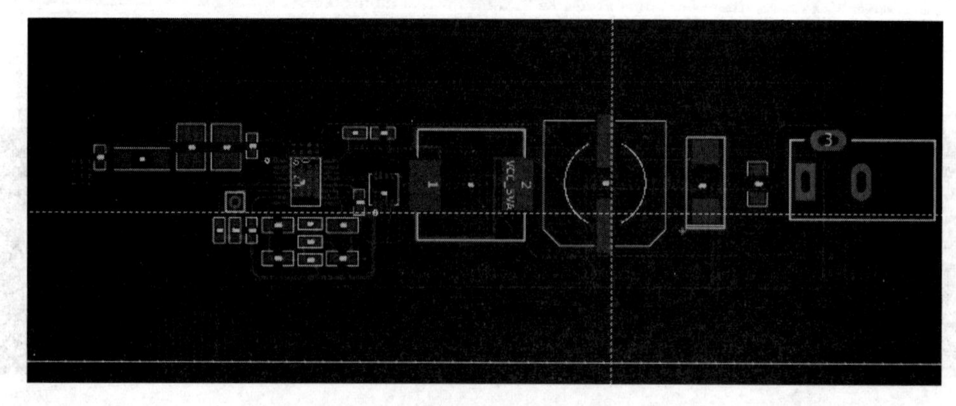

图 11-5　模块复用后的布局布线

（5）相同模块的布局布线效果图如图 11-6 所示。

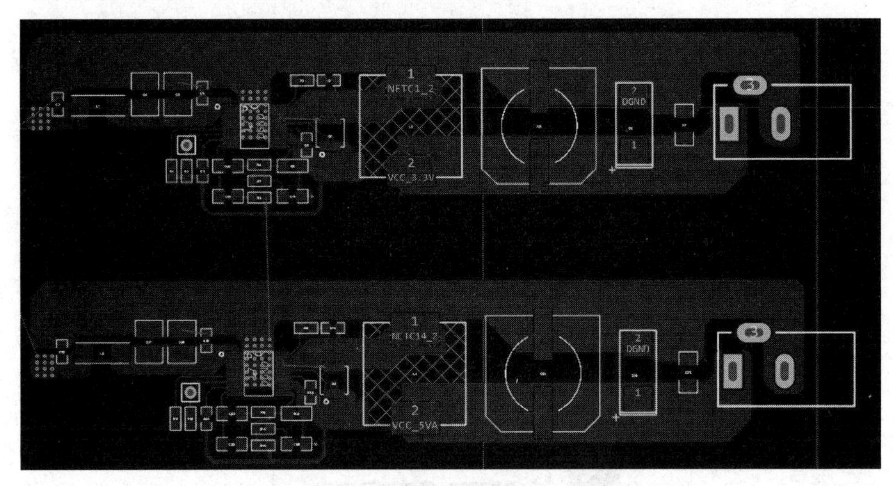

图 11-6　相同模块的布局布线效果图

依照此方法，再继续完成其他几个模块的布局布线即可。有时候这些之前需要几个小时处理的工作，可以在几分钟之内完成，非常高效。

因为布局空间的限制，在做相同模块时建议预先规划好每一个小模块所需占用的空间，规划好设计通道，即先在 PCB 的工作范围外做好模块，再根据设计通道挪移进去。

11.2　孤铜移除的方法

孤铜也叫孤岛（Isolated Shapes）或死铜，如图 11-7 所示，是指在 PCB 中孤立无连接的铜箔，一般都是在铺铜时产生的，不利于生产。解决的方法比较简单，可以手动连线将其与同网络的铜箔相连，也可以通过打过孔的方式将其与同网络的铜箔相连。无法解决的孤铜，删除即可。

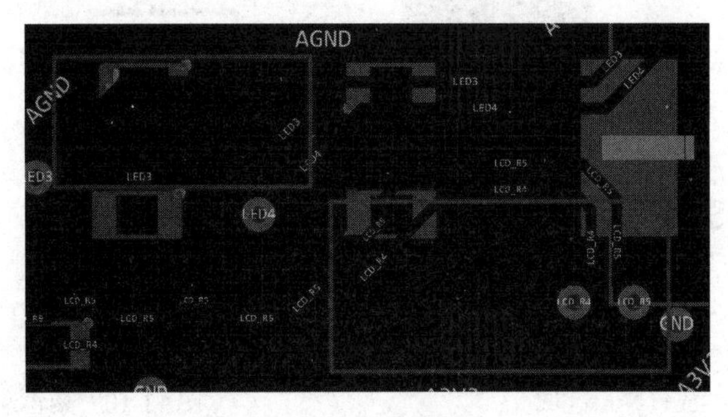

图 11-7　孤铜

11.2.1 正片去孤铜

（1）在铺铜设置状态下，设置好移除孤铜选项，即将“保留孤岛”选项设置为“否”，如图 11-8 所示。

图 11-8 铺铜设置

（2）通过放置禁止区域对孤铜进行删除处理，如图 11-9 所示，单击“放置—禁止区域—矩形”在 PCB 上进行绘制，绘制完之后弹出“轮廓对象”对话框，如图 11-10 所示，可以对禁止区域进行属性设置，勾选“铺铜”选项。完成之后，选中覆盖的铜皮，在右侧栏的“属性”选项卡中单击“重建铺铜区”按钮即可移除，如图 11-11 所示。

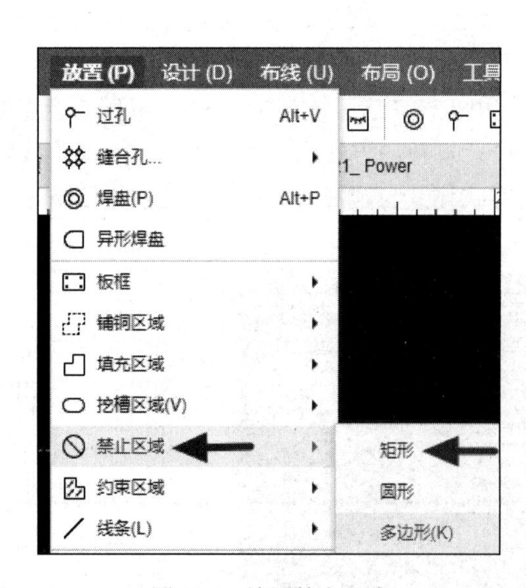

图 11-9 放置禁止区域

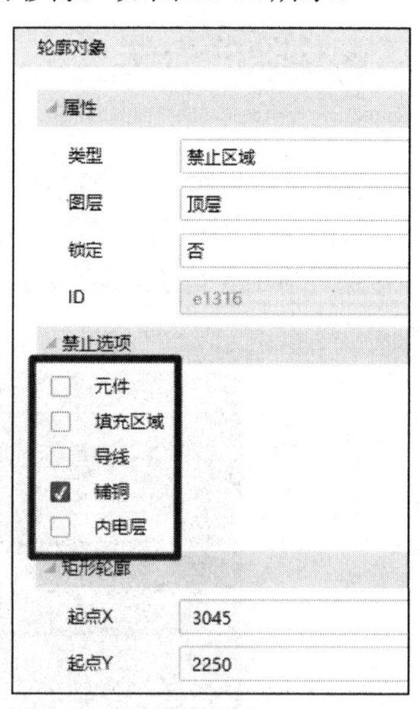

图 11-10 禁止选项设置

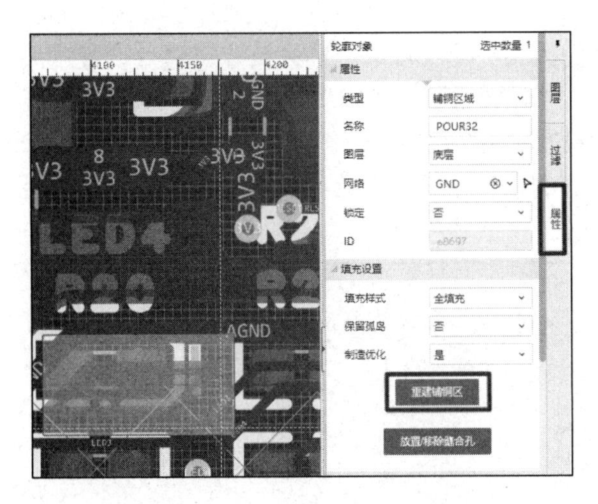

图 11-11　单击“重建铺铜区”按钮

放置禁止区域的方法适用较局限，不能自动全局移除孤铜，建议采用第一种。放置禁止区域移除孤铜的效果如图 11-12 所示。

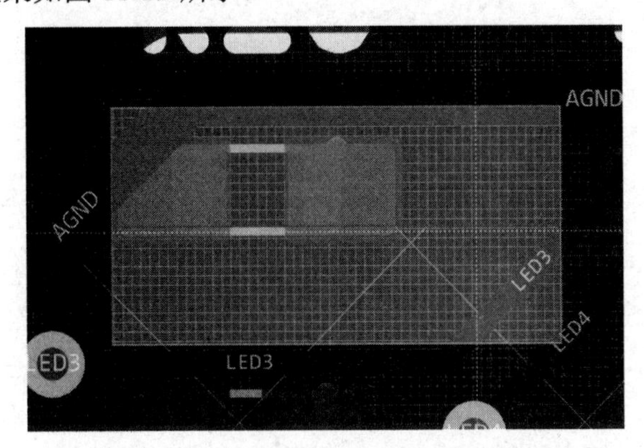

图 11-12　放置禁止区域移除孤铜的效果

11.2.2　负片去孤铜

负片中有时因规则设置不当，会出现如图 11-13 所示的孤铜。当发现这种情况时，需要首先检查规则是否恰当，并适当调整规则适配。

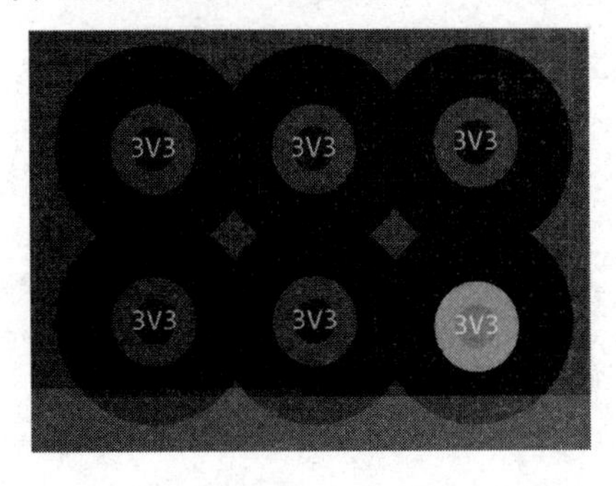

图 11-13　负片孤铜

（1）设置反焊盘的大小：此种现象一般是负片反焊盘设置过大造成的，可以适当减小其设置的数值。单击“设计—设计规则”，进入规则设置界面，单击“平面—内电层”，对反焊盘的大小进行设置，反焊盘的“网络间距”推荐设置为9～12mil，如图11-14所示。选中覆盖的铜皮，在右侧栏的“属性”选项卡中单击“重建内电层”按钮即可移除，如图11-15所示。

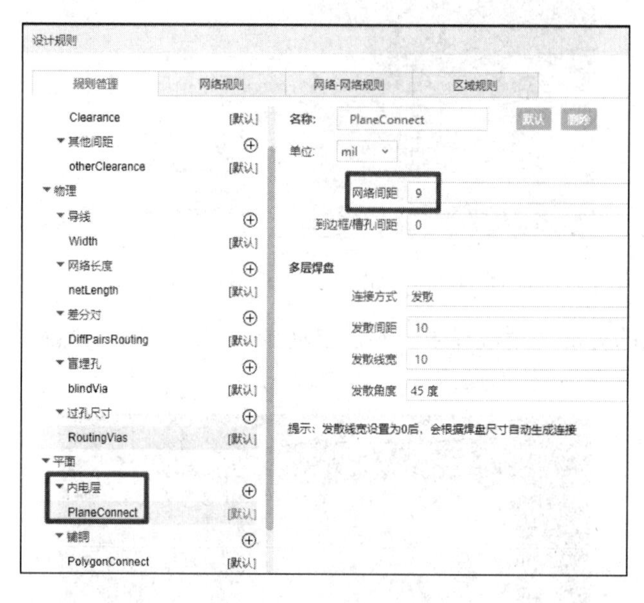

图11-14　反焊盘设置

（2）多边形铺铜挖空移除法：和正片一样，负片也可以通过放置禁止区域来进行挖铜操作，如图11-16所示，单击“放置—禁止区域—矩形”在PCB上进行绘制，绘制完成之后，选中覆盖的铜皮，在右侧栏的“属性”选项卡中单击“重建内电层”按钮即可移除，如图11-17所示。放置禁止区域之后，就把中间所有的孤铜都移除了，放置禁止区域移除孤铜的效果如图11-18所示。

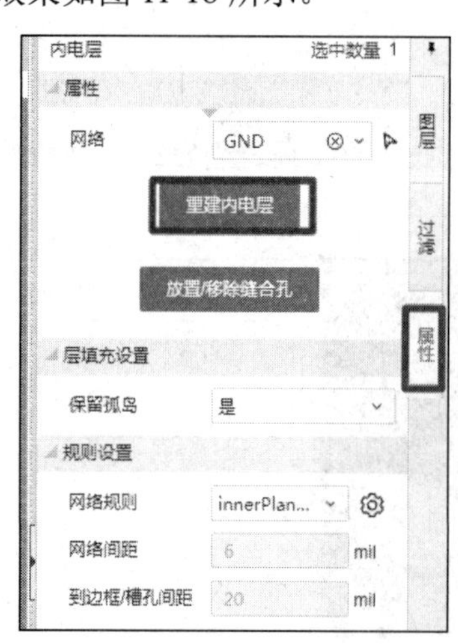

图11-15　单击“重建内电层”按钮一

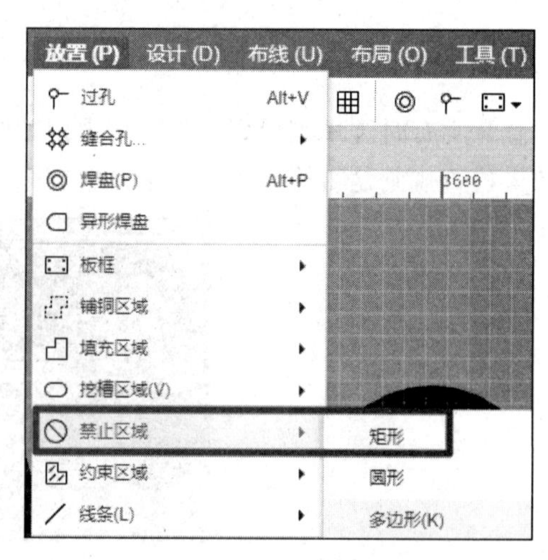

图11-16　放置禁止区域

图 11-17　单击“重建内电层”按钮二

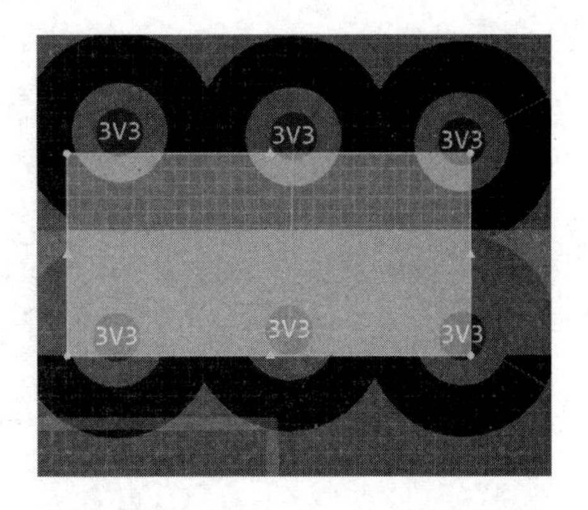

图 11-18　放置禁止区域移除孤铜的效果

11.3　检查线间距时差分线间距报错的处理方法

为了尽量减少单板设计的串扰问题，PCB 设计完成之后一般要对线间距的 3W 规则进行一次规则检查。一般的处理方法是直接设置线与线的间距规则，但是这种方法的一个弊端是差分线间距（间距设置大小不满足 3W 规则的设置）也会 DRC 报错，产生很多 DRC 报告，让人难以分辨，如图 11-19 所示。

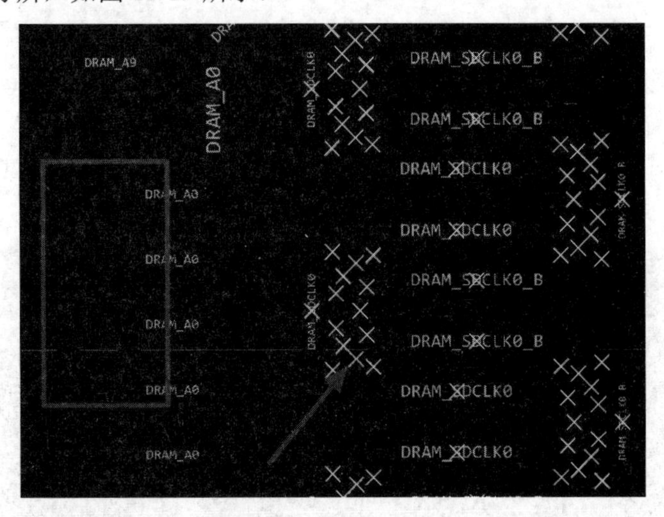

图 11-19　DRC 报告

如何解决这个问题呢？可以利用嘉立创 EDA 专业版设计规则里的“网络规则”选项，对差分线进行过滤。

（1）单击“设计—设计规则”，进入规则设置界面，新建一个间距规则，并且把导线到导线的间距设置为 10mil，把规则设置成默认，如图 11-20 所示。

（2）如图 11-21 所示，在“网络-网络规则”选项卡中单击按钮“+”，添加规则，下方会增加一栏网络规则设置，可针对差分对进行设置。

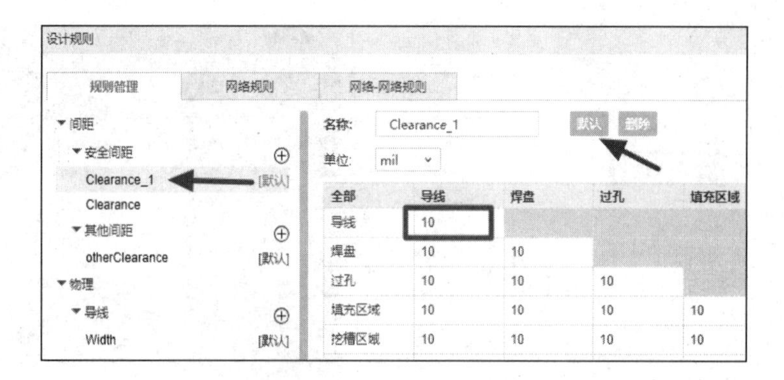

图 11-20　默认规则的设置

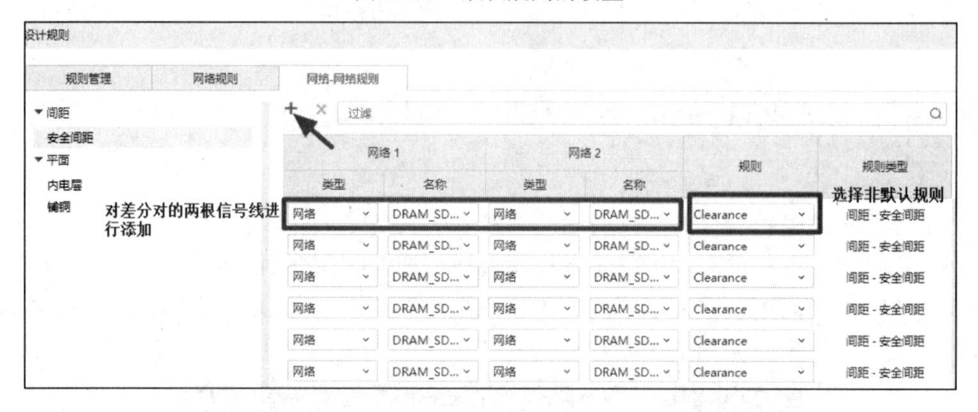

图 11-21　规则的设置

（3）单击“设计—检查 DRC（自定义）”，勾选第一项“导线到导线的间距”，单击“立即检查”按钮，可以得到如图 11-22 所示的走线间距规则报告，差分线之间的间距只有 7.5mil，不满足设计的 3W 规则（≥12mil），但是不再进行报错。

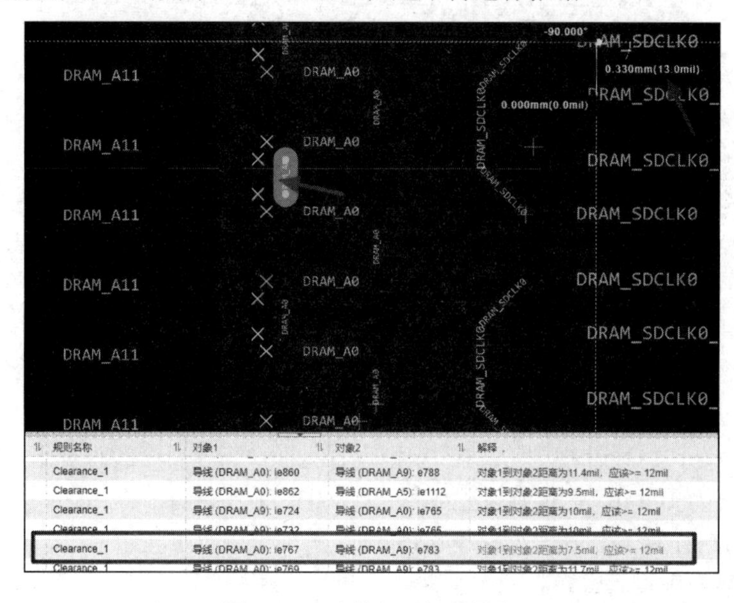

图 11-22　走线间距规则报告

这种方法只适用于 PCB 上差分对相对较少的情况，如果差分对很多，一对一对进行添加会耽误时间，此时最快的方法就是忽略差分对的报错。

11.4 如何快速挖槽

在 PCB 设计过程中，无论是高压板卡爬电间距，还是板形结构要求，会经常遇到电路板需要挖槽的情况，那么该怎么做呢？顾名思义，挖槽就是在设计的 PCB 上进行挖空处理，如图 11-23 所示。挖槽有长方形、正方形、圆形或异形等形状。

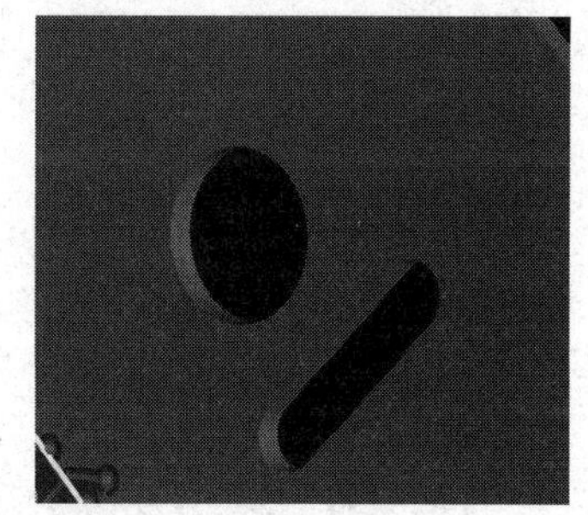

图 11-23 PCB 上的挖槽

11.4.1 通过放置钻孔挖槽

标准做法是在钻孔层放置钻孔，把加工信息直接加载到制板文件中。此种方法一般适用于长方形、正方形、圆形等比较规则的挖槽。

（1）单击“放置—焊盘”如图 11-24 所示，激活放置焊盘命令，在右侧栏的“属性”选项卡中设置钻孔属性，如图 11-25 所示，放置一个直径为 2mm、长度为 10mm 的矩形挖槽。

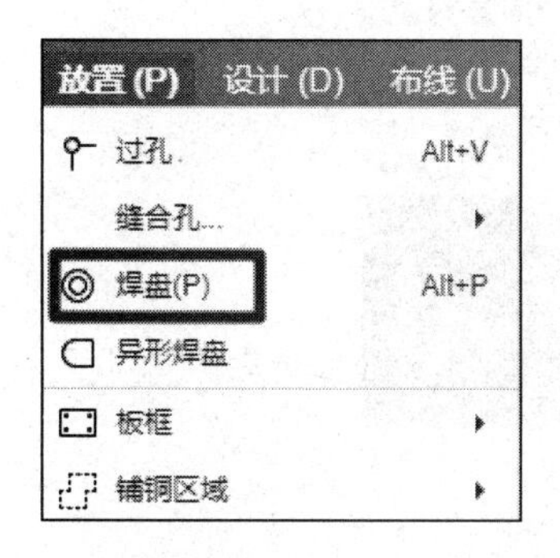

图 11-24 放置焊盘选项

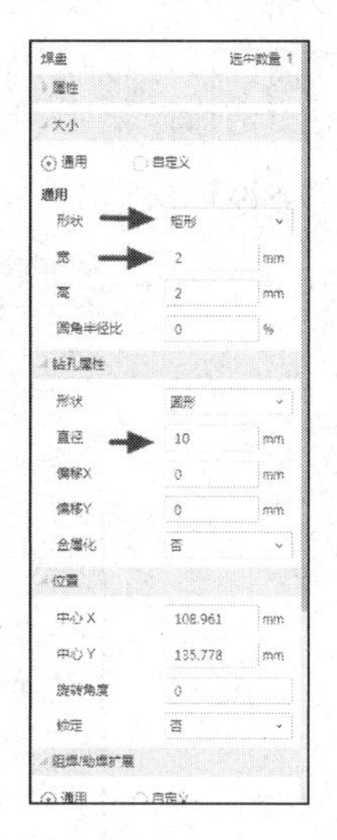

图 11-25 钻孔属性设置

通用：

① 形状：有圆形、矩形、长圆形三种。

② 宽、高：焊盘的尺寸大小。

钻孔属性：

① 形状：有插槽和圆形。

② 直径：过孔的大小，设置为 2mm。

③ 长度：槽的长度，设置为 10mm。

④ 金属化：金属化选择是，非金属化选择否。

（2）放置一个 5mm×5mm 的圆形挖槽，圆形挖槽数据信息填写如图 11-26 所示。

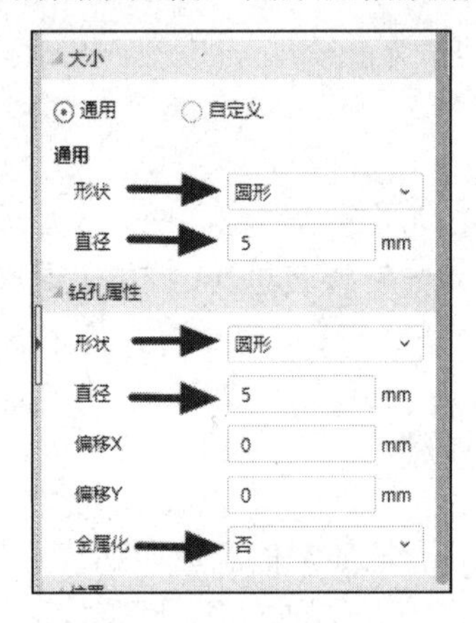

图 11-26　圆形挖槽数据信息填写

11.4.2　通过放置挖槽区域挖槽

因为焊盘不能设置异形槽孔，所以异形挖槽不能用上述方法进行处理。对于异形挖槽，可以通过放置挖槽区域进行挖槽。

单击“放置—挖槽区域—多边形”如图 11-27 所示，在 PCB 绘制一个需要且闭合的挖槽形状，创建一个挖槽区域。

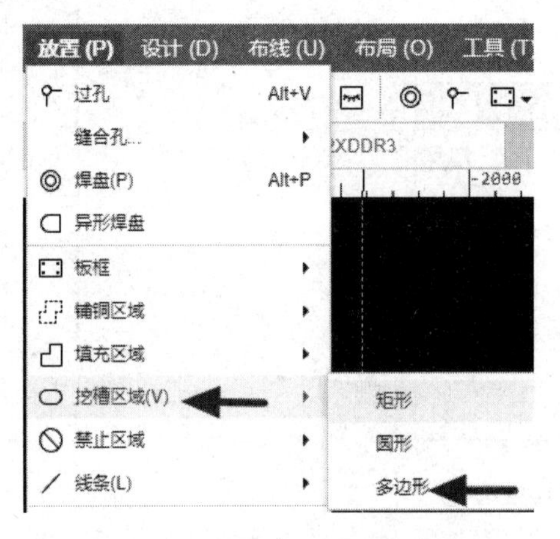

图 11-27　放置多边形挖槽区域选项

根据 11.4.1 和 11.4.2 描述的两种方法，想要什么槽孔就可以创建出什么样的槽孔，切换到 3D 状态可以看到其效果图，如图 11-28 所示。

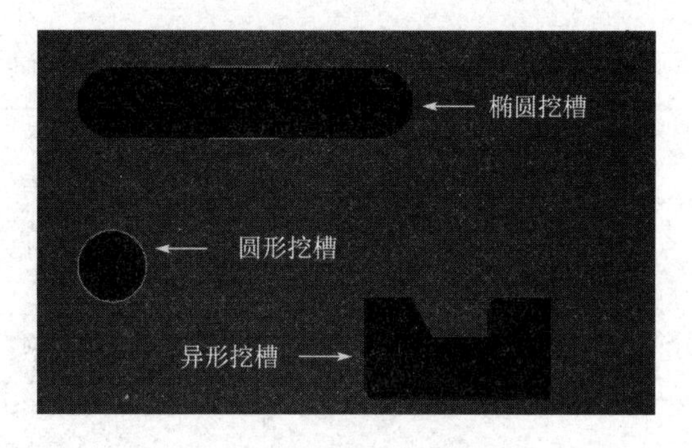

图 11-28　不同的挖槽效果

放置挖槽区域也可以放置圆形挖槽和矩形挖槽，它和放置钻孔挖槽的区别是放置钻孔挖槽可以设置金属化槽孔，而放置挖槽区域是非金属化的槽孔。

11.5　PCB 文件中的 Logo 添加

Logo 识别性是企业标志的重要功能之一，要求特点鲜明、容易辨认，很多客户需要在 PCB 设计阶段就导入 Logo 标识归属特性。如果 Logo 是 CAD 文件，可以直接按照前面介绍的 DXF 文件的导入方法进行导入；如果 Logo 是图片文档，则可以按照如下操作步骤进行导入。

（1）单击“放置—图片”如图 11-29 所示，选择需要进行导入的图片，支持导入的文件格式如图 11-30 所示，单文件导入大小限制在约 2MB，多个图片的总大小限制在约 10MB。

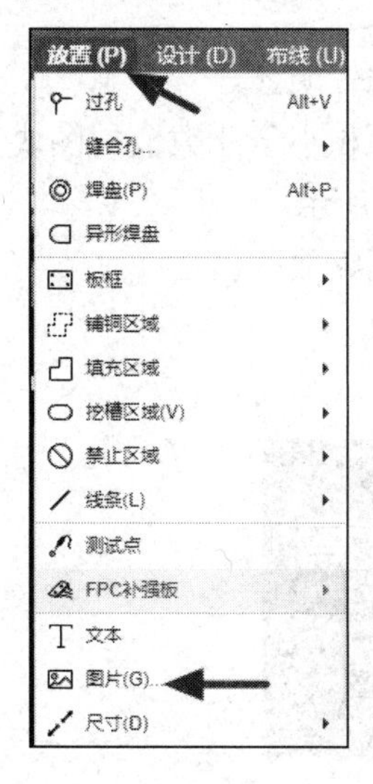

图 11-29　放置图片选项

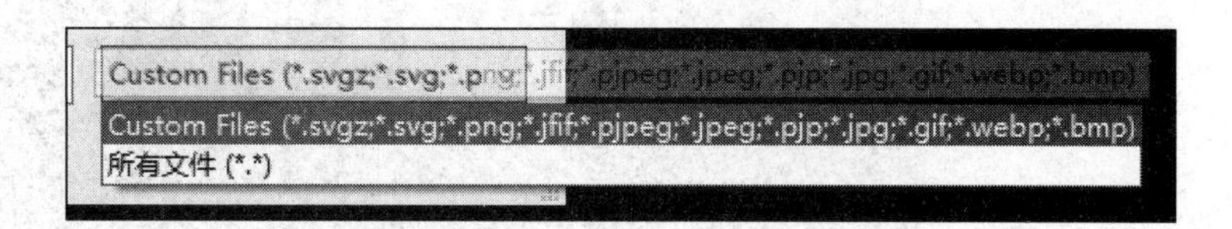

图 11-30　支持导入的文件格式

（2）如图 11-31 所示，可以对 Logo 各参数进行设置，单击“确认”按钮进行放置。

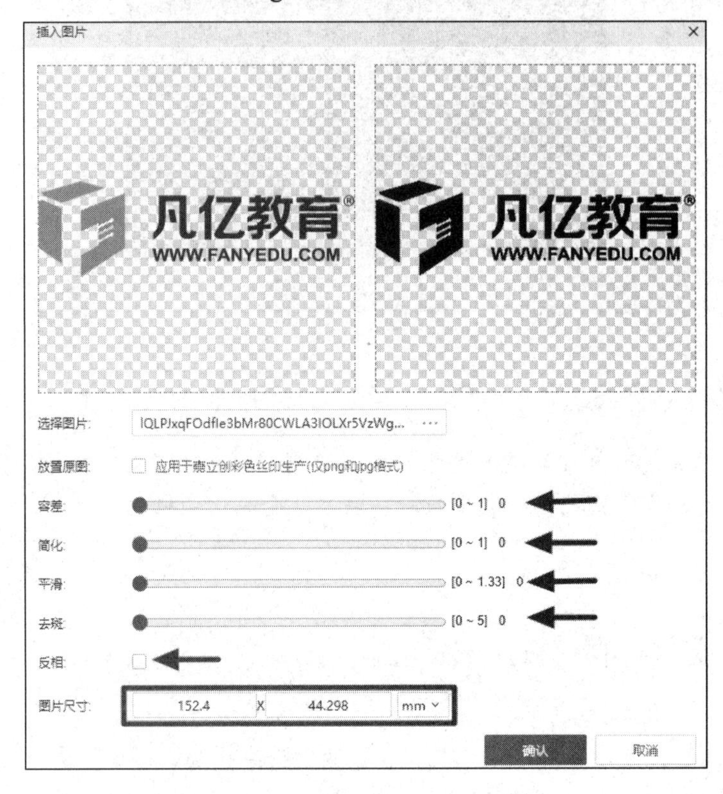

图 11-31 Logo 各参数设置

① 放置原图：嘉立创 EDA 专业版支持导入彩色图片，导入会自动放在顶层丝印层，可以切换到文档层或底层丝印层。

② 容差：数值越大，图像损失也就越大。

③ 简化：数值越大，图像边沿会越圆润。

④ 平滑：数值越大，导入的图片越平滑，需要开启质量优先比较明显。

⑤ 去斑：数值越大，图片上的斑点越少，导入的图片会删除面积小于此数值的图块。

⑥ 反相：选择后，原本的高亮区域会被挖图，效果如图 11-32 所示。

⑦ 图片尺寸：设置需要插入图片的大小，修改单数值会等比例缩放。

⑧ 单位：系统只支持两种单位，mm 和 mil。

勾选反相与不勾选反相对比如图 11-32 所示。

图 11-32 勾选反相与不勾选反相对比

（3）放置完成后，选中导入的 Logo，在右侧栏的“属性”选项卡里修改 Logo 所在层（Logo 推荐放置在丝印层）如图 11-33 所示，如果对大小不是很满意还可以进行修改，也可以用鼠标拖动调整图 11-34 中的圆点和三角形点设置 Logo 的放大或缩小，如图 11-34 所示。

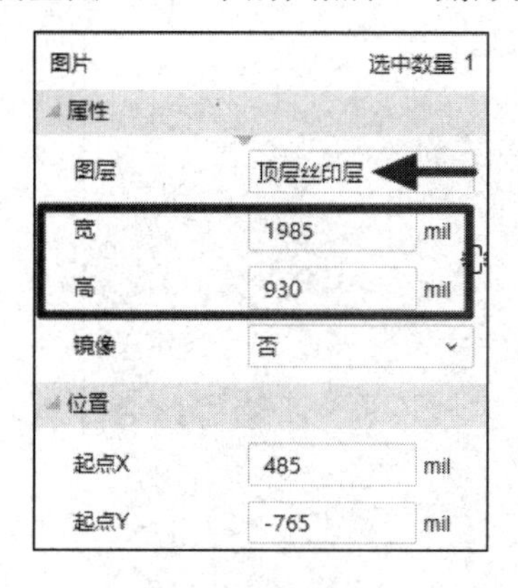

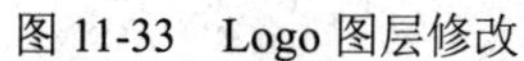
图 11-33　Logo 图层修改

图 11-34　大小调整预览

11.6　3D 模型的导出

3D PCB 设计不只是好看，最主要的是可以利用 3D 模型来进行结构核对。一般来说，用专业的工具来核对结构或直接采用 PDF 的形式进行测绘时，需要对 PCB 设计的 3D 模型进行导出。

导出之前需要检查一下 3D 模型是否全部做好，包括元件的高度和 PCB 的厚度等信息，这两个信息是核对结构最基本的信息。

对于元件的高度信息，如果没有做好，可以按照前面的制作方法更新进来。

单击“工具—图层管理器”（Ctrl+L 键）如图 11-35 所示，单击“物理堆叠”选项卡，找到“厚度”，在这一列中可以根据板厚和层叠的总体要求，修改下面的数据，让其满足厚度要求，如图 11-36 所示。

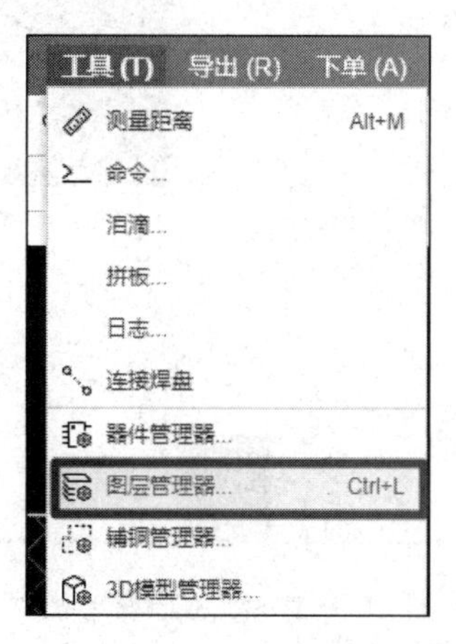

图 11-35　图层管理器选项

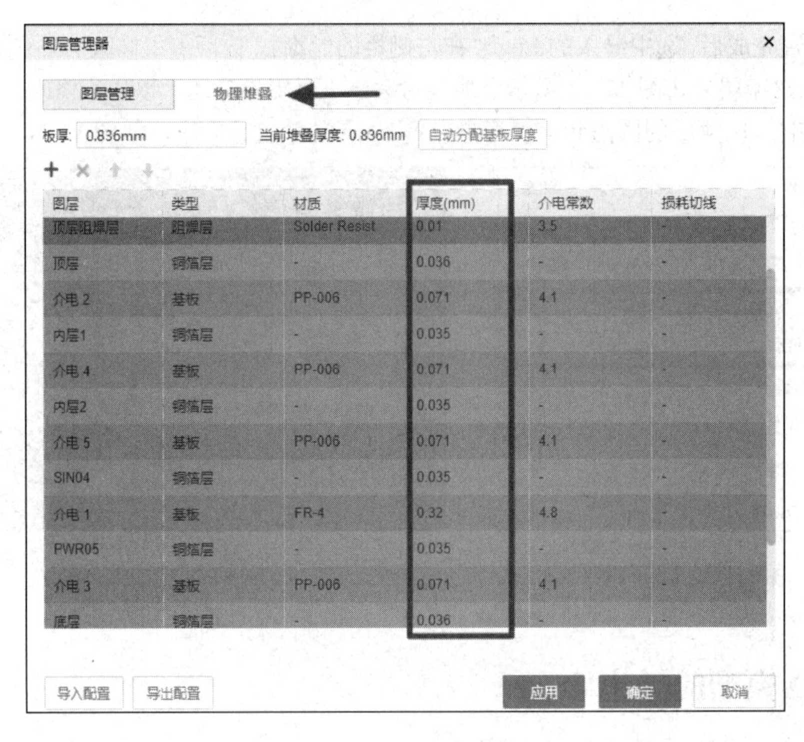

图 11-36　PCB 厚度的数据变更

3D STEP 模型一般是提供给专业的 3D 软件进行结构核对，如 Pro/Engineer。嘉立创 EDA 专业版提供了导出 3D STEP 模型的功能，结构工程师可以直接将其导出进行结构核对。

（1）在 PCB 设计交互界面中单击“文件—导出—3D 文件”，如图 11-37 所示。

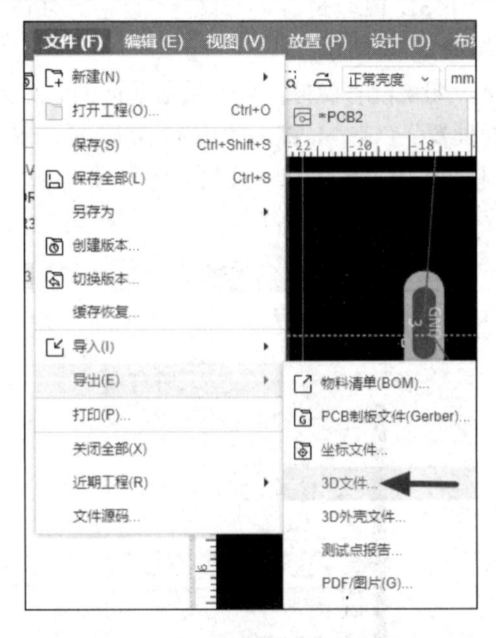

图 11-37　导出 3D STEP 模型

（2）在弹出的对话框中按图 11-38 中的参数进行设置。

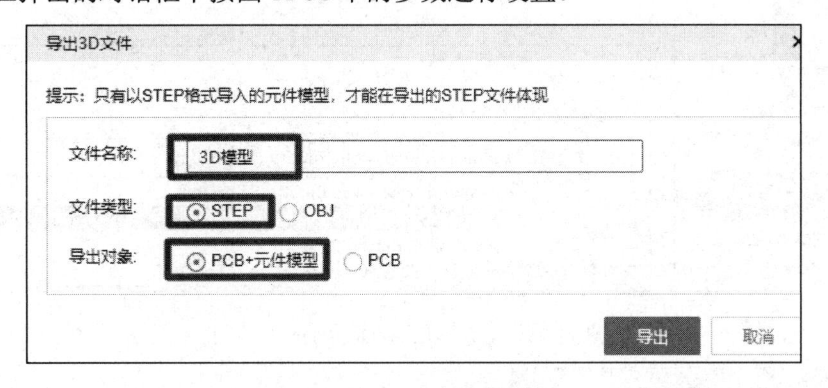

图 11-38　导出选项设置

① 文件名称：可以自定义修改。

② 文件类型：软件支持导出 STEP 和 OBJ 格式的 3D 文件。

STEP：导出 STEP 格式必须是 PCB 元件绑定的 3D 模型也是 STEP 格式的，否则导出的 STEP 将不带模型。

OBJ：导出 OBJ 格式是一个压缩包，里面包含材质文件，推荐选择 STEP 文件类型。

③ 导出对象：有“PCB+元件模型”和“PCB”两种选项，推荐选择“PCB+元件模型”。

（3）单击“导出”按钮，并设置文件导出路径，等待一下，导出完成。导出文件后缀为.step 的文件就是 3D STEP 模型文件，可以发送给结构工程师核对。

11.7　嘉立创 EDA 专业版与其他设计软件的导入与导出

因为目前各个公司的 PCB 设计软件不同，并且产品原理具有独立性，所以出现了各软件之间进行转换的需求。本书介绍了当前主流设计软件嘉立创 EDA 专业版与 Altium Designer、PADS 和 OrCAD 之间的原理图互转，供读者参考。

11.7.1　嘉立创 EDA 专业版与 Altium Designer、PADS、OrCAD 之间的原理图互转

1. Altium Designer 原理图转换成嘉立创 EDA 专业版原理图

（1）用 Altium Designer 打开一份需要转换的原理图，单击“文件—另存为”，选择“Advanced Schematic ascii(*.SchDoc)”，导出一份 ASCII 编码格式的原理图文件，如图 11-39 所示。

（2）打开嘉立创 EDA 专业版软件，单击“文件—导入—Altium Designer”，如图 11-40 所示，会弹出一个“提示”对话框，直接单击“确认”按钮，如图 11-41 所示。添加需要进行转换的文件，单击打开。

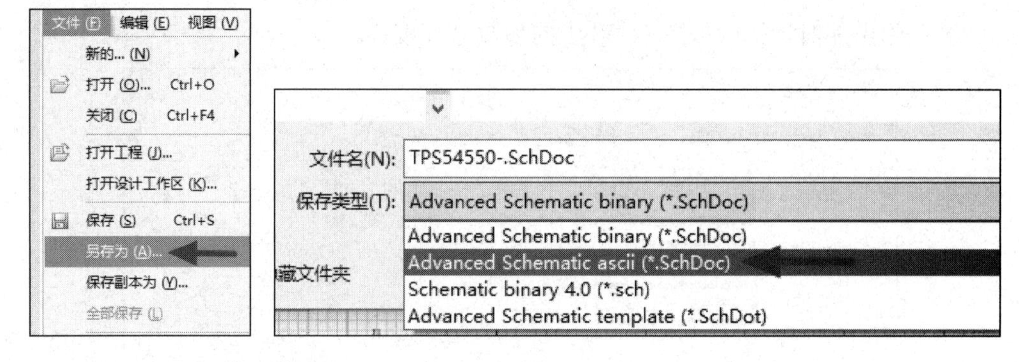

图 11-39　导出 Altium Designer 原理图

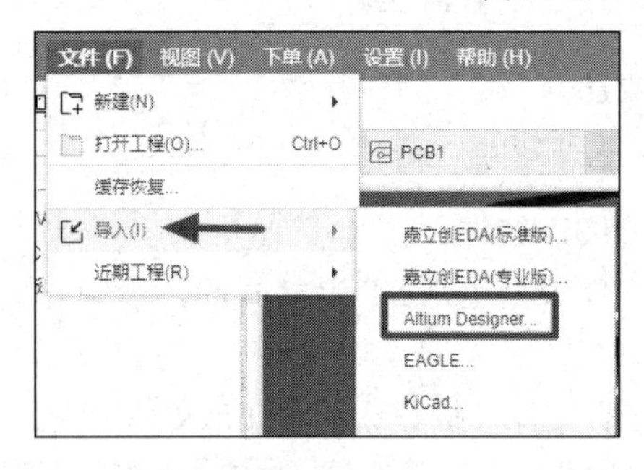

图 11-40　导入 Altium Designer 选项

图 11-41　“提示”对话框

（3）在弹出的“导入”对话框中，默认文件类型为“Altium Designer（*.Zip，*.schdoc，*.pcbdoc，*.schlib，*in)”，推荐按照图 11-42 进行设置。

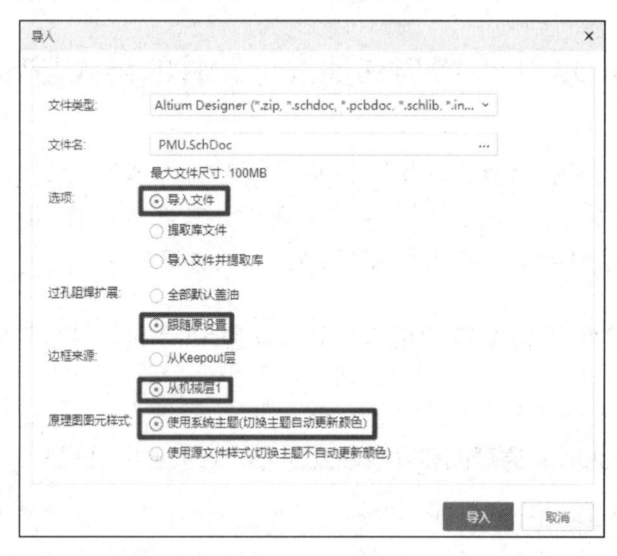

图 11-42　导入选项设置

① 选项：有“导入文件”“提取库文件”“导入文件并提取库”三种，推荐选择“导入文件”。

导入文件：仅支持导入 PCB 和原理图文件。

提取库文件：仅支持提取导入的原理图库或 PCB 库。

导入文件并提取库：支持导入原理图和 PCB 文件并提取对应的库文件。

② 过孔阻焊扩展：有“全部默认盖油”和“跟随原设置”两种，推荐选择“跟随原设置”。

全部默认盖油：会强制把全部过孔都设置为盖油（阻焊扩展设置为-1000）。

跟随原设置：会跟随原本 Altium Designer 文件里面过孔的阻焊参数设置。

③ 边框来源：有“从 Keepout 层”和“从机械层 1”两种。

从 Keepout 层：很多用户使用 Keepout 层绘制边框，所以默认该层作为边框。

从机械层 1：选择“从机械层 1”时，闭合的 Keepout 层将转为禁止区域，未闭合的将转到机械层，一般低版本的 Altium Designer 软件其板框绘制在 Keepout 层，Altium Designer 18 以上的版本的板框绘制在机械层 1，这个根据文件版本进行选择。

④ 原理图图元样式：有“使用系统主题（切换主题自动更新颜色）”和“使用源文件样式（切换主题不自动更新颜色）”两种，推荐选择“使用系统主题（切换主题自动更新颜色）”。

（4）单击“导入”按钮，即弹出“新建工程”对话框，如图 11-43 所示，一般各项保持默认即可，单击“保存”按钮，文件转换完成。

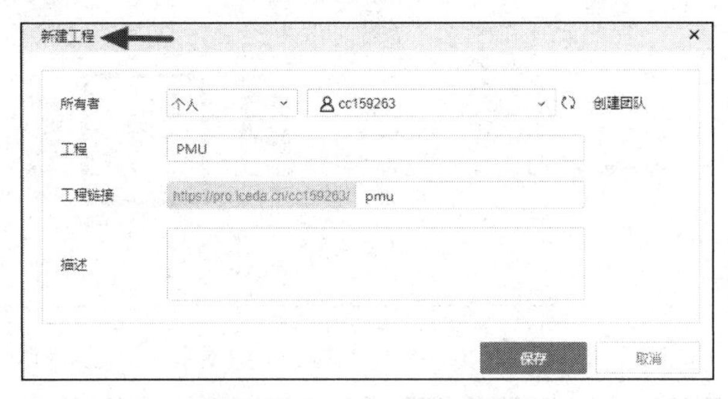

图 11-43　新建工程设置

嘉立创 EDA 专业版支持单独导入原理图或 PCB，但是单独原理图导入无法自动绑定封装，需要导入后手动绑定。如果需要对原理图和 PCB 一起导入，则把导出原理图和 PCB 文件打包成压缩包 ZIP 格式。如果需要导入单独的封装库，则要把封装库文件打包成压缩包 ZIP 格式。

2. PADS 原理图转换成嘉立创 EDA 专业版原理图

（1）用 PADS Logic 打开一份需要转换的原理图，单击“文件—导出”，导出一份 ASCII 编码格式的 TXT 文档，如图 11-44 所示。

（2）单击“保存”按钮，会弹出“ASCII 输出”对话框，单击“全选”按钮，对所有的元素全部选择进行导出，文件版本选择“PADS Logic 9.0”的版本，如图 11-45 所示。设置完成后单击“确定”按钮，文件即导出完成。

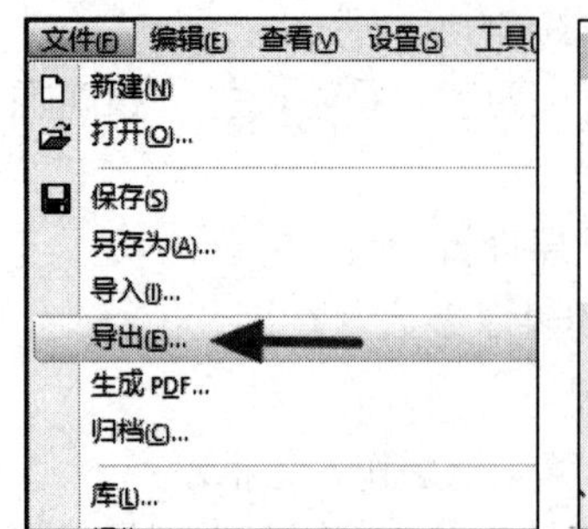

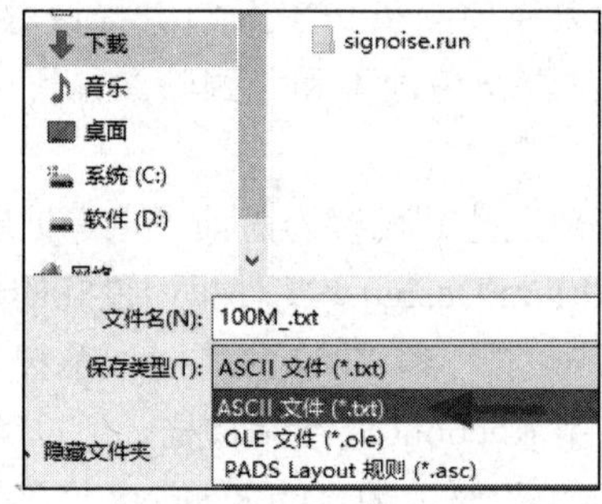

图 11-44 PADS 原理图的导出

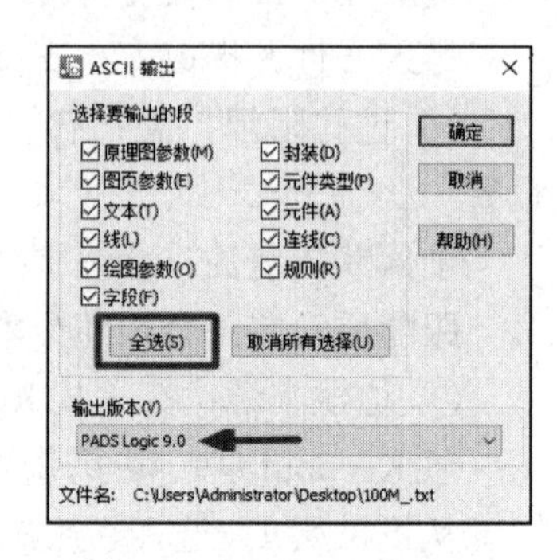

图 11-45 ASCII 输出设置

（3）“导入其他”选项如图 11-46 所示，在嘉立创 EDA 专业版开始页中单击“导入其他”，文件类型选择“PADS（*.asc，*.txt，*.zip，*.d，*.c）”，选择需要进行转换的文件，根据需要进行设置，如图 11-47 所示。

图 11-46 “导入其他”选项一

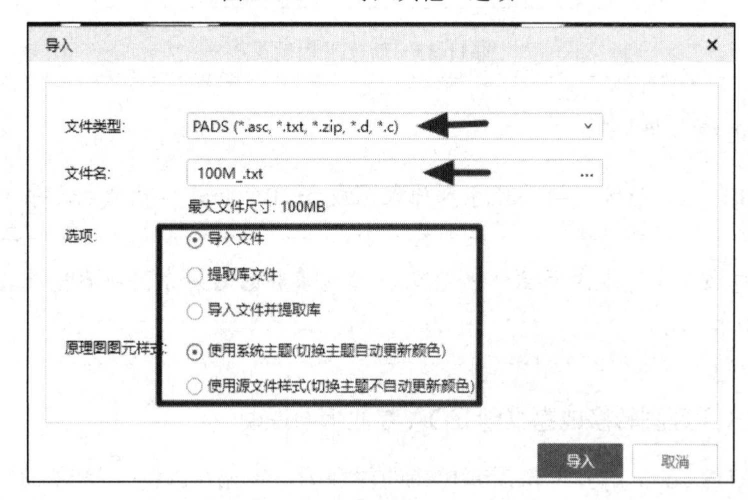

图 11-47 参数设置及文件添加一

（4）单击“导入”按钮，即可弹出“新建工程”对话框，一般各参数保持默认即可，如图 11-48 所示，单击“保存”按钮，等待一下，文件即转换完成。

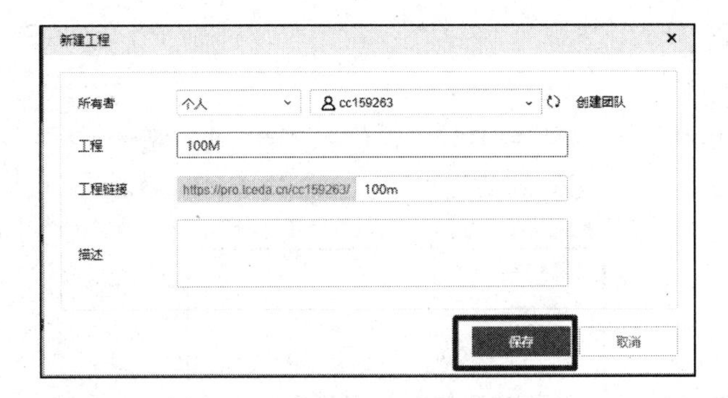

图 11-48 “新建工程”对话框

3. OrCAD 原理图转换成嘉立创 EDA 专业版原理图

（1）在 OrCAD 软件内打开“.DSN”原理图文件，单击“File—Export Design”如图 11-49 中的左图所示；导出文件设置参数如图 11-49 中的右图所示。

配置参数路径为 D:\Cadence\SPB_16.6\tools\capture\CAP2EDI.CFG。

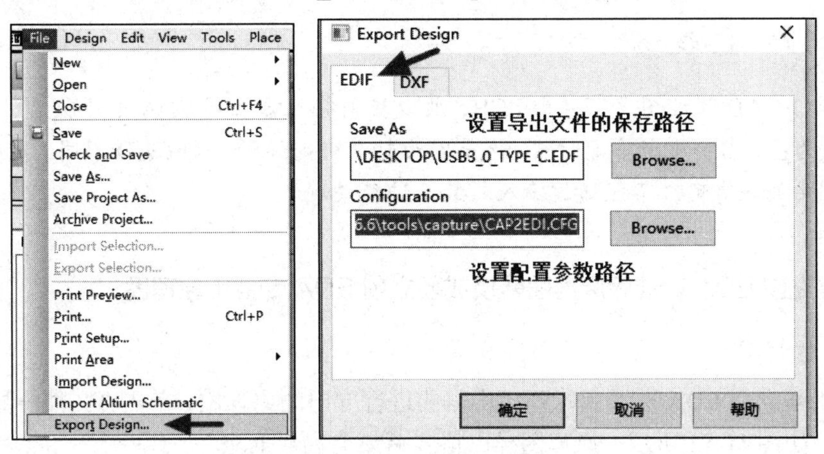

图 11-49 EDIF 文件导出

（2）如图 11-50 所示，在嘉立创 EDA 专业版开始页单击“导入其他”，文件类型选择“Allegro/OrCad（*.zip，*.ebrd，*.edra，*.edf，*.xml）”，选择需要进行转换的文件，如图 11-51 所示，单击“导入”按钮，继续单击“保存”按钮即可完成文件转换。

图 11-50 “导入其他”选项二

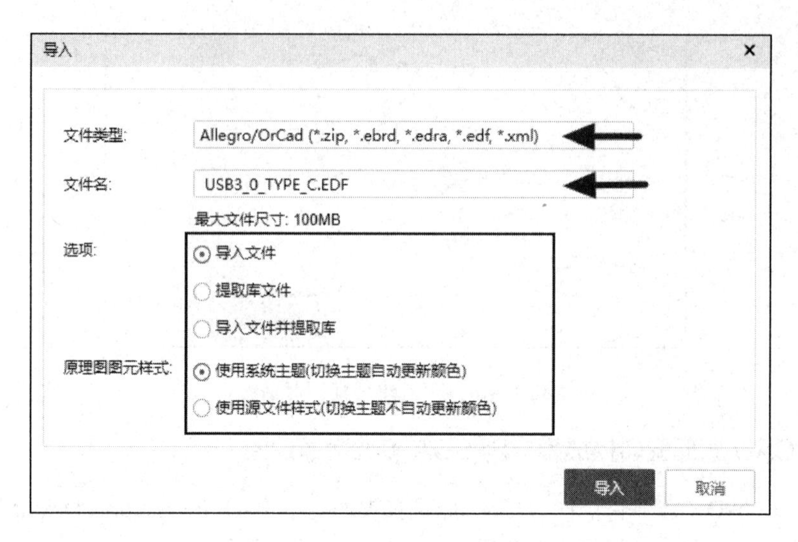

图 11-51　参数设置及文件添加二

因为 OrCAD 原理图没有包含 PCB，所以目前导入嘉立创 EDA 专业版后，元件的封装属性会为空，需要重新绑定封装。这是因为封装绑定设计和 OrCAD 不同，嘉立创 EDA 专业版需要关联绑定，不能通过输入封装名进行关联。

4. 嘉立创 EDA 标准版原理图转换成嘉立创 EDA 专业版原理图

1）第一种方法

（1）用嘉立创 EDA 标准版打开一份需要进行导出的原理图，单击“文件—导出—嘉立创 EDA”，如图 11-52 所示。原理图导出格式后缀名为“.json”。

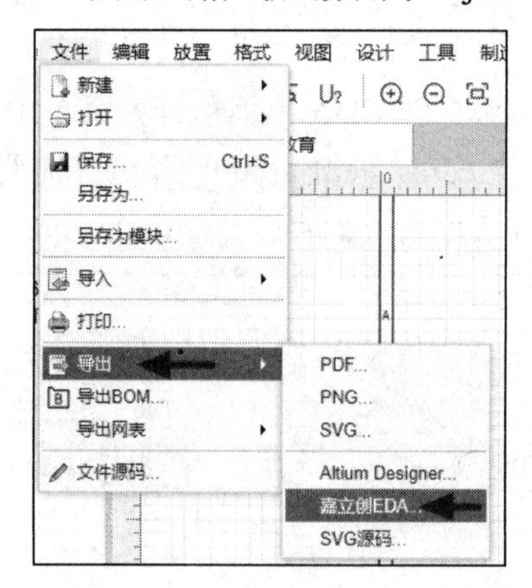

图 11-52　嘉立创 EDA 标准版原理图导出一

（2）打开嘉立创 EDA 专业版，在专业版开始页，使用“导入标准版”选项进行导入，如图 11-53 所示。

图 11-53 “导入标准版”选项一

（3）选择需要导入的文件，随即弹出“导入”对话框，根据自己的需要进行设置。单击“导入”按钮，继续单击“保存”按钮，即可完成文件转换，如图 11-54 所示。

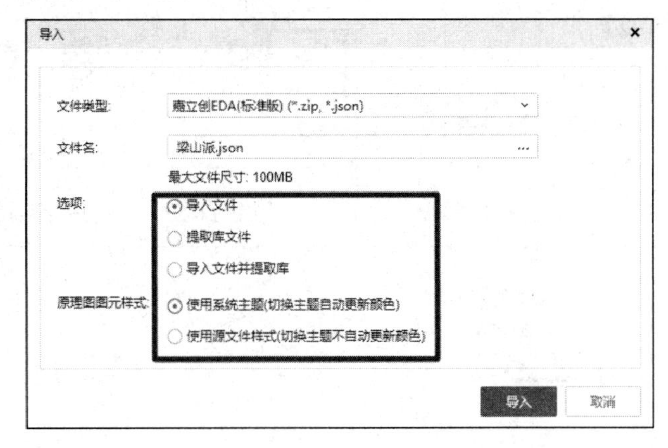

图 11-54 工程导入选项设置

2）第二种方法

（1）用嘉立创 EDA 标准版打开一份需要转换的原理图，单击“文件—另存为”，即弹出“另存为新工程”对话框，如图 11-55 所示，可选择“保存至新工程”和“保存至已有工程”，可根据具体情况进行设置，设置完成后单击“保存”按钮。

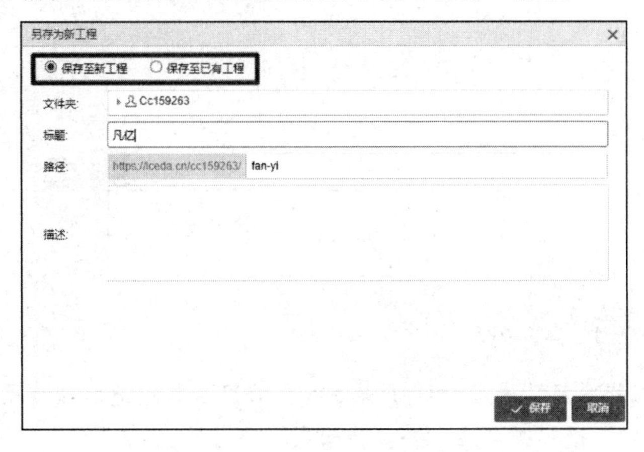

图 11-55 保存工程一

（2）单击“文件—导出—嘉立创 EDA...”，如图 11-56 所示。导出一份文件后缀名为“.json”的原理图文件。

（3）打开嘉立创 EDA 专业版，在专业版开始页，选择“迁移标准版”选项，如图 11-57 所示。选择需要迁移的工程，如图 11-58 所示，单击“确定”按钮，继续单击“保存”按钮即可完成文件转换。

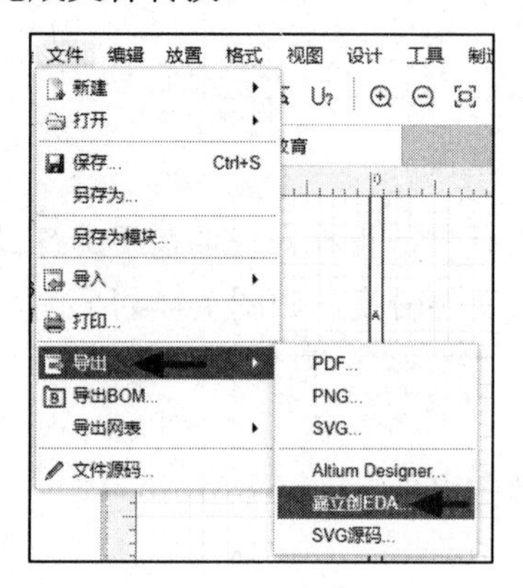

图 11-56　嘉立创 EDA 标准版原理图导出二

图 11-57　“迁移标准版”选项一

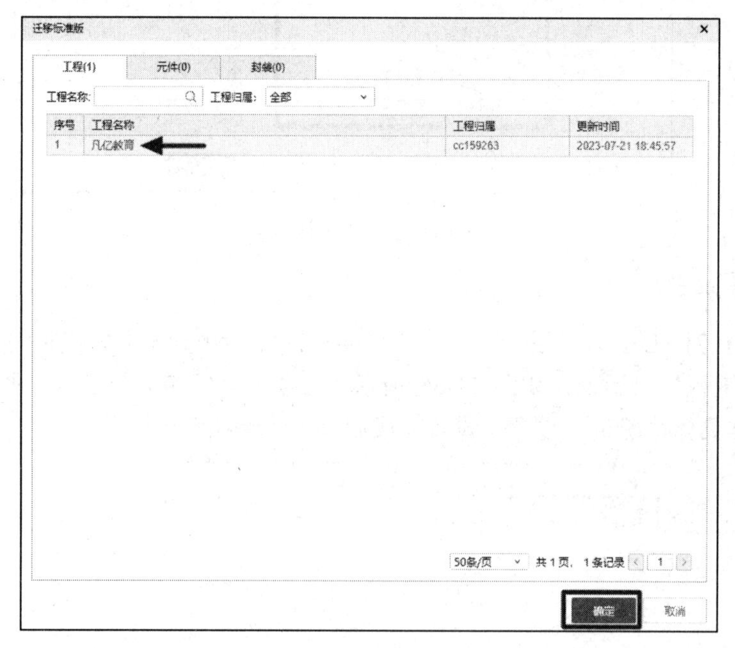

图 11-58　工程选择一

1. 使用“迁移标准版”选项的前提是必须有工程，不能是单独的原理图文件。
2. “迁移标准版”选项需要在“全在线模式”下才有。
3. 若标准版用的是网页版本，导出文件会在浏览器近期下载上显示。

5. 嘉立创 EDA 专业版原理图转换成 Altium Designer 原理图

（1）用嘉立创 EDA 专业版打开一份需要转换的原理图，单击“文件—导出—Altium Designer”，如图 11-59 所示，随即弹出“导出 Altium Designer”对话框，按照图 11-60 进行设置，设置完成后单击“导出 Altium Designer”按钮。

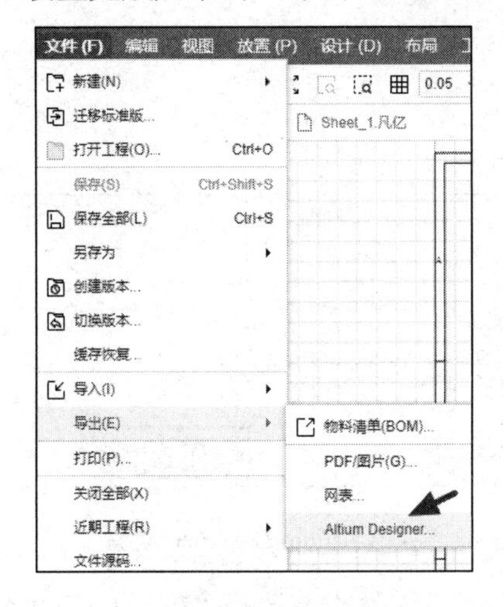

图 11-59 嘉立创 EDA 专业版原理图导出一

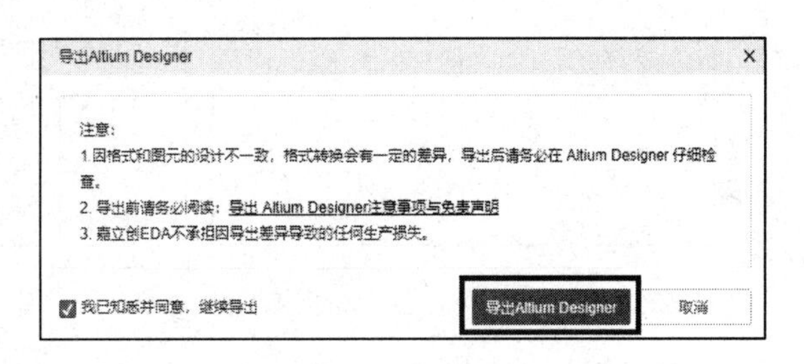

图 11-60 导出 Altium Designer 设置一

（2）选择文件保存路径，完成后单击“保存”按钮，如图 11-61 所示。

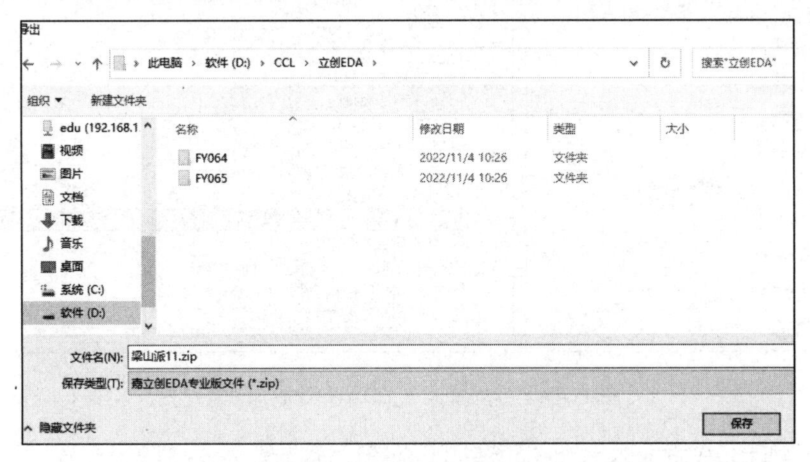

图 11-61 保存文件

（3）文件会以压缩包的形式进行保存，对压缩包进行解压后，直接把导出的文件拖到 Altium Designer 中打开即可。

6. 嘉立创 EDA 专业版原理图转换成 PADS 原理图

（1）用嘉立创 EDA 专业版打开一份需要转换的原理图，单击“文件—导出—Altium Designer”，如图 11-62 所示，随即弹出“导出 Altium Designer”对话框，按照图 11-63 进行设置，单击“导出 Altium Designer”按钮后继而弹出“导出”对话框。在“导出”对话框内设置好文件保存路径后，单击“保存”按钮即可将嘉立创 EDA 专业版原理图转换成 Altium Designer 原理图。

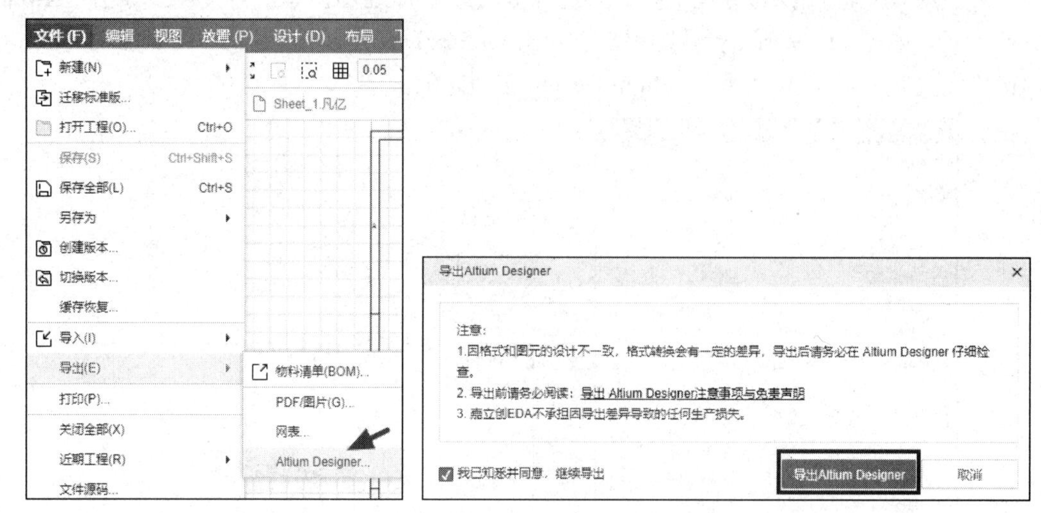

图 11-62　嘉立创 EDA 专业版原理图导出二　　　　图 11-63　导出 Altium Designer 设置二

（2）直接打开 PADS Logic，单击“文件—导入”，文件类型选择“Protel DXP/Altium Designer 2004-2008 原理图文件（*.schdoc）”，可以直接打开转换文件，如图 11-64 所示。

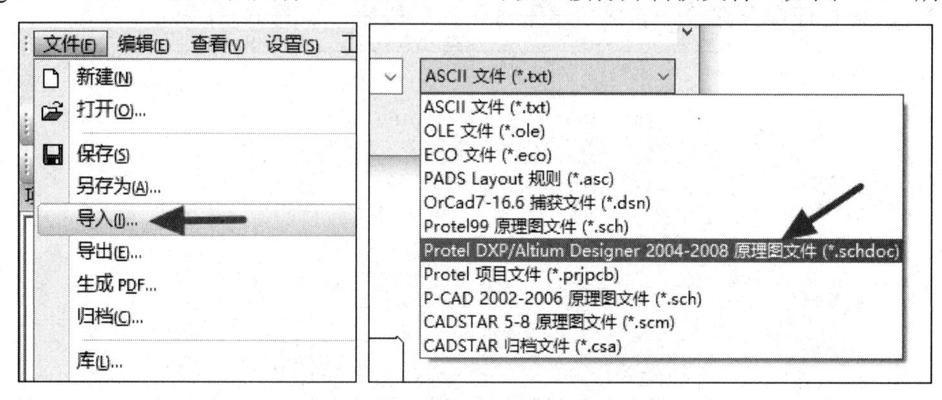

图 11-64　导入嘉立创 EDA 专业版原理图

7. 嘉立创 EDA 专业版原理图转换成 OrCAD 原理图

（1）用嘉立创 EDA 专业版打开一份需要转换的原理图，单击“文件—导出—Altium Designer”，如图 11-65 所示，随即弹出“导出 Altium Designer”对话框，按照图 11-66 进行设置。单击“导出 Altium Designer”按钮后继而弹出“导出”对话框。在“导出”对话框内设置好文件保存路径后，单击“保存”按钮即可将嘉立创 EDA 专业版原理图转换成 Altium Designer 原理图。

（2）打开 OrCAD 软件，单击“File—Import—Altium Schematic Translator”，随即弹出“Altium Schematic Translator”对话框，如图 11-67 和图 11-68 所示。

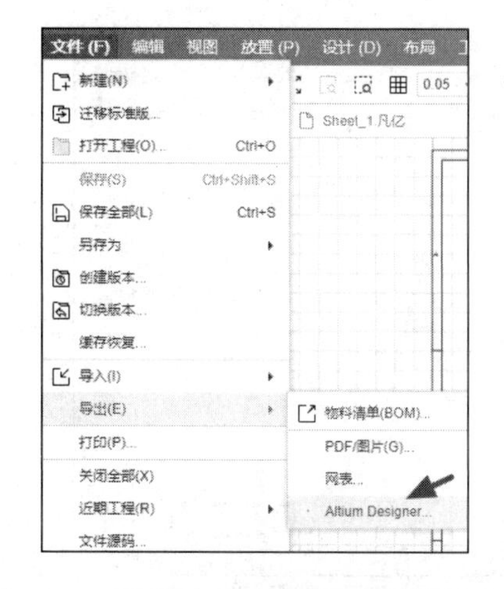

图 11-65 嘉立创 EDA 专业版原理图导出三

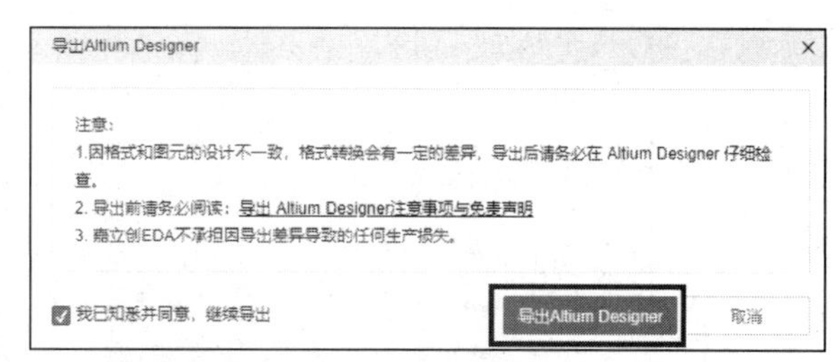

图 11-66 导出 Altium Designer 设置三

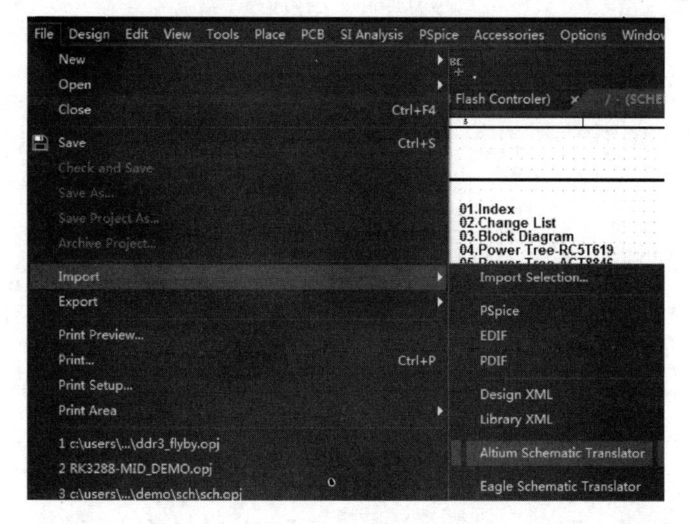

图 11-67 “Altium Schematic Translator”选项

图 11-68 “Altium Schematic Translator”对话框

（3）如图 11-68 所示，单击“PrjPCB File”后面的“…”按钮，选择需要转换的原理图文件，在弹出的对话框（见图 11-69）中，右下角的文件类型需要选择“All files”，选中文件，单击“打开”按钮，其他选项保持默认设置即可。

（4）单击“Translate”按钮（见图 11-68），等待一下，文件即转换完成。可在“out”路径下选择后缀名为“.DSN”文件，如图 11-70 所示，将其拖到 OrCAD 软件中打开。

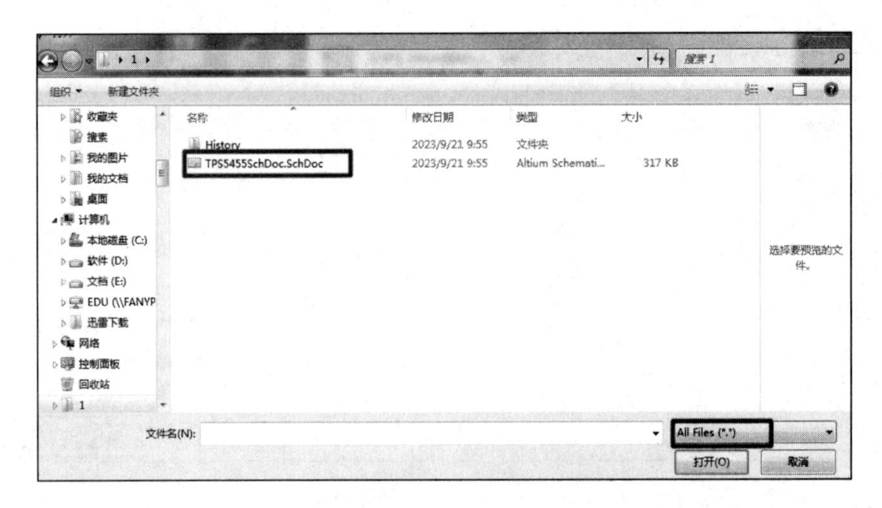

图 11-69　文件选择

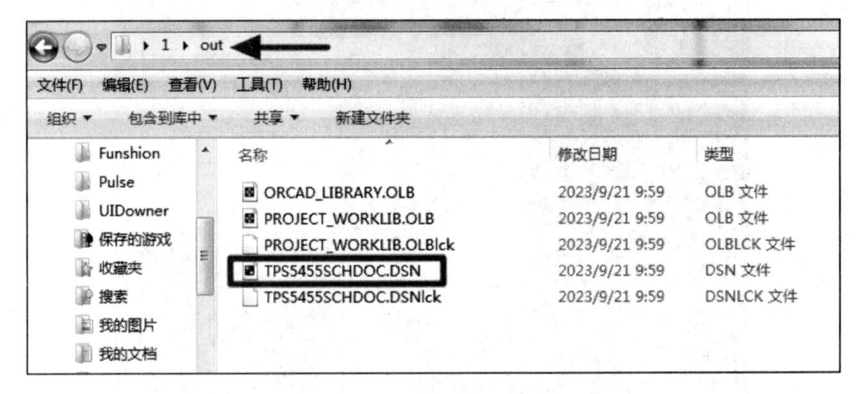

图 11-70　查看导出.DSN 文件

在以上方法中，软件采用的是 Cadence Allegro 17.4 版本。

11.7.2　嘉立创 EDA 专业版与 Altium Designer、PADS、OrCAD 之间的 PCB 互转

1. Altium Designer PCB 转换成嘉立创 EDA 专业版 PCB

（1）用 Altium Designer 打开一份需要转换的 PCB 文件，单击“文件—另存为”，导出一份 ASCII 编码格式的 PCB 文件，如图 11-71 所示。

（2）打开嘉立创 EDA 专业版，单击“文件—导入—Altium Designer”或在开始页单击“导入 Altium”如图 11-72 所示，会弹出一个“提示”对话框，单击“确认”按钮，如图 11-73 所示，选择需要转换的文件，单击打开。

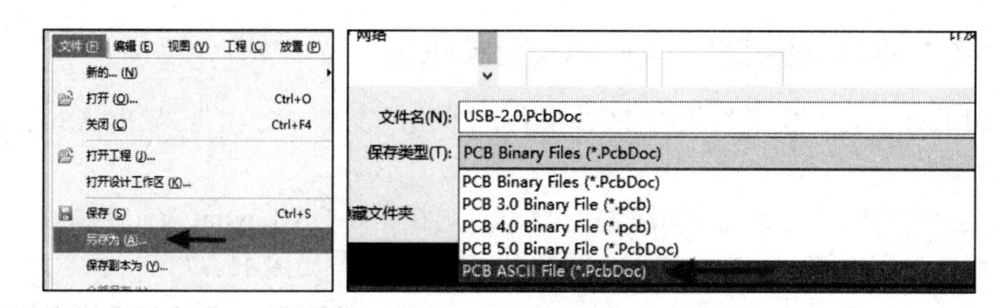

图 11-71　导出 Altium Designer　PCB

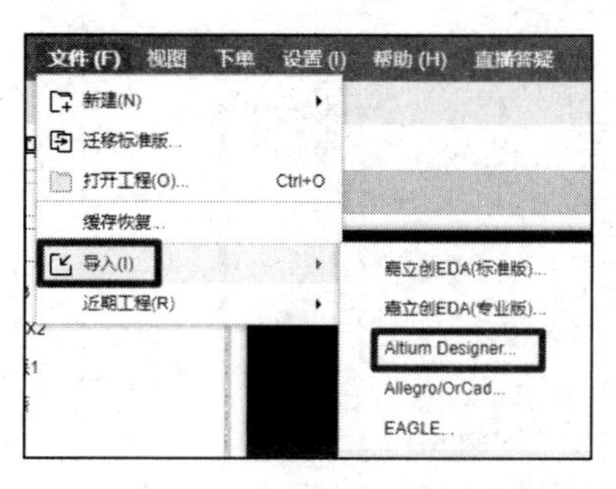

图 11-72　导入 Altium Designer 选项

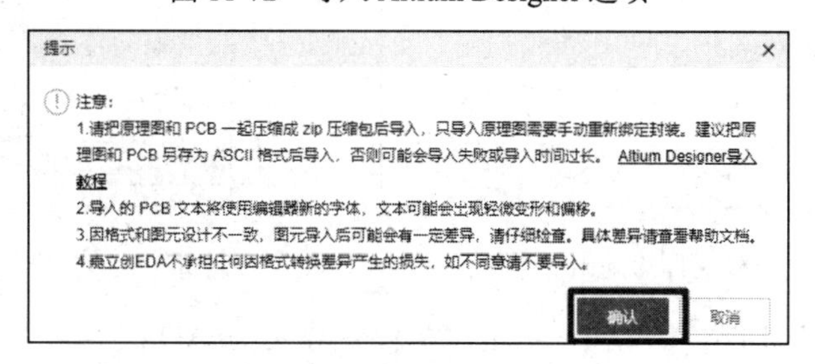

图 11-73　“提示”对话框

（3）在弹出的“导入”对话框中，根据需要进行设置，如图 11-74 所示。

（4）单击“导入”按钮，如图 11-75 所示，即弹出“新建工程”对话框，一般保持默认即可，单击“保存”按钮，文件转换完成。

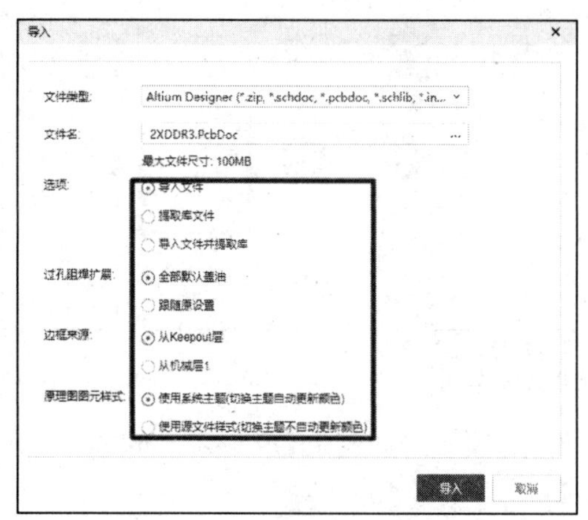

图 11-74　导入参数设置

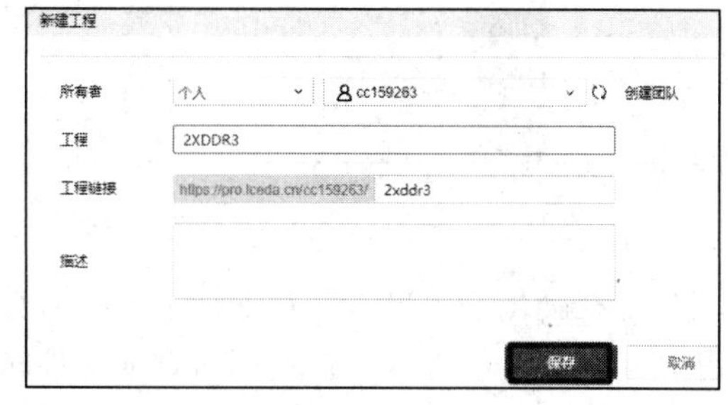

图 11-75　新建工程设置

2. PADS PCB 转换成嘉立创 EDA 专业版 PCB

（1）用 PADS 打开所需转换的 PCB 文件，单击“文件—导出”，导出.ASC 文件，如图 11-76 所示。

（2）导出设置时，全选所有元素进行导出，选择“PADS Layout V9.5”格式，并且勾选“展开属性”下的两个选项，保存好导出的 ASC 文件，如图 11-77 所示。

图 11-76　ASC 文件的导出

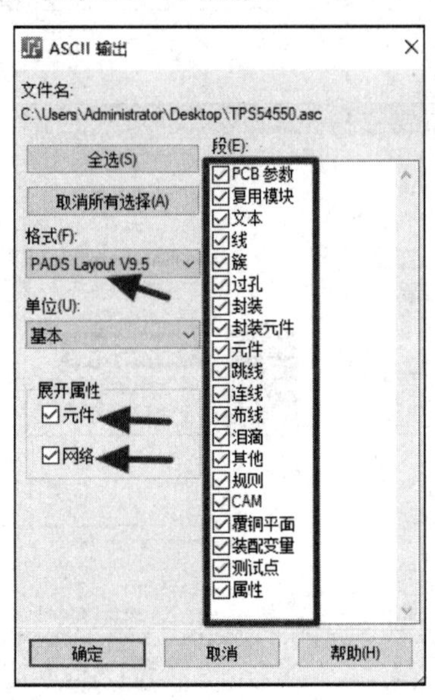

图 11-77　导出元素选择

（3）打开嘉立创 EDA 专业版，单击“文件—导入—PADS”或在开始页单击“导入其他”，如图 11-78 所示，文件类型选择“PADS（*.asc，*.txt，*.zip，*.d，*.c）”，选择需要进行转换的文件。

图 11-78　导入 PADS 选项

（4）在弹出的“导入”对话框中，根据需要进行设置，如图 11-79 所示，单击“导入”按钮，继续单击“保存”按钮即可完成文件转换。

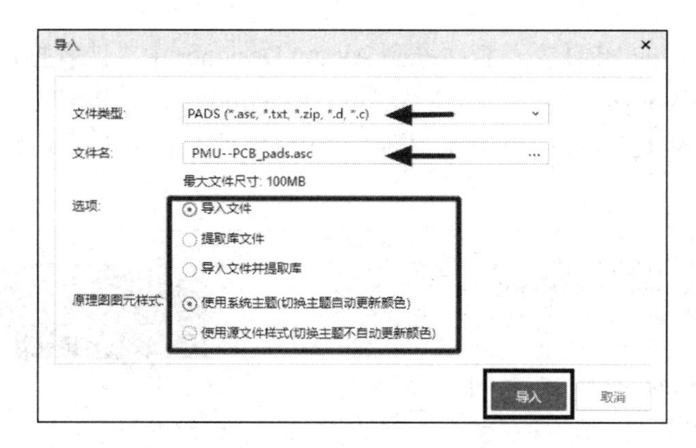

图 11-79　参数设置及文件添加一

3. Allegro PCB 转换成嘉立创 EDA 专业版 PCB

1）用 Cadence Allegro 16.6 进行转换

嘉立创 EDA 专业版暂不支持直接导入 Allegro 格式文件。但可以通过其他 EDA 工具转一次再导入，下面以 Altium Designer 为例进行介绍。

（1）转换 PCB 之前，一般需要把 Allegro PCB 降低到 16.3 及以下版本。此处以 Allegro16.6 为例，打开一个 16.6 版本的 PCB，单击“File—Export—Downrev design”，在弹出的对话框中按图 11-80 进行选择，导出 16.3 版本。

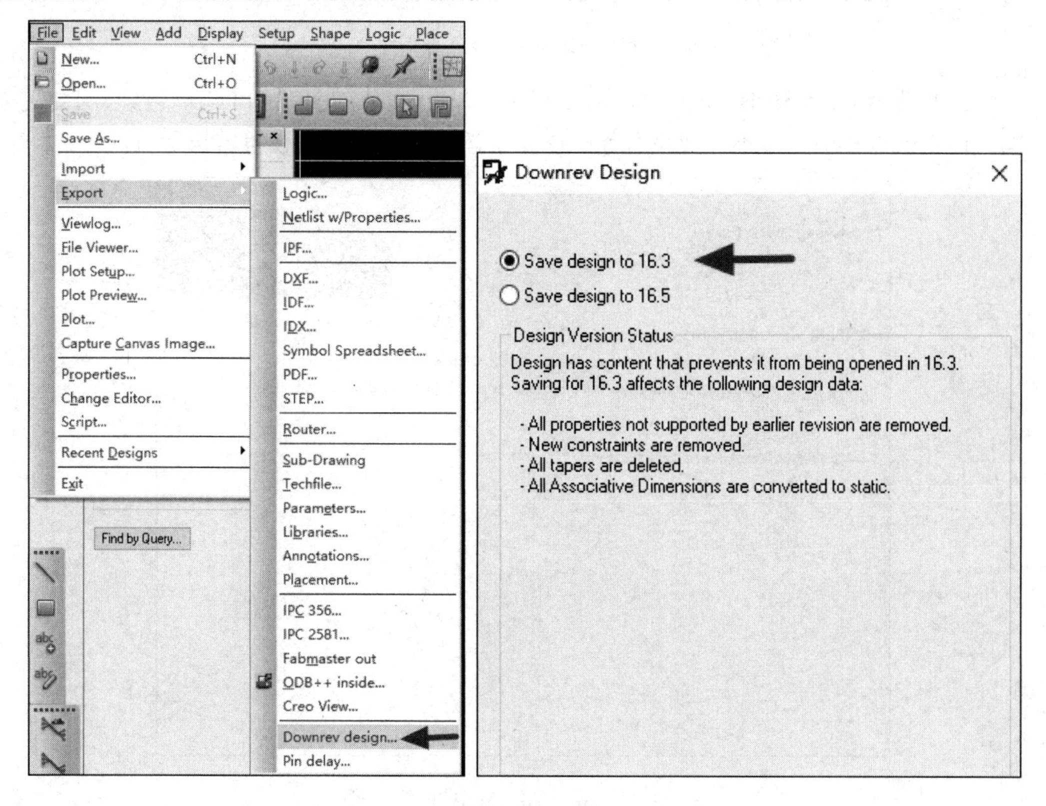

图 11-80　低版本 Allegro PCB 的导出

（2）把转换之后的 BRD 文件直接拖到 Altium Designer 中，或者打开 Altium Designer，单击“File—Import Wizard”，根据向导，先选择“Allegro Design Files”导入选项，如图 11-81 所示，然后单击“Next”按钮，把需要转换的 BRD 文件加载进来，再次单击“Next”按钮进行转换。

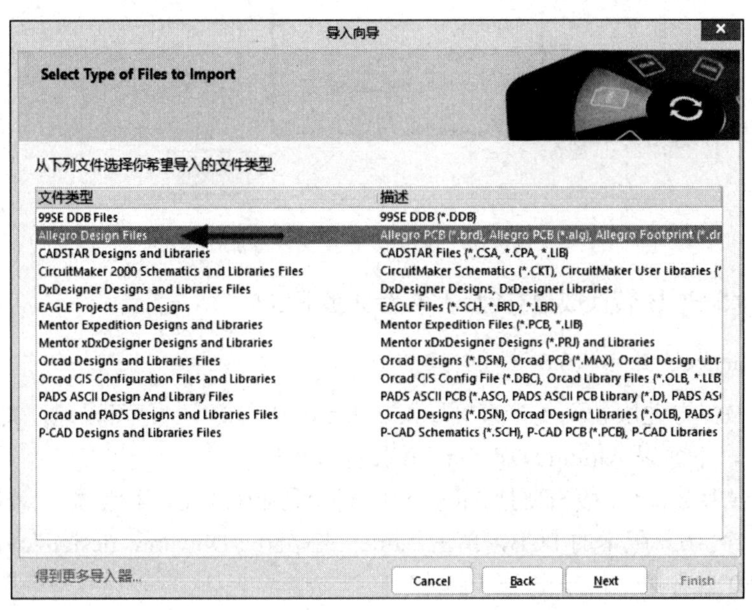

图 11-81　Allegro PCB 转换的添加

（3）等待 Allegro PCB 的转换如图 11-82 所示，一般比较复杂的 PCB 转换时间会更久一些。在转换过程中一般不需要设置什么，一切按照向导的默认设置转换即可。

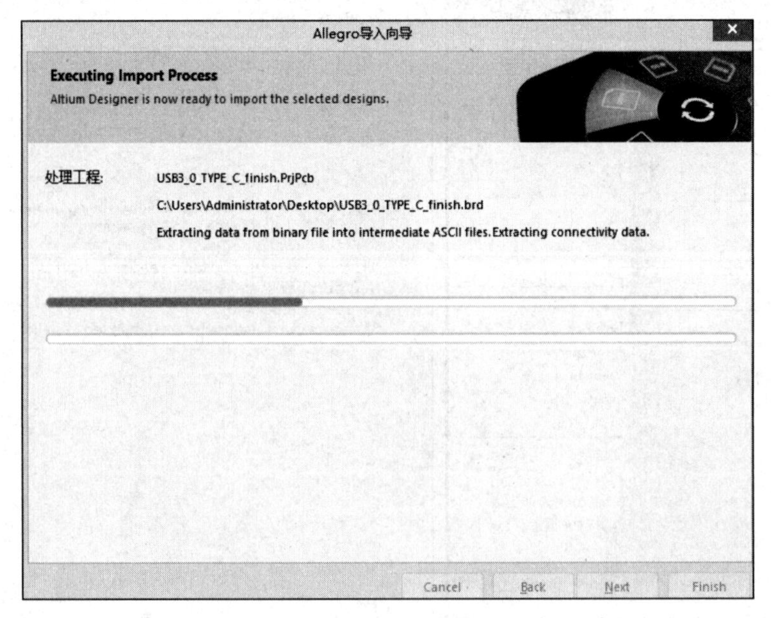

图 11-82　等待 Allegro PCB 的转换

（4）转换完成之后，建议对封装进行检查和修整，之后执行 Altium Designer PCB 导入嘉立创 EDA 专业版 PCB 的步骤即可完成文件转换。

在将 Allegro 文件转换成 Altium Designer 文件时，只有计算机上装有 Cadence 软件，才能进行这个转换，否则将转换失败，会弹出如图 11-83 所示的提示。

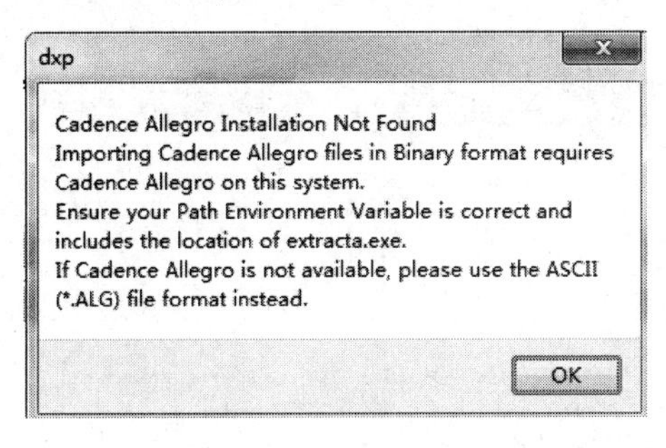

图 11-83　未安装 Cadence 的提示

2）用 Cadence Allegro 22.1 进行转换

嘉立创 EDA 专业版在 V2.1 版本开始支持 Allegro 格式文件导入，Allegro 格式文件需要使用脚本转换为 ASCII 格式后再导入嘉立创 EDA 专业版中。

（1）把压缩包内的文件全部复制到 Allegro 安装目录（D:\Cadence\home\pcbenv）下，如图 11-84 所示，如果“pcbenv”文件夹下已经存在“allegro.ilinit”文件，则在“allegro.ilinit”文件中添加一句代码——loadi("convertPcbToAscii.ile" "ascii")。

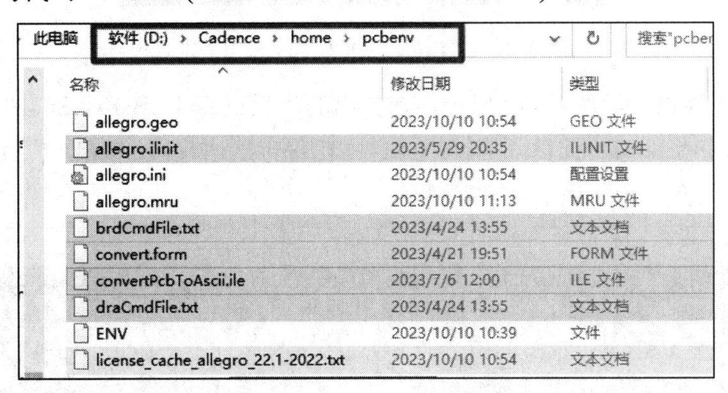

图 11-84　复制文件到安装目录下

（2）在操作系统中添加用户环境变量，变量名为“HOME”，值为 Cadence Allegro 软件的 pcbenv 文件夹所在目录的路径“D:\Cadence\home”，如图 11-85 所示。

（3）打开 Cadence Allegro 软件，单击“Batch Conversion—Convert PCB To ASCII”，如图 11-86 所示。

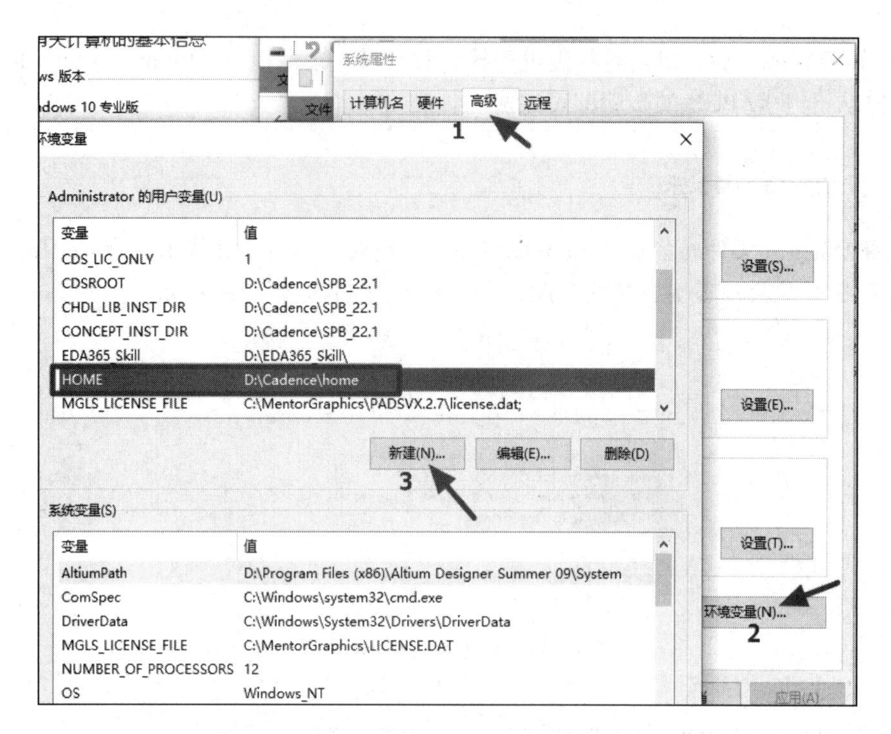

图 11-85　环境变量的添加

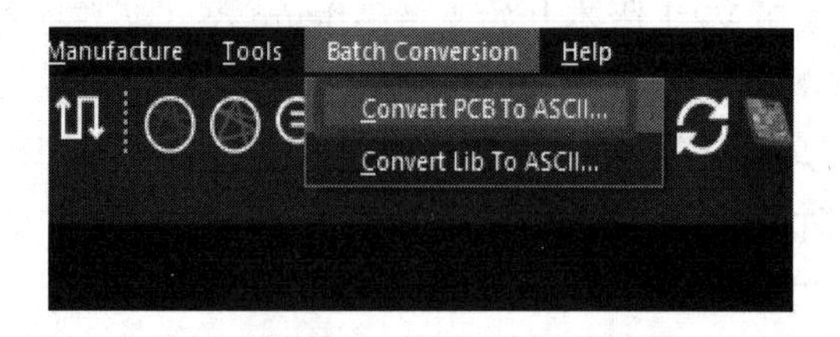

图 11-86　“Convert PCB To ASCII”选项

（4）转换文件设置如图 11-87 所示，在弹出的“Convert PCB To ASCII”对话框中选择要转换的“.brd”文件的所在目录，转换文件路径保持默认即可，单击“Translate”按钮进行转换。

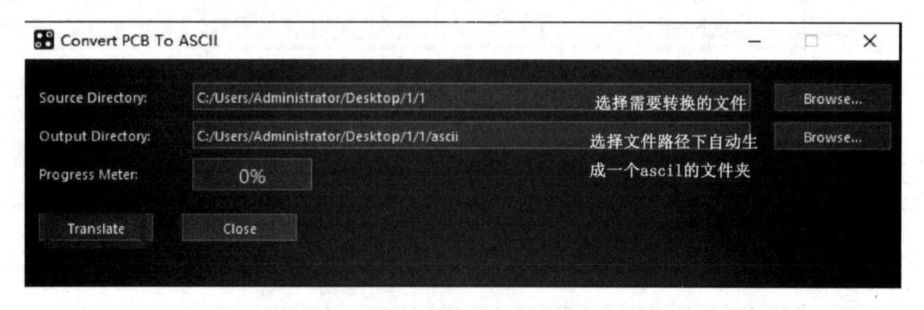

图 11-87　转换文件设置

（5）导入 Allegro 文件选项如图 11-88 所示，打开嘉立创 EDA 专业版，单击“文件—导入—Allegro/OrCad”或在开始页单击“导入其他”按钮。

图 11-88　导入 Allegro 文件选项

（6）在弹出的“导入”对话框中，文件类型选择“Allegro/OrCad（*.zip，*.ebrd，*.edra，*.edf，*.xml）”，如图 11-89 所示，选择需要进行转换的文件，根据需要进行设置，单击“导入”按钮，继续单击“保存”按钮即可完成文件转换。

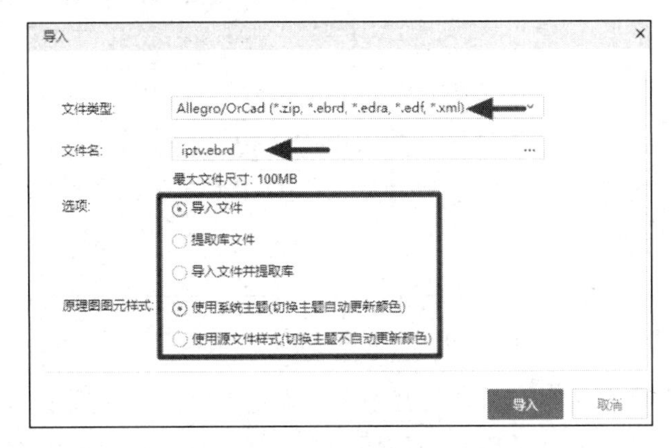

图 11-89　参数设置及文件添加二

1. 转换插件压缩包可以联系编著者进行获取。
2. 在执行第（4）步时，如果之前软件是打开状态，需要关闭软件再重新打开。

4. 嘉立创 EDA 标准版 PCB 转换成嘉立创 EDA 专业版 PCB

1）第一种方法

（1）用嘉立创 EDA 标准版打开一份需要转换的 PCB，单击“文件—导出—嘉立创 EDA”，如图 11-90 所示，导出一份格式为“.json”的 PCB 文件。

图 11-90　嘉立创 EDA 标准版原理图导出三

（2）打开嘉立创 EDA 专业版，在专业版开始页，使用“导入标准版”选项进行导入，如图 11-91 所示。

图 11-91　“导入标准版”选项二

（3）选择需要导入的文件，单击打开，之后弹出“导入”对话框，根据需要进行设置。单击“导入”按钮，继续单击“保存”按钮即可完成文件转换，如图 11-92 所示。

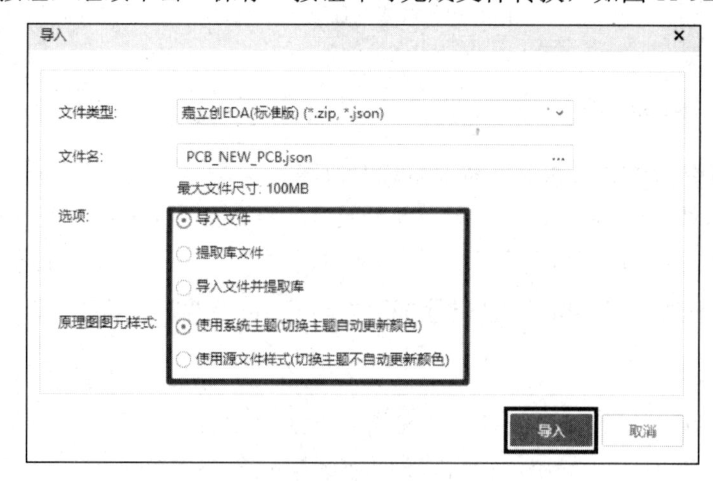

图 11-92　参数设置及文件添加三

2）第二种方法

（1）用嘉立创 EDA 标准版打开一份需要转换的 PCB，进行保存，在弹出的“另存为新工程”对话框中进行设置，设置完成后单击“保存”按钮，如图 11-93 所示。

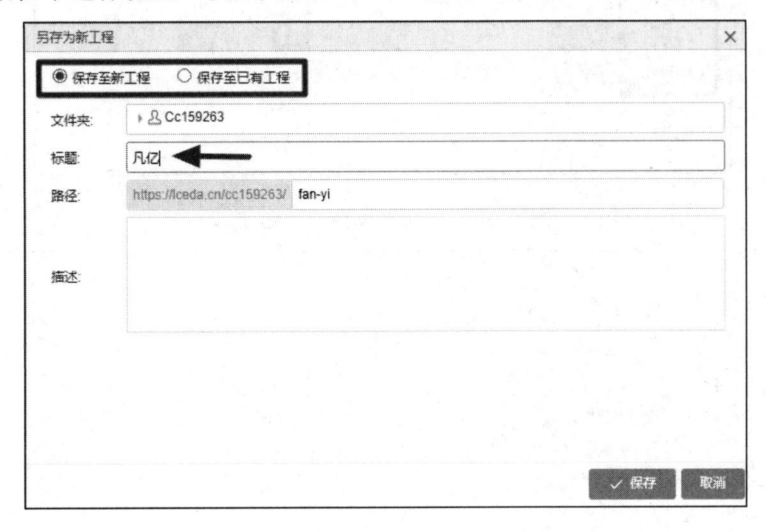

图 11-93　保存工程二

（2）单击“文件—导出—嘉立创 EDA...”，如图 11-94 所示，导出一份格式为“.json”的 PCB 文件。

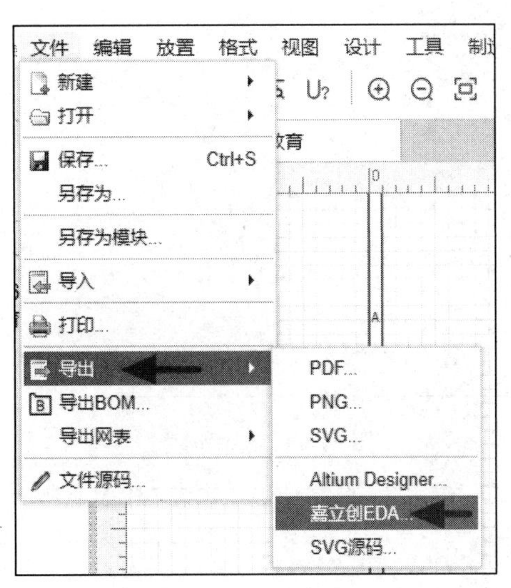

图 11-94　嘉立创 EDA 标准版原理图导出四

（3）打开嘉立创 EDA 专业版，在开始页选择“迁移标准版”选项，如图 11-95 所示。选择需要迁移的工程，如图 11-96 所示，单击“确定”按钮，继续单击“保存”按钮即可完成文件转换。

图 11-95　“迁移标准版”选项二

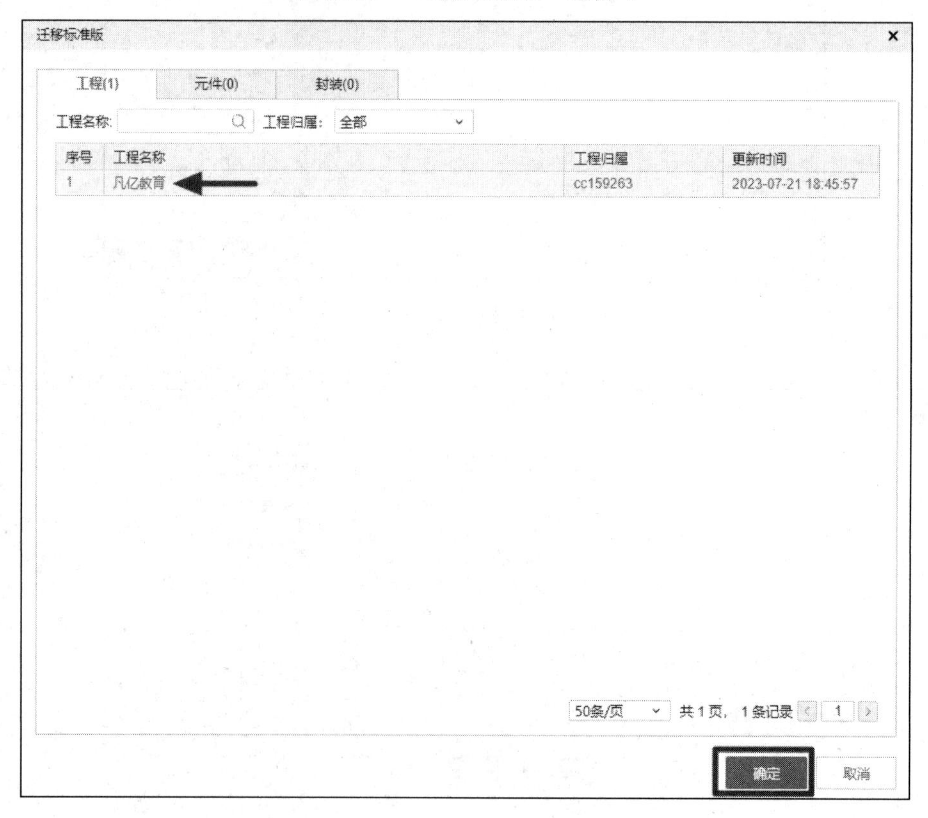

图 11-96　工程选择二

1. 使用“迁移标准版”选项的前提是必须有工程，不能是单独的 PCB 文件。
2. “迁移标准版”选项需要在“全在线模式”下才有。

5. 嘉立创 EDA 专业版 PCB 转换成 Altium Designer PCB

（1）用嘉立创 EDA 专业版打开一份需要转换的 PCB，单击“文件—导出—Altium Designer”，如图 11-97 所示，会弹出“导出 Altium Designer”对话框，按照图 11-98 进行设置，设置完成后单击“导出 Altium Designer”按钮，继续设置文件保存的路径，完成后单击“保存”按钮即可。

（2）把保存好的文件直接拖到 Altium Designer 中打开。

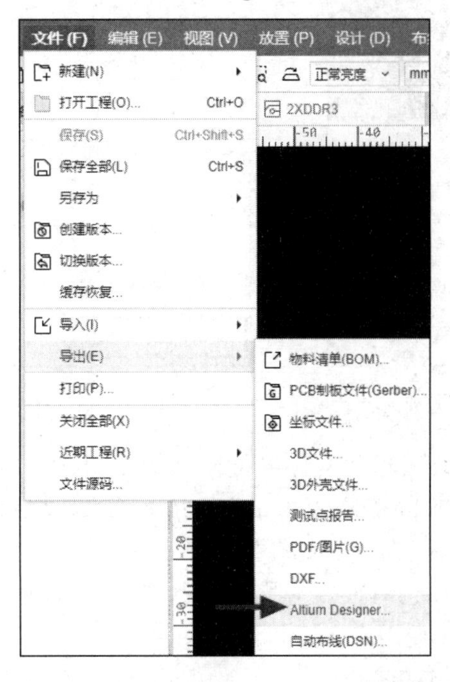

图 11-97　嘉立创 EDA 专业版 PCB 导出一

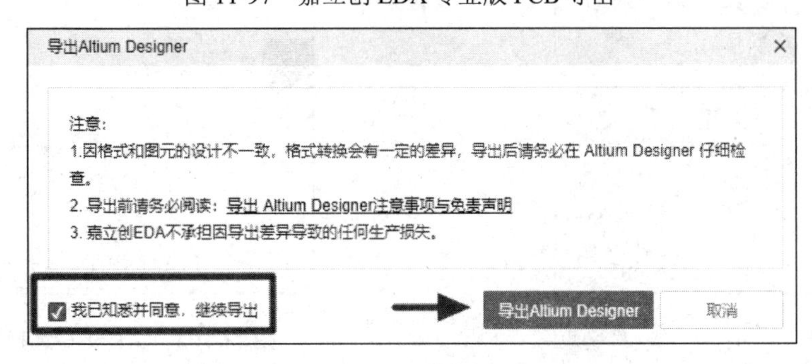

图 11-98　导出 Altium Designer 设置四

（3）转换完成之后，建议对封装进行检查和修整，因格式和软件功能不一致，文件导入 Altium Designer 后可能会有一定差异，请仔细检查。

6. 嘉立创 EDA 专业版 PCB 转换成 PADS PCB

（1）用嘉立创 EDA 专业版打开一份需要转换的 PCB，单击“文件—导出—Altium Designer”，如图 11-99 所示，会弹出“导出 Altium Designer”对话框，按照图 11-100 进行设置，设置完成后单击“导出 Altium Designer”按钮，继续设置文件保存的路径，完成后单击“保存”按钮即可。

（2）把保存好的文件直接拖到 Altium Designer 中打开，然后保存。

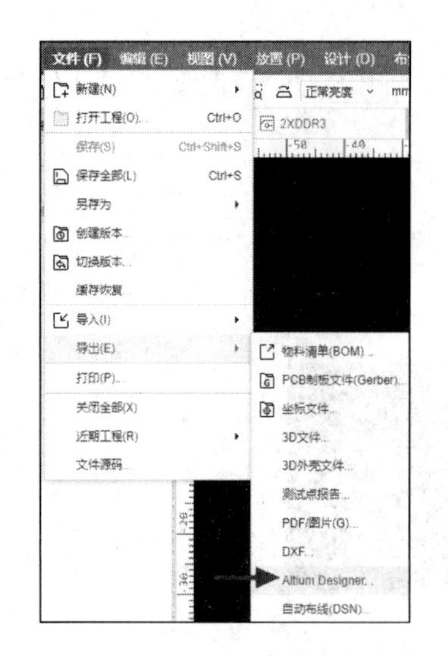

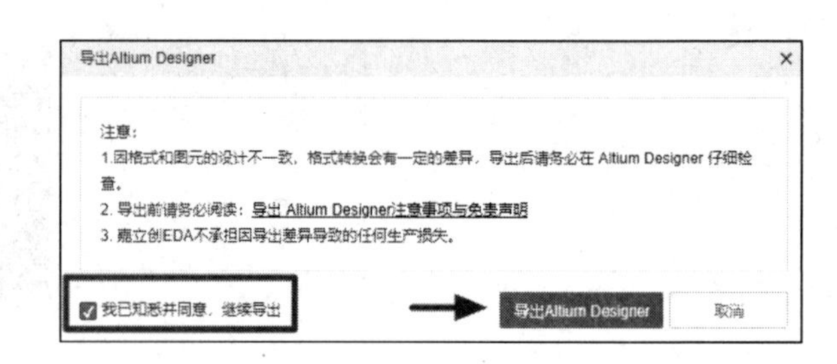

图 11-99　嘉立创 EDA 专业版 PCB 导出二　　　　图 11-100　导出 Altium Designer 设置五

（3）打开 PADS Layout，单击“文件—导入”，如图 11-101 所示，在弹出的“文件导入”对话框内选择导入格式“Protel DXP/Altium Designer 设计文件（*.pcbdoc）”，如图 11-102 所示，选择需要转换的 PCB，即可开始转换。

（4）转换之后的 PCB 中会有很多飞线的情况，铜皮也需要重新修整。转换文件仅供参考，须检查和修整之后方可使用。

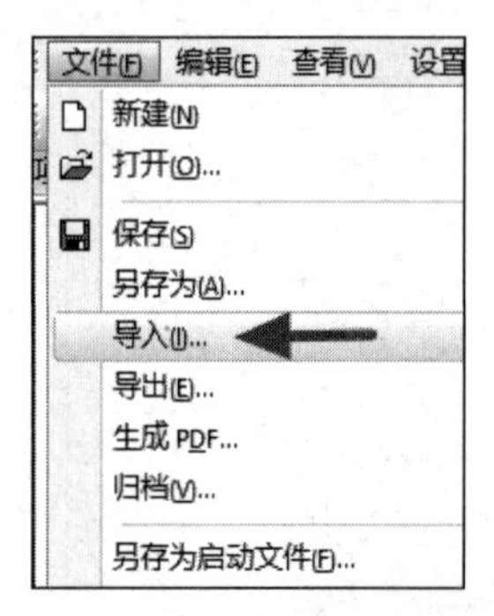

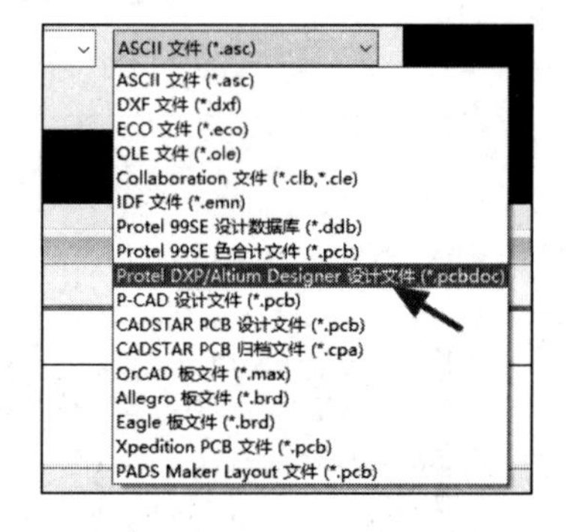

图 11-101　“导入”选项　　　　图 11-102　文件类型选择

7. 嘉立创 EDA 专业版 PCB 转换成 Allegro PCB

（1）先把嘉立创 EDA 专业版 PCB 转换成 Altium Designer PCB。此步在 11.2.5 中有详细描述。

（2）把文件用 Altium Designer 软件打开，需要确认一下板框所在层、PCB 层数是否正确，以及 PCB 中有没有放置带有中文字符的 Logo。确认完成之后，单击“文件—另存为”，保存文件类型为“PCB ASCll File（*.PcbDoc）”，如图 11-103 所示。

（3）打开 Allegro PCB Editor，单击“File—Change Editor”，进入如图 11-104 所示的模式选择界面，选择“Allegro PCB Designer（was Performance L）”模式，下面的子项可以不用勾选，继续单击“OK”按钮进入 PCB 转换界面。

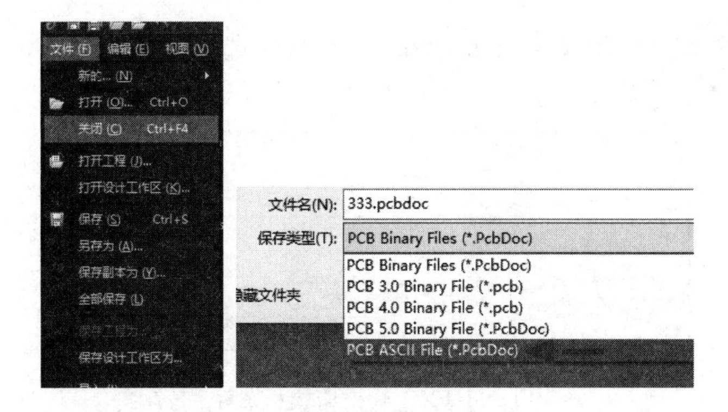

图 11-103　另存为 ASCII

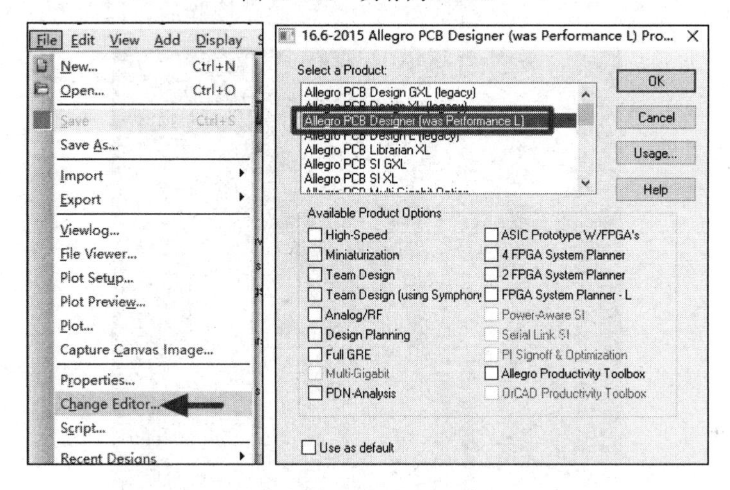

图 11-104　模式选择界面

（4）单击“File—Import—CAD Translators—Altium PCB”导入 Altium Designer 选项如图 11-105 所示。

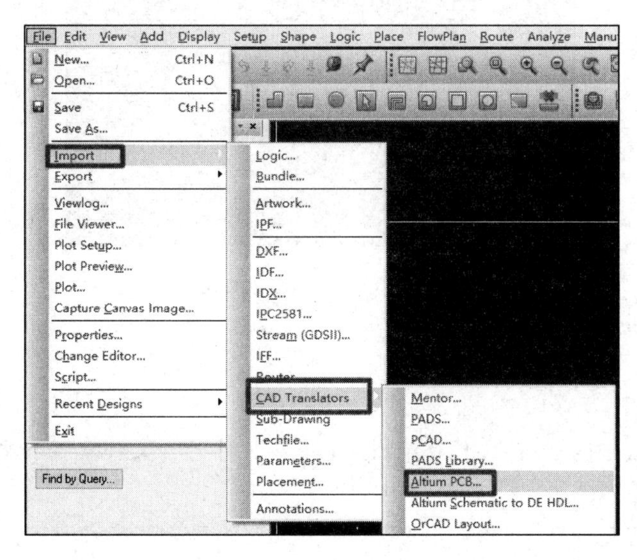

图 11-105　导入 Altium Designer 选项

（5）在弹出的“Altium PCB Translator”对话框中选择文件路径，单击“Translate”按钮，如图 11-106 所示，等待一下，文件完成转换。

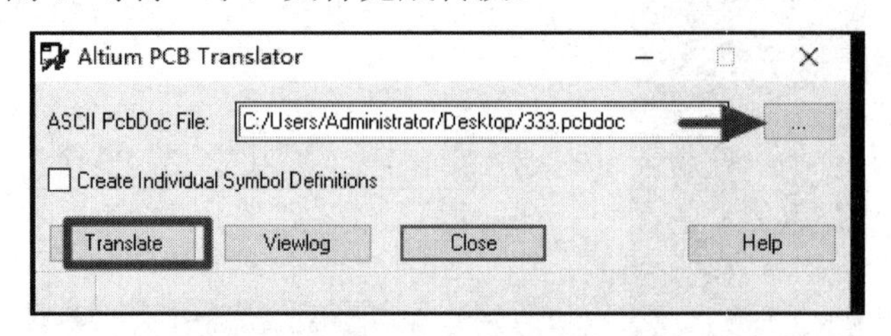

图 11-106　转换加载及设置

（6）文件导入效果如图 11-107 所示，转换文件检查校验后可以参考调用。

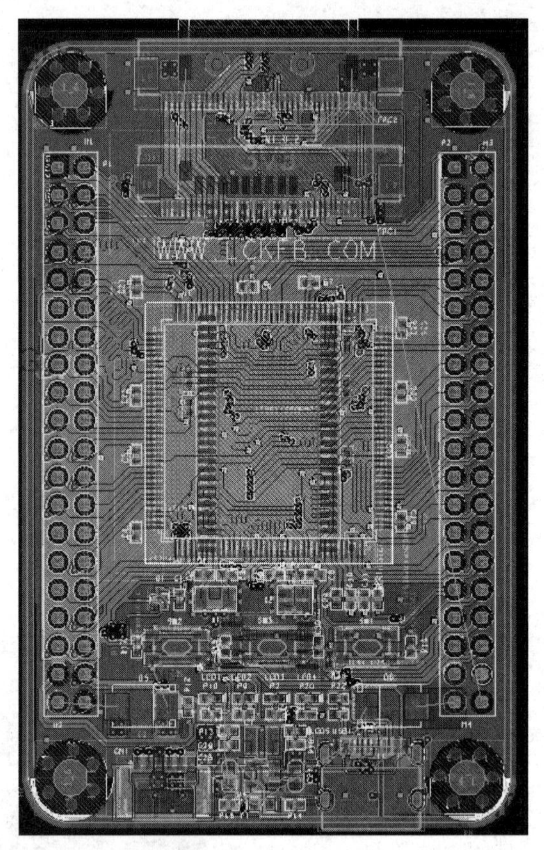

图 11-107　文件导入效果

注意：Altium Designer 文件转换成 Allegro 文件时，文件路径和文件名称中不能有中文字符，否则导入不成功。

11.7.3　嘉立创 EDA 专业版半离线工程转换成嘉立创 EDA 专业版全在线工程

（1）用嘉立创 EDA 专业版打开半离线的工程文件，单击“文件—另存为—工程另存为(.zip)（A）”，如图 11-108 所示。导出一份文件后缀名为“.zip”的压缩包。

（2）打开嘉立创 EDA 专业版，如图 11-109 所示，单击“设置—客户端”，把软件运行模式切换成“全在线”模式，如图 11-110 所示。

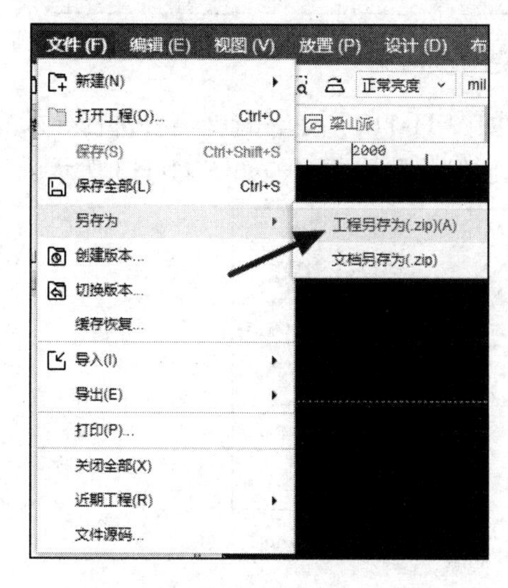

图 11-108　“工程另存为”选项

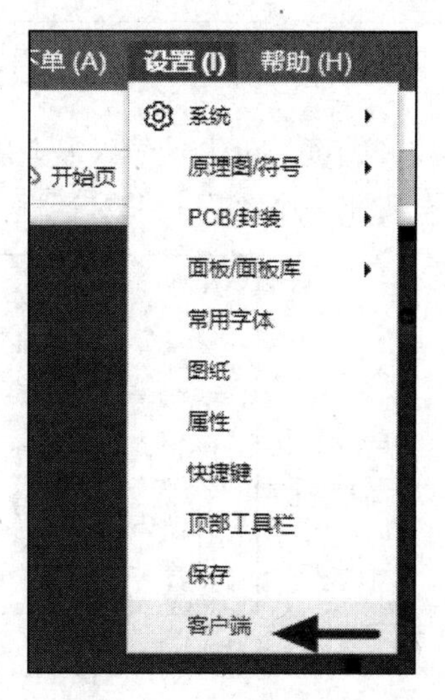

图 11-109　运行模式切换

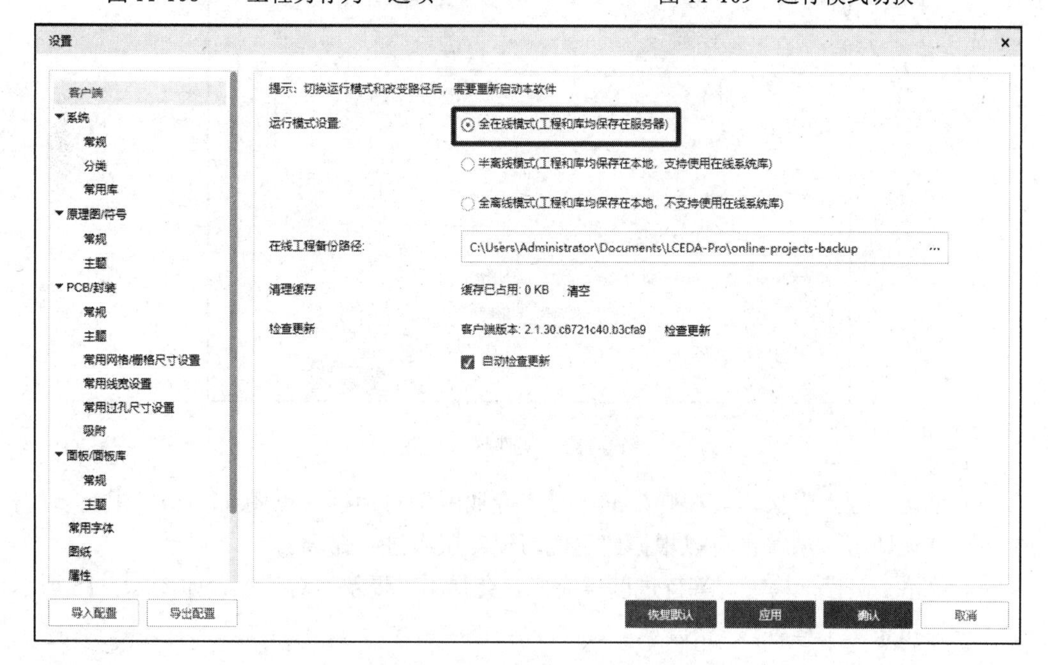

图 11-110　全在线模式的设置

（3）单击“应用”按钮会弹出一个如图 11-111 左图所示的提示对话框，单击“确认”按钮，等待软件重新启动，界面右上角会显示“全在线”模式，如图 11-111 右图所示。

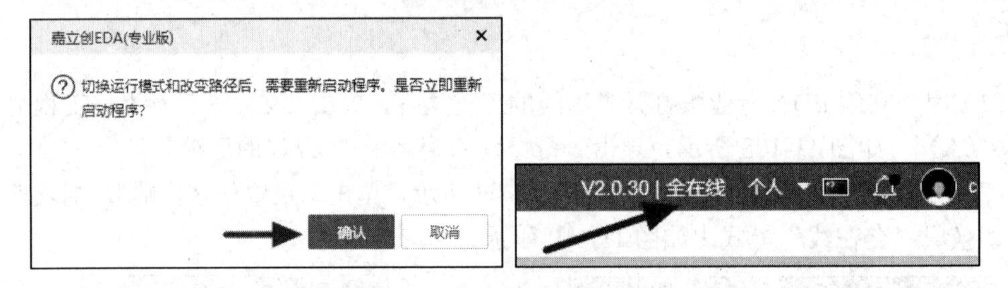

图 11-111　全在线模式显示状态

（4）在开始页，单击“导入专业版”选项，如图 11-112 所示。选择需要进行导入的文件，之后会弹出一个“导入”对话框，一般各选项保持默认即可，如图 11-113 所示。

图 11-112　“导入专业版”选项

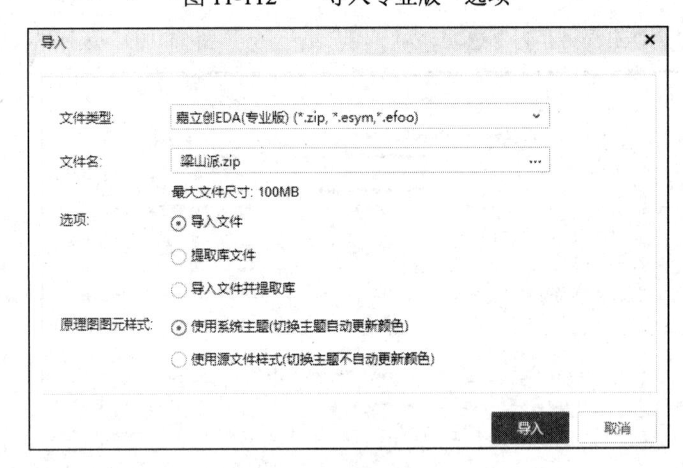

图 11-113　文件导入设置

（5）单击“导入”按钮，在弹出的“导入专业版”对话框（见图 11-114）中，一般各选项保持默认即可，用户也可以根据自己的习惯对工程进行命名。

（6）单击“保存”按钮，等待进度条完成，会弹出“提示”对话框，如图 11-115 所示，单击“是”按钮，工程导入完成。

图 11-114　文件名设置

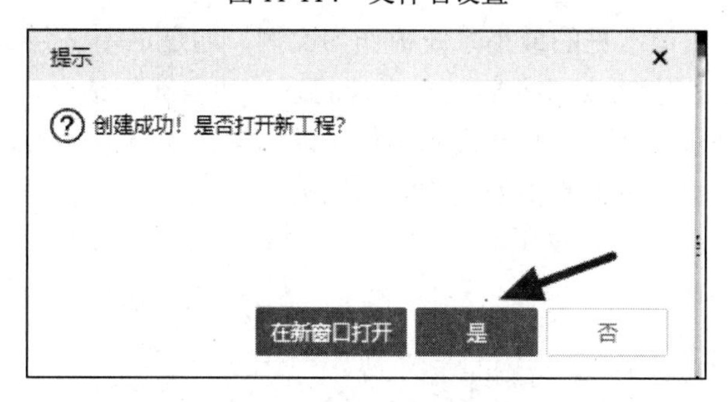

图 11-115　打开工程设置

11.8　本章小结

嘉立创 EDA 专业版除了常用的基本操作，还存在各种各样的高级设计技巧等待我们挖掘，需要的时候我们可以关注它，并学会它，平时在工作中也要善于总结记录，这样慢慢地对软件会非常熟悉，电子设计的效率也会有很大的提高。

由于篇幅有限，本书不可能对每个高级技巧都进行讲述，欢迎关注凡亿 PCB，我们会不断地更新各种技巧视频，帮助大家快速进阶。

第 12 章

入门实例：2 层最小系统板的设计

本章选取入门阶段最常见的最小系统板作为实例，通过这个 2 层最小系统板全流程实战项目的演练，让嘉立创 EDA 专业版初学者能将理论和实践相结合，从而掌握电子设计的最基本操作技巧及思路，全面提升其实际操作技能和学习积极性。

最小系统板包含的模块电路图如图 12-1 所示。

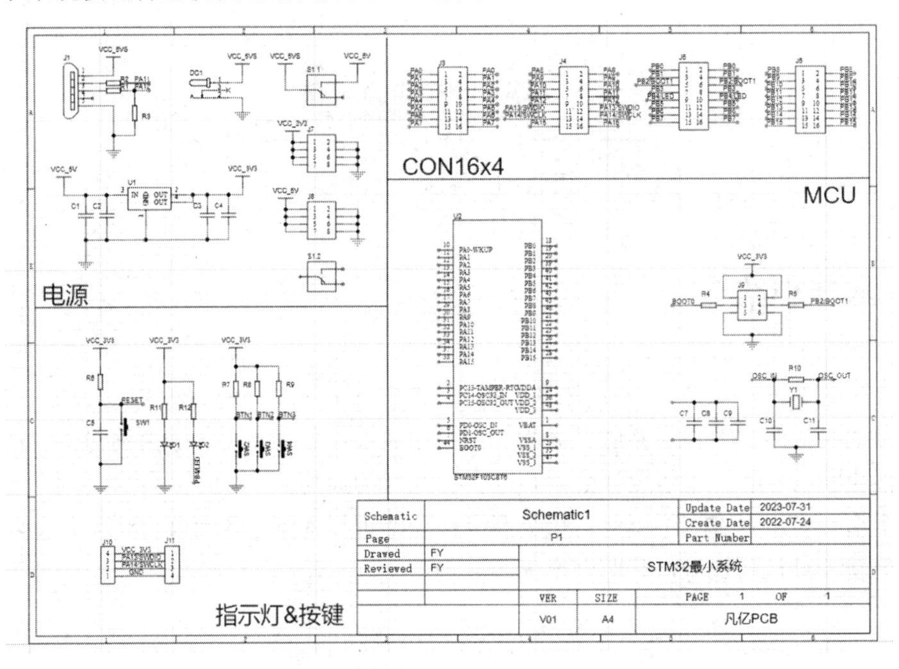

图 12-1　最小系统板包含的模块电路图

学习目标

- ➢ 掌握嘉立创 EDA 专业版基本功能操作。
- ➢ 了解原理图设计。
- ➢ 了解 2 层最小系统板 PCB 设计的基本思路及流程化设计。
- ➢ 掌握交互式布局及模块化布局。
- ➢ 掌握 PCB 快速布线思路及技巧。

12.1 设计流程分析

一个完整的电子设计是从无到有的过程，不过设计流程无外乎以下几点。

（1）元件在图页上的创建。

（2）电气性能的连接。

（3）设计电气图页在实物电路板上的映射。

（4）电路板实际电路模块的摆放和电气导线的连接。

（5）生产与装配成 PCBA 电路板。

电子设计流程图如图 12-2 所示。

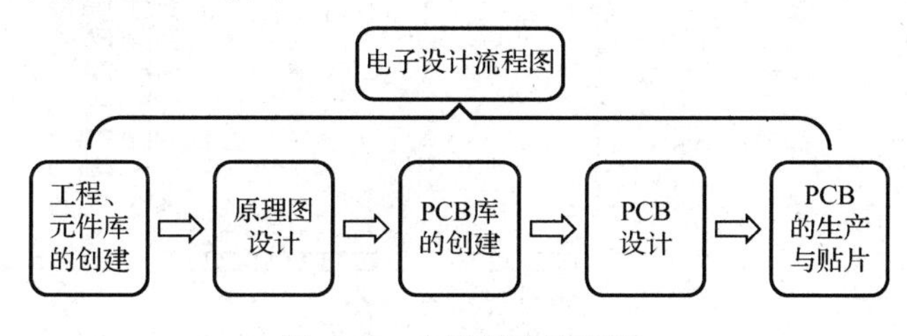

图 12-2　电子设计流程图

12.2 工程的创建

单击“文件—新建—工程”，在弹出的“新建工程”对话框内，设置工程名字为“STM32 最小系统”，设置好文件保存路径。创建工程时会默认创建一个 Board、一个原理图文件和一个 PCB 文件。

单击“文件—新建—元件库”，在弹出的“新建元件库”界面中设置库名字为“STM32”，并设置好存放路径。

STM32 最小系统工程如图 12-3 所示，将新建的文件进行保存，就可以开始进行电子设计了。

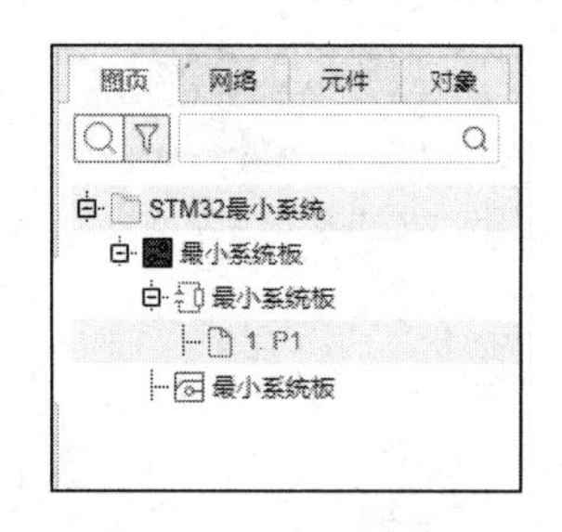

图 12-3　STM32 最小系统工程

12.3 元件库的创建

主要把 MCU、烧录接口、USB 电源、LED 电路、复位电路等创建出来。下面以 STM32F103C8T6 主控芯片及 LED 为例进行说明。

12.3.1 STM32F103C8T6 主控芯片的创建

（1）下载 STM32F103C8T6 的数据手册，如图 12-4 所示，找到数据手册中关于引脚功能的描述，根据引脚的功能、数量创建原理图元件。

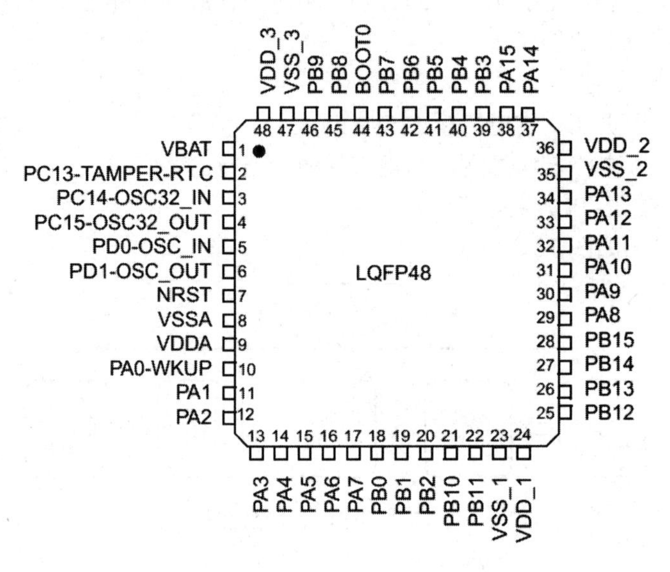

图 12-4 STM32F103C8T6 的数据手册

（2）单击“文件—新建—元件”，弹出“新建器件”对话框，填写名称为“STM32F103C8T6”，单击“保存”按钮，元件即新建完成，如图 12-5 所示。

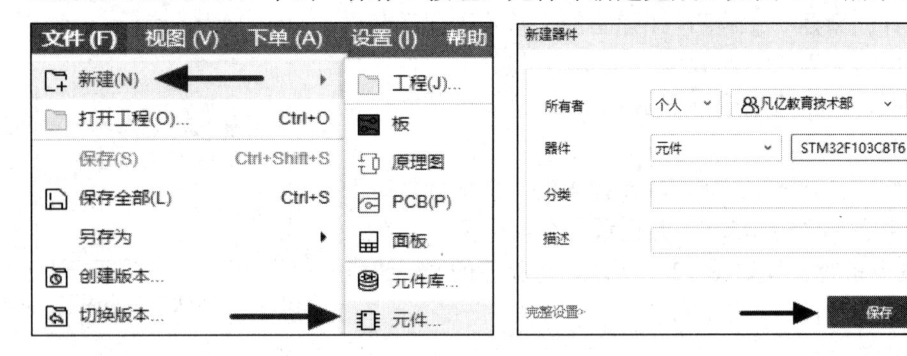

图 12-5 新建元件

（3）单击顶部工具栏中的放置矩形图标□，或者单击“放置—矩形”，放置一个矩形框，如图 12-6 所示。

（4）在顶部工具栏中单击放置单引脚图标⊸，或者单击“放置—引脚—单引脚”，在放置引脚状态下按 Tab 键，设置引脚编号、引脚名称，如图 12-7 所示，然后放置到矩形框的边缘，重复操作，直至放置完所有引脚。

（5）在左侧栏的“属性”选项卡的“更多属性”选项中添加“值”选项，并在“关键属性”选项中填写芯片的值“STM32F103C8T6”和位号“U？”，如图 12-8 所示。至此“STM32F103C8T6”主控芯片符号创建完毕，如图 12-9 所示。

图 12-6　放置矩形框

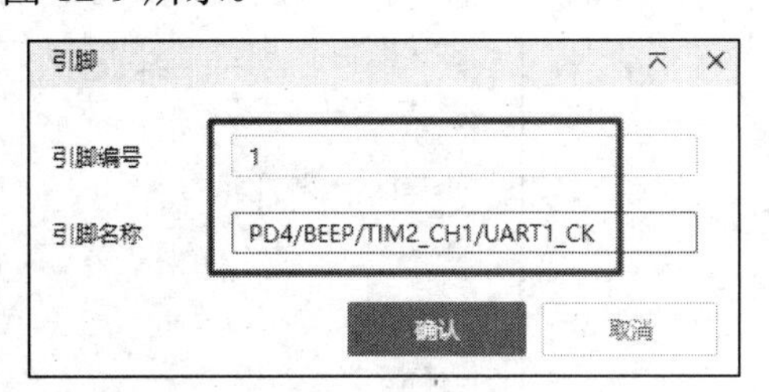

图 12-7　引脚属性设置

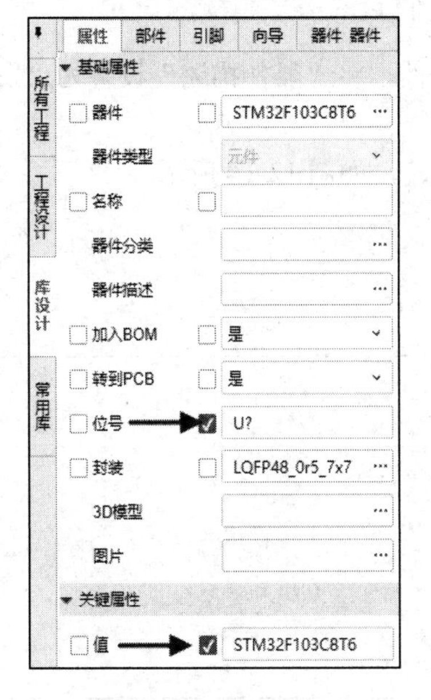

图 12-8　设置元件属性

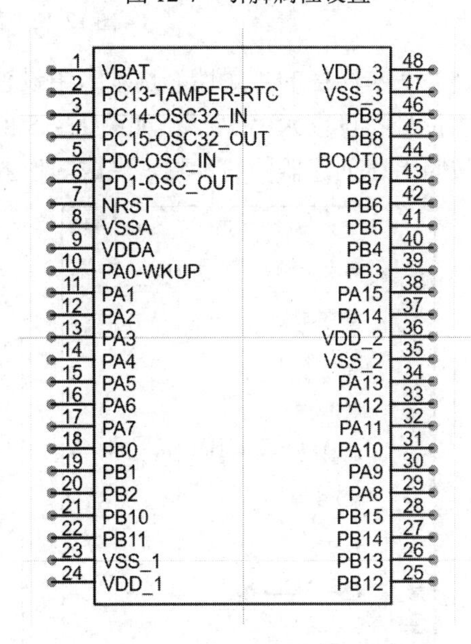

图 12-9　STM32F103C8T6 引脚的放置

12.3.2　LED 的创建

（1）单击“文件—新建—元件”，弹出“新建器件”对话框，填写器件名称为“LED”。

（2）单击“放置—折线”，绘制一个三角形，如图 12-10 所示。

（3）单击“放置—折线”，在三角形的右上方绘制两个小箭头标识，并且在三角形的顶角放置一条竖线，表示为二极管，如图 12-11 所示。

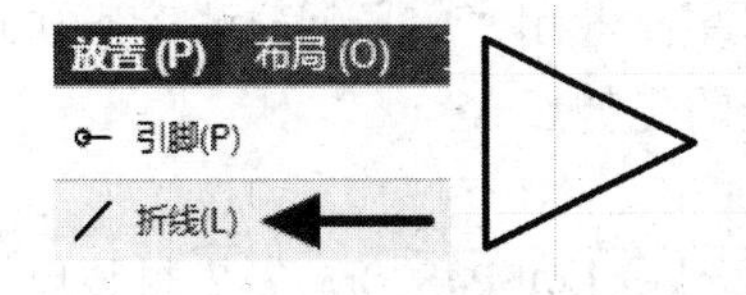

图 12-10　绘制三角形

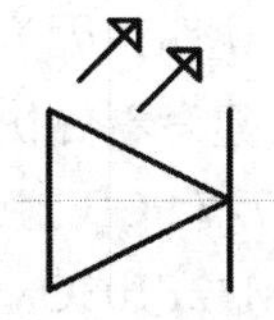

图 12-11　绘制箭头标识

（4）在顶部工具栏中单击放置单引脚图标⊶，或者单击“放置—引脚—单引脚”，在三角形两端各放置一个引脚；单击选中引脚，在右侧栏的“属性”选项卡中单击“引脚名称”后方的“☑”，即将引脚名称隐藏，更协调美观，如图 12-12 所示。

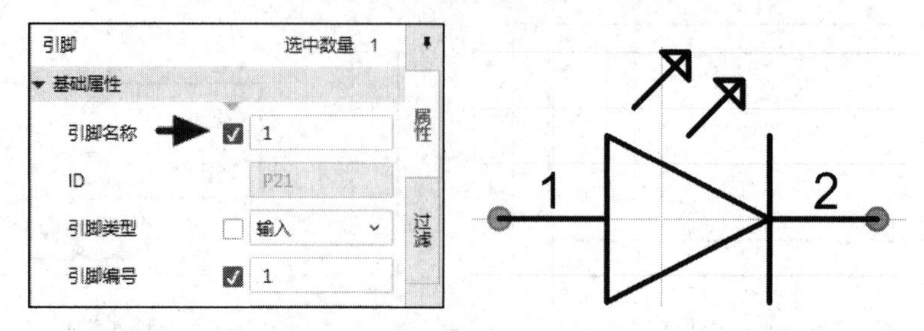

图 12-12　创建完成的 LED

（5）在左侧栏的“属性”选项卡中设置器件属性，将“器件描述”设置为“发光二极管”，“位号”设置为“D？”，如图 12-13 所示。

按照上述创建器件的步骤，完成其他器件的创建，如图 12-14 所示。

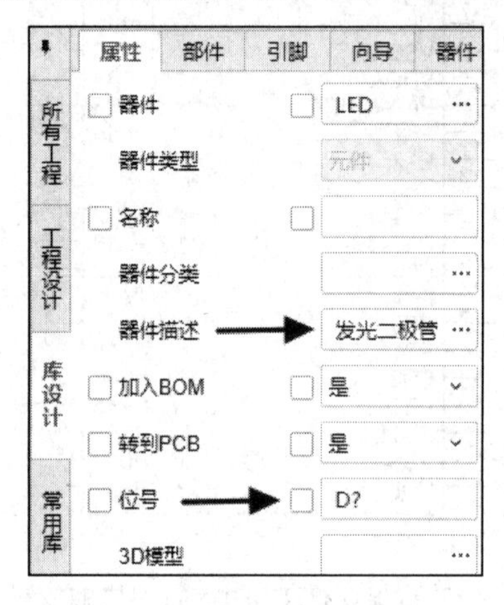

图 12-13　设置器件属性

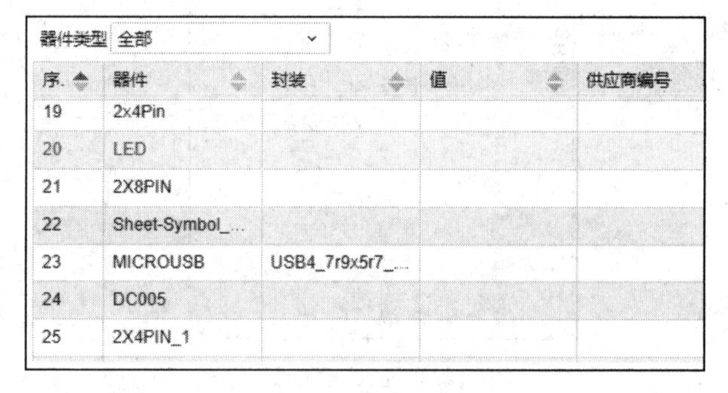

图 12-14　其他器件的创建

12.4　PCB 封装的制作

PCB 封装是实物和原理图纸衔接的桥梁。封装制作一定要精准，一般按照规格书的尺寸进行封装的创建。多个封装的创建方法是类似的，这里以 LQFP48_0r5_7×7 这个比较经典的封装为例进行说明，因为此封装类型比较规整，更推荐用“向导创建法”建立此封装类型，利用向导创建有着更快、更方便、出错率更低的优势。

LQFP48_0r5_7x7 PCB 封装的创建过程如下。

（1）下载 STM32F103C8T6 的数据手册，并且找到其 LQFP48_0r5_7×7 封装尺寸图，如图 12-15 所示。

（2）从图 12-15 中获取有用的数据，一般都选取中间值来进行计算。

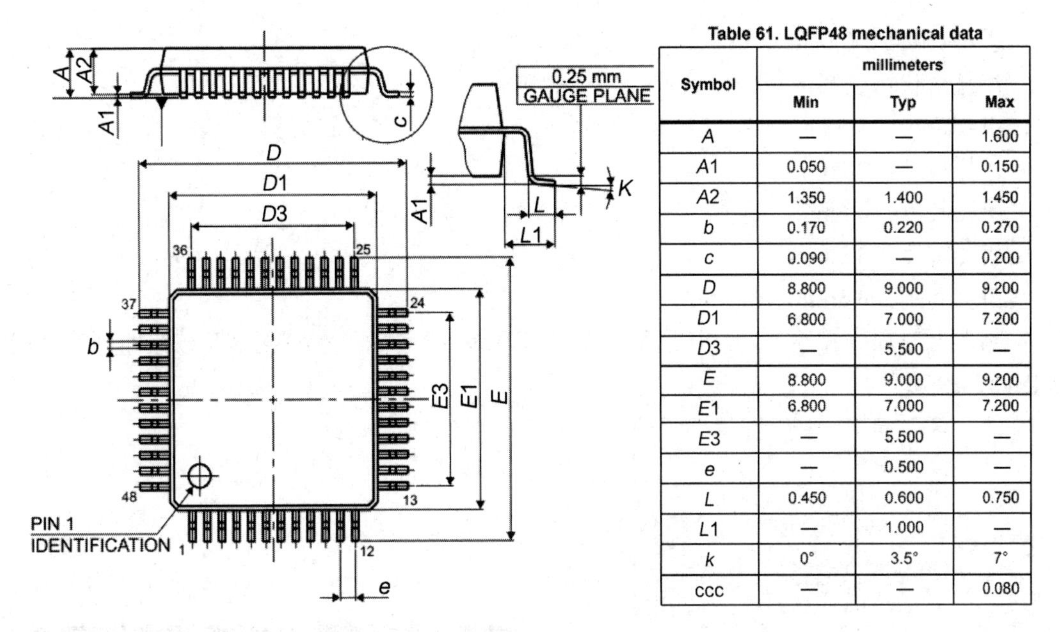

Table 61. LQFP48 mechanical data

Symbol	millimeters		
	Min	Typ	Max
A	—	—	1.600
A1	0.050	—	0.150
A2	1.350	1.400	1.450
b	0.170	0.220	0.270
c	0.090	—	0.200
D	8.800	9.000	9.200
D1	6.800	7.000	7.200
D3	—	5.500	—
E	8.800	9.000	9.200
E1	6.800	7.000	7.200
E3	—	5.500	—
e	—	0.500	—
L	0.450	0.600	0.750
L1	—	1.000	—
k	0°	3.5°	7°
ccc	—	—	0.080

图 12-15　LQFP48_0r5_7×7 的封装尺寸图

① 焊盘尺寸：长度 L=0.6mm，宽度 b=0.22mm。但是，实际上做封装的时候会考虑一定的补偿量。根据封装规范，长度 L 取值为 1.2mm，宽度 b 取值为 0.3mm。

② 相邻焊盘中心间距=e=0.5mm。

③ 对边焊盘中心间距=E+0.4+0.4−1.2=8.6mm。

④ 丝印尺寸：$E1$=7mm，$D1$=7mm。

（3）单击“文件—新建—封装”，在弹出的“新建封装”对话框中填写封装名称为“LQFP48_0r5_7×7”，单击“保存”按钮，如图 12-16 所示。

（4）在左侧栏中单击“库设计—向导”，单击选择“QFP”类型，如图 12-17 所示。

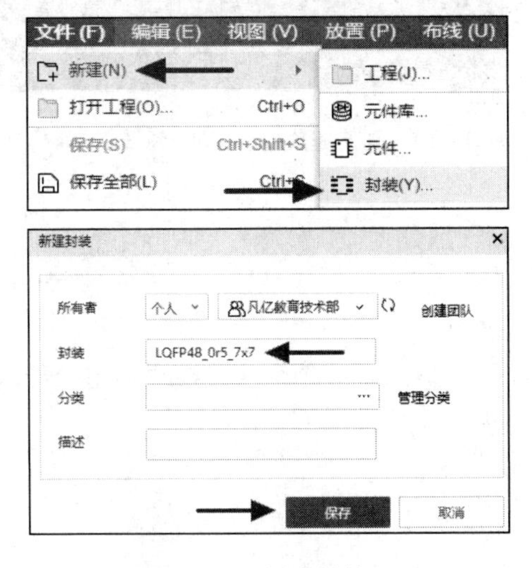

图 12-16　新建封装二

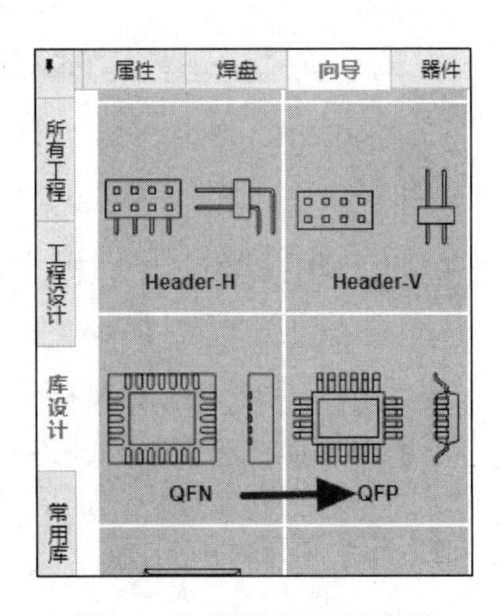

图 12-17　选择“QFP”类型

（5）按照第（2）步计算的数据填写“向导”参数，如图 12-18 所示。

引脚数：12（12×4）。

焊盘形状：长圆形。

引脚跨距：8.6mm。

本体尺寸：7×7mm。

引脚长度：0.6mm。

引脚宽度：0.3mm。

引脚间距：0.5mm。

热焊盘选项推荐不勾选，其他参数设置默认即可，单击“生成封装”按钮即创建完成，如图 12-19 所示。

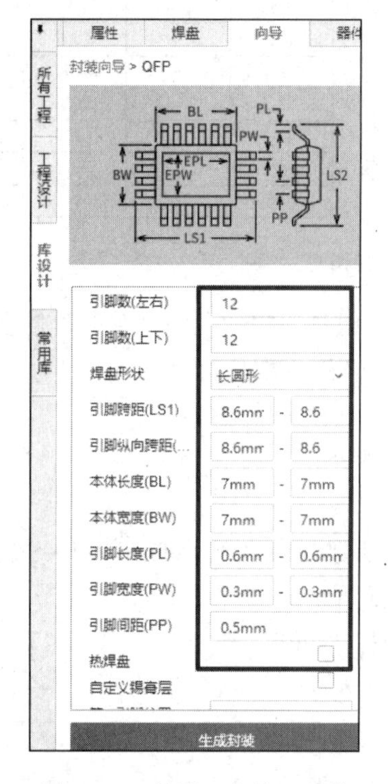

图 12-18　填写“向导”参数

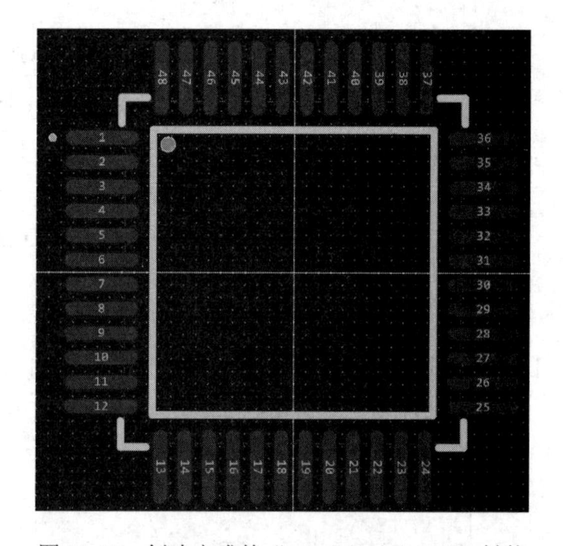

图 12-19　创建完成的“LQFP48_0r5_7×7”封装

12.5　原理图设计

原理图设计是各个功能模块的原理图组合的结果，通过各个功能模块的组合能构成一份完整的产品原理图，模块的原理图设计方法是类似的。

12.5.1　元件的放置

（1）双击打开创建好的“STM32 最小系统工程”和“最小系统板”图页。

（2）先在元件列表中选中需要放置的元件，然后单击“放置”按钮，放置该元件，如

图 12-20 所示，继续执行此操作，按照每个功能模块将需要用到的元件分开放置好。元件放置效果图如图 12-21 所示。

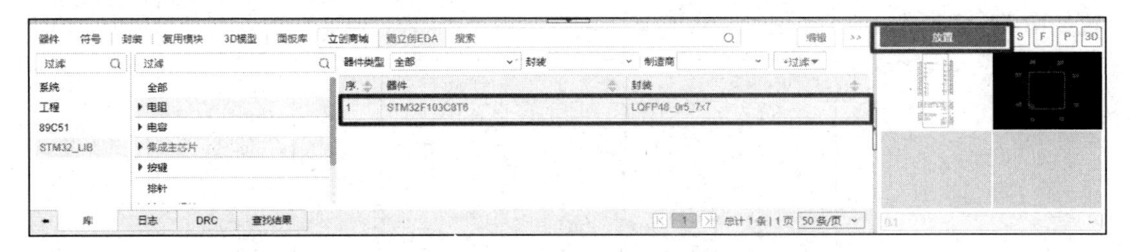

图 12-20　元件的放置

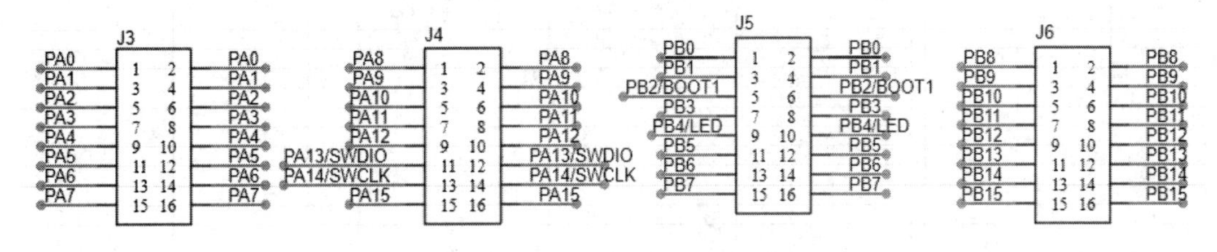

图 12-21　元件放置效果图

12.5.2　元件的复制和放置

（1）有时候在设计时需要用到多个同类型的元件，这个时候就不需要在库里面再执行放置了，按住 Ctrl 键，然后拖动就可以复制了。

（2）如果想多个一起复制，则先选择多个种类的元件，再执行步骤（1），就可以同时复制多种类型的元件了。

（3）根据实际需要放置各类元件，复制元件放置如图 12-22 所示。

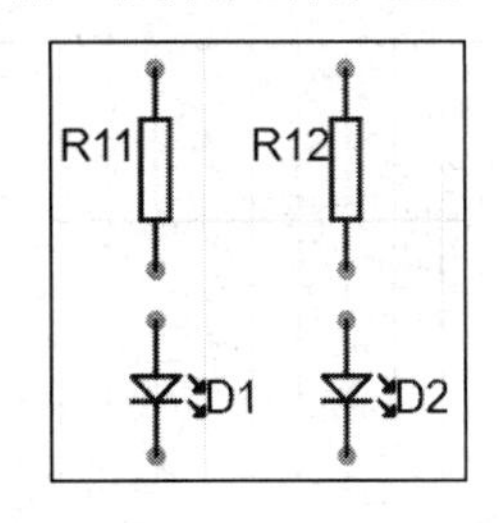

图 12-22　复制元件放置

（4）放置好元件后，请注意电阻、电容等的 Comment 值的更改。

12.5.3　电气连接的放置

元件放置好后，需要对元件之间的连接关系进行处理，这个也是原理图设计的重要环节，因为可能由于一点点连接的失误就会造成板卡出现短路、开路或功能无效等问题。

（1）对于需要连接的元件，可以单击“放置—导线”来放置电气导线并进行连接。

（2）对于远端连接的导线，采取放置网络标签（Net Label）的方式进行电气连接。

（3）对于电源和地，采取放置电源端口的全局连接方式进行电气连接。电气连接的放置如图 12-23 所示。

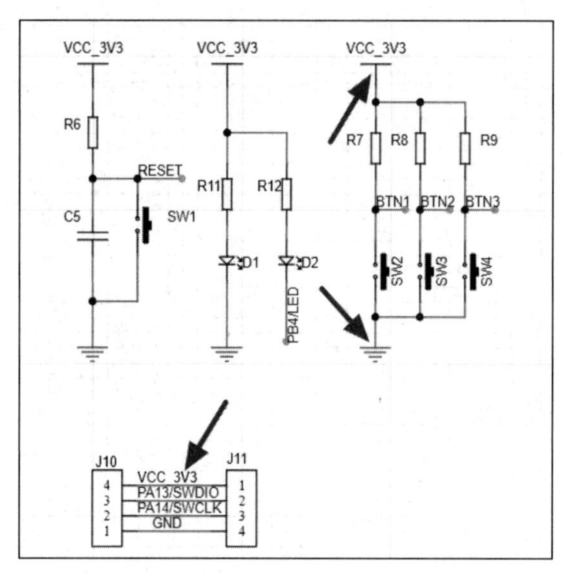

图 12-23　电气连接的放置

12.5.4　非电气性能标注的放置

有时候需要对功能模块进行一些标注说明，或者添加特殊元件的说明，从而增强原理图的可读性。可以单击“放置—文本”来放置字符标注，如放置文本“电源”，如图 12-24 所示。

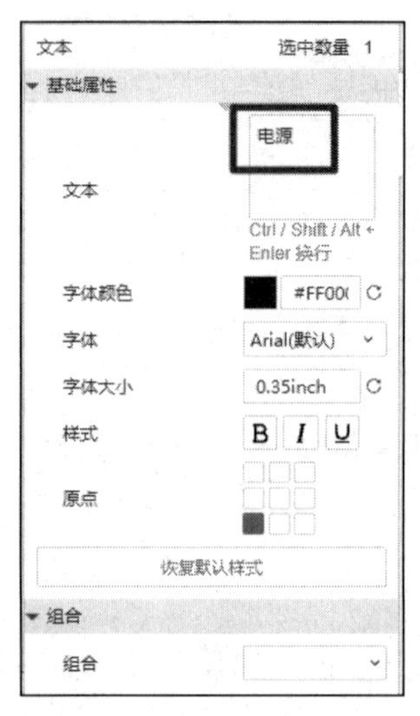

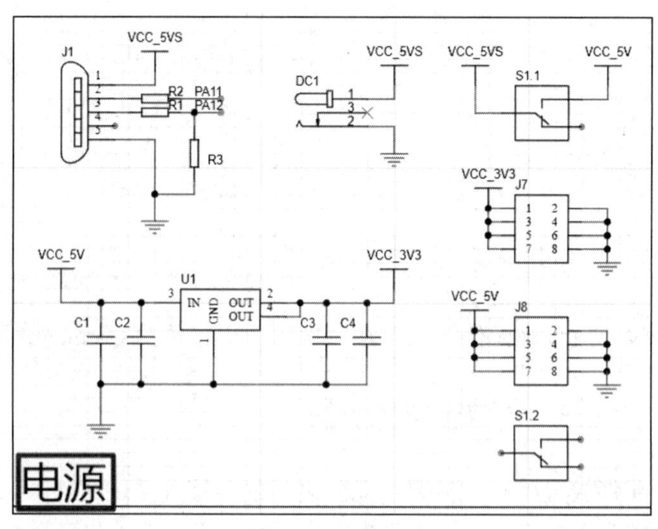

图 12-24　放置文本“电源”

12.5.5 元件位号的重新编号

完成整个产品原理图功能模块的放置和电气连接之后，需要对整体原理图的元件位号进行重新编号，以保证元件标识的唯一性。

单击“设计—分配位号”进入如图 12-25 所示的“分配位号”对话框，单击“确认”按钮，进行位号的重新编号。

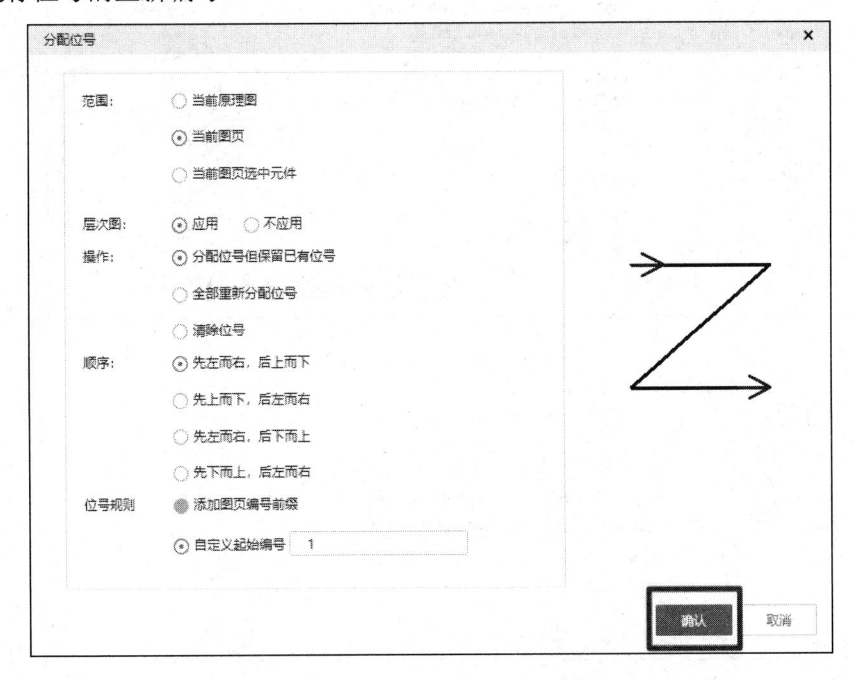

图 12-25 “分配位号”对话框

12.5.6 原理图的编译与检查

一份好的原理图，不应只是设计完成，同样需要对其进行常规性的检查核对。

（1）单击“设计—设计规则”弹出如图 12-26 所示的界面。在此界面中对需要检查的选项都选择“致命错误”的错误报告类型。

（2）对常规检查来说，应集中检查以下对象。

① 导线不能是独立网络的导线（仅连接了一个元件引脚）。

② 元件位号不能重复(生成网表，在将原理图导入 PCB 的过程中会自动修改重复位号)。

③ 检测元件悬空引脚，即原理图上是否有未连接导线的元件。

④ 元件需要有“器件”“封装”属性，不能为空。

（3）设置完成后单击“立即校验”按钮即可对原理图进行检查。检查结果在底部面板中的“DRC”选项卡中查看（见图 12-27），并且进行更新处理。

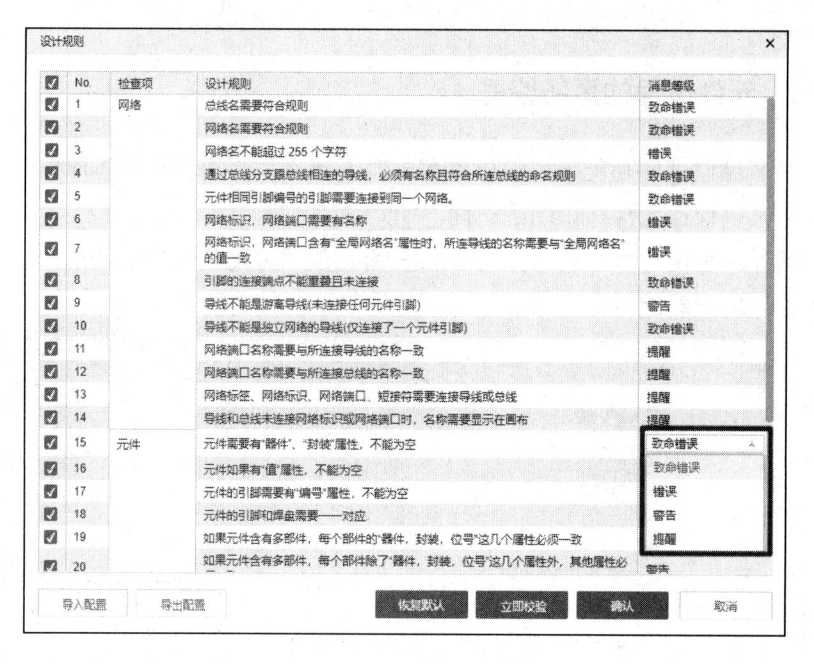

图 12-26　设计规则检查

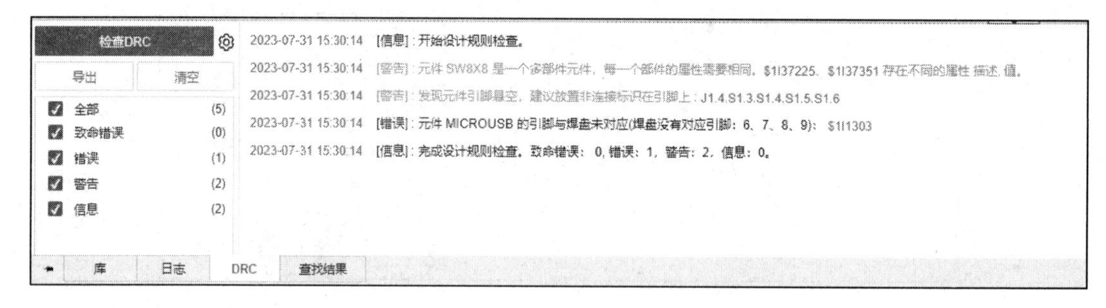

图 12-27　校验结果

12.6　PCB 设计

12.6.1　元件封装匹配的检查

在进行 PCB 导入时，经常会出现“元件缺少封装属性”或“元件的引脚编号和封装焊盘编号不匹配”的现象，这些都是封装匹配上的问题，所以有对其进行检查的必要性。

（1）在原理图编辑界面中单击“工具—封装管理器”，进入封装管理器界面。

（2）若某个元件没有添加封装，会优先在前排体现并显示红色警告，在“信息”这一列显示“××没有封装，请先关联封装”；如果编号不匹配也将如此优先在前排体现并显示红色警告，如图 12-28 所示。

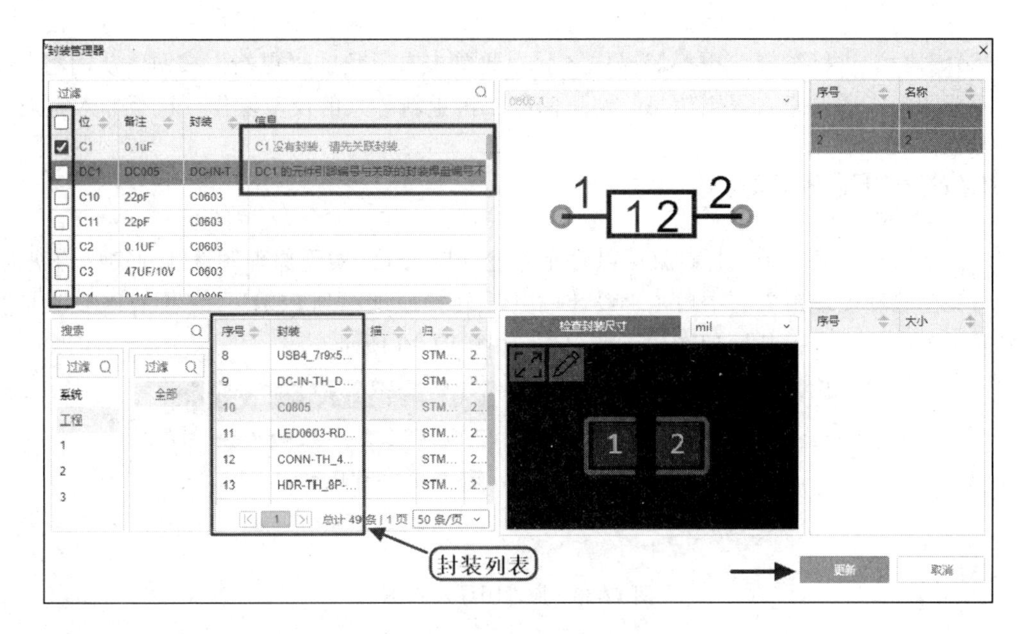

图 12-28　常见封装匹配报错

（3）如元件没有关联封装，可以单击位号前方的“☑”表示选中此元件，在下方封装列表中选择对应的封装，单击右下角的“更新”按钮绑定封装，如图 12-28 所示。若是添加库中没有的封装，需要先在库中创建此封装，封装创建方法可以参考前面封装创建的内容。

（4）如果元件引脚编号不匹配，需要根据原理图中元件对应的引脚编号更改封装焊盘编号。单击封装管理器预览图中的编辑封装图标，快速进入编辑封装界面，选中需要更改编号的焊盘，在左侧栏的“属性”选项卡中更改焊盘编号，如图 12-29 所示，在封装编辑界面更改焊盘编号完成后，单击“文件—保存”，则焊盘编号更改完成。

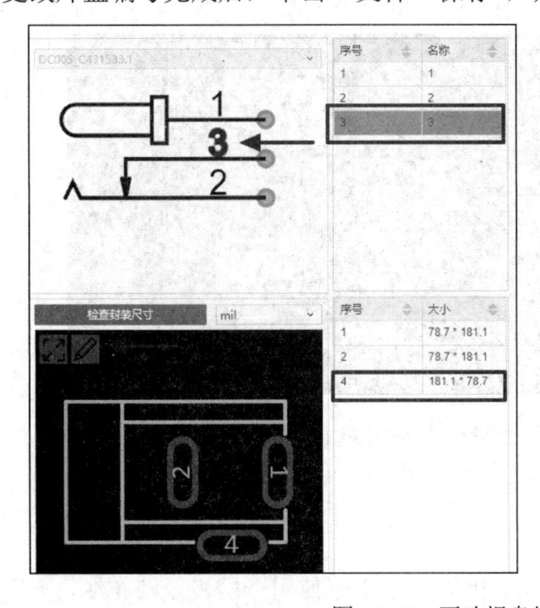

图 12-29　更改焊盘编号

（5）对封装进行编辑或更换等操作之后，要单击右下角的“更新”按钮，从而将其更新到原理图中。通过查看报错信息、修正问题、再更新导入的反复操作，直至导入完成。

12.6.2　PCB的导入

对封装进行检查完成之后，就可以对元件进行导入了，实现原理图设计向实物的映射。

（1）在原理图编辑界面中单击“设计—更新/转换原理图到PCB”，或者在PCB设计交互界面中单击“设计—从原理图导入变更”，如图12-30所示。

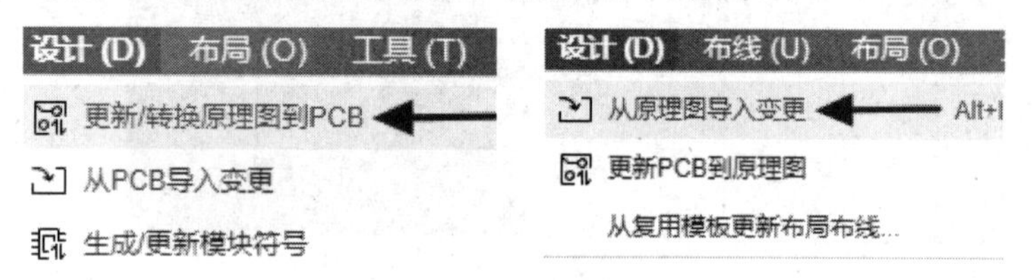

图12-30　原理图导入PCB

（2）在执行导入PCB操作时，工程一般会进行编译，如果存在问题的话，会在底部面板中的“日志”选项卡中显示错误信息，如图12-31所示。通过查看日志中的错误信息、修正问题、再更新导入的反复操作，直至导入完成，导入完成的PCB如图12-32所示。

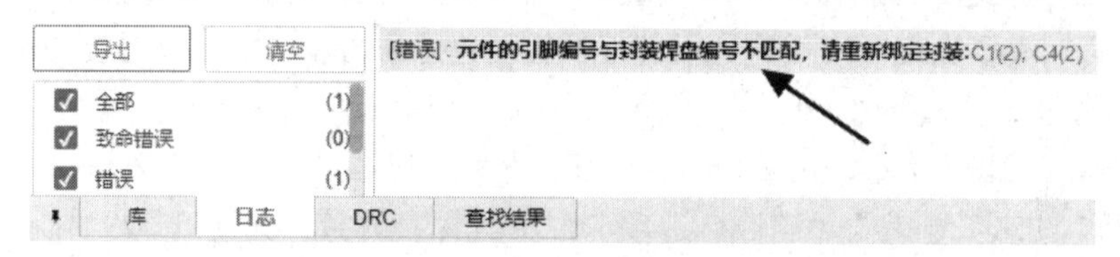

图12-31　导入错误信息

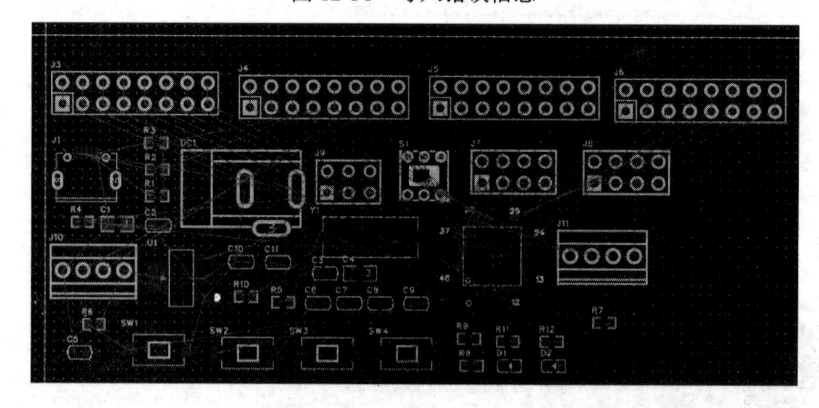

图12-32　导入完成的PCB

12.6.3　板框的绘制

导入PCB之后，PCB默认为2层板，因为这个实例使用2层板足够布线，不需要设置层叠，直接按照要求进行板框的绘制。

（1）由于板子是开发板，可自定义板框的尺寸，根据器件数量、大致占地面积，预估板框尺寸为 80mm×80mm。

（2）单击“放置—板框—矩形”，在画布原点处单击并输入板框尺寸，按 Tab 键切换输入框，如图 12-33 所示，对应板框尺寸值输入完成后按回车键确认放置，放置完成的板框如图 12-34 所示。

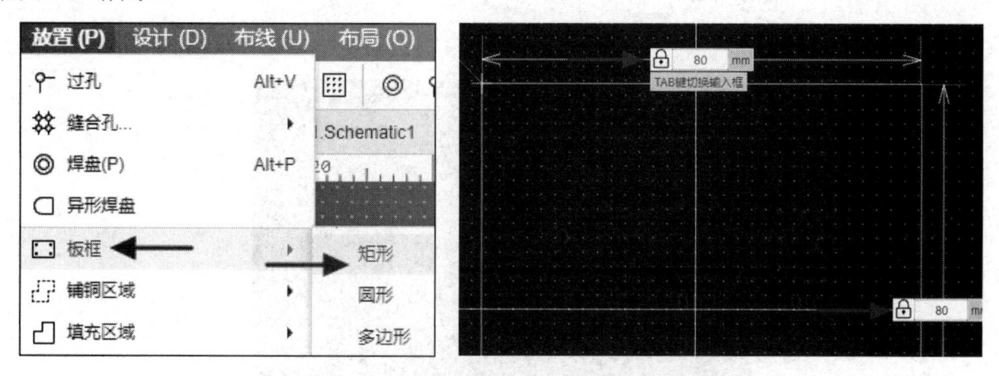

图 12-33　放置板框

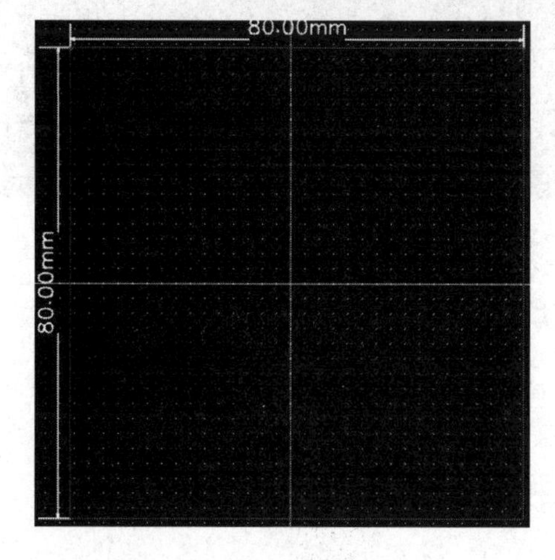

图 12-34　放置完成的板框

12.6.4　PCB 布局

由前面的章节可知，PCB 布局一般可以按照如图 12-35 所示的顺序进行，这有助于我们利用模块化的思路快速完成 PCB 布局。

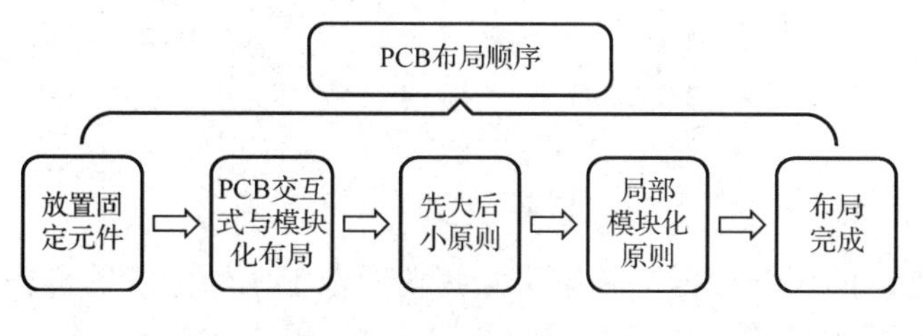

图 12-35　PCB 布局顺序

1. 放置固定元件

因为是开发板，对固定元件没有要求，但是考虑到其装配和调试的方便性，对固定元件要进行规划。

（1）对于烧录的排针，要放置在电路板的左右两边，方便烧录。

（2）对于接口、USB 接口，放置在板框边缘，方便接插。

规划好固定元件之后，先对应地把相关功能模块的接插件摆放到位，如图 12-36 所示。

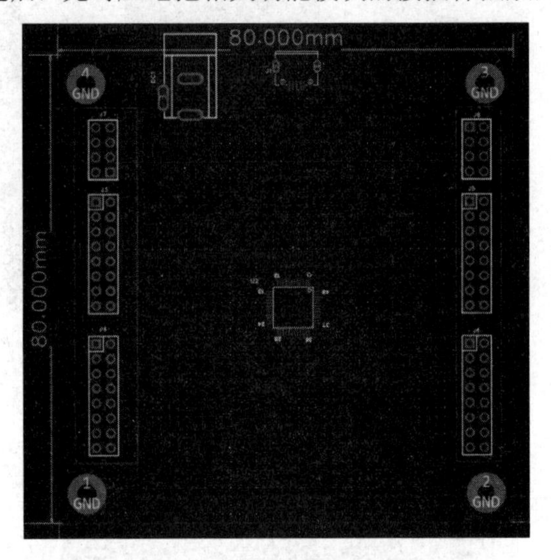

图 12-36　放置固定元件

2. PCB 交互式与模块化布局

（1）固定元件放置完成之后，将放置好的固定元件位置“锁定”。选中元件，在右侧栏的“属性”选项卡中将“锁定”选择为“是”，如图 12-37 所示，元件坐标锁定将不能移动，需要再次解锁后才能移动。

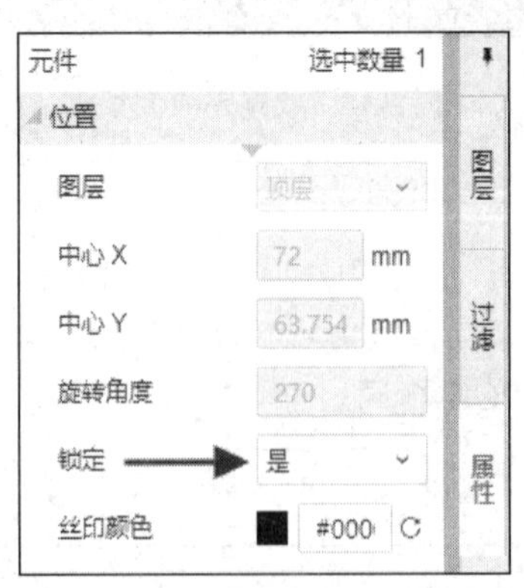

图 12-37　锁定元件

（2）根据原理图的模块划分，利用交互式功能选中原理图中的模块，对应的 PCB 设计交互界面中的元件也是被选中状态，然后在 PCB 中单击“编辑—移动—根据中心移动”，或者按默认快捷键为 M 键，把其相关的模块都摆放在 PCB 板框的边缘，如图 12-38 所示。

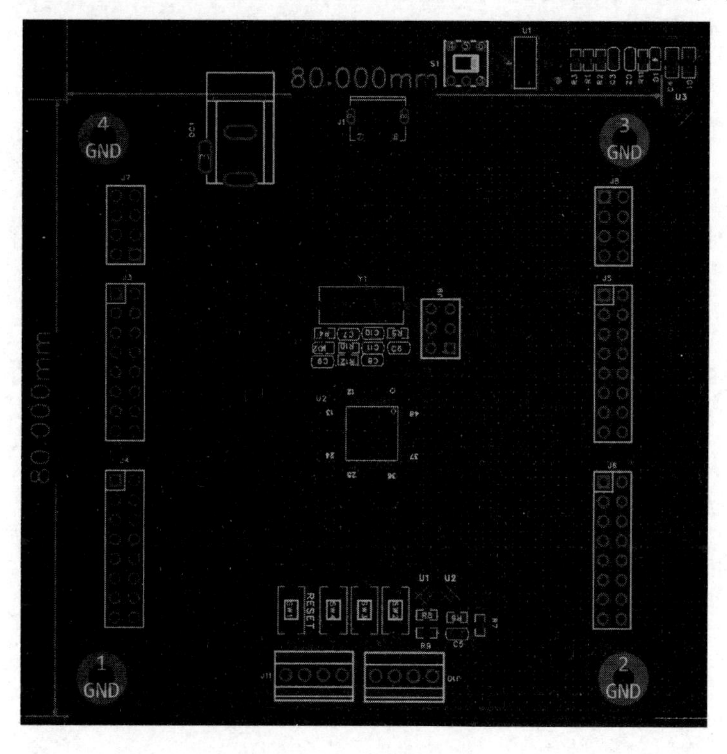

图 12-38　模块化布局

（3）单击“视图—飞线—显示全部”把元件的飞线打开，飞线有助于工程师对信号流向的分析整理，如图 12-39 所示。

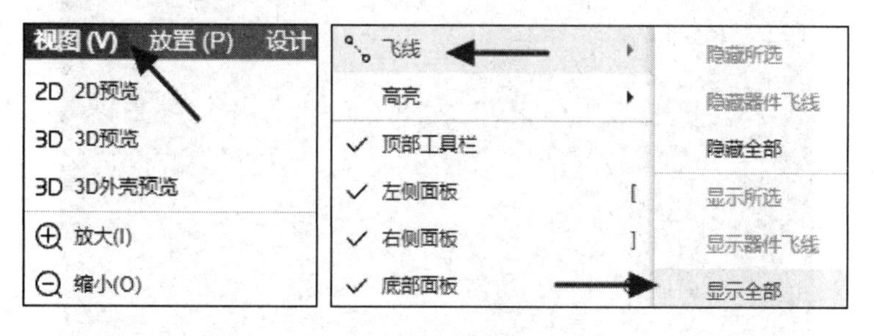

图 12-39　打开所有飞线

3. 先大后小原则

一般在 PCB 布局时，我们会遵循先大后小的原则，即先放置体积比较大的元件，而飞线比较多的元件，如主芯片、排针等较大元件按照飞线方向大致摆放，完成元件的预布局，如图 12-40 所示。若有固定元件则应先放置固定元件，然后放置主控部分的芯片。

4. 局部模块化原则

通过交互式布局，将元件按照原理图的模块划分，根据常用的布局原则进行布局，可以参考前面的常规布局原则，对每个模块的元件都摆放好，并对齐，尽量整齐美观。完整的布局如图 12-41 所示。

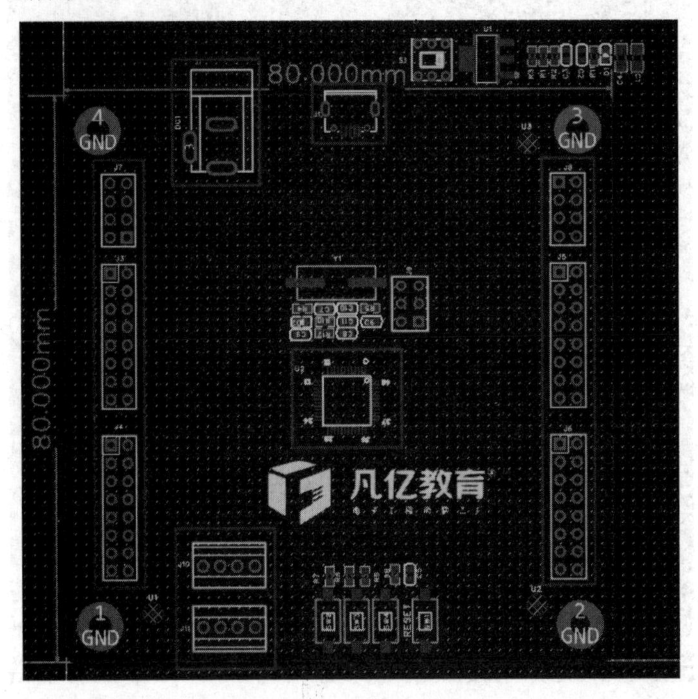

图 12-40　大元件的摆放

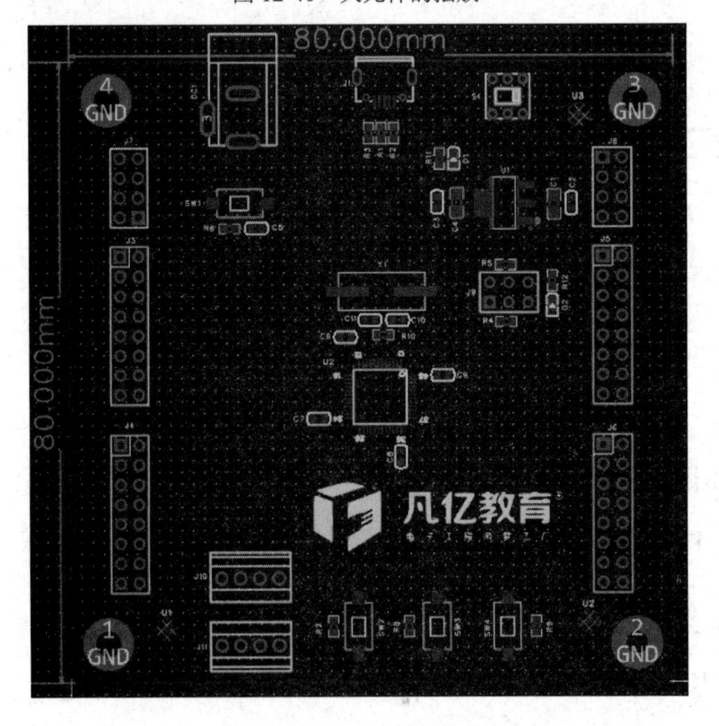

图 12-41　完整的布局

12.6.5 类的创建及 PCB 规则设置

布局完成之后需要对信号进行分类和 PCB 规则设置，一方面可以更加方便地进行信号认识和思路分析；另一方面可以通过软件的规则约束，保证电路设计的性能，如电源线需要加粗的，软件会督促我们进行加粗处理，以保证信号走线不会出现这里粗那里细的现象。

1. 类的创建

（1）单击“设计—网络类管理器”，如图 12-42 所示，打开“网络类管理器”对话框。

（2）单击对话框左上角的按钮“+”，创建一个“POWER”网络类，可以在“未选择”分栏上方单击“过滤”输入框，利用“过滤”功能隐藏掉不相关网络以便查找相关网络，如果需要将电源信号添加到“POWER”网络类中，可在“过滤”输入框中输入“VCC”将网络名称不是以“VCC”开头的网络筛选掉，如图 12-43 所示，过滤出的相关网络将添加到网络类中。

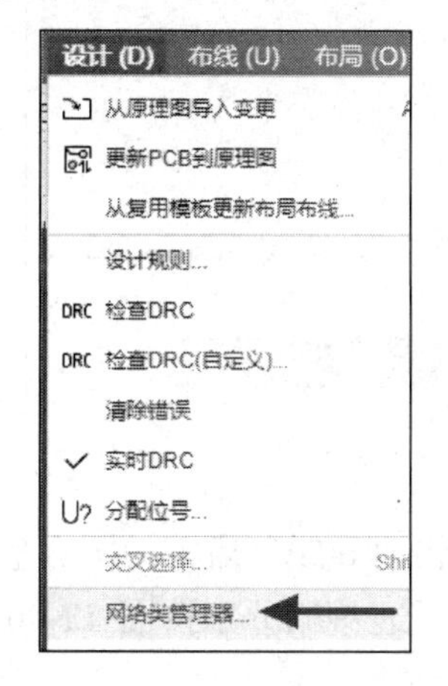

图 12-42 打开“网络类管理器”

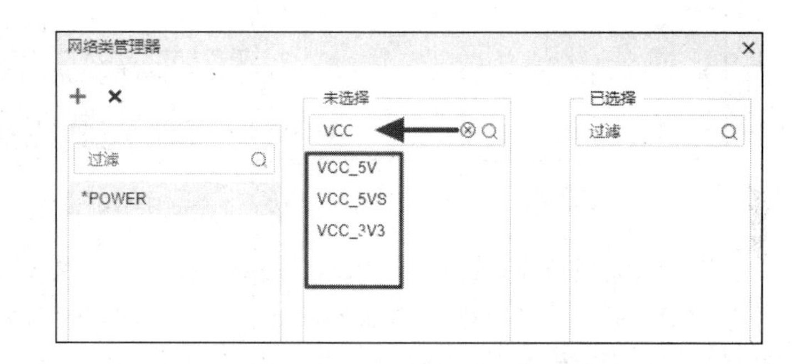

图 12-43 “过滤”不相关网络

（3）在“未选择”分栏中选中需要添加到此网络类的网络，单击中间的按钮“>”可将选中网络移到此网络类里，按住 Shift 键并单击网络可选中多个网络添加到网络类里，如图 12-44 所示。相反，选中此网络类中的网络单击按钮“<”可将其移出此网络类。

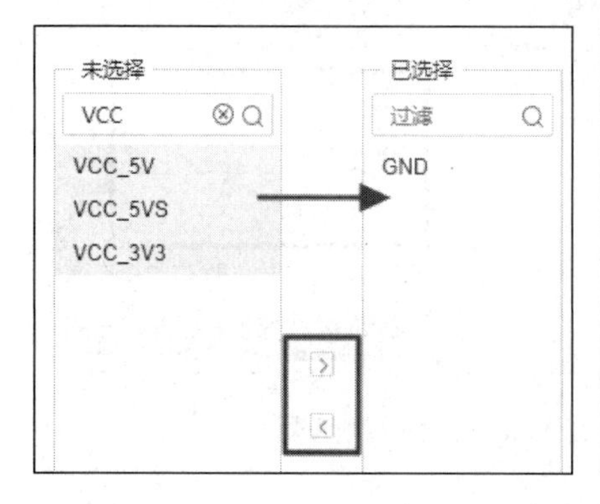

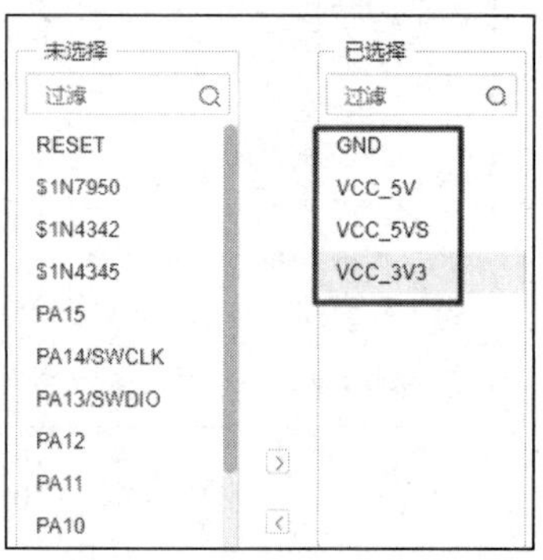

图 12-44 添加网络到网络类中

2. PCB 规则设置

（1）单击“设计—设计规则”，进入 PCB 规则及约束编辑器。根据生产工艺能力的要求和成本考虑，设置最小间距为 6mil，最小线宽为 6mil，最小过孔大小为 12mil。

（2）安全间距规则设置：单击“规则管理—间距—安全间距—safeClearance”，设置各元素的间距，单击“应用”或“确认”按钮，则保存规则应用到 PCB 中。安全间距规则设置如图 12-45 所示。

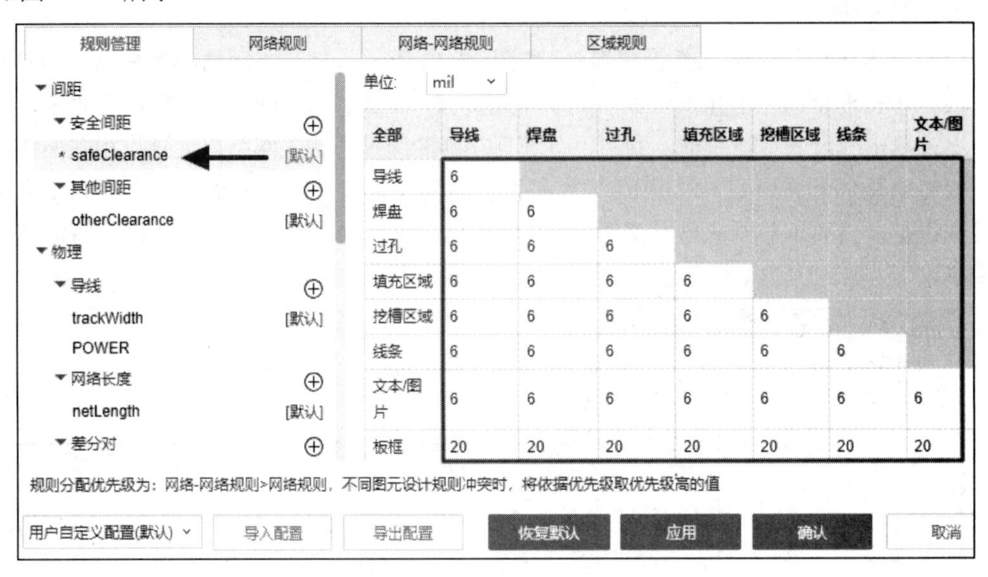

图 12-45　安全间距规则设置

（3）线宽规则设置：单击“规则管理—物理—导线”，单击“导线”后方的图标⊕，创建“POWER”线宽规则，“trackWidth”和“POWER”两个线宽规则分别按图 12-46 和图 12-47 进行设置。

图 12-46　“trackWidth”线宽规则设置

图 12-47 “POWER”线宽规则设置

（4）过孔规则设置：单击“规则管理—物理—过孔尺寸—viaSize”，设置“过孔外直径”大小为 24mil，“过孔内直径”大小为 12mil，如图 12-48 所示。

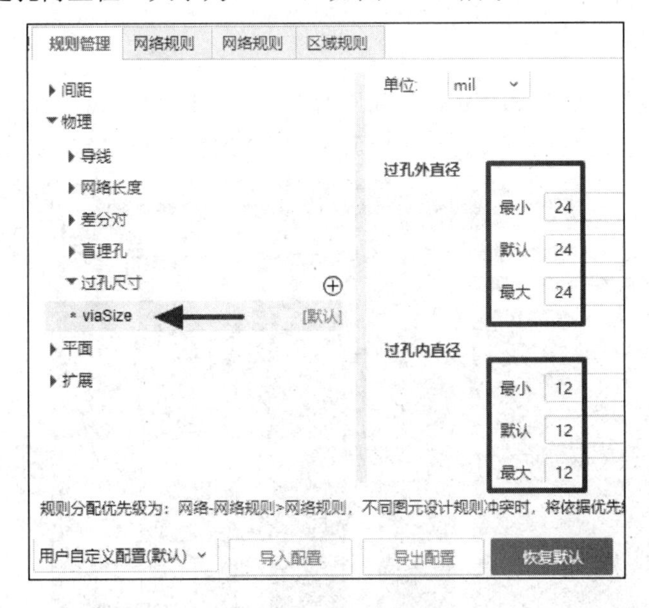

图 12-48 过孔规则设置

（5）阻焊规则设置：单击“规则管理—扩展—阻焊扩展—solderMaskExpansion”，设置阻焊扩展规则，一般保持软件默认的阻焊扩展规则就可以，焊盘开窗尺寸为 4mil，过孔不开窗，测试点开窗尺寸为 2mil，如图 12-49 所示。

（6）正片铺铜连接规则设置：单击“规则管理—平面—铺铜—copper Region”，因为 2 层板只有正片层，所以只需要设置铺铜连接规则，按照单层焊盘采取发散连接、多层焊盘采取全连接的方式进行设置，如图 12-50 所示。

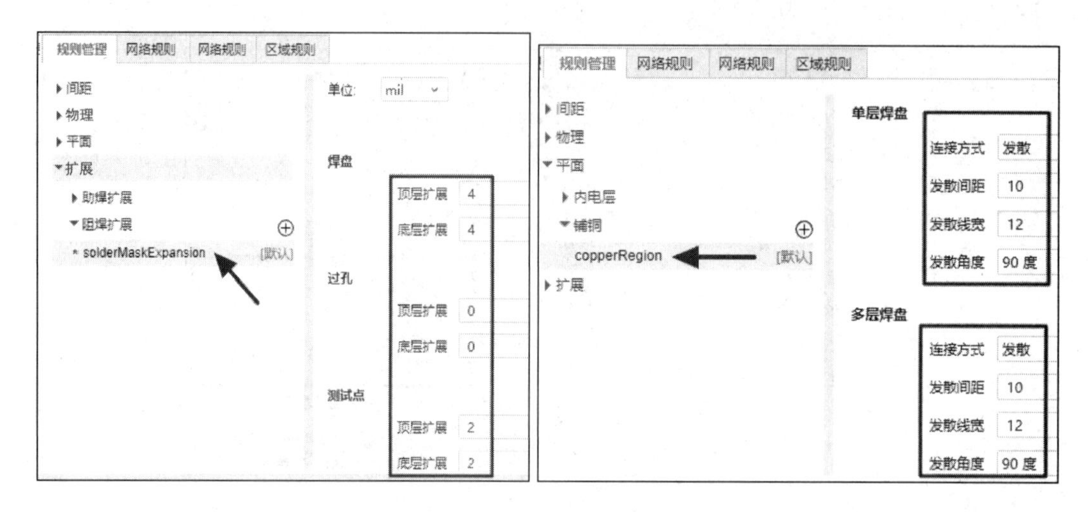

图 12-49 阻焊扩展规则设置

图 12-50 铺铜连接规则设置

12.6.6 PCB 扇孔及布线

1. PCB 扇孔

扇孔的目的是打孔占位和缩短信号的回流路径。在 PCB 布线之前，可以把短线直接先连上，长线进行拉出打孔的操作，对于电源和 GND 过孔都是如此，如图 12-51 所示。

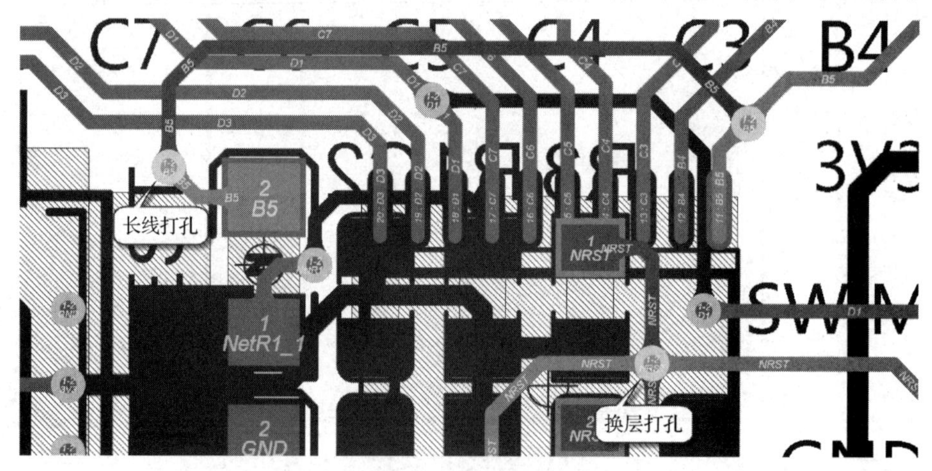

图 12-51 PCB 扇孔

2. PCB 布线的总体原则

（1）遵循模块化布线原则，不要左拉一条右拉一条。

（2）遵循优先信号走线的原则。

（3）重要、易受干扰或容易干扰其他信号的走线进行包地处理。

（4）电源主干道加粗走线，根据电流大小来定义走线宽度；信号走线按照设置的线宽规则进行走线。

（5）走线间距不要过近，能满足 3W 原则的尽量要满足 3W 原则。

3. 电源的走线

电源的走线一般是从原理图中找出电源主干道，对主干道根据电源大小进行铺铜走线和添加过孔，不要主干道也像信号线一样只有一条很细的走线的现象。这个可以比喻为水管通水流：如果水流入口处太小，那么是无法通过很大的水流的，因为有可能由于水流过大造成爆管的现象；如果水流入口的地方大，中间小，那么也有可能造成爆管的现象。这类比到电路板就是可能造成电路板烧坏。由于此板电流很小，所以只走粗线处理。电源的走线图如图 12-52 所示。

4. GND 孔的放置

根据需要在打孔换层或易受干扰的地方放置 GND 孔，加强底层铺铜的 GND 的连接。

根据上述这些布线原则和重点注意模块，可以先完成其他模块的布线及整体的连通性布线，然后对整板进行大面积的铺铜处理。完成布线的 PCB 如图 12-53 所示。

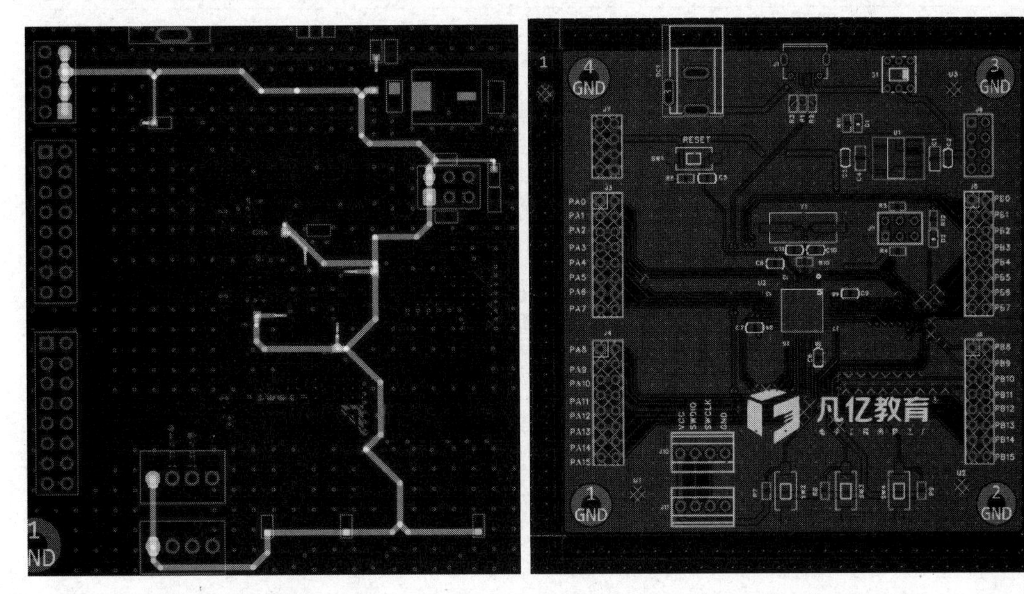

图 12-52 电源的走线图

图 12-53 完成布线的 PCB

12.6.7 走线与铺铜优化

处理完连通性之后，一般需要对走线和铺铜进行优化，主要分为以下几个方面。

（1）走线间距满足 3W 原则：在走线时因不注意使得走线和走线间距太近，这样比较容易引起走线和走线之间的串扰。处理完连通性之后，可以设置一个针对线与线间距的规则去协助检查，如图 12-54 所示。

（2）减小信号环路面积：走线经常会包裹一个很大的环路，而环路会造成其对外辐射的面积增大，同样吸收辐射的面积也增大，因此走线时需要进行优化处理，以减小环路面积，如图 12-55 所示。

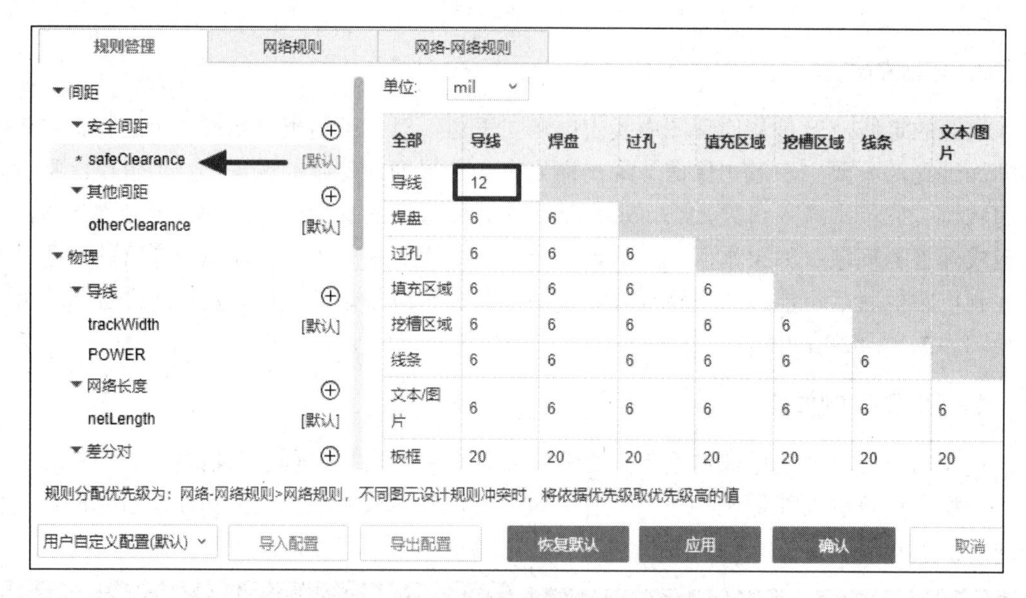

图 12-54　线与线间距的规则设置

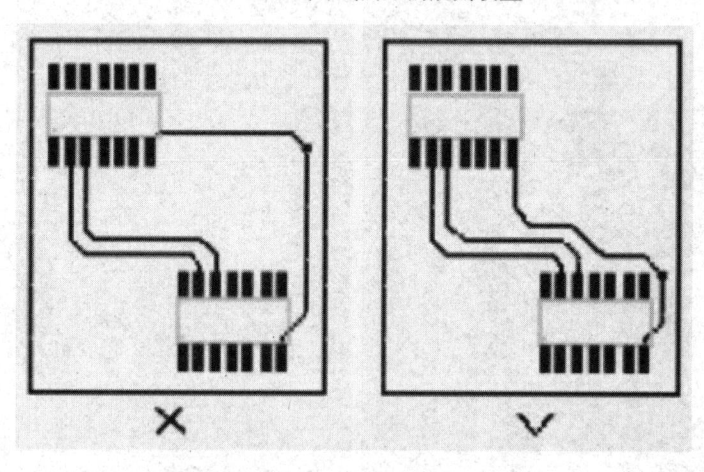

图 12-55　环路面积的检查与优化

（3）修铜：主要是对一些存在电路瓶颈的地方进行修整，还有就是删除尖岬铜皮，一般通过放置禁止区域进行删除，如图 12-56 所示。

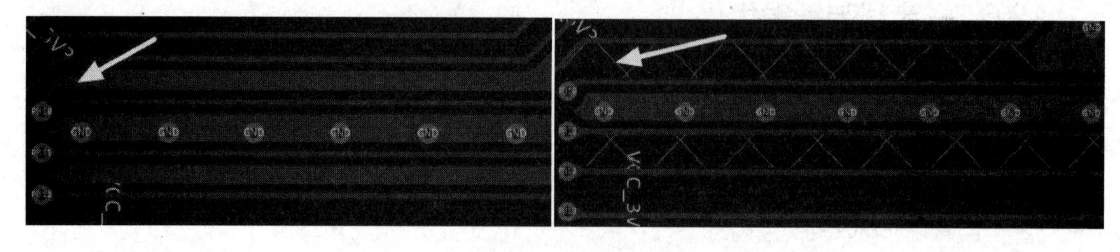

图 12-56　铜皮的修整

12.7 DRC

DRC 主要是对设置规则的验证，看看设计是否满足规则要求。一般主要是对电路板的开路和短路进行检查，如果有特殊要求，还可以对走线的线宽、过孔的大小、丝印和丝印之间的间距等进行检查。

（1）单击“设计—检查 DRC（自定义）”进入如图 12-57 所示的对话框。勾选需要检查的项目，单击“立即检查”按钮。

（2）DRC 检查的报错信息可以在底部面板中的“DRC”选项卡中查看，双击对应的报错信息，对话框自动跳转到存在问题处，并对其进行修正，如图 12-58 所示。修正完毕之后，再次进行 DRC，直到所有的检查都通过为止。

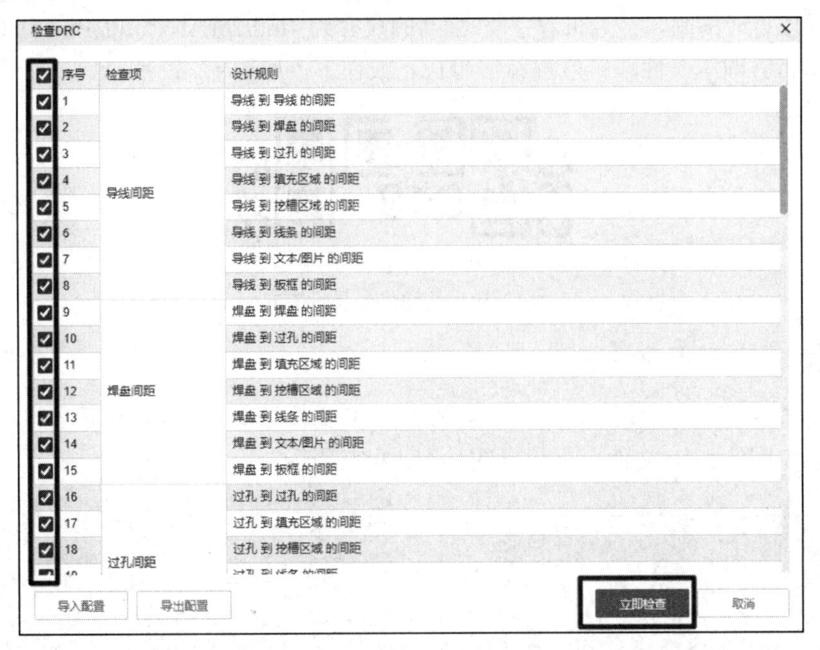

图 12-57　“检查 DRC”对话框

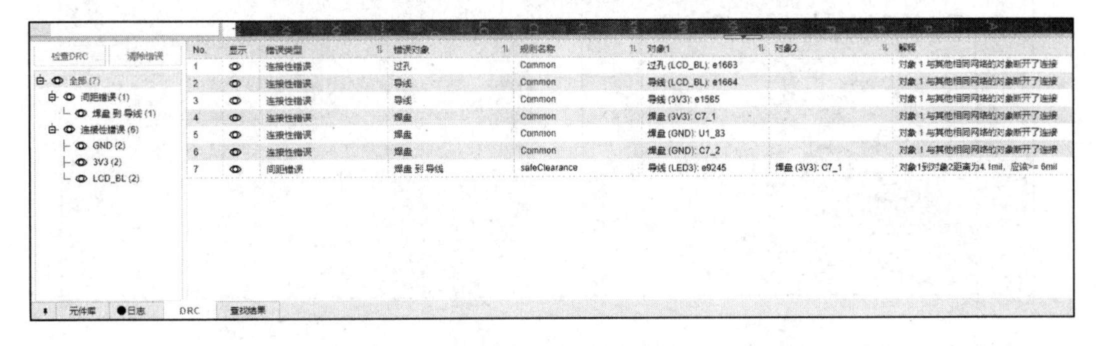

图 12-58　DRC 结果查看

12.8 生产导出

12.8.1 丝印位号的调整和装配图的 PDF 文件导出

1. 丝印位号的调整

在后期元件装配时，特别是手动装配元件时，一般都要导出 PCB 的装配图，这时丝印位号就显示出必要性了（生产时 PCB 上的丝印位号可以隐藏）。在右侧栏的“图层”选项卡中，只打开丝印层及其对应的阻焊层，就可以对丝印进行调整了。

以下是丝印位号调整遵循的原则及常规推荐尺寸。

（1）丝印位号不上阻焊。

（2）丝印位号清晰，字号推荐字宽/字高的尺寸为 4mil/25mil、5mil/30mil、6mil/45mil。

（3）保持方向统一性，一般推荐字母在左或在下，如图 12-59 所示。

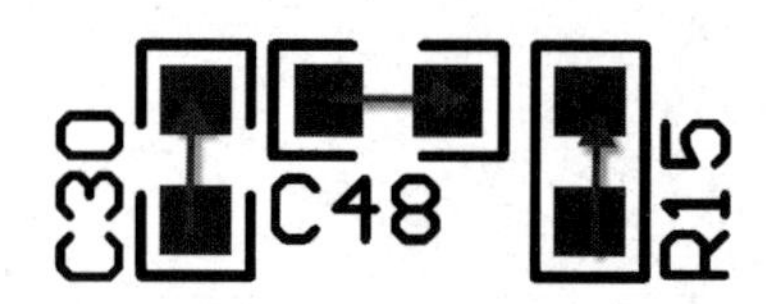

图 12-59　丝印位号显示方向

2. 装配图的 PDF 文件导出

丝印位号调整之后，就可以进行装配图的 PDF 文件导出了，操作步骤可以参照 10.5 节的内容，装配图的 PDF 文件导出效果图如图 12-60 所示。

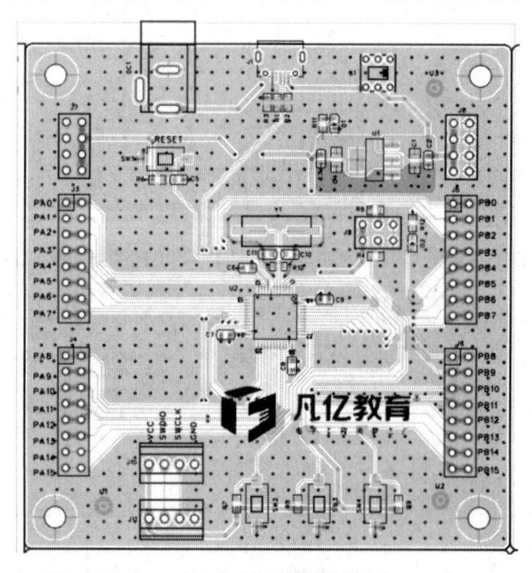

（a）顶层装配图

（b）底层装配图

图 12-60　装配图的 PDF 文件导出效果图

12.8.2　Gerber 文件的导出

在导出 Gerber 文件之前，通常会在 PCB 的旁边放置钻孔表和层叠信息。单击“放置—钻孔表”和“放置—堆叠表”进行钻孔表、层叠表的放置，在导出 Gerber 文件之后，在其中可以很详细地看到钻孔的属性及数量等信息，如图 12-61 所示。

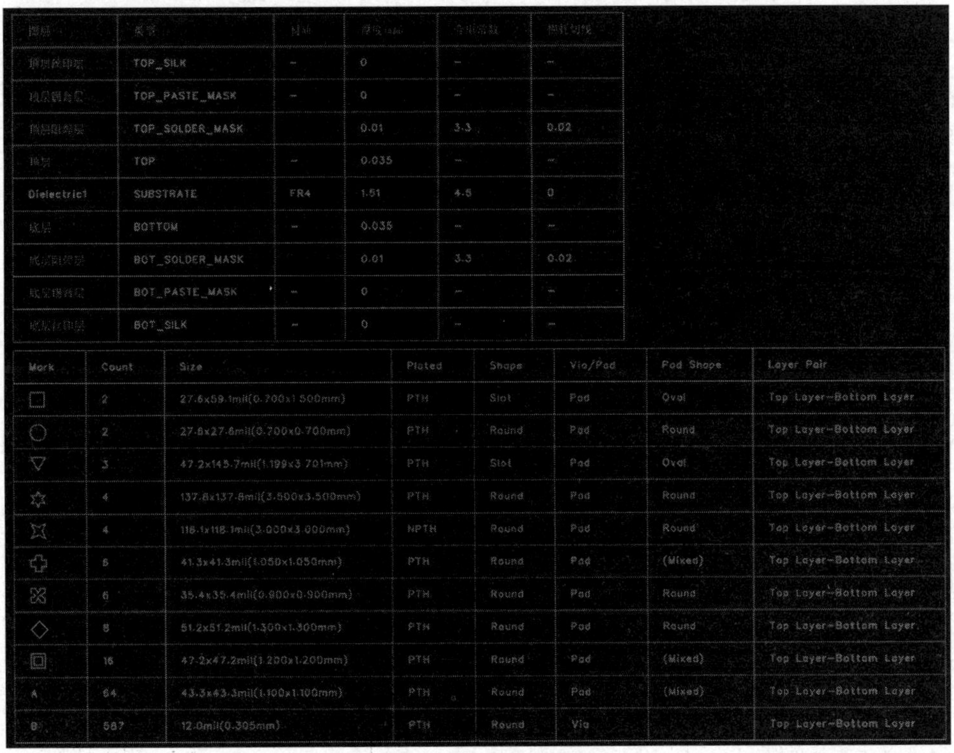

图层	名称	材料	厚度(mm)	介电常数	损耗切线
顶层丝印层	TOP_SILK	--	0	--	--
顶层锡膏层	TOP_PASTE_MASK	--	0	--	--
顶层阻焊层	TOP_SOLDER_MASK		0.01	3.3	0.02
顶层	TOP	--	0.035	--	--
Dielectric1	SUBSTRATE	FR4	1.51	4.5	0
底层	BOTTOM	--	0.035	--	--
底层阻焊层	BOT_SOLDER_MASK		0.01	3.3	0.02
底层锡膏层	BOT_PASTE_MASK	--	0	--	--
底层丝印层	BOT_SILK	--	0	--	--

Mark	Count	Size	Plated	Shape	Via/Pad	Pad Shape	Layer Pair
□	2	27.6x59.1mil(0.700x1.500mm)	PTH	Slot	Pad	Oval	Top Layer-Bottom Layer
○	2	27.6x27.6mil(0.700x0.700mm)	PTH	Round	Pad	Round	Top Layer-Bottom Layer
▽	3	47.2x145.7mil(1.199x3.701mm)	PTH	Slot	Pad	Oval	Top Layer-Bottom Layer
✡	4	137.8x137.8mil(3.500x3.500mm)	PTH	Round	Pad	Round	Top Layer-Bottom Layer
⌑	4	118.1x118.1mil(3.000x3.000mm)	NPTH	Round	Pad	Round	Top Layer-Bottom Layer
✚	6	41.3x41.3mil(1.050x1.050mm)	PTH	Round	Pad	(Mixed)	Top Layer-Bottom Layer
⌘	6	35.4x35.4mil(0.900x0.900mm)	PTH	Round	Pad	Round	Top Layer-Bottom Layer
◇	8	51.2x51.2mil(1.300x1.300mm)	PTH	Round	Pad	Round	Top Layer-Bottom Layer
▣	16	47.2x47.2mil(1.200x1.200mm)	PTH	Round	Pad	(Mixed)	Top Layer-Bottom Layer
A	64	43.3x43.3mil(1.100x1.100mm)	PTH	Round	Pad	(Mixed)	Top Layer-Bottom Layer
B	587	12.0mil(0.305mm)	PTH	Round	Via		Top Layer-Bottom Layer

图 12-61　钻孔表和堆叠表

单击“文件—导出—PCB 制板文件（Gerber）”，或者单击“导出—PCB 制板文件（Gerber）”。在弹出的“导出 PCB 制板文件”对话框内选择“自定义配置”，出现 Gerber 的相关设置，如图 12-62 所示。

① 文件名称：支持修改文件名再导出。

② 单位：导出的 Gerber 文件和钻孔文件的单位，默认是 mm。

③ 格式：导出的钻孔文件的数值格式，整数位和小数位的数字个数，影响数值精度的表达（传统的钻孔文件坐标数字只有 6 位，所以一般是 3∶3、4∶2 的格式）。该设置可能会影响 Gerber 查看器查看钻孔文件的对位。如果 Gerber 查看器预览 Gerber 文件和钻孔文件时发现钻孔文件对位不准，则可以在 Gerber 查看器中重新设置钻孔文件的数值格式为 3∶3 或 4∶2 等。

④ 钻孔：导出金属化钻孔信息、导出非金属化钻孔信息、导出钻孔表，默认勾选前两项。

⑤ 导出/导入配置：支持导出/导入 Gerber 自定义配置，方便配置复用。

图 12-62　导出 Gerber 设置

导出层设置：电气层一定要进行勾选［顶层、中间层（多层板）和底层］，顶层丝印层、底层丝印层、顶层阻焊层、底层阻焊层、顶层锡膏层、底层锡膏层、板框层、机械层、导出层和选择对象建议全部勾选。

12.8.3　贴片坐标文件的导出

制板生产完成之后，后期需要对各个元件进行贴片，这需要用到各元件的坐标图。嘉立创 EDA 专业版支持 XLSX 和 CSV 两种类型的坐标文件。在 PCB 设计交互界面中单击“导出—坐标文件”，进入“导出坐标文件”对话框，一般保持默认设置，如图 12-63 所示。

图 12-63　坐标文件导出设置

至此，所有的 Gerber 文件导出完毕，把当前工程目录下导出文件夹中的所有文件进行打包，即可发送到 PCB 加工厂进行加工。

12.9 本章小结

本章以一个比较基础的 2 层最小系统板设计为实例进行讲解，让读者回顾前文的所有知识，并结合实际流程来进行实践。在这里，编著者也希望读者不要做知识的被灌输者，请自己多动手，练习，练习，再练习。

读者可以前往 PCB 联盟网的书籍专区下载本章的实例。

第13章

入门实例：4 层梁山派开发板的 PCB 设计

很多读者只会绘制 2 层板，没有接触过 4 层板或更多层数板的 PCB 设计，这对读者从事电子设计工作将产生不利影响。为了契合实际需要，本章介绍了一个 4 层梁山派开发板的 PCB 设计实例，让读者对多层板设计有一个概念。

本章对 4 层梁山派开发板的 PCB 设计进行讲解，突出 2 层板和 4 层板的区别。不管是 2 层板还是多层板，其原理图设计都是一样的，本章对此不再进行详细讲解，本章主要讲解 PCB 设计。

对于本章实例文件，可以联系编著者免费领取，同时凡亿 PCB 提供了本实例的全程实战设计视频，想更深层次学习的读者可以购买。

学习目标

- 了解核心板的设计要求。
- 掌握 PCB 设计常用的设计技巧。
- 熟悉 PCB 设计的整体流程。
- 掌握交互式和模块化快速布局。
- 了解菊花链拓扑结构及其设置。
- 掌握蛇形等长走线，掌握 3W 原则的应用。
- 了解常见 EMC 的 PCB 处理方法。

13.1 实例简介

4 层梁山派开发板所用到的功能模块：GD32F470ZGT6 外扩 SDRAM，外扩 SPI FLASH，TYPEC，电源指示灯、用户灯、复位按键、RGB LCD、MCU LCD、SWD 调试接口。

本实例中的梁山派开发板要求用 4 层板完成 PCB 设计。其他设计要求如下。

（1）尺寸为 45mm×70mm，板厚为 1.6mm。

（2）直径为 6.5mm 的定位孔。

（3）满足绝大多数制板厂工艺要求。

（4）走线考虑串扰问题，满足 3W 原则。
（5）布局布线考虑信号稳定及 EMC。

13.2 原理图的编译与检查

13.2.1 工程的创建

（1）单击“文件—新建—工程”如图 13-1 所示，在弹出的“新建工程”对话框内设置“工程”名称为“梁山派”,“工程路径”可根据自己的习惯进行选择，一般默认即可，如图 13-2 所示。

图 13-1　新建工程选项

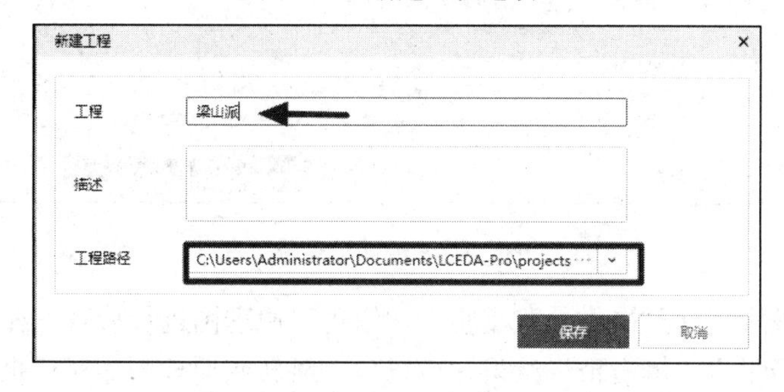

图 13-2　工程的创建

（2）新建的工程里面包含原理图图页和 PCB 页，打开需要添加的原理图文件，复制并粘贴到自己新建的工程里面即可。

此方法只适用于嘉立创 EDA 的原理图文件，其他软件的原理图需要用户自己进行导入并重新分配封装，具体方法其他章节中有详细教程。

13.2.2 原理图编译的设置与检查

（1）单击“设计—设计规则”即弹出“设计规则”对话框，在“消息等级”列中选择报告类型，对需要检查的选项都设置为“致命错误”错误报告类型，方便查看错误报告，如图 13-3 所示，设置的时候请一定检查以下几个常见的检查项。

① 导线不能是独立网络的导线（仅连接了一个元件引脚）。

② 元件位号不能重复(生成网表,在将原理图导入 PCB 的过程中会自动修改重复位号)。

③ 检测元件悬空引脚，即原理图上有无未连接导线的元件。

④ 元件需要有“器件”“封装”属性，不能为空。

图 13-3　编译项设置

（2）编译项设置之后单击“立即校验”按钮可对原理图进行检查，在底部的“DRC”选项卡中查看编译报告。单击报告结果，可以自动跳转到原理图相对应报错的地方，将存在的问题记录下来，提交给原理图工程师进行确认并更正，如图 13-4 所示。

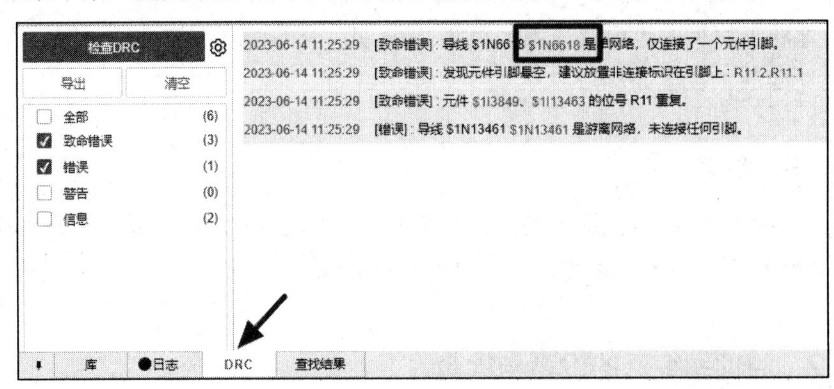

图 13-4　编译报告

13.3 封装匹配的检查及 PCB 的导入

在检查之前，可以先进行导入，查看导入的情况，看是否存在封装缺失或元件引脚不匹配的情况。

在原理图编辑界面中单击“设计—更新/转换原理图到 PCB”或在 PCB 设计交互界面中单击“设计—从原理图导入变更”进行 PCB 的导入。若导入失败，在原理图界面的正上方会有“生成网表失败”的提示对话框，如图 13-5 所示。同时在底部的“日志”选项卡中出现很多报错提示，如图 13-6 所示。

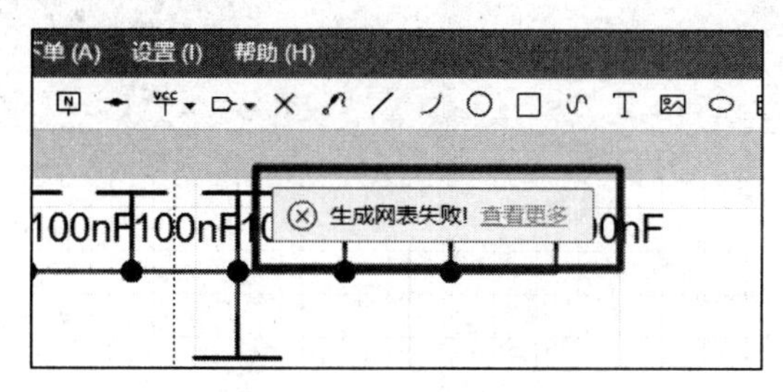

图 13-5　导入网表失败提示

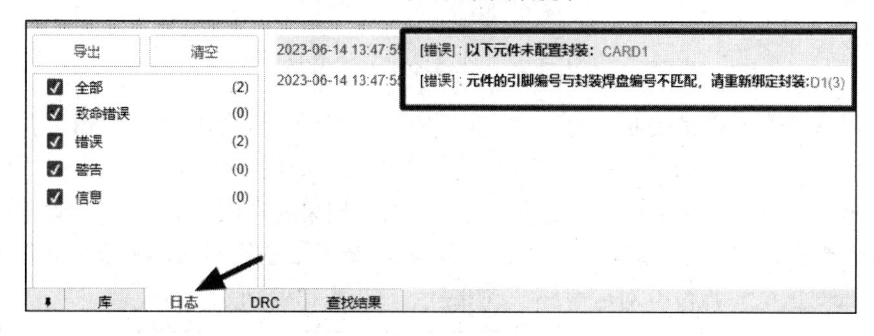

图 13-6　报错信息

出现导入错误提示可以通过下面的方式进行检查修改，如果导入没问题可以直接跳过，完成 PCB 的导入。

13.3.1 封装匹配的检查

（1）在原理图编辑界面中单击“工具—封装管理器”如图 13-7 所示，进入“封装管理器”对话框，从中可以查看所有元件的封装信息，如图 13-8 所示。

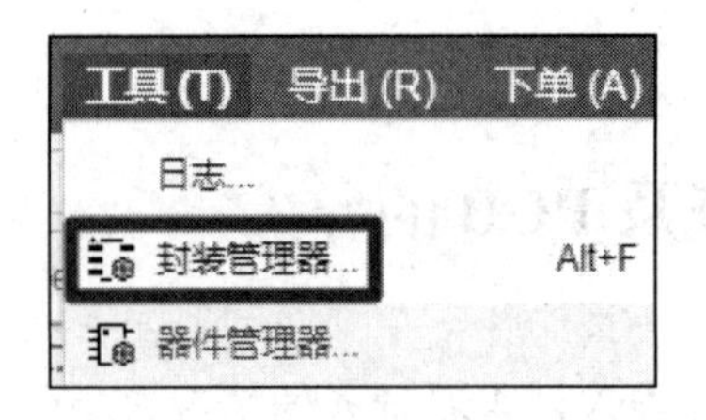

图 13-7　“封装管理器”选项

封装管理器

过滤

位号	备注	封装	信息
U1	GD32F450ZGT6		U1 没有封装，请先关联封装
U3	W25Q128JVSIM		U3 没有封装，请先关联封装
USB1	KH-TYPE-C-16P		USB1 没有封装，请先关联封装
X2	25MHz		X2 没有封装，请先关联封装
C27	22uF	C0603	
C28	22uF	C0603	
CN1	WAFER-100W-6A	CONN-SMD_6P-P1.0...	
D7	BDFN2C051V40	DFN-SMD_L1.0-W0.6-BI	
D8	BDFN2C051V40	DFN-SMD_L1.0-W0.6-BI	
F1	BSMD0603-075-6V	F0603	
P1	12251220ANG0S115001	HDR-TH_40P-P2.54-V...	

图 13-8　“封装管理器”详情

（2）确认所有元件都关联上封装，如果没有匹配封装，就会出现元件无法导入的问题，如出现“××元件没有封装，请先关联封装”的提示，如图 13-8 所示。

（3）确认封装引脚编号和元件引脚编号的匹配，如果原理图中的元件引脚编号为“3 个引脚”，封装库中的封装引脚编号为“5 个引脚”，则无法进行匹配，出现“元件××的引脚与焊盘未对应（焊盘没有对应引脚）”的提示，如图 13-9 所示。

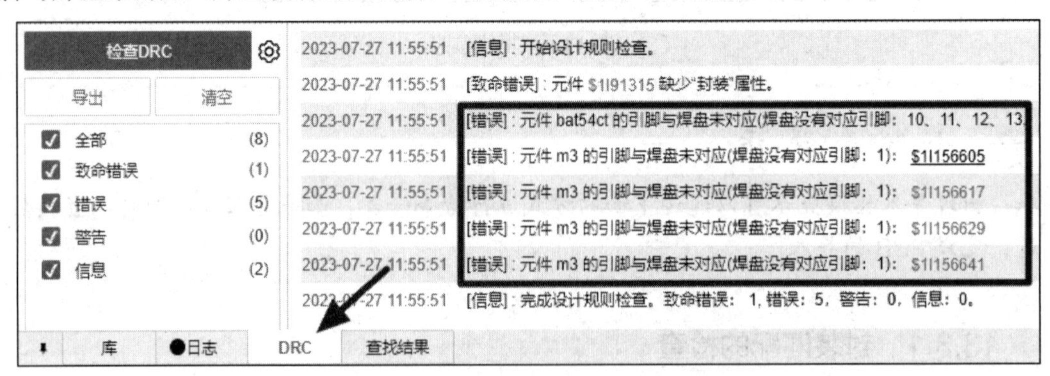

图 13-9　引脚与焊盘未对应报错提示

（4）如果存在上述元件没有关联封装的现象，可以在封装管理器中检查无封装名称的元件。如果存在引脚不匹配的情况，可以进行 DRC 检查，找出引脚数量不匹配的元件，可以按如图 13-10 所示的步骤进行封装的添加与编辑操作，修改完后单击“更新”按钮，即可更新完成。在多选的情况下可以对其进行批量操作。

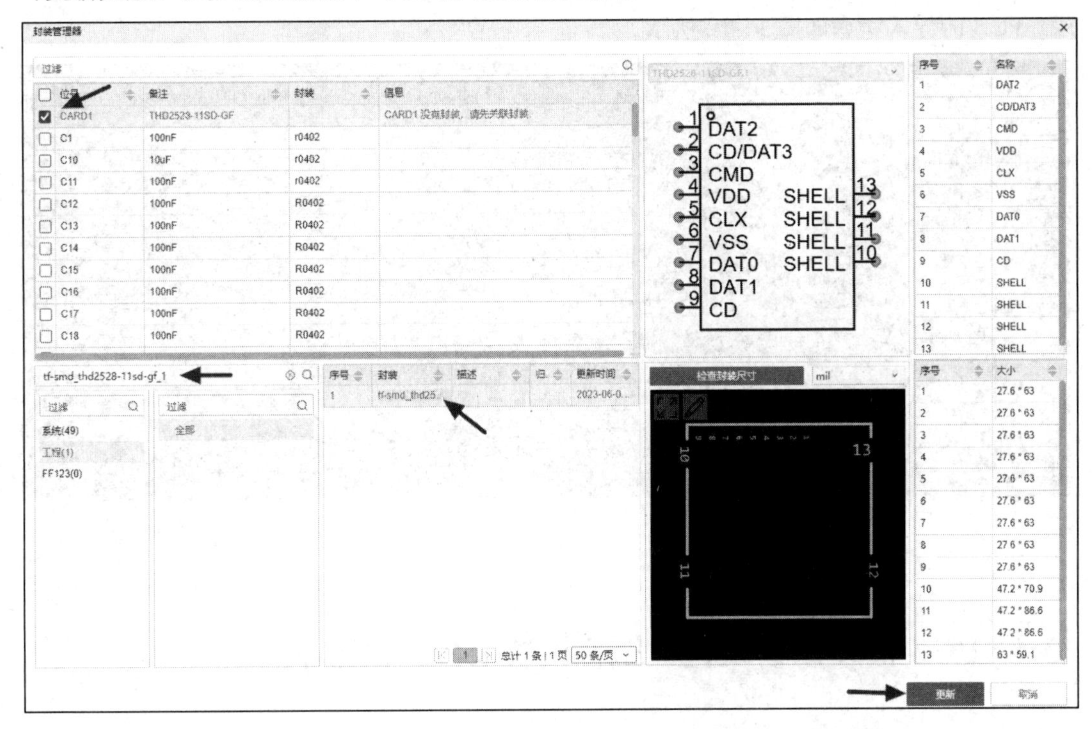

图 13-10　封装的添加与编辑

13.3.2　PCB 的导入

（1）在原理图编辑界面中单击“设计—更新/转换原理图到 PCB”，再一次对原理图进行导入 PCB 操作，单击“应用修改”按钮，如图 13-11 所示。

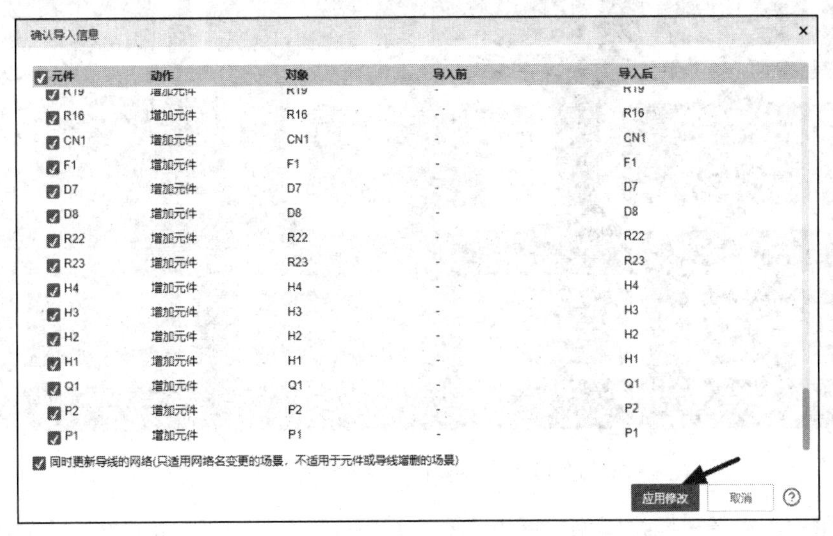

图 13-11　PCB 的导入

（2）如果导入存在问题，请进行检查之后再导入一次，直到全部通过为止，即导入完成。PCB 的导入状态如图 13-12 所示。

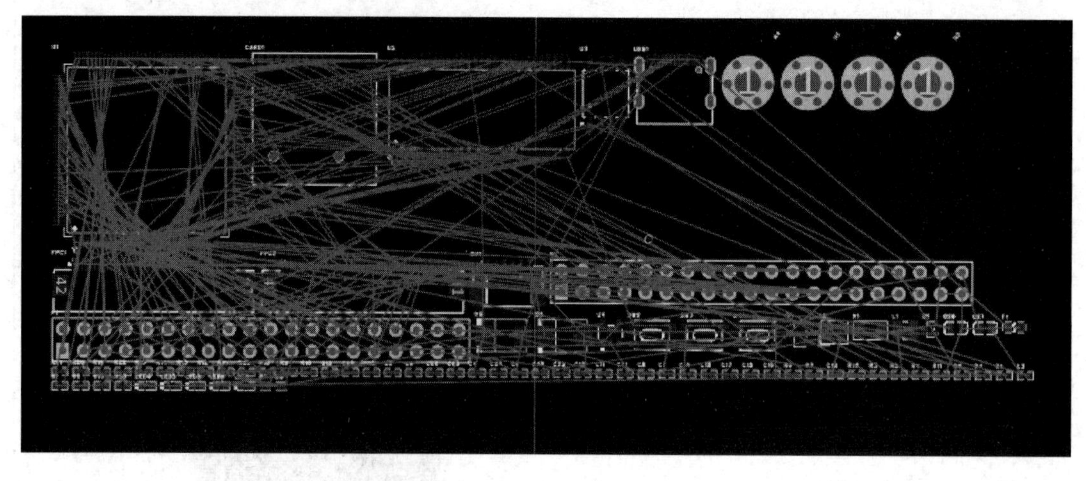

图 13-12　PCB 的导入状态

13.4　PCB 推荐参数设置、层叠设置及板框的绘制

13.4.1　PCB 推荐参数设置

（1）利用全局操作把元件的位号丝印调小（推荐字高为 10mil，字宽为 2mil），并调整到元件中心，不至于阻碍视线，方便布局布线时识别，如图 13-13 所示。

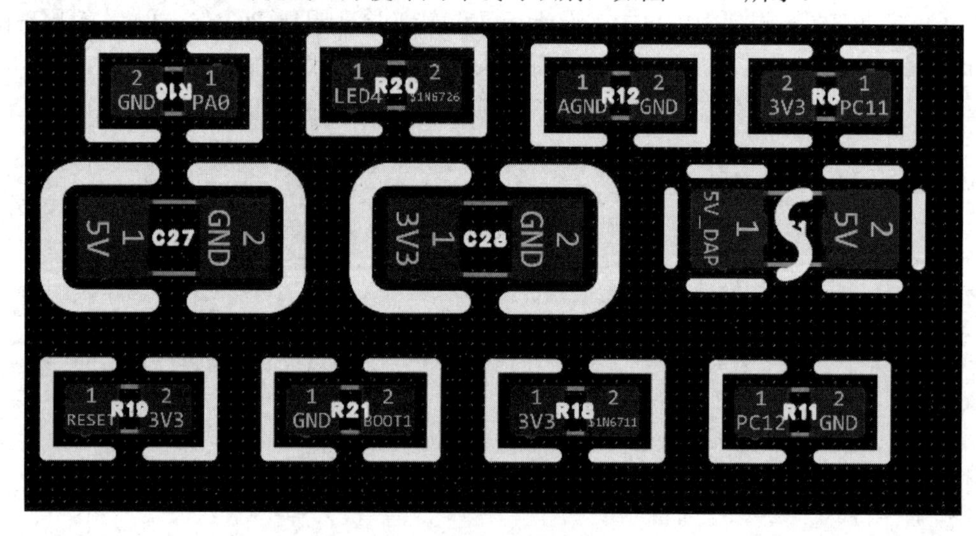

图 13-13　将丝印放置到元件中心

（2）单击“视图—网格类型—网点”和“视图—网格尺寸”，将栅格按照如图 13-14 所示的推荐设置进行设置。

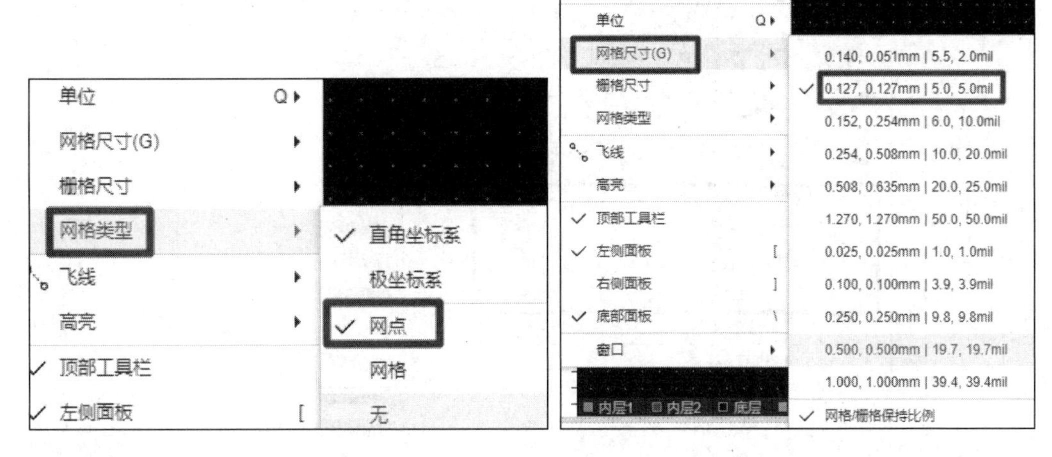

图 13-14　栅格的推荐设置

13.4.2　PCB 层叠设置

（1）根据设计要求、飞线密度（见图 13-15），可以评估得出需要两个走线层，同时考虑到信号质量，应添加单独的 GND（地线）层和 PWR（电源）层来进行设计，因此按照常规层叠“TOP-GND02- PWR03- BOTTOM”方式进行层叠。

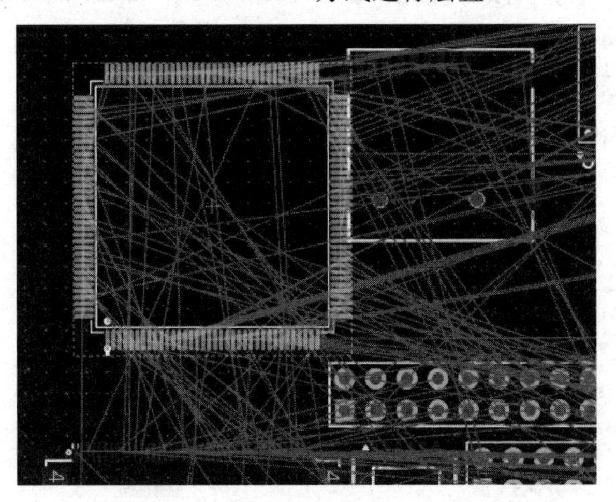

图 13-15　飞线密度

单独的 GND 层和 PWR 层的添加有别于常规的 2 层板设计，单独的 GND 层可以有效地保证平面的完整性，不会因为元件的摆放把 GND 平面割裂，造成 GND 回流混乱。

（2）单击“工具—图层管理器”或按 Ctrl+L 键，进入图层管理器，单击“铜箔层”的下拉箭头，将层叠设置为 4 层，如图 13-16 所示。

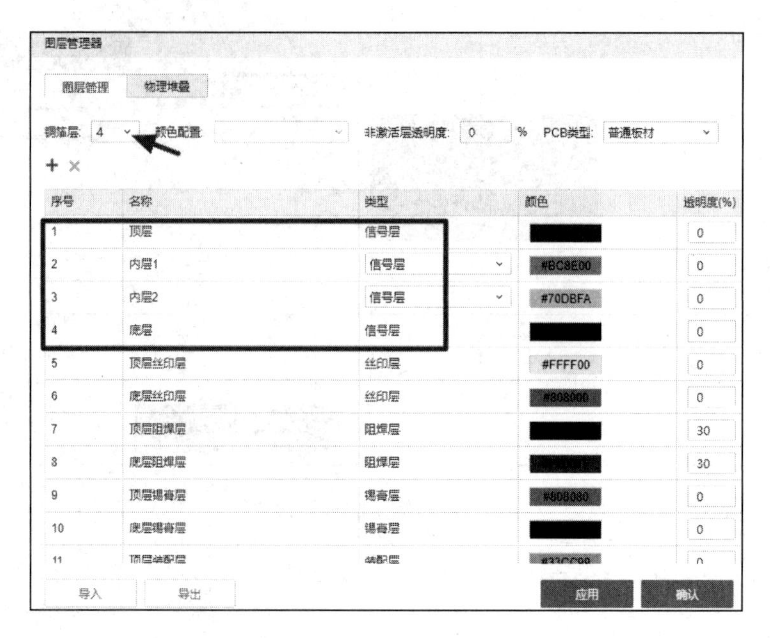

图 13-16　层叠设置

（3）为了方便对层进行命名，可先单击选中层名称，然后更改为比较容易识别的名称，如 TOP、GND02、PWR03、BOTTOM，如图 13-17 所示。先单击“应用”按钮，然后单击“确认”按钮，完成 4 层板的层叠设置。

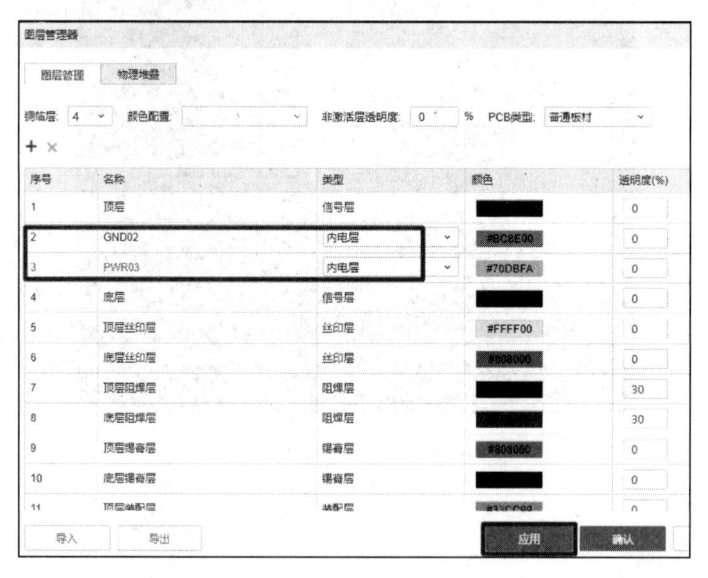

图 13-17　层名称修改

（4）为了满足 20H 的要求，需要让 GND 层内缩 20mil，PWR 层内缩 60mil。一般无特殊要求，设置这两项即可。

单击“设计—设计规则”进入设计规则界面，按照如图 13-18 所示的参数进行设置。电源层的内缩需要用户自己再添加一个内电层规则。

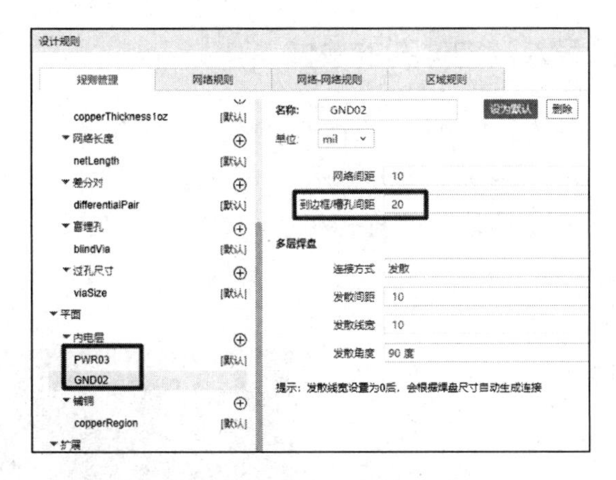

图 13-18　平面层内缩参数设置

单击“网络规则”选项卡进入网络规则设置界面，如图 13-19 所示，选择任意网络为其分配新建的 PWR/GND 内电层规则，内电层规则分配完成之后，先单击“应用”按钮，然后单击“确认”按钮。

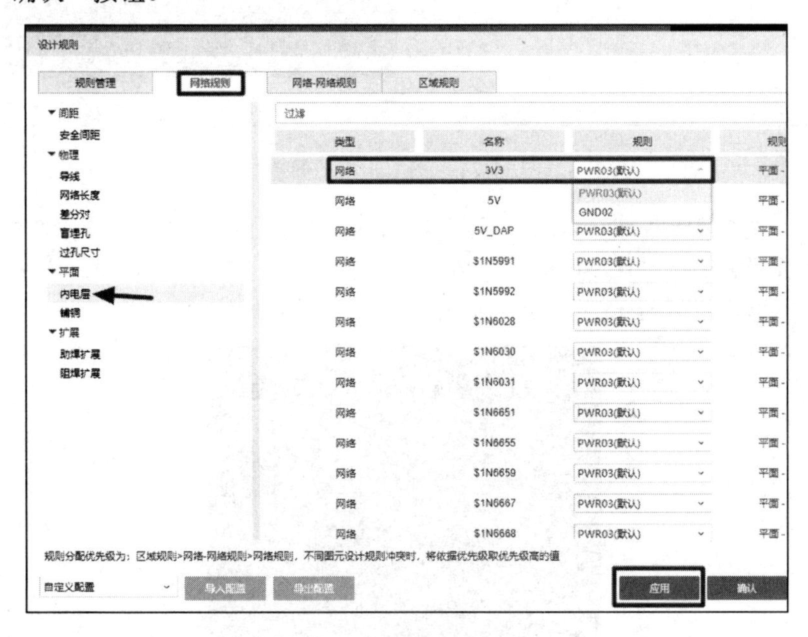

图 13-19　网络分配

以创建 GND 内缩为例，在 PCB 编辑界面，先单击右侧栏的“图层”选项卡，再单击选中“GND02”层，继而在 PCB 设计区域中将当前层切换为“GND02”层。在 GND 层选中对应内电层的铜皮，在右侧栏的“属性”选项卡中单击“重建内电层”按钮，如图 13-20 所示，即可完成 GND 层的内缩。PWR 层内缩操作与上述 GND 层内缩一致，此处不再具体说明。

图 13-20　重建内电层

13.4.3 板框的导入及定位孔的放置

（1）单击“文件—导入—DXF”，选择需要导入的 DXF 文件，即弹出“导入 DXF”对话框，如图 13-21 所示，在对话框内勾选“导入层”，其他选项默认，设置完成之后单击“导入”按钮，板框会吸附在鼠标光标上，单击鼠标左键进行放置即可完成 DXF 板框的导入。

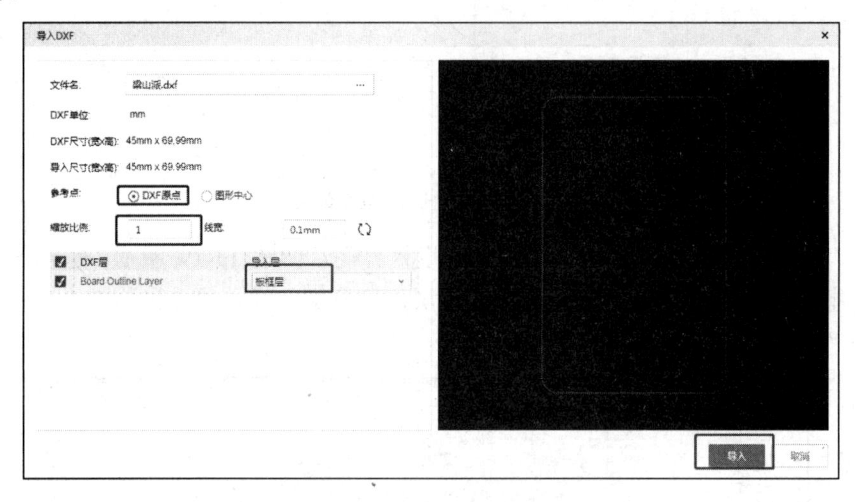

图 13-21　DXF 板框的导入

（2）单击“放置—尺寸—长度”，在文档层放置尺寸标注，单位选择“mm”。

（3）放置层标识符“TOP GND02 PWR03 BOTTOM”，如图 13-22 所示。

（4）在离板边角落 5mm 的位置，放置 4 个 3mm 的金属化螺钉孔。

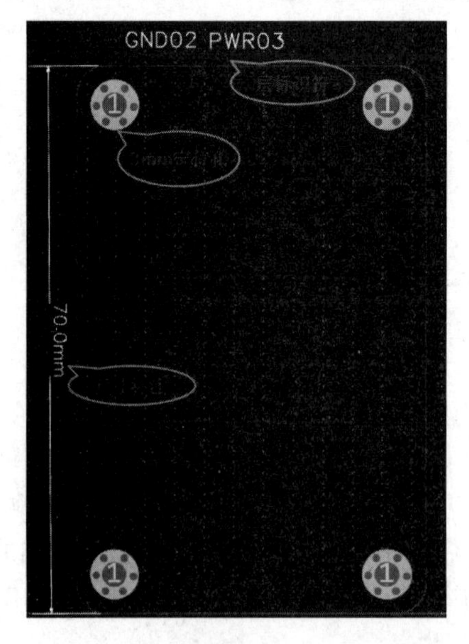

图 13-22　板框的导入及定位孔的放置

（注：图中的 MOTTOB 为镜像，正确应为 BOTTOM。）

13.5 交互式布局及模块化布局

13.5.1 交互式布局

为了达到原理图和 PCB 两两交互，在选中元件的前提下，需要在原理图编辑界面和 PCB 设计交互界面都单击“设计—交叉选择”，或者按 Shift+X 键激活交互模式。

13.5.2 模块化布局

（1）放置好两个接插的座子及按键（客户要求的结构固定元件），根据元件的信号飞线和先大后小的原则，把大元件在板框范围内放置好，完成 PCB 的预布局，如图 13-23 所示。

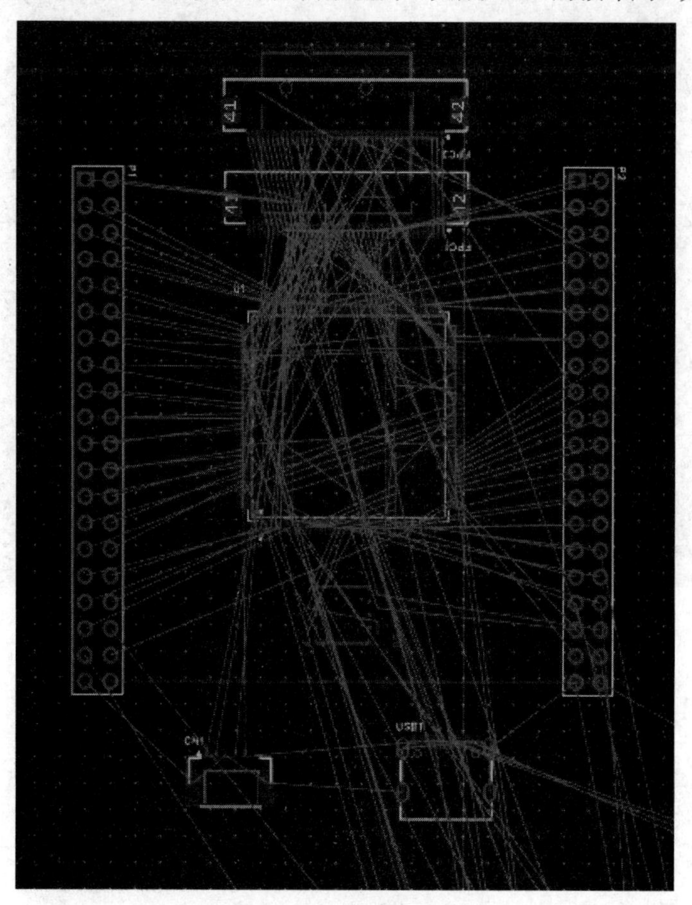

图 13-23 PCB 的预布局

（2）通过交互式布局和元件区域分布功能，把元件按照原理图图页分块放置，并把其放置到对应大元件或对应功能模块的附近，如图 13-24 所示。

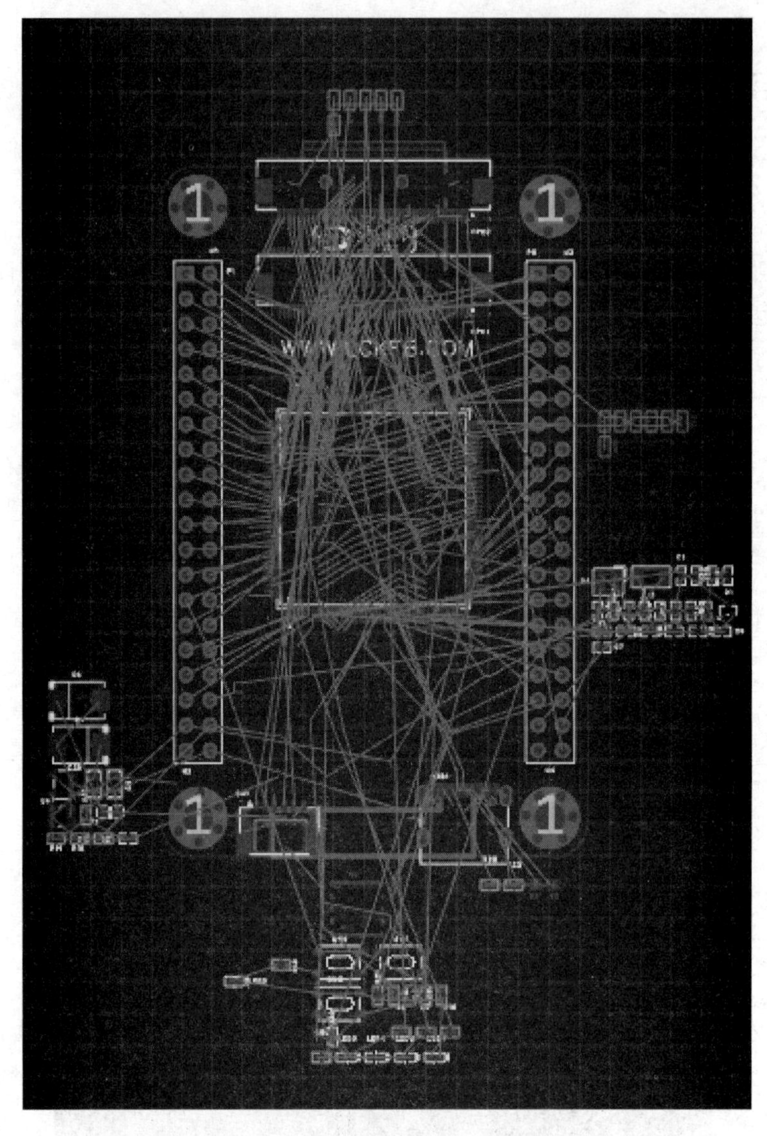

图 13-24　功能模块的分块

13.5.3　布局原则

通过局部的交互式布局和模块化布局完成整体 PCB 布局，如图 13-25 所示。布局遵循以下基本原则。

（1）滤波电容靠近 IC 引脚放置。

（2）元件布局呈均匀化特点，疏密得当。

（3）电源模块和其他模块布局有一定的距离，防止干扰。

（4）布局考虑走线就近原则，不能因为布局使走线太长。

（5）布局要整齐美观。

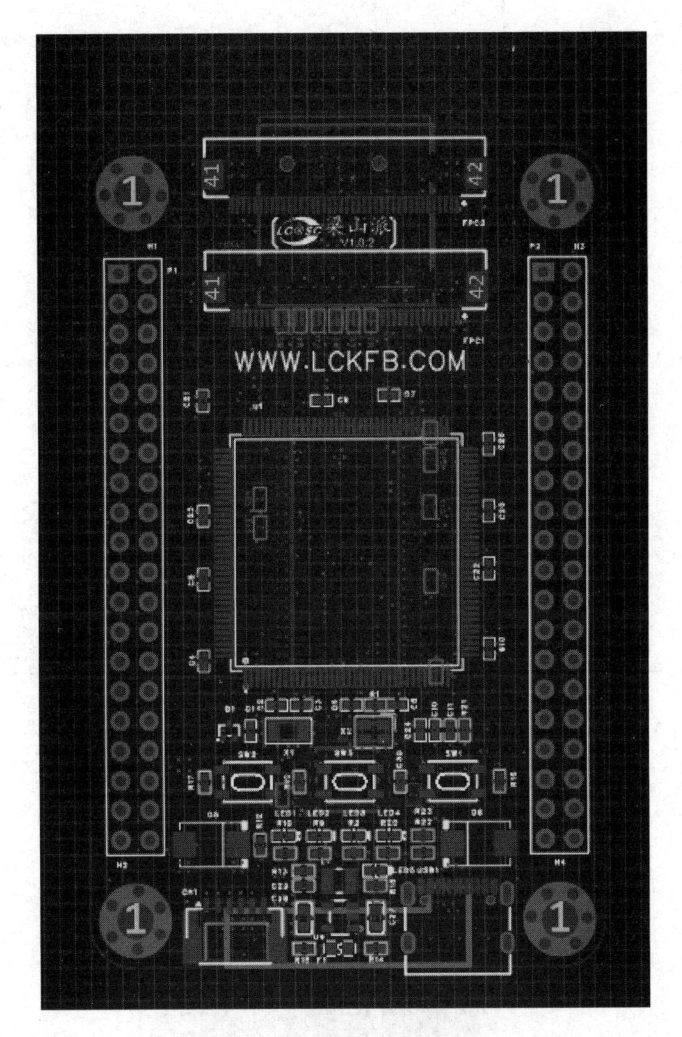

图 13-25　整体 PCB 布局

13.6　类的创建及 PCB 规则设置

13.6.1　类的创建及颜色设置

为了更快对信号区分和归类，单击“设计—网络类管理器”，对 PCB 上功能模块的网络进行类的划分，创建多个网络类（此核心板分为 ADD、D0-D7、D8-D15、TF Card、PWR），并为每个网络类添加好网络。网络类的创建如图 13-26 所示。

当然，为了直观上便于区分，可以对前述网络类设置颜色。在 PCB 设计交互界面的左侧栏中先单击选择“网络”选项卡，然后单击“网络类”选项，即可将创建的所有网络类展示出来，单击选中对应网络类前的方框就可以设置网络颜色，如图 13-27 所示。

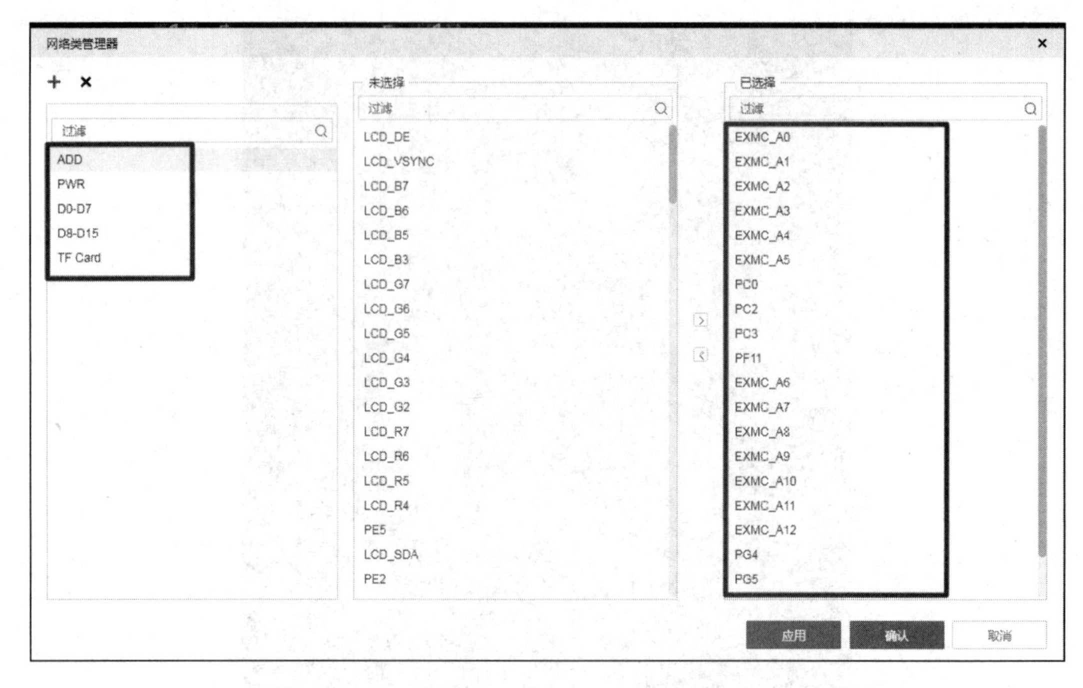

图 13-26　网络类的创建

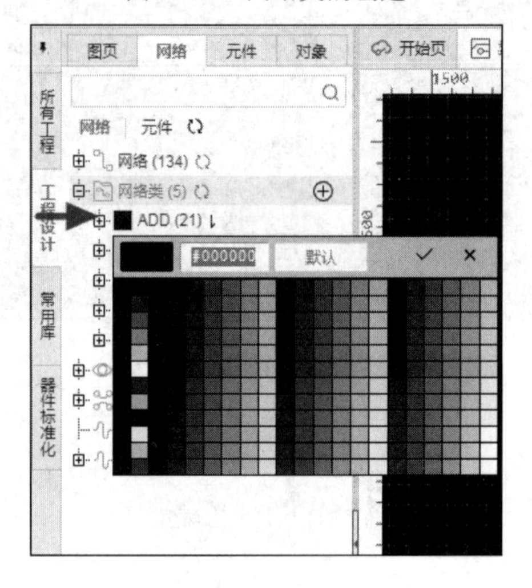

图 13-27　网络颜色设置

13.6.2　PCB 规则设置

1. 间距规则设置

（1）单击“设计—设计规则”，进入“设计规则”对话框。

（2）单击“安全间距”选项后方的图标⊕，可以新建间距规则，默认“整板”规则为 6mil，“板框”和其他元素之间的间距要求为 20mil（板框与填充区域间距设置为 40mil），如图 13-28 所示。针对需要满足 3W 间距原则的走线，导线跟导线的间距规则为 9mil，其他元素之间满足 6mil 的要求，板框与其他元素之间满足 11.8mil 的要求，如图 13-29 所示。

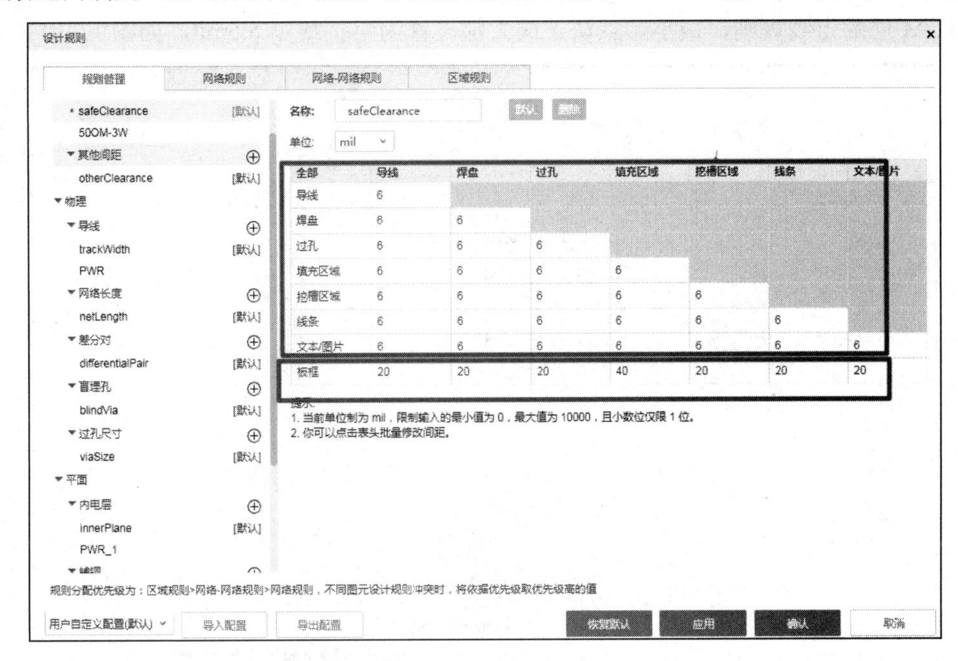

图 13-28　默认所有元素与板框间距规则

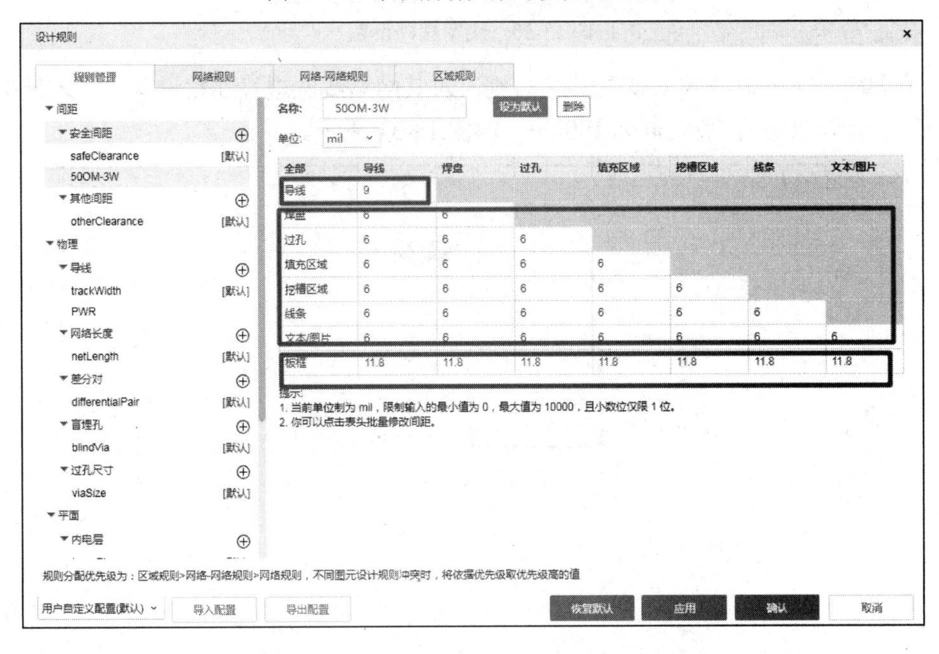

图 13-29　需满足 3W 间距原则的走线设置

2. 线宽设置

（1）根据工艺要求及设计的阻抗要求，利用嘉立创阻抗软件计算一个符合阻抗的线宽值，根据阻抗值填写好线宽规则。因为 4 层板内电层添加的是负片层，负片层只是用来分割 PWR 层或 GND 层的，所以这里不再显示内电层的走线规则，只单独显示 TOP 层和 BOTTOM 层的走线规则，最小、默认、最大都设置为阻抗线宽 5.5mil，如图 13-30 所示。

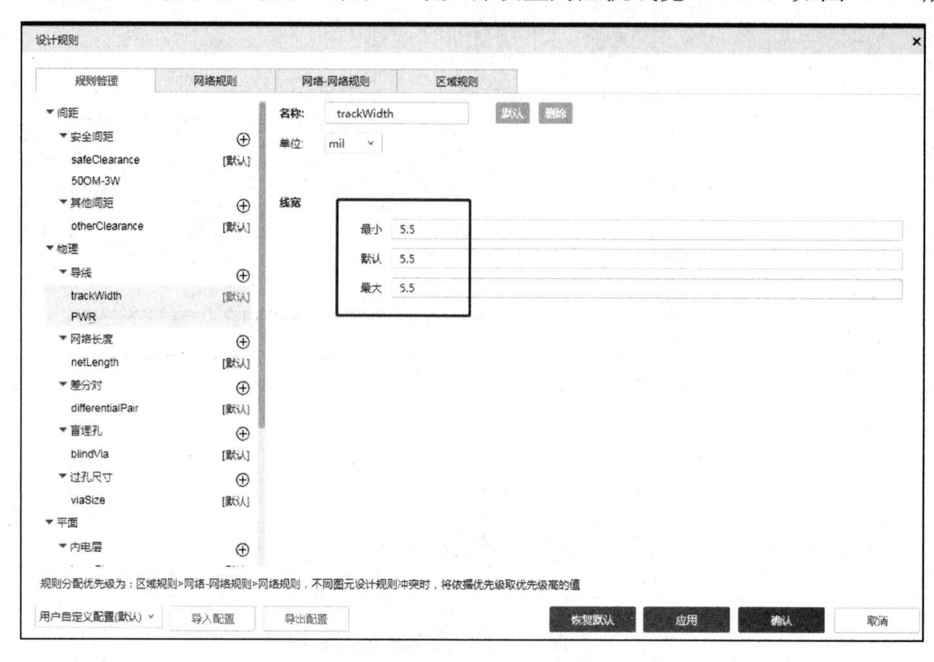

图 13-30　线宽规则设置

（2）创建一个针对 PWR 类的线宽规则，对其网络线宽进行加粗设置，要求最小值为 8mil，默认值为 20mil，最大值为 100mil，如图 13-31 所示。

图 13-31　PWR 类线宽规则设置

3. 过孔规则

此梁山派开发板的过孔尺寸规则采用 8mil/16mil 大小的过孔，如图 13-32 所示。

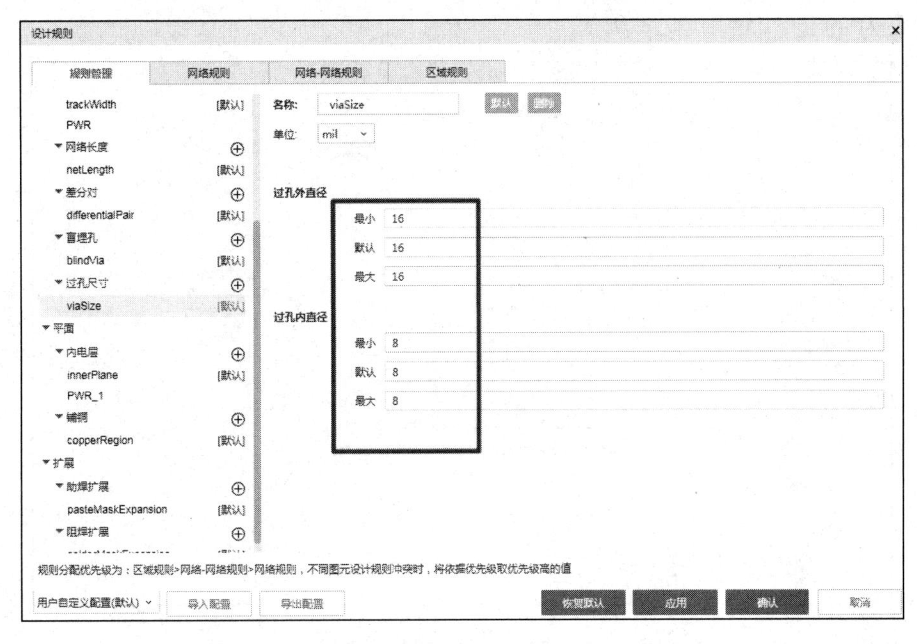

图 13-32　过孔规则设置

4. 阻焊规则设置

常用阻焊规则焊盘单边开窗为 2.5mil，其他的默认设置如图 13-33 所示。

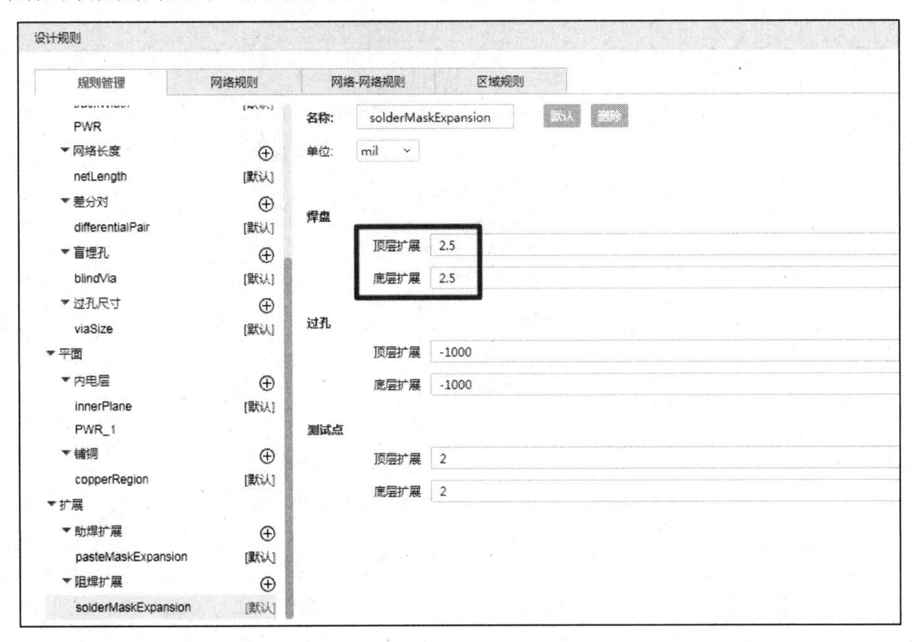

图 13-33　阻焊规则设置

5. 负片连接规则设置

负片连接，对于通孔焊盘，常采用发散连接方式，发散间距及线宽设置为 10mil，发散角度设置为 90 度，如图 13-34 所示。

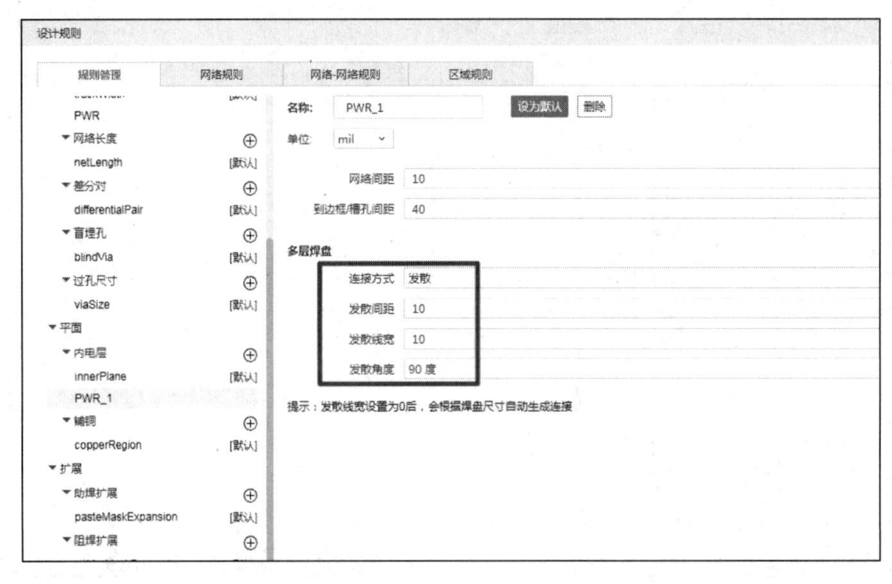

图 13-34　负片连接规则设置

6. 负片反焊盘规则设置

负片反焊盘规则的一般设置范围为 8～12mil，通常设置为 10mil，不要设置得过大或过小，如图 13-35 所示。

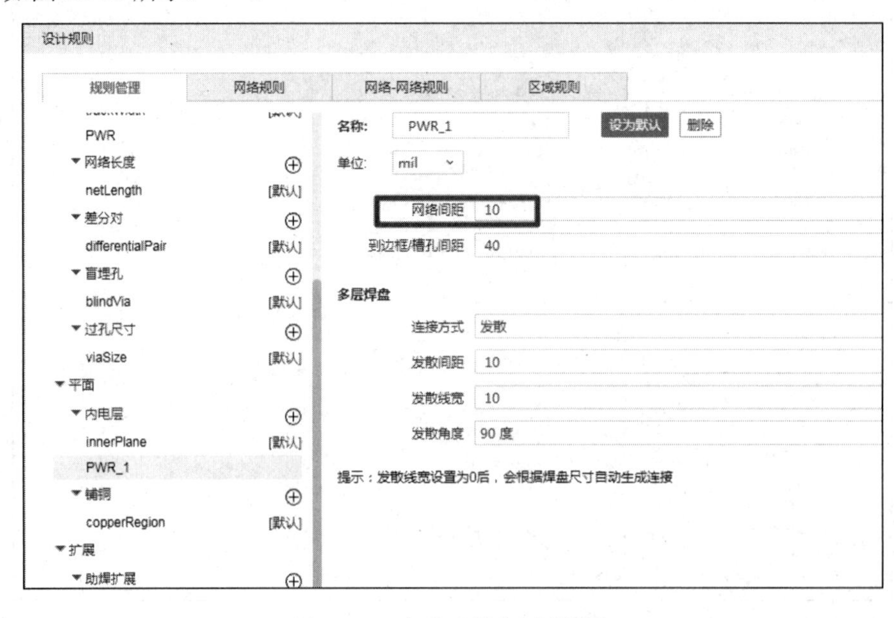

图 13-35　负片反焊盘规则设置

7. 正片铺铜连接规则设置

正片铺铜连接规则设置和负片铺铜连接规则设置是类似的，对于通孔和表贴焊盘，常采用发散连接方式，如图 13-36 所示。

图 13-36　正片铺铜连接规则设置

13.7　PCB 扇孔

扇孔的目的是打孔占位和缩短信号的回流路径。

针对 IC 类、阻容类元件，实行手动元件扇出。元件扇出时有以下要求。

① 过孔不要扇出在焊盘上面。

② 扇出线尽量短，以便减小引线电感。

③ 扇孔注意平面分割问题，过孔间距不要过小造成平面割裂。

IC 类元件扇出效果如图 13-37 所示。

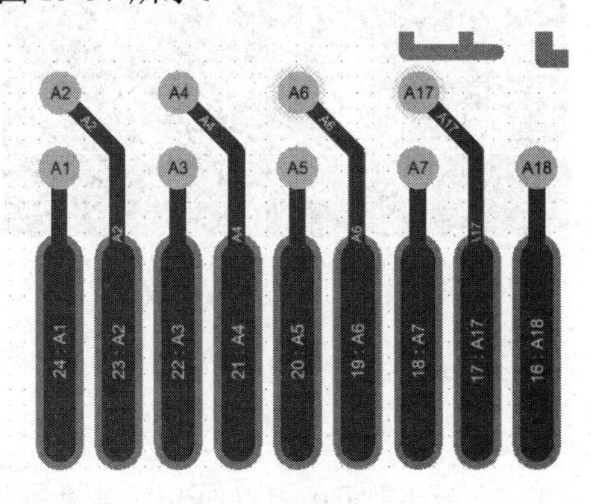

图 13-37　IC 类元件扇出效果

13.8 PCB 的布线操作

布线是 PCB 设计中非常重要和耗时的环节之一，考虑到梁山派开发板的复杂性，自动布线无法满足 EMC 等要求，本实例中全部采用手动。布线应该大体遵循以下基本原则。

（1）按照阻抗要求进行走线，单端 50Ω，USB 差分 90Ω（本实例差分布线）。

（2）满足走线拓扑结构。

（3）满足 3W 原则，有效防止串扰。

（4）对电源线和地线进行加粗处理，满足载流。

（5）晶振表层走线不能打孔，在高速线打孔换层处尽量增加回流地过孔。

（6）电源线和其他信号线间留有一定的间距，防止纹波干扰。

13.8.1 SDRAM 的布线

1. 布局要求

对于此 4 层梁山派开发板，MCU、SDRAM、FPC1（MCU 屏幕接口）之间采用菊花链结构，信号先通过 MCU 然后到 SDRAM，再由 SDRAM 到 FPC1。

电阻、电容应该靠近引脚放置，考虑其滤波效果，如图 13-38 所示。

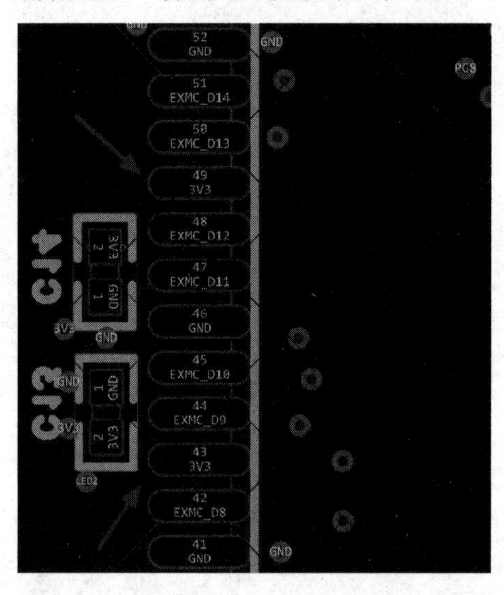

图 13-38　滤波电容的放置

2. 布线要求

（1）特性阻抗：50Ω。

（2）数据线每 9 条尽量走在同一层［D0～D7，PE0（为数据掩码，需要与数据线等长）；D8～D15，PE1］。

（3）信号线的间距满足 3W 原则。

（4）数据线、地址（控制）线、时钟线之间的距离保持 20mil 以上或至少满足 3W 原则，在空间允许的情况下，应该在它们的走线之间加一条地线进行隔离。

（5）地线宽度推荐为 15～30mil。

（6）有完整的参考平面。

（7）考虑时序匹配，请进行蛇形等长，所有的走线一起等长，等长误差为±50mil。SDRAM 走线效果图如图 13-39 所示。

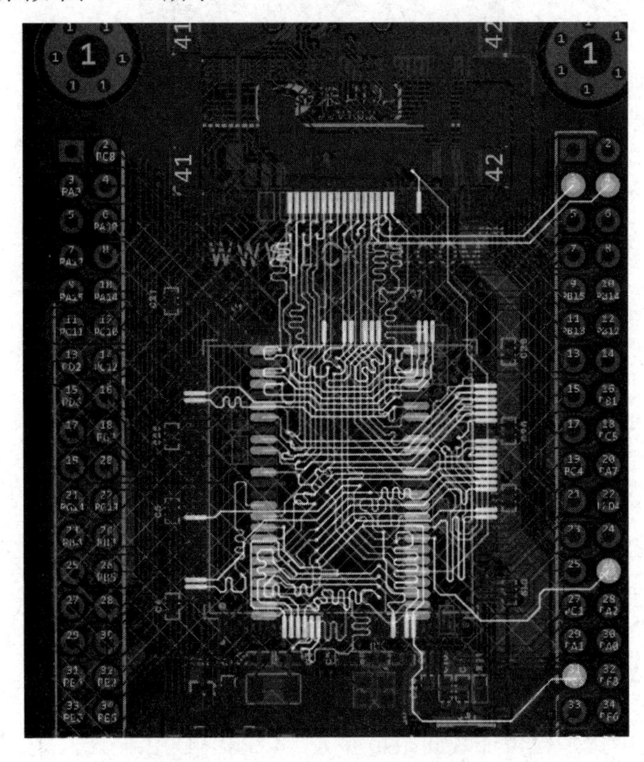

图 13-39　SDRAM 走线效果图

13.8.2　电源处理

电源处理之前需要先确定哪些是核心电源、哪些是小电源，根据走线情况和核心电源的分布规划好电源的走线。

根据走线情况，能在信号层处理的电源可以优先处理，同时考虑到走线的空间有限，有些核心电源需要通过电源平面层进行分割，根据前面提到过的平面分割技巧进行分割，核心电源 3V3 及 5V_DAP 可以通过 PWR03 层进行平面分割，一般按照 20mil 的宽度过载 1A 电流、0.5mm 过孔过载 1A 电流设计（考虑裕量）。例如，3A 的电流，考虑走线宽度为 60mil，过孔如果是 0.5mm 大小的，则放置 3 个；如果是 0.25mm 大小的，则放置 6 个，这是根据经验值得出来的。具体计算电流的方法可以参考专业计算工具。核心电源的处理如图 13-40 所示。

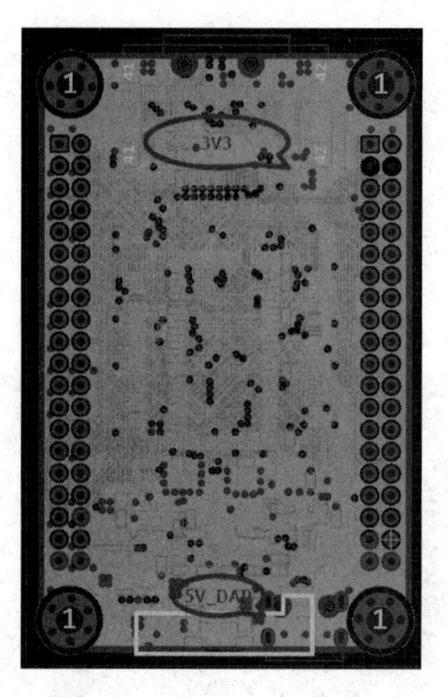

图 13-40　核心电源的处理

13.9　PCB 设计后期处理

处理完连通性和电源之后，需要对整板的情况进行走线优化调整，以充分满足各种设计要求。

13.9.1　3W 原则

为了减少线间串扰，应保证线间距足够大，当线中心距不小于 3 倍线宽时，则可保证 70%的线间电场不互相干扰，这称为 3W 原则。3W 原则优化如图 13-41 所示，在修线后期需要对此进行优化修整。

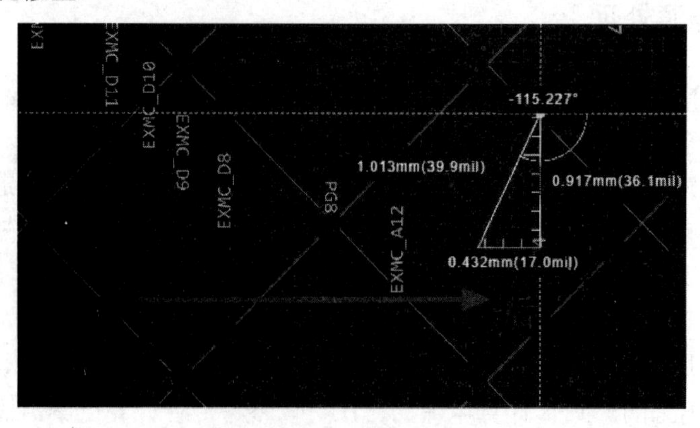

图 13-41　3W 原则优化

13.9.2 修减环路面积

电流的大小与磁通量成正比，较小的环路中通过的磁通量也较小，因此感应出的电流也较小，这就说明环路面积必须最小。修减环路面积如图 13-42 所示，尽量在出现环路的地方让其面积做到最小。

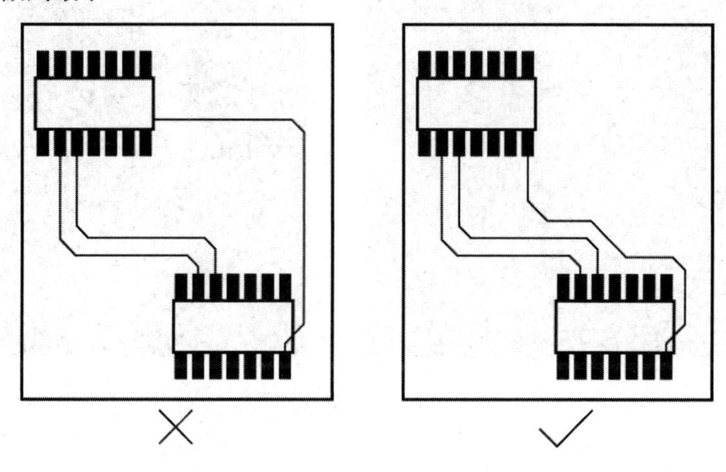

图 13-42　修减环路面积

13.9.3 孤铜及尖岬铜皮的修整

为了满足生产的要求，PCB 设计中不应出现孤铜。如图 13-43 所示，可以通过设置铺铜方式避免出现孤铜。如果出现了，请按照之前提到过的去孤铜的方法进行移除。

图 13-43　移除孤铜的设置

为了满足信号要求（不出现天线效应）及生产要求等，PCB 设计中应尽量避免出现狭长的尖岬铜皮。尖岬铜皮的删除如图 13-44 所示，可以通过放置禁止铺铜区域删除尖岬铜皮。

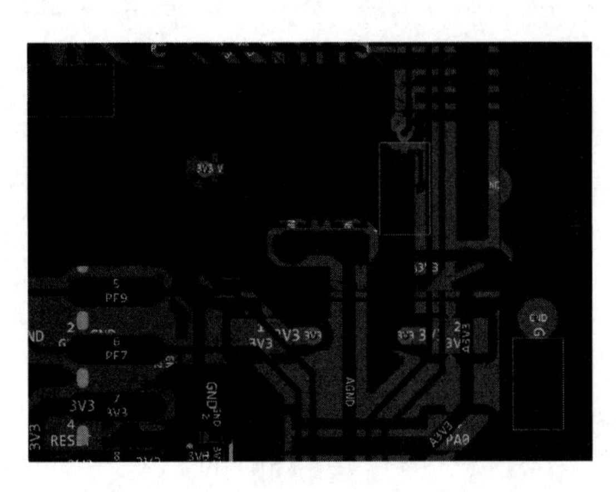

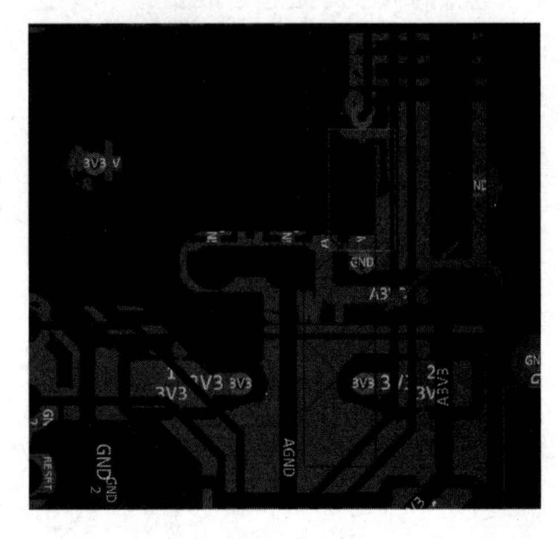

图 13-44　尖岬铜皮的删除

13.9.4　回流地过孔的放置

信号最终回流的目的地是地平面，为了缩短回流路径，要在一些空白的地方或打孔换层的走线附近放置回流地过孔，特别是在高速线旁边，可以有效地对一些干扰进行吸收，也有利于缩短信号的回流路径。回流地过孔的放置如图 13-45 所示。

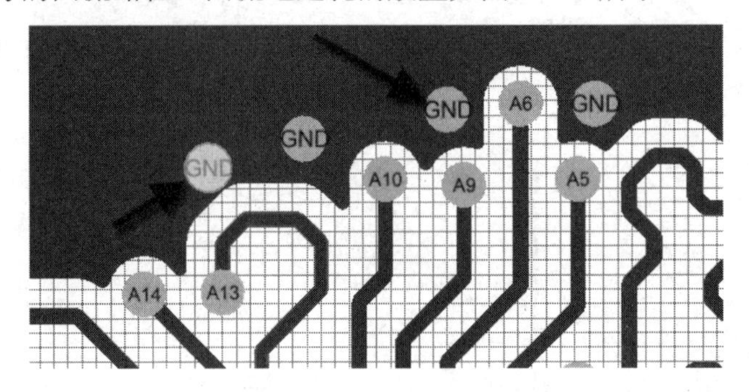

图 13-45　回流地过孔的放置

13.10　本章小结

本章还是一个入门级别的实例，不过不再是 2 层板，而是一个 4 层板。这是一个高速 PCB 设计的入门实例，同样是以实际流程进行讲解的，可以进一步加深读者对设计流程的把握，同时使其开始接触高速 PCB 设计的知识，为 PCB 技术的提高打下良好的基础，为迎接实际工作做好准备。